普通高等教育"十一五"国家级规划教材

# 植物害虫检疫学

## （第二版）

杨长举　张宏宇　主编

科 学 出 版 社

北 京

# 内 容 简 介

本书共八章。绪论和第一至三章分别论述植物害虫检疫概念及发展历史、植物害虫检疫的理论依据及风险分析、植物检疫性害虫的检疫程序与方法和检疫处理的原理与方法等。重点突出检疫性害虫的检验检疫与检疫处理的理论基础与方法。第四至八章分别介绍了我国公布的主要检疫性害虫的形态鉴定特征、分布、危害、生物学特性、检验检疫技术以及检疫处理与防治方法。重点突出检疫性害虫的形态鉴定及检验检疫的操作技术。每章前面有指导学习的内容提要；每节后面根据需要，附有帮助鉴别近似种的检索表；每章后均附有一定数量的复习思考题，以便于复习和自学。书中配有黑白插图 89 幅；此外，各章节还配有一定数量的风趣典故、危害实例等，以增加教材的趣味性。全书最后附有参考文献和附录。

本教材不仅可以满足本科生、研究生植物害虫检疫学教学的要求，而且可以作为植物检疫相关人员的参考书。

## 图书在版编目(CIP)数据

植物害虫检疫学/杨长举，张宏宇主编. —2 版. —北京：科学出版社，2009

（普通高等教育"十一五"国家级规划教材）
ISBN 978-7-03-023570-1

Ⅰ. 植… Ⅱ.①杨…②张… Ⅲ. 植物害虫-植物检疫-高等学校-教材
Ⅳ. S41-30

中国版本图书馆 CIP 数据核字（2008）第 192204 号

责任编辑：甄文全 丛 楠 吴美丽/责任校对：赵桂芬
责任印制：徐晓晨/封面设计：耕者设计工作室

科 学 出 版 社 出版
北京东黄城根北街 16 号
邮政编码：100717
http://www.sciencep.com

北京凌奇印刷有限责任公司 印刷
科学出版社发行 各地新华书店经销

\*

2005 年 8 月第 一 版 开本：787×1092 1/16
2009 年 4 月第 二 版 印张：21
2019 年 7 月第八次印刷 字数：485 000

定价：59.00 元

（如有印装质量问题，我社负责调换）

# 第二版编委会成员

**主　编**　杨长举　张宏宇

**副主编**（按姓氏笔画排序）

万方浩　王进军　文礼章　华红霞　仵均祥　原国辉

**参加编写单位及人员**（按单位笔画排序）

| | |
|---|---|
| 广东出入境检验检疫技术中心 | 胡学难 |
| 山西农业大学 | 李友莲 |
| 广西大学 | 苏　丽 |
| 云南农业大学 | 肖　春　唐国文 |
| 中国农业大学 | 刘奇志 |
| 中国检验检疫科学研究院 | 陈乃中 |
| 中国农业科学院植物保护研究所 | 万方浩　郭建英　褚　栋 |
| 西北农林科技大学 | 仵均祥 |
| 西南大学 | 王进军　刘　怀 |
| 华中农业大学 | 杨长举　张宏宇　华红霞 |
| | 蔡万伦　李绍勤 |
| 安徽农业大学 | 黄衍章 |
| 河南农业大学 | 原国辉　罗梅浩　蒋金炜 |
| 湖南农业大学 | 文礼章 |
| 惠州学院 | 刘桂林 |
| 福建农业大学 | 罗　佳 |

# 第二版前言

2007 年出版的《植物害虫检疫学》被列为普通高等教育"十一五"国家级规划教材，经过认真考虑，按照"精、简、新"和知识传授连续性的编写理念，对本书做第一次修订，大部分是就原书做一些修改或增删，少数章节重新改写。考虑到本书的主要读者为农林院校本科生、研究生，他们已具有普通昆虫学基础知识，故将原书中的植物检疫昆虫学基础部分删去。由于我国近年公布的植物检疫性害虫种类有所变化，故做了相应的增删。

本书虽然经过修订，但错误或不妥之处仍然难免，恳切希望读者给予指正。

《植物害虫检疫学》编委会

2008 年 8 月

# 第一版序一

植物害虫检疫是我国植物保护体系的一个重要组成部分，对保障我国农林业生产及生态环境安全，促进国民经济发展，有着十分重要的意义。

随着我国加入世界贸易组织，国际间和国内各地区贸易频繁，植物检疫工作备受重视，许多大学陆续开设"动植物检疫专业"或开设动植物检疫相关课程，植物害虫检疫也成为应用昆虫学研究的热点之一。在国内，目前较系统阐述植物害虫检疫的教材和参考书仍十分缺乏。因此，华中农业大学等单位组织编写了《植物害虫检疫学》教材。该教材的编著者均为多年从事植物害虫检疫教学与研究的专家、教授及科技人员，具有坚实的理论基础和丰富的实践经验。在编写过程中，他们广泛参考了国内外有关文献资料，吸纳了新的研究成果和新经验，编写内容充分反映了当代植物害虫检疫的新理论和新进展。全书构思新颖、结构严谨、内容丰富、文笔流畅、图表清晰、风格活泼，是一本难得的好教材。

在编写中注重了理论与实际紧密结合，对检疫性害虫的检验检疫技术及检疫处理进行了充分的阐述，这也正是本书的特色之处。

本书适用于农林院校、植物检疫、植物保护、森林保护等专业的本科生及研究生的教学，而且还可作为植物检疫、粮食、商业等部门技术人员的重要参考书。

本书的出版无疑对我国植物害虫检疫学科的发展具有积极的促进作用。

张生芳 研究员

中国检验检疫科学研究院
动植物检疫研究所
2005 年 6 月 2 日

# 第一版序二

随着全球农产品贸易自由化的发展，国际间经济合作和科技交流的日益频繁，加之运输方式日趋多样化与现代化，植物检疫问题已引起世界各国和有关国际组织越来越多的关注。这是因为危险性有害生物入侵的风险增大，如近年来我国发生了许多外来有害生物入侵的严重事实，其中以危险检疫性害虫的比例大，如美国白蛾、稻水象甲、松材线虫（主要由墨天牛传播）、红脂大小蠹、蔗扁蛾等。美洲斑潜蝇自 1993 年发现，至今已扩散到除西藏以外的全国各省。2005 年 1 月 17 日我国农业部郑重宣布的广东省吴川市发现了红火蚁 *Solenopsis invicta*（Buren），并将其定性为中华人民共和国进境植物检疫性有害生物和全国植物检疫性有害生物。从口岸检疫的实际情况看，所截获大多是害虫，2002 年截获有害生物 1000 多种，2 万批次，其中 60％是害虫，这些害虫入侵后不仅带来巨大的经济损失，而且对特定的生态系统产生的破坏是不可逆转的。从以上事实可以明确地知道，在国际贸易中害虫检疫的重要性在不断增强，害虫检疫在整个植物检疫中的地位不断提高，是植物检疫中值得关注研究的重要问题。我国加入 WTO，就意味着要按照国际规则行事，在检疫方面将全面执行 SPS 协定，这就给植物检疫工作提出了更高的要求。2004 年 5 月在北京召开的第 15 届国际植物保护大会参会者最关注的是如何防止危险性生物的入侵和对已入侵的物种的治理，因而应用高新技术加强对检疫害虫的研究则是当务之急。所以说这本《植物害虫检疫学》是与时俱进的产物，是植物保护学的一个领域和应用昆虫学的一个分支学科，也是植物检疫的重要组成部分。

本书由华中农业大学等高等院校、植物检疫科研单位和管理部门的专家、教授、科技工作者分工撰写而成。本书系统阐述了植物害虫检疫理论和实践操作，广泛吸纳了国内外最新研究成果，反映了本学科的最新进展。本书结构合理、图文并茂，可作为植保、植检、粮食、商业专业的本科和研究生教材，也对植物检疫工作者有重要的参考价值。

教授

华中农业大学
植物科技学院植物保护系
2005 年 6 月 3 日

# 第一版前言

在经济全球化、国际贸易自由化的 21 世纪，国际间和国内各地区之间的商品贸易和科学文化交流将更加频繁，加上现代化的交通工具，危险性害虫传播、蔓延的可能性大大增加。因此，为防止危险性害虫的传入和扩散，保障我国农林业生产和生态环境安全，促进国民经济可持续发展，必须进一步加强植物害虫检疫工作。

植物害虫检疫是植物检疫的一个重要组成部分，是害虫综合治理中的首要预防措施。随着科学技术的进步，人类对危险性植物害虫认识的不断提高和植物害虫检疫的广泛开展，植物害虫检疫已具有自己独特的研究对象、研究内容和研究方法，已由过去仅作为一项"植物保护措施"逐渐发展形成为一门新的分支学科——植物害虫检疫学。因此，现有的教科书及专著已难以适应学科的发展和植物害虫检疫教学与实践的要求。

我国高等院校为适应社会的需要和学科的发展，不断进行教学改革和调整专业设置。早在 1993 年华中农业大学等农业院校已在植物保护专业设置"植物检疫"方向，并面向全国招生。近年来华中农业大学、湖南农业大学、河南农业大学等高校相继开设"动植物检疫"专业。为满足本科生和研究生的教学以及植物害虫检疫工作者的实际需要，在科学出版社的大力支持下，由华中农业大学牵头，组织湖南农业大学、河南农业大学、西南农业大学、中国农业大学、西北农林科技大学、中国检验检疫科学研究院、福建农林大学、惠州学院、山西农业大学、湖北出入境检验检疫局、湖北省植物保护总站、广西大学等 13 个单位从事植物害虫检疫学教学与科研的专家、教授和科技人员，联合编写了《植物害虫检疫学》教材。

本教材由主编提出编写大纲草案，参编人员分头审阅，提出修改意见，制定正式编写大纲，然后各尽所长，分工编写各章节，最后经过主编、副主编会议统一定稿。因此，本教材集中了全体参编人员的智慧和经验，是团结协作的结晶。

本教材坚持科学理论与实际操作技术相结合的编写原则，按照重理论、强实践、广适应的要求，广泛收集国内外有关植物害虫检疫的文献资料，力求反映本学科发展的新理论、新成就和新技术。

全书设上、下两篇，共分 9 章。上篇包括绪论和 1~4 章，分别论述植物害虫检疫概念及发展历史、植物害虫检疫的生物学基础与风险分析、植物害虫检疫检验与检疫处理的原理与方法等。重点突出检疫性害虫检疫检验和检疫处理的理论基础与方法。下篇包括 5~9 章，分别介绍了我国危险性及检疫性害虫的分布、危害、生物学特性、形态鉴定特征、检验检疫技术以及检疫处理与防治方法。重点突出检疫性害虫检验检疫的操作技术。每章前面有指导学习的导读；每节后面根据需要，附有帮助鉴别近似种的检索表；每章后均附有一定数量的复习思考题，以便于复习和自学；书中配有大量黑白插图（163 幅），简明扼要，形象直观；此外，各章节还配有一定数量的风趣典故、危害实例等，以增加教材的趣味性。全书最后附有主要参考文献。在编写过程中，我们注重知识介绍的准确性、条理性、新颖性、通俗性，本教材不仅可以满足本科生、研究生植物害虫检疫学教学的要求，而且可作为植物检疫相关人员的参考书。

由于编者水平所限，加上时间仓促，书中难免存在不妥或错误之处，恳请读者批评指正，以便再版时修订。

在编写过程中，得到了所有参编单位领导、教务处的关心与支持，宋旭红、邱艳、杨杉等同志对书稿进行校对，在此一并表示衷心的感谢。同时，对本教材编写过程中参考的所有有关著作、教材、论文的作者表示谢意。

《植物害虫检疫学》编委会

2005 年 5 月

# 目　　录

第二版前言

第一版序一

第一版序二

第一版前言

绪论 …………………………………… 1

　一、植物害虫检疫学的性质和任务

　　…………………………………… 1

　二、植物害虫检疫学与其他学科的

　　　关系 ……………………………… 2

　三、植物害虫检疫的发展简史与展望

　　…………………………………… 3

　复习思考题 ……………………… 9

**第一章　植物害虫检疫的理论依据及风**

　　　　**险分析** ……………………… 10

　第一节　植物害虫检疫的理论依据

　　…………………………………… 10

　　一、昆虫的多样性 ……………… 10

　　二、害虫分布的区域性 ………… 11

　　三、害虫传播的人为性 ………… 14

　　四、害虫入侵生物学及危害性 … 16

　第二节　植物害虫的风险分析 …… 22

　　一、有害生物风险分析及相关学

　　　　术名词的概念 ……………… 22

　　二、有害生物风险分析发展简介

　　　　……………………………… 23

　　三、有害生物风险分析国际标准

　　　　……………………………… 27

　　四、中国有害生物风险分析程序

　　　　……………………………… 41

　　五、中国植物害虫风险分析案例

　　　　……………………………… 43

　复习思考题 ……………………… 47

**第二章　检疫性害虫的检疫程序与方法**

　　…………………………………… 48

　第一节　检疫性害虫检疫程序 …… 48

　一、植物检疫的一般程序 ………… 48

　二、国内植物害虫检疫程序 ……… 52

　三、进出境植物害虫检疫程序 …… 57

　第二节　检疫性害虫的检疫方法

　　…………………………………… 67

　　一、粮油和饲料的检疫方法 …… 67

　　二、瓜果和蔬菜的检疫方法 …… 69

　　三、棉麻和烟草的检疫方法 …… 72

　　四、木材和竹藤的检疫方法 …… 73

　　五、种苗和花卉的检疫方法 …… 74

　复习思考题 ……………………… 78

**第三章　植物害虫的检疫处理与防治**

　　…………………………………… 79

　第一节　检疫处理的概念、原则

　　　　　与策略 ………………… 79

　　一、检疫处理的概念 …………… 79

　　二、检疫处理原则与策略 ……… 79

　第二节　法规治理 ………………… 81

　　一、对入境植物、植物产品的检疫

　　　　处理 ………………………… 81

　　二、对出境植物、植物产品的检疫

　　　　处理 ………………………… 82

　第三节　物理处理 ………………… 83

　　一、低温处理 …………………… 83

　　二、热处理 ……………………… 83

　　三、辐照处理 …………………… 84

　　四、气调技术 …………………… 85

　　五、微波加热处理 ……………… 85

　第四节　化学处理 ………………… 85

　　一、熏蒸处理 …………………… 86

　　二、其他化学处理方法 ……… 107

　第五节　检疫性害虫的防治 …… 107

　　一、加强监测，定期普查 …… 108

　　二、加强非疫区建设与管理 … 108

三、疫区根据实际情况实施扑灭与
综合治理 …………… 108
复习思考题 …………… 109

**第四章　检疫性鞘翅目害虫** 110
第一节　检疫性象甲类 …………… 110
一、墨西哥棉铃象 …………… 111
二、稻水象甲 …………… 115
三、棕榈象甲 …………… 119
四、白缘象甲 …………… 122
五、芒果果肉象甲 …………… 125
六、芒果果核象甲 …………… 127
七、芒果果实象甲 …………… 129
八、剑麻象甲 …………… 131
九、杨干象 …………… 132
第二节　检疫性豆象类 …………… 137
一、菜豆象 …………… 138
二、巴西豆象 …………… 142
三、鹰嘴豆象 …………… 145
四、灰豆象 …………… 146
五、四纹豆象 …………… 148
第三节　检疫性小蠹虫类 …………… 151
一、咖啡果小蠹 …………… 153
二、欧洲榆小蠹 …………… 155
三、美洲榆小蠹 …………… 157
四、山松大小蠹（中欧山松大小蠹）
…………… 159
五、红脂大小蠹 …………… 161
第四节　检疫性天牛类 …………… 166
一、白带长角天牛 …………… 168
二、刺角沟额天牛 …………… 169
三、家天牛 …………… 171
四、青杨脊虎天牛 …………… 173
第五节　其他检疫性鞘翅目害虫
…………… 175
一、马铃薯甲虫 …………… 176
二、谷斑皮蠹 …………… 181
三、双钩异翅长蠹 …………… 185
四、大谷蠹 …………… 187
五、日本金龟子 …………… 190

六、椰子缢胸叶甲 …………… 193
七、椰心叶甲 …………… 195
复习思考题 …………… 198

**第五章　检疫性双翅目害虫** 200
第一节　检疫性实蝇类 …………… 200
一、地中海实蝇 …………… 201
二、橘小实蝇 …………… 207
三、苹果实蝇 …………… 212
四、柑橘大实蝇 …………… 215
五、蜜柑大实蝇 …………… 218
六、墨西哥按实蝇 …………… 222
七、西印度按实蝇 …………… 224
八、南美按实蝇 …………… 225
九、加勒比按实蝇 …………… 227
十、葫芦寡鬃实蝇 …………… 229
十一、埃塞俄比亚寡鬃实蝇 …………… 230
十二、西瓜寡鬃实蝇 …………… 232
十三、昆士兰果实蝇 …………… 233
第二节　检疫性瘿蚊类 …………… 239
一、黑森瘿蚊 …………… 240
二、高粱瘿蚊 …………… 243
第三节　检疫性斑潜蝇类 …………… 246
三叶斑潜蝇 …………… 247
复习思考题 …………… 251

**第六章　检疫性同翅目害虫** 252
第一节　检疫性蚜虫类 …………… 252
一、葡萄根瘤蚜 …………… 253
二、苹果绵蚜 …………… 256
第二节　检疫性介壳虫类 …………… 260
一、松突圆蚧 …………… 262
二、松针盾蚧 …………… 265
三、枣大球蚧 …………… 267
复习思考题 …………… 271

**第七章　检疫性鳞翅目害虫** 272
一、苹果蠹蛾 …………… 272
二、美国白蛾 …………… 277
三、小蔗螟 …………… 282
四、咖啡潜叶蛾 …………… 284
五、蔗扁蛾 …………… 287

复习思考题 ……………… 290

第八章　其他检疫性害虫 …………… 292

一、入侵红火蚁 ……… 292

二、大家白蚁 ………… 296

三、可可褐盲蝽 ……… 299

四、非洲大蜗牛 ……… 302

复习思考题 ……………… 304

参考文献 ………………… 306

附录一　中华人民共和国进境植物检疫

性有害生物名录 …………… 313

附录二　全国农业植物检疫性有害生物
名单、应施检疫的植物及植物
产品名单 …………… 318

附录三　中华人民共和国林业部发布的
森林植物检疫对象名录、应施
检疫的森林植物及其产品名单

…………… 320

附录四　相关术语缩写 …………… 321

# 绪　　论

**内容提要**：概述了植物害虫检疫学的性质、任务、研究内容、与其他学科的关系以及植物检疫发展简史等。

## 一、植物害虫检疫学的性质和任务

植物害虫检疫是为防止检疫性害虫的进入和传播蔓延，而由政府部门依法采取的治理措施，是贯彻我国"预防为主，综合防治"植保方针的一个不可缺少的组成部分。检疫性害虫是指经过风险分析后，国家或省区颁布的植物检疫法规中明确规定的害虫，或双边协定中确定需要进行检疫的危险性害虫。检疫性害虫可分为进境植物检疫性害虫、全国植物检疫性害虫、森林植物检疫性害虫、双边协定中确定的检疫性害虫等。

植物害虫检疫学主要研究本国尚无分布或局部地区分布的危险性害虫，根据国内外危险性害虫的疫情，研究检疫性害虫的形态特征、国内外分布情况、在疫区表现的为害性、传播途径、生物学特性、发生与环境的关系、检验检疫及鉴定技术、检疫处理方法及新技术、新手段在检疫中的应用等，通过风险分析判断外来害虫的风险性，研究这些害虫传入本国本地的可能性或可能途径，以及一旦传入后的可能适生范围，进而拟定出科学的防治策略和措施等。

随着植物害虫检疫研究的不断深入和植物检疫工作的广泛开展，植物害虫检疫已具有自己独特的研究对象、研究内容和研究方法，成为一门新的学科——植物害虫检疫学。植物害虫检疫学是植物检疫学和应用昆虫学的一个新的分支学科。

植物害虫检疫工作与一般的害虫防治工作相比，具有自己独特的性质，即具有预防性、战略性、法制性、权威性和国际性。

（1）预防性。通过植物检疫工作可预见某些危险性害虫的动向，从而采取相应的控制对策，防止危险性害虫传入，它是植物保护的边防线，因而它是所有防治措施中最具预防性的措施。

（2）战略性。害虫检疫工作的好坏，关系到国家农林业生产安全和我国的国际威望和信誉。因此，检疫法规、检疫性害虫名单的制定及各项检疫措施的实施，都是着眼于本国或本地区的全局和长远利益考虑的，而不是计较一时一地的得失。有时为了全局和长远利益，不惜牺牲一时一地的利益，因而具有战略性。有时为了彻底扑灭刚传入或在局部地区刚发生的危险性害虫，必须彻底销毁带有这类危险性害虫的进口材料，把发生危险性害虫的局部地区划为疫区进行封锁。

（3）法制性。植物害虫检疫通常由国际组织或一个国家的政府，有时是几个国家的政府联合颁布有关法律、法规来指导工作。诸如检疫性害虫名单、检疫的范围、检疫的程序、处理办法、疫区或保护区的划定等都是由有关法律、法规确定的。植物检疫机关及检疫人员的工作，实际上是代表国家执行有关植物检疫的法律、法规。

（4）权威性。植物检疫法规是国家或政府颁布的法令，具有法律所共有的严肃性和

要等40天才能上岸，这么长时间可真难打发。

（夏红民，2002）

权威性。它必须由官方的执法机关（植物检疫机构）来执行，任何集体和个人（包括执法人）都必须依法办事。例如，凡是引进或输出植物检疫法规所规定的植物及其产品，必须向植物检疫机关申请检验，并服从检疫机关依法作出的处理。检疫机关及检疫工作人员也必须按照检疫法规的规定进行必要的检验，并依法提出科学的、实事求是的处理意见。

（5）国际性。植物害虫检疫工作，尤其是对外检疫工作，检疫对象主要针对出入境植物及其产品等，所要阻止与防范的主要是国外发生的危险性害虫的入侵和国内危险性害虫传出国境。因此，必须了解和掌握国外危险性害虫发生、为害、传播蔓延的动态和规律，了解国外的植物检疫法规等。为了达到既促进国际间的贸易往来以及科学技术和自然资源的交流，又防止彼此间传播危险性害虫的目的，就必须加强植物检疫和植保领域的国际合作，执行《实施动植物检疫卫生措施协议》（SPS）与《国际植物保护公约》（IPPC）。

植物害虫检疫学的基本任务在于，认真执行植物检疫法规，防止危险性害虫传入、传出及扩散，保护本国、本地农林业生产及生态环境安全，维护本国的外贸信誉，促进国内外贸易的发展和经济繁荣。

## 二、植物害虫检疫学与其他学科的关系

植物害虫检疫学以昆虫学为基础，涉及多方面的知识，它是与法学、经济学、商品贸易学、植物学、动物学、普通昆虫学、农业昆虫学、林业昆虫学、城市昆虫学、生态学、植物检疫学、地理学、气象学、分子生物学、信息学等许多学科有关的一门科学。因此，要学好植物害虫检疫学，还应具备以上相关学科的知识。

植物害虫检疫学与其他应用昆虫学如农业昆虫学、森林昆虫学、园艺昆虫学及城市昆虫学等的主要区别在于：

（1）研究对象不同。植物害虫检疫学研究和控制的对象主要是植物检疫法规中指明的检疫性害虫，这些害虫大多数是当时本国、本地未发生或局部发生的，并且都是主要通过人为传播的。农业昆虫学等的研究和防治对象主要是本国、本地已发生，并对农林业危害较大的有害昆虫及其他有害动物等。

（2）研究内容和研究方法多有不同。由于植物害虫检疫学研究的对象多是本国、本地所没有的或局部地区分布的危险性害虫，它的着重点在于根据国内外有关这些危险性害虫的疫情，深入开展检疫性害虫的风险分析、检验检疫技术及检疫处理措施等研究。而农业昆虫学等主要在实验室和田间进行，重点研究当地已有重要害虫的发生规律及综合治理技术。

（3）采取的防治策略和防治方法不同。出入境植物及其产品经检验后，如发现有检

疫性害虫名单或贸易合同中所规定的害虫，应根据实际情况作出检疫处理。检疫杀虫处理应采取全部种群治理（total population management，TPM）策略，以达到彻底消灭害虫的目的。而一般的害虫防治目前应采取有害生物综合治理（integrated pest management，IPM）策略，协调应用各种防治措施，把害虫种群密度降低到经济损失允许的水平之下，允许有少量害虫存在。此外，对于已意外传入某一地区但立足未稳、分布面积很小的检疫性害虫，也应采取 TPM 策略，并要求比一般大田害虫防治更快速、更彻底。

（4）工作方法不尽相同。害虫检疫工作比一般的害虫防治工作更需要依靠国际国内有关法规（如 SPS 协定、植物检疫法）；需要依靠国内各部门、各单位（如外贸、交通、运输、海关、民航、旅游、邮政等部门、种子管理及粮食部门等）的密切配合；依靠全国范围内省、市、县间的联防；依靠国际检疫部门间的合作。

## 三、植物害虫检疫的发展简史与展望

### （一）植物检疫的起源及早期发展

植物检疫的传统概念，是从预防医学借用的。"检疫"（quarantine）一词源于意大利语的 quarantina，原意是 40d。14 世纪威尼斯共和国为预防在欧洲流行的鼠疫、霍乱等烈性传染病的传播，规定对抵港船只实行强制性隔离 40d，认为这些传染病在 40d 内有可能通过潜伏期而表现出来，经检查无病者才允许登岸。其后将这种隔离措施用于预防动物传染病，最后又应用到植物保护中以防止危险性病、虫、杂草的传播蔓延，称为植物检疫（plant quarantine）。

作为植物检疫工作的基础，检疫立法是先决条件。在世界农业史上，防止病虫害传播的早期法规是 1660 年法国卢昂地区为了控制小麦秆锈病 *Puccinia graminis* f. sp. *tritici* 流行而提出的有关铲除小檗 *Berberis thunbergii*（小麦秆锈病菌的转主寄主）并禁止其输入的法令。19 世纪后期，世界上发生了一系列因重大病虫害传播、蔓延而造成农林业生产巨大损失的事例。如原产于美国的葡萄根瘤蚜 *Viteus vitifoliae*，1858 年随葡萄枝条的输出而传入欧洲，1860 年传入法国，在 25 年内毁坏了法国的 250 万英亩（1 英亩＝0.4057hm²）葡萄园，占当时法国葡萄栽培面积的 1/3 左右，使法国的葡萄酿酒业遭受沉重打击，致使法国于 1872 年率先颁布了禁止从国外输入葡萄枝条的法令。1873 年，德国、俄国也颁布了类似的禁令。19 世纪 70 年代，马铃薯甲虫 *Leptinotarsa decemlineata* 随马铃薯从美国传入欧洲，导致马铃薯严重减产。1873 年，德国明令禁止进口美国的植物及其产品，以防止毁灭性的马铃薯甲虫传入。随后，法国、俄国、英国也先后颁布了同样的禁令。1877 年，加拿大在利物浦港口码头发现一只活的马铃薯甲虫，立即引起政府的高度重视，随即制定和公布了防止危害各类作物的昆虫传入和扩散的《危险性昆虫法》。进入 20 世纪以来，随全球经济的快速发展，国际贸易日益频繁，世界各国非常重视植物检疫工作。在加强立法的同时，陆续成立了专门负责防范危险性有害生物传播扩散的动植物检疫机构，执行法律所赋予的检疫权利。1912 年，美国在世界上率先颁布了《植物检疫法》；1935 年又颁布了《动植物检疫法》。日本自1914 年先后制定了《出口植物检查证明章程》、《进出口植物检疫取缔法》等。1960 年以后，新西兰、英国、法国、意大利等许多国家，都先后制定了各自不同的植物检疫法律法规。目前，世界上绝大多数国家都制定了自己的植物检疫法规。据统计，在171个国家和地区中，已有160个国家制定了有关检疫的法规或条例。

（二）植物检疫国际公约及有关组织

由于植物检疫工作的国际性，世界各国在国际合作方面也做了大量的工作。1881年11月3日，欧洲各国政府在瑞士伯尔尼共同签订了《关于防治葡萄根瘤蚜措施的国际公约》，这是世界上第一个众多国家共同防止危险性病虫害传播的国际公约。1889年8月15日在柏林签订了一个关于采取措施防止葡萄根瘤蚜传播与扩散的补充公约。1929年4月16日，一些国家在《葡萄根瘤蚜公约》的基础上，在罗马签署了《国际植物保护公约》（IPPC），并于1951年联合国粮农组织（FAO）的第六次会议上正式通过，1952年正式生效，成为第一个国际性的防止危险性有害生物传播扩散的公约。1979年和1997年，FAO根据《实施动植物检疫卫生措施协议》（SPS协议）要求，对IPPC进行了两次修订，增加了采取植物检疫措施技术的合理性和透明度，防止对贸易构成不必要的限制的规定。2005年10月20日中国加入了经1997年修订的《国际植物保护公约》，成为该公约的第141个缔约方。

IPPC的目的是确保全球农业安全，并采取有效措施防止有害生物随植物和植物产品传播扩散，促进有害生物控制措施的实施。《国际植物保护公约》为区域和国家植物保护组织提供了一个国际合作、协调一致和技术交流的框架和论坛。由于认识到IPPC在植物卫生方面所起的重要作用，WTO/SPS协议规定IPPC为影响贸易的植物卫生国际标准（植物检疫措施国际标准，ISPM）的制定机构，并在植物卫生领域起着重要的协调一致的作用。为了更好地在世界贸易组织（WTO）和IPPC的框架下使全球的植物卫生措施协调一致，1992年，FAO在其植物保护处之下设立了国际植物保护秘书处，负责管理与IPPC有关的事务，主要包括3方面内容：①制订国家植物检疫标准；②向IPPC提供信息，并促进各成员间的信息交流；③通过FAO与各成员政府和其他组织合作提供技术援助。1993年，IPPC秘书处制订了临时标准制定程序（interim standard-setting procedure），成立了植物卫生措施专家委员会（CEPM）。根据新修订的IPPC，2000年，CEPM已被临时标准委员会（ISC）所代替。1997年，成立了植物检疫措施临时委员会（ICPM），负责评估全球植物保护现状，并向IPPC秘书处提出工作建议。

（三）植物检疫区域性组织

为了协调区域内各国对危险性病虫害的防范和防治，及时沟通有关情报，加强科研合作，区域性植物保护组织（RPPO）也随即出现。

（1）亚洲及太平洋区域植物保护委员会（APPPC）。成立于1956年，成员24个，包括澳大利亚、孟加拉国、柬埔寨、中国、斐济、法属波利尼西亚、印度、印度尼西亚、老挝、马来西亚、缅甸、尼泊尔、新西兰、巴基斯坦、巴布亚新几内亚、菲律宾、澳门、韩国、西萨摩亚、所罗门群岛、斯里兰卡、泰国、汤加、越南。

（2）加勒比海区域植物保护委员会（CPPC）。成立于1967年，成员26个，包括巴巴多斯、哥伦比亚、哥斯达黎加、古巴、多米尼克、多米尼加共和国、法国（法属瓜德罗普、法属圭亚那、法属马提尼克）、格林纳达、圭亚那、海地、牙买加、墨西哥、荷属阿鲁巴和荷属安的列斯、尼加拉瓜、巴拿马、圣凯蒂和尼维斯、圣卢西亚岛、苏里南、特立尼达和多巴哥、英属处女岛、美属处女岛、波多黎各、委内瑞拉。

（3）南锥体区域植物保护组织（COSAVE）。成立于1980年，成员5个，包括阿根廷、巴西、智利、巴拉圭、乌拉圭。

（4）卡塔赫拉协定委员会（CA）。成立于1969年，成员5个，包括玻利维亚、哥伦比亚、厄瓜多尔、秘鲁、委内瑞拉。

（5）欧洲和地中海区域植物保护委员会（EPPO）。成立于1951年，成员43个，有阿尔巴尼亚、阿尔及利亚、奥地利、比利时、保加利亚、克罗地亚、塞浦路斯、捷克、丹麦、爱沙尼亚、芬兰、法国、德国、希腊、根西岛、匈牙利、爱尔兰、以色列、意大利、英属泽西岛、约旦、吉尔吉斯斯坦、拉脱维亚、立陶宛、卢森堡、马其顿、马耳他、摩洛哥、荷兰、挪威、波兰、葡萄牙、罗马尼亚、俄罗斯、斯洛伐克、斯洛文尼亚、西班牙、瑞典、瑞士、突尼斯、土耳其、乌克兰、英国。

（6）泛非植物检疫理事会（IAPSC）。成立于1954年，成员51个，包括阿尔及利亚、安哥拉、贝宁、博茨瓦纳、布基纳法索、布隆迪、喀麦隆、佛得角、中非、乍得、科摩罗、刚果民主共和国、刚果共和国、科特迪瓦、吉布提、埃及、赤道几内亚、埃塞俄比亚、加蓬、冈比亚、加纳、几内亚、几内亚比绍、肯尼亚、莱索托、利比里亚、利比亚、马达加斯加、马拉维、马里、毛里塔尼亚、毛里求斯、莫桑比克、纳米比亚、尼日尔、尼日利亚、卢旺达、圣多美和普林西比、塞内加尔、塞舌尔、塞拉利昂、索马里、南非、苏丹、斯威士兰、多哥、突尼斯、乌干达、坦桑尼亚、赞比亚、津巴布韦。

（7）北美植物保护组织（NAPPO）。成立于1976年，成员3个，包括加拿大、墨西哥、美国。

（8）区域国际农业卫生组织（OIRSA）。成立于1953年，成员8个，有伯里兹、哥斯达黎加、萨尔瓦多、危地马拉、洪都拉斯、墨西哥、尼加拉瓜、巴拿马。

（9）太平洋植物保护组织（PPPO）。成立于1995年，成员18个，包括澳大利亚（诺福克群岛）、库克群岛、斐济、法属波利尼西亚和新喀里多尼亚、基里巴斯、马绍尔群岛、密克罗尼西亚、瑙鲁、新西兰、纽埃岛、北马里亚纳群岛、帕劳、巴布亚新几内亚、美属萨摩亚群岛和关岛、瓦努阿图。

（四）中国植物检疫发展史与展望

我国植物检疫工作是在国际植物检疫不断发展的基础上，应运而生并不断发展完善的。早在1928年，国民政府就制定了《农产物检查所检查农产物规则》、《农产物检查所检验病虫暂行办法》等规章制度，成立了"农产物检查所"，执行农产品的检验和植物检疫任务，成为中国官方最早的动植物检疫法规条例和相关机构。抗战暴发后，中国动植物检疫工作基本处于停滞状态。也正是在此时，蚕豆象 *Bruchus rufimanus* Boheman、棉花枯萎病 *Fusarium vasifectum*、甘薯黑斑病 *Ceratocystis fimbriata* 等重大病虫害陆续传入我国。

早在 1922 年蔡邦华撰文呼吁建立国家植物检疫机构，1927 年朱凤美发表论文，介绍植物检疫的理论与方法。

中华人民共和国成立以来，中央政府非常重视植物检疫工作。1949 年建立了由中央贸易部领导的商品检验机构，1952 年明确由外贸部商检总局负责对外动植物检疫工作。1953 年 5 月农业部提出设立农业部领导下的植物检疫局，1954 年农业部在检保局内设立植物检疫处。1954 年政务院颁发了《输出输入植物检疫暂行办法》和《输出输入植物与检疫对象名单》等。1956 年 2 月，国务院批准成立农业部领导下的植物检疫实验室。1957 年 10 月，国务院批准农业部《公布国内植物检疫试行办法》，并附有《国内植物检疫对象和应受检疫的植物、植物产品名单》。同年 12 月，农业部正式公布《国内植物检疫试行办法》。1964 年 2 月，国务院将动植物检疫划归农业部领导（动物产品检疫仍由商检局办理）。同年 10 月，国务院批准成立农业部植物检疫实验所。1965 年在全国 27 个口岸设立中华人民共和国动植物检疫所，并根据形势发展的需要，在开放口岸设立进出境动植物检疫机构。

"文化大革命"初期，进出境动植物检疫工作一度陷入混乱，针对这一情况，农业部于 1966 年制定了《农业部关于执行对外植物检疫工作的几项规定》（草案），规范了当时的植物检疫和口岸执法工作。同年 6 月，农业部公布修订的《国内植物检疫对象名单》，共计 29 种，其中害虫 13 种。9 月，农业部、外贸部印发《进口植物检疫对象名单》，进口检疫对象共计 34 种，其中害虫 17 种。1974 年制定了《对外植物检疫操作规程》，对动植物检疫工作起到了指导和规范的作用。

改革开放以来，动植物检疫恢复了正常的工作秩序，并得到迅速发展。农业部在总结各地植物检疫工作实践经验的基础上，于 1980 年 3 月印发了《关于对外植物检疫工作的几项补充规定》，要求"进口植物、植物产品及其运输工具都应实施检疫，但在检疫程序上可根据不同产品类别，区别掌握"。1981 年 9 月，国家农委同意成立农业部领导下的"中华人民共和国动植物检疫总所"；11 月，国务院印发《国务院批转农业部关于严防地中海实蝇传入国内的紧急报告的通知》。1982 年，国务院正式批准成立国家动植物检疫总所，行使对外动植物检疫行政管理职能，同年还颁布了《中华人民共和国进出口动植物检疫条例》，其中明文规定对"运载动植物、动植物产品的车、船、飞机"、"可能带有检疫对象的其他货物和运输工具"实施检疫。1983 年，农业部根据条例授权，制定了《中华人民共和国进出口动植物检疫条例实施细则》，之后又发布了《进口植物检疫对象名单》、《中华人民共和国禁止进口植物名单》等规章制度，使进出境动植物检疫工作更加规范化和制度化。1991 年全国人大审议并通过了《中华人民共和国进出境动植物检疫法》，并于 1992 年 4 月 1 日正式施行，以法律的形式明确了动植物检疫的宗旨、性质、任务，为口岸动植物检疫工作提供了法律依据和保证。1992 年 7 月农业部印发的《中华人民共和国进境动植物检疫危险性病、虫、杂草名录》包括害虫 39 种。

1995 年，国家动植物检疫总所更名为国家动植物检疫局。1996 年 12 月，国务院颁布了《中华人民共和国进出境动植物检疫法实施条例》，细化了动植物检疫法中的原则规定。1997 年 11 月，国家动植物检疫局制订下发了《中华人民共和国进境植物检疫危险性病、虫、杂草名录（试行）》，其中包括害虫 148 种。并制订了《进境植物检疫禁止进境物名录》等，对于实现进出境动植物检疫"把关、服务、促进"的宗旨发挥了重要的作用。

为适应我国对外开放和外贸发展的需要，1998 年 4 月，国务院机构改革方案确定国家商检局、国家动植物检疫局、国家卫生检疫局合并组建国家出入境检验检疫局。2001 年，国务院又将国家出入境检验检疫局和国家质量技术监督局合并成立国家质量监督检验检疫总局，领导全国出入境检验检疫工作，并先后出台了多项管理办法和措施。2003 年 4 月，国家质检总局下发《关于加强防范外来有害生物传入工作的意见》，要求加强防范外来有害生物入侵，保护我国农林业生产、生态环境安全和人体健康。2004 年和 2006 年又先后制定了《出入境人员携带物检疫管理办法》、《进境货物木质包装检疫管理办法》。2007 年 5 月 28 日，农业部、国家质检总局根据《中华人民共和国进出境动植物检疫法》及其实施条例等法律法规，并按照国际植物检疫措施标准，再次修订了《中华人民共和国进境植物检疫性有害生物名录》，新名录中检疫性有害生物种类由原来的 84 种扩大到 435 种，其中包括害虫 152 种，保护面明显扩大，同时增加了有害生物的防范力度，提高了进境植物检疫门槛。

（夏红民，2002）

随着经济全球化的进程，越来越多的生物也在环球"旅行"，时空和距离不再是生物入侵的屏障，生物可以通过多种途径迅速传播到世界各地，外来生物入侵对世界各国农林业生产安全、生物多样性和生态环境构成了严重威胁。我国自 2001 年 11 月加入世界贸易组织以来，对外贸易发展迅猛，其中 2006 年进出口贸易总额超过 1.7 万亿美元，农产品进出口额达到 630 亿美元，出口农产品首次超过 300 亿美元大关。与此同时，我国口岸从进境植物及其植物产品中截获有害生物呈大幅增长趋势，明显呈现出如下 3 个特点：一是传入速度加快。据统计， 20 世纪 70 年代，我国仅新发现 1 种外来检疫性有害生物，80 年代 2 种，90 年代 10 种，2000～2007 年新发现 20 种。二是已经传入的疫情向内地扩散为害。稻水象甲自 1988 年传入河北省唐山市后，现已在 14 个省的局部地区发生；苹果蠹蛾自 1989 年传入甘肃后，现已突破河西走廊的天然屏障，到达甘肃省的兰州市，对我国苹果优势产区直接构成严重威胁。三是潜在威胁巨大。例如，俄罗斯滨海地区已经普遍发生的马铃薯甲虫，距黑龙江边境仅 50km；中亚、西亚的玉米切根叶甲正向新疆边境逼近；小麦印度腥黑穗病、香蕉穿孔线虫、马铃薯金线虫、地中海实蝇也经常在我国沿海沿边各口岸被截获。由此可见，加强植物检疫工作，把好国门，保障我国农林业生产安全，已成为摆在我们面前的一个更加光荣而艰巨的任务。

"源头"控制是有效阻止检疫性害虫入侵的重要工作之一。外来有害物种的主要传入途径有两个方面，即无意识引进的外来有害物种与有意识引进的作为特殊目的的物种。因此，植物检疫预防有害物种传入的主要任务包括两大方面：①形成与完善口岸检疫系统的检疫设施，建立快速的检测与去除技术体系；②建立完善的隔离检疫制度，按地区、行业部门的需求建立一定数量的隔离检疫苗圃与基地、隔离试验场与检疫中心。

在某种程度上来讲，即使是尽最大的努力也不可能完全阻止外来有害物种的入侵。因此，发展早期入侵物种的快速检测与去除技术是根除或控制入侵物种所必须采取的措施。否则，等到广泛扩散之后，再加以控制，需要花费很大的代价进行持续不断的控制。针对潜在危险入侵物种的多样性、传入途径的不确定性，今后我国应建立完善的综合检测和快速反应的技术体系。应特别重视害虫检疫的高新技术研究，重点开展针对口岸多次截获的潜在入侵物种种类，采用 DNA 分子标记、基因芯片等分子生物学的技术与方法，研究潜在入侵和已入侵但局部分布的外来物种的快速、准确、灵敏的分子检测技术，开发出实用的分子检测试剂盒。研究外来入侵物种模式识别应用技术，开发害虫的视频、声频及信息检测系统，实现外来入侵物种有实用价值的自动鉴别；研制建立口岸远程鉴定复核系统，并构建危险性外来入侵物种辅助鉴定数字化鉴别特征图库；在检测技术基础上，形成相关的技术指标、标准或规程、专利与产品，并构建我国应对危险性生物入侵突发事件的高效快速分子监测技术平台。

进一步完善隔离检疫制度与技术体系，主要包括以下几个方面：

（1）口岸检疫预防。主要是针对动植物及其产品、产品包装箱、旅客携带物品等无意识引入的外来有害物种，进行检疫及检疫技术的研发。并建立外来有害物种远程鉴定复核体系。

（2）隔离检疫预防。主要是针对农林业有意识引进的物种（用于农林业生产的农作物品种、苗木、水产养殖动物、观赏动植物等，用于园林绿化的草坪种子、生态修复的植物等，用于科研的试验材料等）进行隔离检疫。对有意识的生物资源引种进行检疫、隔离观察和除害处理。

（3）内检预防。加强内检系统现代检疫设备的配备，建立完备的内陆检疫防御体系。其主要任务是对限定性内检对象进行检疫、对传播途径进行严格监控与阻断。

（4）物种引进的管理。对不同领域中各种有意识引进的生物资源材料进行严格的审查。确定其引入的风险程度，决策是否引进，监督引进的后果。

（5）风险评估与预警。针对危险性的外来入侵物种，构建定量风险评估的技术体系，制定风险评估的技术标准、体系与模式、技术操作规范与规程。根据风险评估的结果，定性与定量外来入侵物种的风险级别、扩散模式、损害水平及控制技术体系；建立风险决策、风险管理与风险交流（信息反馈、信息处理）的机制，在此基础上，构建风险预警与狙击体系。

（6）无意传入物种的狙击。根据我国国际贸易往来情况以及各海关口岸每年截获的外来入侵物种的种类及其重要性，应注意及时对进境动植物检疫名单进行修订和补充，由相关部门（农业部、国家质检总局、林业局、海洋局等）发布。总之，要不断创新，努力把我国植物检疫工作提高到一个新的水平。

## 复习思考题

1. 植物害虫检疫学的性质和任务是什么？
2. 植物害虫检疫学有哪些主要研究内容？
3. 植物害虫检疫学与其他应用昆虫学有哪些主要区别？
4. 简述我国植物害虫检疫发展简史。

# 第一章　植物害虫检疫的理论依据及风险分析

**内容提要：**本章分两节，第一节从昆虫多样性、昆虫分布的区域性、昆虫传播的人为性以及传入后的危害性等方面，详细论述了植物害虫检疫学的理论基础，回答了为什么要进行植物害虫检疫。第二节介绍了植物害虫风险分析的基本概念、国内外有害生物风险分析的发展演变简史与现状。详细论述了有害生物风险分析的三个基本阶段（风险启动、风险评估和风险管理）的原理与方法及其影响因素。阐述了国内外有害生物风险分析的基本程序。

## 第一节　植物害虫检疫的理论依据

昆虫种类多，与人类关系十分复杂。多数昆虫种类由于环境及生态条件的限制，仍然只分布在它能够适生的"局部"区域，有扩张其地理分布范围的潜能和趋势。人类活动加速了昆虫的扩散，特别是 21 世纪经济全球化、国际贸易自由化，加之交通工具现代化，危险性害虫的扩散已成为一个新的全球化现象，有可能引起巨大的经济损失和生态危害，因此，必须进一步加强植物害虫检疫工作。本节重点阐述开展植物害虫检疫的理论依据。

### 一、昆虫的多样性

昆虫种类、行为和生理的多样性以及遗传的多样性等在生物界中都是最高的。昆虫纲是动物界最大的纲，占已知动物种类的 2/3，即 100 多万种。植物的已知种类为 33.5 万种左右，只及昆虫种类的 1/3。而且昆虫种内个体数量巨大，一棵树可集聚 10 万蚜虫个体，阔叶林土壤可聚集弹尾目昆虫 10 万头，30cm 深麦田有昆虫 6000 个/m²，荒草地 8700 个，一窝蚂蚁可达 50 多万个体。

昆虫适应能力强、分布广，遍及全球每个地区和一切有机物中。从深层土壤到冰雪覆盖的高山，从炎热的赤道到寒冷的两极，从海洋、河流等水体环境到干燥的沙漠等，都有昆虫存在；从动植物外表到体内，甚至植物残体和分泌物、动物尸体与排泄物等一切有机物中都可发现昆虫的存在。

昆虫寄主多、食性复杂，有些昆虫以植物为食，有些取食腐烂物质，还有些为肉食性。据估计，植食性昆虫约占 48.2%，捕食性昆虫占 28%，寄生性昆虫占 2.4%，腐食性昆虫占 17.3%。由于不同昆虫口器构造不同，取食方法和取食寄主的部位也存在多样性。数量最大的植食性昆虫，有的取食植物组织，如蛀茎、咬根、取食花朵和种子，有的可取食几个部位；有的则吸取植物汁液。因此，在同一种植物上可以有几种到几十种甚至几百种昆虫。另一方面，不同昆虫的食物范围也存在明显分化，有的只取食一种植物及其近缘种植物，即单食性昆虫，如三化螟只取食水稻，梨实蜂只为害梨，豌豆象只为害豌豆；有些昆虫可取食一个科及其近缘科内多种植物，即寡食性昆虫，如小菜蛾幼虫，能取食十字花科的 39 种蔬菜；还有些昆虫可取食在自然分类系统上几乎无亲缘关系的多个科的植物，即多食性昆虫，如棉铃虫幼虫，可取食 20 多科 200 多种植物。

此外，昆虫在生殖方式、生物学习性等方面也存在多样性。昆虫除了常见的两性生殖外，还存在孤雌生殖、多胚生殖、胎生和幼体生殖等；昆虫能够进行休眠和滞育以度过不良的环境条件；昆虫可以通过混隐色、瞬彩、警戒色和拟态等多种多样的色彩防御外来危险等。

昆虫危害严重。"虫灾"、"水灾"、"旱灾"是我国历史上的三大自然"灾害"。据估计，世界上重要农业害虫至少 10 000 种以上。其中，有许多种类为

> 昆虫种类、形态、生殖、生活习性等方面都存在多样性。

危险性害虫。所有农作物，从种子到收割后储藏运输的每个阶段都受到昆虫的为害，给农林牧业生产造成巨大损失，在我国因病虫为害造成粮食损失 5%～10%，棉花 20%左右，贮粮害虫对粮食的损失达 5%～10%，果树蔬菜的损失一般在 15%～20%。此外，昆虫还是植物病害、人类疾病的重要媒介。

由于昆虫具有多样性，所以世界各个国家或地区都必然存在需要进行检疫控制的害虫。

## 二、害虫分布的区域性

昆虫自起源后，就主动或被动地不断扩张其地理分布范围，但受到外界生态环境因素的限制，大部分昆虫仅"局部分布"在它能够适宜生存的区域，而未"广泛分布"在它可以适宜生存的所有区域。所有这些昆虫仍存在扩大地理分布范围的潜力和趋势，这种"局部分布"是暂时的、相对的，而"广泛分布"是必然的。昆虫不断进化，环境条件也不断变化，所以昆虫的地理分布区域是动态的，也在不断变化，昆虫在自然界的地理分布范围是昆虫与其生态环境相互作用的结果。影响昆虫地理分布的主要因素包括气候条件、生物因素、地理环境、土壤条件和人类活动等。

### 1. 气候条件

气候的综合效应决定着昆虫的分布和一般的生态特征，是昆虫扩大其地理分布的主要制约因素。影响昆虫分布的气候因素主要有温度、湿度、光、风、雨及降雪等，尤其温度是对昆虫影响最为显著的气候因素。昆虫是变温动物，外界环境温度的高低直接影响虫体温度，进而影响昆虫新陈代谢的速度。不同种类的昆虫对温度的反应是不同的，同种昆虫不同发育阶段的发育起点温度及完成一个世代的有效积温也存在差异。每种昆虫都有它生存的最低和最高温度区，温度过高，即致死高温区，昆虫先表现兴奋，继而昏迷，体内酶系被破坏，部分蛋白质凝固，可在短时间内死亡；温度过低，即致死低温区，昆虫因体液冻结，原生质受冻机械损伤，脱水而失去活性，或因虫体生理失调，有毒物积累而死亡。昆虫的一切代谢都以水为介质，虫体内的整个联系、营养物质的运输、代谢产物的输送等都是在溶液状态下才能实现，水分的不足或无水会导致昆虫正常生理活动的中止，甚至死亡。湿度就是通过影响虫体含水量进而影响昆虫的新陈代谢。温度和湿度还通过影响昆虫寄主生长及土壤含水量等其他生态条件，最终间接影响昆虫的存活和种群密度。此外，降雨、降雪可改变大气或土壤的湿度，或通过直接冲刷等机

械作用影响昆虫。风也影响昆虫的地理分布和生活方式，小风能改变环境小气候，进而影响昆虫的热代谢；大风能把昆虫带到很远的地方，加速昆虫的扩散蔓延。风对昆虫地理分布的影响主要表现在飞行的类群上，特别是影响昆虫的迁飞行为。

**2. 生物因素**

生物因素包括食物、竞争者、捕食性和寄生性天敌以及各种病原微生物等。尽管生物因素对昆虫的影响一般只涉及种群的部分个体，影响到种群密度，但是有时仍然影响昆虫在自然界的分布。食物是昆虫存在的基础，若无寄主植物存在就不可能有该种昆虫的分布和为害。害虫宽阔的寄主范围有利于昆虫的生存，寄主分布越广，害虫分布可能就越广。

竞争者同样影响昆虫的生存，如橘小实蝇属海洋气候适宜种，在海洋气候区域，生存竞争强。据报道，1946 年在夏威夷发现橘小实蝇，1947～1949 年，夏威夷连年发生，柑橘类几乎 100% 受害，并很快抑制住了当地早已大发生的地中海实蝇 *Ceratitis capitata*，而使地中海实蝇几乎绝迹。研究认为橘小实蝇雌成虫可以敏锐地发现并利用地中海实蝇的产卵孔产卵，其卵孵化迅速，并抑制地中海实蝇卵的孵化。同样，在澳大利亚，当地昆士兰实蝇抑制地中海实蝇的发生。此外，昆虫病原微生物流行也影响昆虫的生存。

**3. 土壤条件**

土壤是昆虫的重要居住场所。大约有 98% 以上的昆虫种类或多或少与土壤相联系。

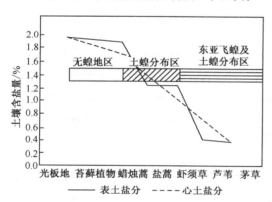

图 1-1 蝗虫的分布与植被及土壤含盐量的关系（陈永林，1979）

有些昆虫如蝼蛄、伪步行虫等，生活史各阶段几乎全在土壤中；有些在个体发育某一阶段或一定的季节内生活在土壤中，如金龟子科、叩头虫科、步行虫科等的幼虫期生活在土壤中。土壤的干湿度常常影响土壤中昆虫的分布，如沟金针虫主要分布在平原旱地，湿地虽有发生，但一般密度较小，其分布区内全年降水量为 500～750mm，平均温度在 10～14℃；细胸金针虫的分布与沟金针虫相反，主要分布在水地或湿度较大的洼地。土壤酸碱度也影响昆虫的存在，如小麦红吸浆虫最适宜生活在碱性土壤中，在 pH 3～6 的范围不能生活。土壤含盐量等对昆虫分布也有一定影响，如蝗虫的分布（图 1-1），土壤含盐量在 0.3%～0.72% 的地区；东亚飞蝗、黑背蝗、稻蝗及赤翅蝗等多数都能分布，含盐量在 0.75%～1.32% 的地区则仅有尖翅蝗的分布。

**4. 地理条件**

影响昆虫分布的地理条件主要有高山、沙漠、海洋、湖泊等大面积水体以及大面积不同植被等自然屏障，阻隔昆虫的扩散和蔓延，阻止昆虫的扩张。因此，即使气候条件极其相似的不同地区，由于地理屏障限制其昆虫群落的交互传播，经过长期的进化和演变，形成不同的昆虫群落结构和组成。如纬度基本一致（北纬 23°），气候条件也极相似的广州和古巴两地水稻害虫组成中，除稻绿蝽 *Nezara viridula* L. 为两地共有外，其他种类都不同。但人类活动可帮助昆虫超越这些地理障碍，广州和古巴两地有不少相同的柑橘介壳虫种类，这些原产东洋区的介壳虫就是随柑橘苗木经美国南部，被人为传到古巴。

此外，地理条件还影响气候，进而影响昆虫的分布。一般海拔高度每增加100m，温度平均下降0.6～1℃；地形影响风、雨、寒流和暖流的发生；高山地区还形成植物的垂直分布范围等，最终影响昆虫的地理分布。例如，云南高海拔地区存在不少古北区昆虫种类，而低海拔则属于典型东洋区系。

**5. 人类活动**

人类在生产、运输及贸易等活动的同时常常伴随着传播植物或植物产品中携带的害虫，加速昆虫的扩散，甚至超越昆虫自身无法超越的大海、高山、沙漠等地理障碍，促使昆虫更广泛地分布。人类活动的影响主要有：①协助昆虫传播或限制害虫扩散蔓延；②影响昆虫的生态环境，造成对昆虫有利或不利的环境条件；③直接杀灭害虫或抑制其生长发育与繁殖等。

因此，昆虫在自然环境中的分布是昆虫与环境相互作用的结果，每种昆虫都有一定的地理分布范围。根据 Wallace（1876）《动物地理分布》划分，且至今仍被广泛接受的世界动物地理区系，全世界分为6个地理区（图1-2），每个区都有代表性种类。①古北区：包括欧洲全部、非洲北部地中海沿岸、红海沿岸及亚洲大部分，以撒哈拉大沙漠与非洲区相连，而以喜马拉雅山脉至黄河长江之间地带与东洋区分界，本区昆虫种类组成中，舞毒蛾 *Lymantia dispar* L. 是该区广泛分布的代表种之一；②东洋区：喜马拉雅山脉至黄河长江之间地带以南地区，包括亚洲南部的半岛及岛屿，代表种有大柏天蚕蛾 *Attacus atlas*；③非洲区：撒哈拉大沙漠及其以南的非洲地区，阿拉伯半岛南部和马尔加什，代表种有采采蝇 *Glossina*；④新北区：包括北美及格陵兰，代表种有周期蝉 *Magicicada*；⑤新热带区：中美洲、南美及其所属岛屿，代表种有大翅蝶科 Brassolidae、透翅蝶科 Ithomiidae 和长翅蝶科 Heliconiidae 昆虫；⑥澳洲区：澳洲及其附近岛屿，代表种有古蜓科 Petaluridae 昆虫。我国地域辽阔，横跨古北区和东洋区两区，两区以喜马拉雅山系及秦岭为界。

图 1-2　世界昆虫区系示意图

A. 古北区；B. 新北区；C. 东洋区；D. 非洲区；E. 新热带区；F. 澳洲区

根据害虫为害情况可将害虫的为害地区分为：①分布区：可以发现害虫的地域，包含为害、间歇性严重为害区或偶发区以及严重为害区；②为害区：生态条件一般适宜该害虫的生存和繁衍，害虫种群密度较大，能对作物造成经济损失的为害地区，包含间歇性严重为害区或偶发及严重为害区；③间歇性严重为害区或偶发区：该地域生态条件（尤其气候条件）有些年份适宜某种害虫生存、繁衍而造成危害，有时不适宜而表现出害虫偶然性或间隔性地发生；④严重为害区：这个地区的生态条件特别适合某种害虫的发生和为害，常年均能造成较大的危害，如不进行人为控制，则该害虫能造成严重经济损失，或经常发生，数量最多，形成蔓延中心的地区。

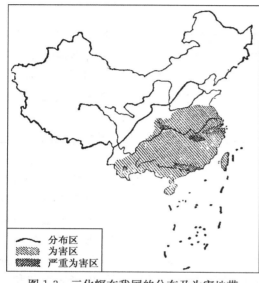

图 1-3　三化螟在我国的分布及为害地带
（北京农业大学，1981）

图 1-3 是三化螟在我国的分布区域，其分布北限稻区，三化螟并不造成危害，但中南部造成直接经济损失，为害程度则与水稻的栽培制度密切相关，分属于为害区和严重为害区。一般早、中、晚稻混栽地区，三化螟为害最重。栽培制度单一地区三化螟发生数量比栽培制度复杂的地区少，特别是水稻生长发育期与三化螟发生期在物候上不吻合的地区，三化螟为害更轻。

掌握害虫在世界的分布与为害情况，以及预测预报害虫扩散、蔓延趋势的方法有多种（详见第二节害虫风险分析）。

（1）实地调查。就危险性害虫对本地区、本区域或本国及发生区进行定期调查，是掌握其分布与为害情况直接的、最可靠方法。

（2）收集相关情报资料。由于人力与财力等原因，掌握危险性害虫在世界的分布与为害，主要通过各种数据库、互联网等电子文献、学术期刊等纸质文献等情报资料，进行统计、分析整理。

（3）通过对有关生态因素的调查分析，评估和预测危险性害虫扩散蔓延的可能性与趋势。

## 三、害虫传播的人为性

昆虫不断扩大地理分布范围的途径主要有以下三种：① 依靠昆虫自身能力不断扩散蔓延，如昆虫的飞翔、爬行、游泳及跳跃等；②借助自然界的外力传播，如随风、雨、流水及寄主动物等扩散；③人类活动加速昆虫的扩散。除了少数迁飞性昆虫外，昆虫远距离扩散传播主要是伴随人类生产、运输及贸易等活动而迅速扩张其地理分布范围。许多昆虫或因为生活史某一个或几个发育阶段生活在植物种子、苗木或植物产品内部，或黏附在外表，或因混杂其间，随着人类活动如贸易、运输、邮寄及携带这些植物或植物产品而迅速传播。北美现有 60％以上害虫由欧洲传入；地中海区域 107 种柑橘害虫中有 50 种是外来种；入侵我国的外来物种有 400 多种，其中危害较大的有 100 余种，对我国农林牧业生产影响比较大的传入昆虫如棉红铃虫、甘薯小象甲、蚕豆象、苹果绵蚜、葡萄根瘤蚜、柑橘吹绵蚧及马铃薯块茎蛾等。在世界自然保护联盟公布的全球100种最具威胁的外来物种中，我国就有50余种。2003年3月，国家环保总局公布的首批入侵我国的16种外来物种（其中昆虫4种），分别为紫茎泽兰、薇甘菊、空心莲子菜、豚草、毒麦、互花米草、飞机草、水葫芦、假高粱、蔗扁蛾、湿地松粉蚧、强大小蠹、美国白蛾、非洲大蜗牛、福寿螺、牛蛙。

人类活动加速了昆虫的扩散，加剧了昆虫的危害性，古今中外有些危险性害虫因人类活动而被引进，并定殖到新区，给后者造成巨大的损失和绵绵不断的后患。

棉红铃虫 *Pectinophora gossypiella*（图1-4）原产印度，随着棉籽的调运，1903年传入埃及，1913年传到墨西哥，1917年在美国发现，1918年随美国棉籽倾销传入我国，至1940年已遍及当时79个棉花种植国家中的71个，引起棉花损失1/5～1/4，而中美洲国家损失甚至高达1/3～1/2，且使棉花品质下降。这种害虫至今仍是我国棉花主要害虫和世界上六大害虫之一。

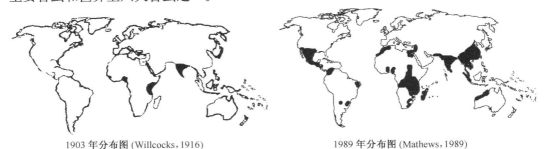

1903年分布图（Willcocks，1916）　　　　1989年分布图（Mathews，1989）

图1-4　棉红铃虫世界分布的变迁

黑色部分：棉红铃虫分布区

葡萄根瘤蚜 *Viteus vitifoliae*（图1-5）原产美洲，1860年左右随葡萄种苗传入法国，导致欧洲葡萄品种感虫，染上后，葡萄根瘤蚜快速繁殖，引起断根，造成整株死亡。在以后的25年，摧毁法国1/3栽培面积的葡萄园，半数葡萄酒厂停业倒闭。为此，1881年，有关国家签订了防治葡萄根瘤蚜的国际公约。中国在1892年从法国引进葡萄种苗时将该虫引入我国山东，虽未酿成大害，但它使我国葡萄栽培业在相当长时间内发

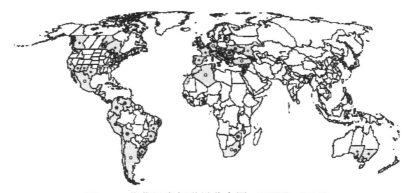

图1-5　葡萄根瘤蚜世界分布图（EPPO，2005）

阴影部分：葡萄根瘤蚜分布区

展不起来，直到解放后从东欧引进抗虫品种后，局面才有所改观。

这些事例说明了人类活动参与并加速了危险性害虫的扩散蔓延，特别在经济全球化、贸易自由化的今天，植物及植物产品贸易量日益增加，人为传播害虫的机会骤增，而且由于现代化交通工具的使用，国际间贸易和人员往来更快捷方便，可以短时间到达异国腹地，使得害虫的传播完全不受地理屏障和距离的制约。正如世界自然保护同盟2000年2月在瑞士通过的《防止因生物入侵而造成的生物多样性损失》中指出："千万年来，海洋、山脉、河流和沙漠为珍稀物种和生态系统的演变提供了隔离性天然屏障。在近几百年间，这些屏障受到全球变化的影响已变得无效，外来入侵物种远涉重洋到达新的生境和栖息地，并成为外来入侵物种。"

## 四、害虫入侵生物学及危害性

### （一）外来有害昆虫的危害性

外来害虫的入侵不仅能暴发成灾，引起巨大经济损失，而且会对当地生态系统、人类健康及社会安全等带来为害。

**1. 对经济安全的影响**

外来入侵昆虫可直接造成严重的经济损失。初步统计，在美国每年因生物入侵造成的经济损失达1370亿美元，南非每年损失达980亿美元，印度每年损失达1200亿美元。我国每年因生物入侵造成的直接经济损失达数千亿元，仅烟粉虱、紫茎泽兰、松材线虫病等11种外来入侵生物，每年就给农林牧渔业生产造成574亿元经济损失。

稻水象 *Lissorhoptrus oryzophilus*、湿地松粉蚧 *Oracella acuta*、松突圆蚧 *Hemiberlesia pitysophila*、日本松干蚧 *Matsucoccus matsumurae*、美国白蛾 *Hyphantria cunea* 等入侵害虫，近年来发生与为害面积逐年增加。1988年，湿地松粉蚧被人为携带传入广东，1999年发生面积就达35.24万公顷，其中受害面积达23.16万公顷；1982年5月在广东珠海马尾松林内首次发现松突圆蚧，至1996年发生面积已经达80.9万公顷，并以每年6万～7万公顷的速度向西北等方向蔓延；20世纪70年代末在辽宁丹东首次发现美国白蛾，此后疫情不断扩散，至1998年发生面积已经达9.9万公顷，暴发时几乎食光所有绿色植物叶片，仅山东省受害林木花卉就达17.29万株；20世纪30年代末随日本赤松 *Pinus densiflora* 和黑松 *P. thunbergii* 苗木传入我国的日本松干蚧，1996～1998年间在吉林、辽宁、山东、江苏、浙江等省每年的发生面积约11万公顷，仅辽宁每年造成的松树木材损失就达3万公顷；1988年，稻水象甲在河北唐海县暴发成灾，发生面积达33万公顷，一般水稻产量损失5%～10%，严重田块达40%～60%，少数田块基本无收成；20世纪80年代初随木材贸易从美国传入的红脂大小蠹 *Dendroctonus valens*，1999年在山西大面积暴发，使大片油松林在数月之间毁灭，现已蔓延到河北、河南和陕西等省；1993年在海南首次发现的美洲斑潜蝇 *Liriomyza sativae* 目前已传播到几乎全国的所有省市，每年有133.33万公顷蔬菜受害，损失率高达30%～50%，有的地方甚至绝收。B型烟粉虱是世界自然保护联盟公布的全球14种最具威胁的入侵性昆虫之一，也是国际科技界有史以来唯一被冠以"超级害虫"称谓的昆虫。20世纪80年代该害虫入侵到美国，随后迅速入侵到世界各地，目前至少已有39个国家的棉花、木薯、番茄等遭到毁灭性的危害。美国 20 世纪 90 年代初因其造成的危害,每年蔬菜作物等的损失高达 5 亿美元以上。在烟粉虱入侵我国的近 10 年中,其种群迅速增长并扩散,大量取食危害我国番茄、烟草、棉花等数 10 种重要的经济作物,严重危害种植业的持续发展和食品安全。

外来入侵昆虫还可通过其他方式间接造成严重的经济损失。

(1) 传播植物病毒。例如,烟粉虱除了直接吸取植物汁液造成为害外,还可传播 111 种植物病毒,包括双生病毒科 Geminiviridae 菜豆金色花叶病毒属 Begomovirus、长线病毒科 Closteroviridae 毛病毒属 Crinivirus、铃薯 Y 病毒科 Potyviridae 香石竹潜隐病毒属 Carlavirus 或甘薯轻型斑驳病毒属 Ipomovirus 病毒;另外,还传播一些没有明确分类地位的或不知名的病毒。

(2) 影响出口创汇。许多外来入侵昆虫阻碍农产品进出口国际贸易,严重影响国家利益。许多入侵昆虫使我国的进出口贸易面临"出口受阻、进口受损"的残酷局面。例如,蚕豆象 Bruchus rufimanus Boheman 是影响我国蚕豆产量和品质的主要外来入侵昆虫。近年来,因出口创汇的需要,蚕豆已从原来收摘干豆作粮食为主转变为以收摘鲜荚做蔬菜保鲜出口为主。但是蚕豆象幼虫蛀入孔形成的小黑点影响了豆粒的外观品质,造成产品出口合格率降低。据有关资料统计,由于蚕豆象的为害,一般大田收购的鲜荚蚕豆符合出口标准要求的豆粒仅 30%～40%,因此提高了加工厂家的成本,降低了农民的种植效益。美国以我国发生橘小实蝇 Bactrocera dorsalis (Hendel) 为由,禁止我国鸭梨出口美国。

(3) 影响旅游开发。美国白蛾不仅严重影响发生区内的农林业生产,而且严重威胁着园林绿化旅游开发等事业的发展。

**2. 对生态安全的影响**

外来入侵物种一般具有繁殖力高、生命力强等特点,在气候、寄主、土壤等生态条件适宜的情况下,很容易大肆扩散蔓延,威胁本地物种的生存,造成生物多样性的丧失,有时还会形成大面积的单一优势种群,影响当地生物群落的组成和结构。在我国,一些外来入侵昆虫对生物资源、物种多样性以及生态环境等构成直接威胁。

(1) 威胁生物资源。一些外来入侵昆虫物种对资源昆虫造成严重的生态影响。例如,意大利蜂 Apis mellifera L. 的优良品种陆续被引进我国后,我国土著物种东方蜜蜂 A. cerana Fabr. 受到严重危害,其分布区域缩小 75% 以上,种群数量减少 80% 以上;还使山林植物授粉总量减少,导致植物多样性降低。

(2) 影响物种多样性。一些外来入侵昆虫不仅通过捕食、竞争等方式对我国土著物种构成严重威胁,还会间接影响生态平衡。例如,红火蚁是由南美洲经北美传入我国的外来入侵昆虫,它除了危害地栖性脊椎动物,还影响植物群落组成和其他物种的生物多样性。

(3) 影响生态环境。在我国大陆,椰心叶甲 Brontispa longissima (Gestro) 危害面积约为 4167 万公顷,受害棕榈科植物约有 110 万株,不仅严重威胁了广大椰农的生活,而且对海南和广东的生态环境产生极大的破坏性。

(4) 针对外来入侵昆虫的某些控制管理措施,如对农田、林间或仓储室内大面积化学防治,不仅消耗人力、物力,还会对生态环境造成严重污染,杀死大量的天敌还可能引起害虫的局部大发生。

**3. 对人类健康和社会安全的影响**

一些外来入侵昆虫能够影响人类健康或破坏公共设施，影响社会安全。例如，德国小蠊、澳洲大蠊 *Periplaneta australasiae* (Fabr.) 等能够传播多种人类疾病。红火蚁会叮咬人、畜，人被叮咬后皮肤会出现红斑、红肿、痛痒，一些体质敏感的人还会产生过敏性的休克反应，严重者甚至死亡。红火蚁还可破坏生态环境，危害公共设施或电器设备（如电缆线箱、变电箱等），能够造成电线短路或设施故障，给电力设施安全运行带来严重的隐患。

此外，外来有害昆虫等导致的生物入侵可能衍生出的农业生物恐怖涉及国家安全，实质上已交织成了一个复杂的政治、经济、科学、社会与伦理问题。

（二）外来有害昆虫的入侵过程

对于特定的生态系统与栖境而言，任何非本地的物种都称为外来物种（alien species），它通常是物种出现在其正常的自然分布范围之外的一个相对概念。而外来入侵物种（invasive alien species，IAS）是指对生态系统、栖境、物种、人类健康带来威胁的外来物种，它应满足以下三个基本条件：①侵入到其自然分布区以外；②在侵入地区能自我繁衍；③对经济、生态或社会产生危害。这是外来入侵物种的生态学定义，实际上，外来入侵物种在时间和空间上很难定论。因此，一般把从国外传入或引入、国内以前没有分布与发生的物种称为外来物种，其中造成危害与损失的称为外来入侵物种。

外来入侵昆虫是我国农林生态系统中一个大的重要类群。例如，烟粉虱 *Bemisia tabaci* (Gennadius)、红火蚁 *Solenopsis invicta* Buren、稻水象甲 *Lissorhoptrus oryzophilus* Kuschel、蔗扁蛾 *Opogona sacchari* (Bojer)、苹果绵蚜 *Eriosoma lanigerum* (Hausmann)、美国白蛾 *Hyphantria cunea* (Drury)、红脂大小蠹 *Dendroctonus valens* Leconte、湿地松粉蚧 *Oracella acuta* (Lobdell)、松突圆蚧 *Hemiberlesia pitysophila* Takagi、美洲斑潜蝇 *Liriomyza sativae* (Blan.)、南美斑潜蝇 *Liriomyza huidobrensis* (Blan.)、美洲大蠊 *Periplaneta americana* (L.)、德国小蠊 *Blattella germanica* L.、西花蓟马 *Frankliniella occidentalis* (Perg.) 等均是在我国危害比较严重或具有较大潜在危害性的外来入侵昆虫。

一般认为，外来物种的入侵过程分为传入、定殖/建群和扩散三个阶段，即外来物种传入到新的栖息地，初始定殖和种群的成功建立，扩散和再次传入新的栖息地。

**1. 外来物种的传入**

传入（introduction）是指物种从原产地到达新栖息地的过程，它是外来物种成功入侵的第一步。外来物种的传入一般分为三种途径，即以人类活动为主的无意识引入（如随农产品、生产材料、生活用品、运输工具、货物包装箱、远距离游行、旅游等携带）、有意识引入（如资源交换、引种等）及自然传入（如迁徙、气流、水流等）。其中，人类活动在外来物种的传入过程中起着重要作用，多数长距离的外来物种传入是人类活动直接或间接导致的结果。例如，一些外来入侵植物最初常作为饲料植物、药材植物、观赏植物、苗木等被人为直接引入，而后扩散成灾；许多入侵节肢动物则是随农产品贸易、各种包装箱、林木等无意传入的。

在传入过程中，一般仅是外来物种的少数个体越过地理屏障传播到新的栖息地。在此阶段的影响因子主要有传播载体、传播途径、传入途径的强度以及繁殖体压力，它们对外来物种后来的成功建群具有重要影响。资料表明，不同外来物种的传播载体与传播途径显著不同，而且存在动态变化。沿着传播途径传播的物种数量及释放时这些物种的存活力（即传入途径的强度）越大，建群的可能性就越高。到达某一区域或生态群落中外来种的数量（即繁殖体压力）对于外来物种的成功建群也具有重要影响。但繁殖体压力并非是决定外来物种建群成败的唯一机制，它还与干扰、生活史机制等相互作用而影响外来物种的成功建群。

**2. 初始定殖和种群的成功建立**

在传入新的栖息地后，外来物种要在新的栖息地定殖（initial colonization）并建立（establishment）一个具有自我繁衍能力的种群。在初始种群定殖和种群开始快速增长及扩散之间，常有一个停滞时期。

生殖策略、遗传变异以及表型可塑性等均是影响初始种群成功定殖的重要因素。

（1）在定殖过程中，外来物种的生殖策略起着重要作用。这些生殖策略包括隔离植物个体的自体受精、具备多种生殖方式（如既有营养体生殖又有种子生殖）、植物携多籽果实、雌性昆虫和脊椎动物储存精子、孤雌生殖以及生殖方式的改变等。

（2）在定殖过程中，外来物种由于瓶颈效应、遗传漂变以及来源单一，其种群遗传多样性降低很多。遗传多样性的降低与外来物种建群失败之间关系的研究较少。一般认为，遗传多样性的降低可能产生两种结果。其一，近亲交配可能限制种群的增长，降低种群持续存在的可能性。其二，降低的遗传多样性将限制种群进化的能力。但也有资料表明，遗传多样性的降低有时能够促进外来物种的入侵性。例如，Tsutsui 等（2000）通过研究提出了阿根廷蚂蚁 *Linepithema humile* Mayr 成功入侵的"瓶颈假说"，即由于阿根廷蚂蚁入侵种群的遗传瓶颈使得入侵种群同质性增加，减少了入侵种群不同巢穴间的争斗，从而形成了有利于其入侵的行为特性。研究还发现，某些外来入侵物种种群遗传多样性没有降低，可能与其复杂的传播模式有关，也可能与产生杂交或变异有关。

（3）表型可塑性（phenotypic plasticity）也常常是入侵物种定殖新地区的生活史特征，它是指同一个基因型对不同环境应答而产生不同表型的特性并具有确定的遗传基础，其本身是一种可以独立进化的性状，可能在这些物种的成功入侵和随后的扩散中起着关键作用。高度的表型可塑性对于生物适应环境变化及其扩大分布范围具有重要的意义，这种特征使物种在一系列的异质生境下以较低的代价取得较高的适合度。

潜伏期常被认为是外来物种入侵过程中的生态学现象，是种群指数增长期。同时，也常被认为是外来物种的进化过程，该过程包括适应新环境的进化、入侵生活史特征的进化和清除近亲交配衰败（inbreeding depression）的遗传负荷（genetic load）。许多案例表明，可能存在外来物种成功入侵的遗传抑制因子，潜伏期可能是外来物种克服这些遗传抑制因子而进行适应进化的时间。潜伏期的一个小小的遗传变异可能产生很大的生态影响。

外来物种建群过程中的生态策略可能与定殖过程中的生态策略并不一致。在建群过程中，不同的分类单元建群所需的生态策略可能并不一致。例如，对不同目昆虫的比较研究表明，成功建群的可能性与较小的体积呈正相关；而对脊椎动物和无脊椎动物的综合研究则表明，成功建群的可能性与中型体积之间呈正相关。除了与生态策略相关外，外来入侵物种的生物学特性在建群过程中也起着重要作用。外来入侵物种在种群建立过程中往往比土著物种具有更强的竞争能力，如阿根廷蚂蚁在资源干涉竞争以及资源利用竞争方面均比土著蚂蚁具有优势。同时，外来物种种群本身需要进行生态学与遗传学上的"前适应性"调整，即外来物种需要依赖于本身所具有的侵略特征以及个体的快速适应与变异等。例如，入侵美洲的果蝇 *Drosophila subobscura* Coll. 在翅的大小上出现了变化；入侵到北美的阿根廷蚂蚁、红火蚁表现出不同于原产地的行为特征，在侵入地区巢穴间的种内竞争明显减少。

**3. 扩散和再次传入新的栖息地**

一旦完成初始定殖和种群建立，外来物种可以借助外部因素（自然或人类协助）进行长距离的扩散（spread）（跳跃式扩散），或者通过已建成种群边缘扩散而进行短距离的扩散（传播扩散）。在此过程中，扩散载体、自身扩散能力、繁殖体数量、扩散模式、生命率（出生、死亡）、气候、人类活动等均是影响外来物种扩散的重要因素。

在种内以及种间水平上，外来物种种群自身以及其他物种种群均需要进行生态学与遗传学上的"后适应性"调整，即：外来物种种群在扩散过程中需要自身种群的遗传变异，以及种群繁殖、发育、生长、扩散等策略的改变；外来物种与土著物种之间产生竞争、捕食、互利、抑制、遗传侵蚀以及表观竞争等相互作用及调整。外来物种在扩散到新的栖息地后，其种群在群落或生态系统内进一步扩散并对后者造成不同程度的负面影响；同时，新的环境因子或其他影响因子与外来物种种群形成新的关系。在群落与生态系统水平上，群落或生态系统对外来物种入侵的抵御机制、外来物种侵入后的遗传学与生态学效应、系统的生态调控与生态修复机制及人类活动与生物入侵的关系，均是该阶段需要探讨的主要科学问题。

（三）外来有害昆虫的入侵机制

**1. 入侵机制**

Williamson（1996）研究表明，约 10% 的传入物种成为偶见种群（casual population），其中约 10% 的物种成为建成种群（established population），又约 10% 的建成种群成为有害生物，这一经验规律被称为"十数定律"。"十数定律"说明不是所有的外来物种都能成为入侵种，只有少数外来物种能够适应新的环境成为有害物种。害虫传入新区后能否定殖，建立稳定的种群，主要取决于气候条件是否适宜和是否存在适生的寄主植物。新区的气候条件、寄主植物、地理特点、天敌、竞争者等生态条件影响新传入害虫的种群密度及其危害性。一般害虫传入新区后有以下几种发展趋势。

（1）不能存活，或不能建立起稳定的种群而自行消亡。新区气候条件不适宜，或无寄主植物，新传入的害虫不可能存活。新区不是该种害虫的分布区。如我国北方低温，褐飞虱、稻纵卷叶螟等有一定的分布北界。橘小实蝇更适合生存在海洋气候，所以主要分布在 20~30℃ 范围内，冬季气温在 20℃ 的地区为害最重。马铃薯甲虫一般不能在一年中日均气温 15℃ 以上的天数少于 60d、最冷月 20cm 土层温度低于 -8℃ 的地区发生。在检疫工作中，对这类害虫，这类非分布区一般可不加限制，害虫传入定殖可能性不高，但也应注意寄主植物等分布情况的变化。

（2）新区气候、生态等环境条件与原区相似，且有合适寄主，而成为该害虫新的分布区，甚至成为严重为害区。因此新区应加强这类害虫的检疫，严防侵入。否则，一旦传入定殖，将对当地相关作物生产造成巨大的经济损失，且后患绵绵不断。如棉红铃虫1918年传入我国后对我国棉花生产造成巨大损失，至今仍是我国主要棉花害虫。美国白蛾1979年在我国辽宁丹东发现后，不断在我国扩散蔓延，对当地阔叶树林造成严重危害。

（3）由于新区生物群落组成及生长条件不同，在原产区为害不大的害虫，传入新区后为害加重，甚至造成毁灭性灾害。对这类潜在危险性害虫，由于事先对其危害性认识不足，很难判断，在检疫上易遗漏。所以应加强为害生物风险分析，科学预测，以严防传入。当然，有些国家实行"全面检疫"策略，严禁有害生物活体入境，则有利于杜绝这类潜在的危险性害虫传入。

这类害虫传入新区后危害性比原产地加重的原因是多方面的，主要有以下几点：

首先，新区寄主植物分布广，抗虫性弱，或更适宜为入侵害虫提供适合生存繁殖的食物。例如，马铃薯甲虫原产墨西哥北部落基山东麓，取食没有什么经济意义的一种野生茄科植物水牛刺，后随美国对西部的开发，大量种植马铃薯而转食马铃薯，随后迅速传遍北美及欧洲大陆，成为马铃薯毁灭性害虫。葡萄根瘤蚜原产美国，后随葡萄种苗传入法国，由于欧洲葡萄品种抗虫性弱而快速繁殖，成为当地毁灭性害虫，直到引入抗虫葡萄品种，才控制其危害。

其次，新区缺乏有效的天敌因素。在自然生态环境，生物因素通过食物链、食物网而相互联系、相互制约而达到一个相对平衡状态。新入侵害虫由于失去原有天敌的控制，其种群密度迅速增长而蔓延成灾。例如，美国白蛾在原产地美洲发生并不十分严重，属次要害虫，而在欧洲、亚洲为害很重，造成巨大损失，一个重要原因就是新区缺乏有效的天敌。原产美国的苹果绵蚜，属偶发性害虫，后随苗木传入欧洲后，由于失去原产地天敌日光蜂的控制而造成严重为害，直到引入日光蜂，才有效控制其为害。又如，原产澳洲的柑橘吹绵蚧，在当地并不是主要害虫种类，后随柑橘苗传入美国之后，由于失去其捕食性天敌昆虫澳洲瓢虫而种群密度迅速增加，成为美国柑橘主要害虫。因此植物检疫学上，如果发现新的入侵害虫扩散蔓延，并暴发成灾，确定入侵害虫的来源地，研究其原产地天敌类群则是其综合治理的一个重要组成部分。

此外，有利的新区气候条件或其他生态因素也有利于新传入害虫的生长繁殖，加剧其为害。

### 2. 相关假说

为了揭示外来有害物种的入侵机制，一些学者还提出了许多假说，其中具有影响力的几种假说主要有多样性阻抗假说（diversity resistance hypothesis，DRH）、天敌逃避假说（enemy release hypothesis，ERH）、增强竞争力的进化假说（evolution of increased competitive ability，EICA）、生态位机遇假说（niche opportunity hypothesis）、空余生态位假说（empty niche hypothesis，ENH）、干扰假说（disturbance before or upon immigration hypothesis）以及资源机遇假说（resource opportunity hypothesis，ROH）等。上述假说中，多数假说能够相互支持或相互补充，某些假说间也存在一定的争议。下面介绍几种假说的内涵：

（1）多样性阻抗假说（DRH）是 Elton（1958）提出的一个经典假设。该假说认为，群落的生物多样性对于抵抗外来物种的侵入起着关键作用，物种丰富的群落比物种组成简单的群落具有更强的入侵抵抗能力。一些数学模型与野外调查的结果支持这一假说，但也有一些研究结果与这一假说不符。一般情况下，这种假说在小尺度上得到了实验和理论的支持，但大尺度的野外调查和实验研究都有与之相反的结果。

（2）天敌逃避假说（ERH）认为，许多物种的成功入侵是由于缺乏有效的控制天敌所致。由于它们的种群不再直接被取食者和病原菌所抑制，从而获得比土著物种更强的竞争优势（Mitchell et al.，2003）。

（3）生态位机遇假说（niche opportunity hypothesis）是将群落生态学理论中的生态位概念应用于外来物种及其侵入群落中来分析生物入侵的机制。生态位机遇是指促进生物入侵的条件，主要包括资源、天敌和物理环境间的相互作用以及它们在时空中的变化方式。生态位机遇越低，群落对入侵的抵抗能力就越强。

# 第二节 植物害虫的风险分析

自然灾害和意外事故是客观存在的，但这样的不幸事件何时何地发生，造成何种程度的损失通常是难以预测的。对于某些特定事物而言，人们对事物是否会遭遇不幸以及在不幸中受到多大损失也是未知的。因此风险具有客观性、偶然性和可变性三个特征。以生物学和经济学为基础、以科学为依据、以政策为措施、以法律为准绳、以组织机构为保障，立足于风险的可变性特征，通过有害生物风险分析，将植物害虫风险降为最低，极力减少对人类造成的损失。

植物害虫是有害生物范畴中的一部分。有害生物风险分析的国际标准、程序方法等也适用于植物害虫的风险分析。因此，本节将重点介绍有害生物风险分析。

## 一、有害生物风险分析及相关学术名词的概念

（1）有害生物风险分析（pest risk analysis，PRA）。联合国粮农组织《国际植物保护公约》秘书处在 2003 年 4 月签署的《植物检疫措施国际标准》第 11 号标准、第 1 修订版中明确定义："有害生物风险分析"是以生物学、经济学或其他学科的证据为基础的评估过程，以确定某种有害生物是否应该被管控以及管控所采取各种植物检疫措施的强度。它包括有害生物风险评估和有害生物风险管理两部分内容。

（2）检疫性有害生物评估。评价有害生物传入和扩散的可能性及有关的潜在经济影响。

（3）检疫性有害生物风险管理。评价和选择备选方案以减少有害生物传入和扩散的风险。

（4）植物检疫法规。为防止检疫性有害生物传入和（或）蔓延、或为限制非检疫性有害生物所造成的经济影响而作出的官方规定。该规定包括建立植物检疫证书体系。

（5）有害生物。任何对植物或植物产品有害的植物、动物、病原体以及它们各自的种、株（品）系或生物小种为有害生物。

（6）检疫性有害生物。尚未发生、但对某地区经济重要性具有潜在威胁的有害生

物，或者已经发生、但尚未广泛传播并且正在被有关部门监控的有害生物。

（7）植物检疫措施。以防止检疫性有害生物传入和（或）扩散为目的的任何立法、法规或官方程序。

## 二、有害生物风险分析发展简介

### （一）国外发展状况

有害生物风险分析是制定动植物检疫措施的基础。世界各国、各地区都有各自的风险分析发展历程、检疫措施以及组织机构。由于各国对有害生物风险分析的理解和认识有所不同，在实际检疫措施的操作中存在着差异和特色。

**1. 美国的有害生物风险分析发展**

美国是贸易往来大国，同时也是世界上新的动植物被带入和定殖较多的国家之一。据文献报道在近 500 年的时间里美国的昆虫总量增加了 1%，有近 1120 种新的昆虫在近 5 个世纪的时间里定殖美国。

美国最初的有害生物风险分析模型建立于 20 世纪 70 年代。当时美国为了保护本国农业生产安全，控制外来有害生物的侵入，根据经济影响、社会影响和环境影响，对尚未在加州定殖的外来有害生物进行风险评估，辅助利用计算机系统分级打分，分数越高，危险越大。美国把有害生物危险性分析分为定殖潜力和定殖后结果两部分。定殖潜力下设 4 个指标：寄主上的有害生物、进境潜力、定殖潜力和扩散潜力。定殖后结果设 3 个指标：经济损失、环境损失和可察觉的损失。该有害生物风险分析的研究模型具有一定的代表性，在世界植物检疫历史上占有重要地位，经常被文献引用。1993 年 11 月，美国还完成了"非本土有害生物风险评估通用步骤"模型，采用高、中、低打分方法估计外来有害生物传入的风险程度。当时的有害生物风险分析被划分为三个阶段，与后来的联合国粮农组织的"准则"基本一致。

美国有害生物风险评估的特点是根据生物学特性，研究有害生物传播的可能性、定殖难易度、生态学范围占寄主作物范围百分比等十几项内容。

**2. 新西兰的有害生物风险分析发展**

新西兰开展有害生物风险分析工作较早。

真包虫（扁形动物门、绦虫纲、棘球绦虫属）可以引起许多动物肝脏疾病，甚至致命，但是它并不危害它的寄主（一般是绵羊和犬类）的健康。自从许多年前在新西兰阿瑞帕瓦（Arapawa）岛的一只绵羊身上发现了可繁殖的真包虫包囊以后，一场全民控制根除真包虫的运动便从 1959 年开始了。新西兰农业部和人民卫生部一直致力于完善和发展针对真包虫的管理措施，相应的《生物安全法案》及其修订案、《国家有害生物管理办法》陆续产生。从 1982 年到 1996 年 6 月 30 日，国家一直采取措施控制真包虫的传播和控制犬类行为。1996 年 7 月以后，国家又通过和实施了《生物安全法案第四次修订案》和《国家有害生物管理办法》，这些法案和办法弥补了一些政策和措施的漏洞，确保了根除真包虫计划的顺利完成。经过几十年的不懈努力，新西兰农林部依据 1993 年的《生物安全法案》第 131 节内容，终于在 1996 年 8 月 22 日正式宣布新西兰已经可以有效地控制真包虫的传播了。

在这一运动中，新西兰采取了强力而有效的措施，要求强制实施下列控制措施：

（1）在控制区内，所有的反刍动物和猪的屠宰地必须设置防狗护栏，以确保这些屠宰的副产品不被犬类接近。

（2）在控制区内的犬类不得喂食绵羊、牛、猪和山羊等的屠宰剩余物（屠宰副产品），除非这些东西经过至少30min的沸煮。

（3）在控制区内，必须防止犬类接触家畜尸体。

（4）在控制区内，必须防止犬类接触野生动物的尸体。

（5）在控制区内的所有庄园主有义务管控他们自己的家畜，防止它们迷路离群，误入毗邻庄园。

在这场"持久战役"中，新西兰在有害生物风险分析方面积累了丰富的经验，早就将"植物有害生物风险分析程序"列为国家标准（1993年12月），是世界上领先国家之一。

新西兰有害生物风险分析的显著特点是国家农业林业部生物安全局等有关部门能够很好地将科学研究与检疫决策相结合，已经形成了从科研队伍及其成果到管理决策的基本体系，同时能够将联合国粮农组织的植物检疫国际标准具体化、风险评估项目内容定量化。

**3. 澳大利亚的有害生物风险分析发展**

澳大利亚开展有害生物风险分析工作已有多年，早期的有害生物风险分析工作主要有稻米的有害生物风险分析、进口新西兰苹果梨火疫病的有害生物风险分析、实蝇对澳大利亚园艺工业的影响分析、种传豆类检疫病害的评价等。

国家将有害生物风险分析作为制定检疫政策的基础。1988年5月在"澳大利亚检疫工作的未来"的报告中明确提出了"可接受的风险"或"最小风险"概念；1991年，澳大利亚检验检疫局（AQIS）将概念"可接受的风险水平"纳入了进境检疫的有害生物风险分析程序中，作为澳大利亚检疫决策重要的参照标准之一。

澳大利亚还将有害生物风险分析作为履行有关国际协议的重要手段，一方面，有害生物风险分析结果可以作为阻止有害生物进境的理由；另一方面，可以作为向一些国家提出市场准入请求的依据，如向美国出口草种，向日本出口芒果新品种，向新西兰出口切花和各种实蝇寄主商品等。

澳大利亚的国家管理体制有其独特性，自然学科方面的内容评估由国家检验检疫局进行，社会学科方面的内容评估由政府指定的部门负责。因此，在进行植物检疫决策时，国家检验检疫局一般仅从生物学角度评估入境有害生物的风险性，不考虑经济学影响，或仅进行一般性的经济学评估。政府指定的部门则进行经济、社会、政治方面的评估。

在进行生物风险评估时，澳大利亚的主要特点是结合一些适生性分析软件如CLIMEX进行风险分析。评估规定了7个主要指标：有害生物的进境模式、原产地有害生物的状况、有害生物的传播潜能及其在澳大利亚的定殖潜能、其他国家类似的植物检疫政策、供选择的植物检疫方法和策略、有害生物定殖对澳大利亚产品的影响、分析中存在的问题。

风险管理在检疫决策中的重要性是澳大利亚有害生物风险分析工作中特别强调的一

点。除此之外，澳大利亚还非常重视分析有害生物的潜在风险性，对进口入境的有害生物确认其潜在的进口风险（import risk analysis），同时进行风险分级，并制定风险管理程序。

1997 年，澳大利亚开始采用了新的入境有害生物风险分析咨询程序。新的程序将入境申请分为两大类：相对简单的入境申请和较复杂的入境申请。两类申请分别采取不同的风险分析步骤：简单的入境申请可以履行常规的风险分析步骤；复杂的入境申请需要进行非常规的风险分析步骤。常规的和非常规的两种风险分析步骤在 1998 年澳大利亚检验检疫局出版的《AQIS 入境风险分析步骤手册》一书中都有详细描述。新程序中对入境商品要求至少公布两个文件：一是入境风险分析报告草案；二是入境风险分析报告最后确定稿。

**4. 加拿大的有害生物风险分析发展**

加拿大农业部 1995 年按照 FAO 的准则制定了本国的有害生物风险分析工作程序，由有害生物风险评估、有害生物风险管理、有害生物风险交流三个部分组成。

加拿大有专门的机构负责管理植物有害生物风险分析，由专门的机构进行风险评估和提出可降低风险的植物检疫措施备选方案，最后由管理部门进行决策。

在风险评估中，加拿大主要考虑有害生物传入后对寄主、经济和环境所造成的后果，同时研究不确定因素，并陈述所利用的信息的可靠性，然后根据风险评估结果，结合不定因素的分析，将风险划分为极低、低、中、高 4 个等级，最终确定总体风险。

加拿大的有害生物风险分析特色是重视与有关贸易部门的交流，及时沟通风险评估结果。

一方面，世界各国对有害生物风险分析的理解不同，以至在实际操作中存在着差异；另一方面，世界国际性组织在努力工作，使有害生物风险分析标准趋于统一。北美植物保护（NAPPO）在 1983 年创建了植物检疫术语词汇表，1987 年经 FAO 的非正式磋商，被采纳并被修订为 NAPPO/ FAO 植物检疫术语表。联合国粮农组织接受了关贸总协定（GATT）授予在植物检疫学科中的技术权限以后，在国际植物保护公约的合作条款下，正式建立了一个区域性植物保护组织（RPPO），以建立植物保护检疫原则和程序，作为一项全球协调的基础。为了减少动植物检疫行为对贸易往来的影响和贸易壁垒，WTO 于 1994 年在日内瓦（Geneva）颁布了《实施卫生与植物卫生措施协定》（SPS 协定）。SPS 协定中指出在植物健康方面的国际标准、准则和建议是指国际植物保护公约秘书处与该公约框架下运行的区域性组织合作制定的国际标准、准则和建议。1996 年，FAO 颁布了有害生物风险分析准则，各成员国可以在总原则下选择具体评价因素及评价方法，建立自己的分析模式，从而使有害生物风险分析的标准趋于统一。

目前多数国家在风险评估方面主要是生物学评估。仍有一些国家还只是相当笼统地规定国际贸易中植物及其材料的有害生物，这些国家采取的植物检疫措施主要依靠行政手段，进行严格法律限制，很少与科研相联系，缺乏科学依据，缺乏量化的风险评估方法进行概率和不确定性分析，因而尚未实现真正意义上的风险评估。

（二）国内发展状况

有害生物风险分析在我国的外贸工作中扮演着重要角色，我国加入世界贸易组织以后，国际贸易往来愈加频繁，有害生物风险分析在保护本国农业免受外来有害生物的入侵、促进国内农产品出口中的重要性就更加突出。

我国的有害生物风险分析发展历程大致可以分为四个时期，分别为孕育期、雏形期、成长期、壮大期。

**1. 孕育期**（1916~1980 年）

我国植物病理学的先驱邹秉文先生和朱凤美先生早在 1916 年和 1929 年就分别撰写了《植物病理学概要》和《植物之检疫》，书中提出并强调病虫害传入的风险性，建议设立检疫机构，防范病虫害传入。我国植物保护专家曾经在解放初期根据进口贸易的情况对一些植物的有害生物进行了简要的风险评估，提出了一些风险管理的建议。据此，我国政府 1954 年制定了"输出输入植物检疫种类与检疫对象名单"，标志着我国 PRA 工作的开始。

**2. 雏形期**（1981~1990 年）

我国原农业部植物检疫实验所的研究人员从 1981 年开始对引进植物及植物产品可能传带的昆虫、真菌、细菌、线虫、病毒、杂草 6 类有害生物开展了"危险性病虫杂草的检疫重要性评价"研究。研究根据不同类群的有害生物特点，按照为害程度、受害作物的经济重要性、在中国分布状况、传播和扩散的可能性、防治难易程度对有害生物进行了综合评估，制定了评价指标和分级办法，根据分值大小排列出各类有害生物在检疫中的重要程度和位次，提出检疫对策，从而使评价工作由定性阶段逐步走向定性和定量相结合阶段，为以后的各项工作的开展提供了科学依据。

继"危险性病虫杂草的检疫重要性评价"研究以后，我国又建立了"有害生物疫情数据库"和"各国病虫草害名录数据库"。在此基础上，1986 年制定和修改了《进出口植物检疫对象名单》和《禁止进口植物名单》，并提出了相关的检疫措施。与此同时，还用农业气候相似分析系统"农业气候相似距库"对甜菜锈病、谷斑皮蠹和小麦矮腥黑穗病的适生性进行了以实验研究和信息分析为主的适生性分析研究。

总之，上述一系列工作的开展积累了科学数据和工作经验，孕育着我国有害生物风险分析工作的发展，为以后真正意义上的有害生物风险分析奠定了扎实的基础。

**3. 成长期**（1991~1994 年）

1990 年以前中国还没有接触有害生物风险分析（PRA）这一名词，直至 1990 年亚太地区植物保护组织（APPPC）专家磋商会召开，中国才开始了解有害生物风险分析的概念及其内涵。此后，我国积极与有关国际组织联系，学习研究北美植物保护组织起草的"生物体的引入或扩散对植物和植物产品形成的危险性的分析步骤"，了解关于有害生物风险分析的新进展，积极开展有害生物风险分析的研讨。经过不懈的积极努力，于 1992 年形成了自己的相关法律 ——《中华人民共和国进出境动植物检疫法》。

第 18 届亚太地区植物保护组织会议在北京的召开和联合国粮农组织以及区域性植物保护组织对有害生物风险分析工作的重视促进了我国有害生物风险分析工作的发展。原农业部动植物检疫局高度重视我国有害生物风险分析工作，专门成立了中国有害生物风险分析课题工作组，进行了一系列的风险分析研究。国家"八五"攻关也将有害生物风险分析列为重点课题，课题组人员广泛收集国外疫情数据，学习其他国家的有害生物风险分析方法，研究探讨中国的有害生物风险分析工作程序，在此期间制定了《进境植物检疫危险性病虫杂草名录》和《进境植物检疫禁止进境物名录》（1992 年），颁布了《进境植物检疫潜在危险性病虫杂草名录》（1997 年），修订了《进境植物检疫禁止进境物名录》（1997 年），使中国的有害生物风险分析进入了一个发展时期，标志着中国在动植物检疫方面的成长。

**4. 壮大期**（1995～2008 年）

尽管我国的有害生物风险分析工作在成长期有了长足发展，但是还仍然处在科学研究阶段，远远不能满足国际贸易的发展和动植物检疫的需要。再合理可行的政策措施，如果没有相应的组织机构来组织、协调、推动和实施，也不能见到效果，组织机构是各项政策落实的保障。因此，国家于 1995 年 5 月成立了由原中华人民共和国国家动植物检疫局直接领导的中国有害生物风险分析工作组。该工作组是一个技术紧密型和政策权威性的专家组，由一个办公室和两个小组组成。办公室由专家和项目官员组成，主要负责协调工作组与政策制定部门关系，推动有害生物风险分析工作；两个小组为风险评估小组和风险管理小组。评估小组负责评估工作，提出可行的植物检疫措施建议；管理组负责确定检疫措施。工作组的基本任务是以生物学为基本科学依据确保植物检疫政策和措施的制定。工作组的成立意味着中国植物检疫的壮大，表明中国对"实施动植物检疫卫生措施协议"（SPS 协定）赋予了具体行动上的承诺，成为中国 PRA 发展历程中新的里程碑。

我国 2001 年 11 月 23 日加入 WTO 后，有害生物风险分析工作得到了更大的重视。工作组在联合国粮农组织"有害生物风险分析准则"和世界贸易组织"实施动植物卫生检疫措施的协议"基础上，根据中国国情制定了"中国有害生物风险分析程序"和有害生物风险评估的具体步骤和方法，使我国的有害生物风险分析工作进入了与国际接轨时期。

# 三、有害生物风险分析国际标准

（一）标准简介和概要

**1. 标准简介**

在植物检疫措施标准制定方面，联合国粮农组织做了不懈的努力，1995～2003 年间在罗马陆续制定了相关的 19 个国际标准，使植物害虫等有害生物风险分析的国际标准逐渐细化和全面。

为方便各个相关部门充分理解各标准中的专业术语和重点内容，联合国粮农组织于罗马还进行了两次术语表补编，与此同时，对各标准在实施过程中发现的欠缺内容进行了补充，尤其强调了潜在经济重要性。

此外，为了保护环境和生物的多样性，避免其对贸易造成隐弊壁垒，联合国粮农组织《国际植物保护公约》秘书处于 2003 年 4 月在第 11 号《植物检疫措施国际标准》中增补了"包括环境风险分析在内的检疫性有害生物风险分析"标准，作为第 11 号《植物检疫措施国际标准》的第 1 修订版。该标准详细介绍了有害生物风险分析定义、作用、目的、操作程序、应用范围以及关于植物有害生物对环境和生物多样性风险的分析等。该标准用于风险评估的完整过程以及风险管理备选方案的选择。该标准还以附录的形式对《国际植物保护公约》有关环境风险范围作了解释性说明。

**2. 标准要求概要**

　　有害生物风险分析的目的是确定某一特定地区检疫性有害生物和（或）它们的传播途径，评估它们的风险性，确定威胁区域范围，选定适宜的风险管理方案。

　　检疫性有害生物风险分析过程可分为三个阶段：风险分析启动、风险评估和风险管理（图 1-6）。

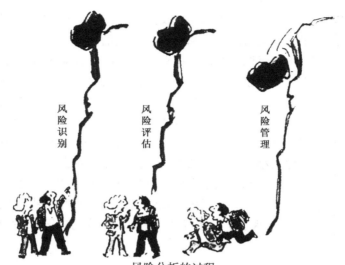

风险识别　　风险评估　　风险管理

风险分析的过程

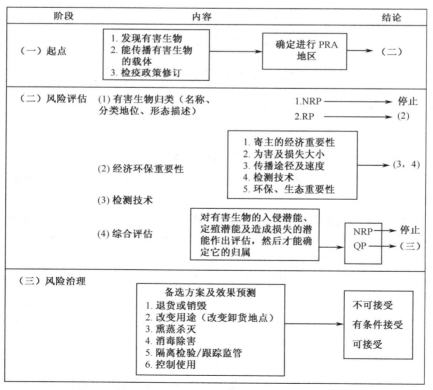

图 1-6　有害生物风险分析流程示意图（许志刚，2003）

（二）有害生物风险分析国际标准程序

**1. 第一阶段：有害生物风险分析启动**

风险分析启动程序为风险分析工作的初始阶段。目的是确定检疫工作中关注的有害生物和（或）它们的传播途径及威胁区域范围。

1）启动要点

（1）传播途径的确定。为详细、准确地分析传播途径，应该注意下列情况：①以前未输入该国的动植物或动植物产品；②新开始进行国际贸易的动植物或动植物产品，包括转基因植物；③新输入的动植物品种作为育种等科研材料；④生物商品的其他传播途径（自然扩散、包装材料、邮件、垃圾、旅客行李等）。与商品传播途径有关的有害生物名单来源可以是官方信息、数据库、科学文献、其他文献或专家研讨会等。专家对有害生物分布、类型的判断以及重点顺序是分析传播途径的主要依据。如果确定没有任何潜在的检疫性有害生物可能通过这些途径传播，有害生物风险分析可到此为止。

（2）有害生物的确定。主要依据是：①在某地区发现新的有害生物已蔓延或暴发等紧急情况；②在输入商品中截获某种新的有害生物；③科学研究已查明某种新的有害生物的危害风险；④某种有害生物传入了一个地区；⑤有报道表明某种有害生物在另一地区造成的为害比原产地更大；⑥某种有害生物多次被截获；⑦某种生物被多次提出可以输入；⑧已经查明某种生物为其他有害生物的传播媒介；⑨某种转基因生物已经被清楚地查明具有潜在的危害性。如果某有害生物发生上述情况之一，则这种有害生物需要进行有害生物风险分析，若这种有害生物已有风险分析报告，则需要修订。

（3）植物检疫政策的修订。下述情况发生时需要从植物检疫方针政策角度制定或修订有害生物风险分析：①国家决定审议植物检疫法规、准则或措施；②审议一个国家或一个国际组织（区域植保组织、粮农组织）提出的建议；③旧处理系统丢失或新处理系统、新程序、新信息产生对原有方针政策的影响；④由植物检疫措施引起的争端；⑤一个国家的植物检疫状况发生了变化；⑥建立了一个新国家；⑦政治疆界发生了变化。

2）风险区域

尽可能准确地确定有害生物的风险区域，以获取该区域的必要信息。

3）信息收集

在有害生物风险分析的每个程序中信息收集都是一个必要组成部分。启动阶段的信息收集更显得重要。信息的收集主要围绕有害生物的特性、现有分布、寄主植物及其相关商品等方面进行。随着有害生物风险分析的进展，将陆续收集其他信息，以作出必要的风险决定。信息来源可以多渠道，国际植保公约中规定官方有义务提供关于有害生物特性等方面的信息，官方协调机构有责任督促履行该项义务。

环境风险方面的信息一般要比植物保护风险方面的信息来源广，可能需要更多的人力和时间投入和更广泛的信息收集渠道。这些信息来源中可能包括环境影响评估，需要注意这种评估与有害生物风险分析的风险评估目标不同，二者不能混淆和替代。

还应该收集国内外信息，以弄清某种有害生物是否已经进行了有害生物风险分析，如传播途径、检疫性、检疫措施等。如果已经进行了有害生物风险分析，则应核实其有效性，因为情况和信息可能已经发生了变化。还应该收集信息，以弄清类似的传播途径或有害生物能否部分地或全部地以旧代新，用旧的、已有的风险分析代替新的、即将进行的风险分析。

4）启动程序小结

在第一程序结束时，达到的目的应该是：明确了启动要点，包括有害生物鉴定、有害生物传播途径和威胁（风险）地区、信息收集和植物检疫政策的修订。确定了需进行风险分析的有害生物和进行 PRA 地区。

**2. 第二阶段：有害生物风险评估**

有害生物风险评估过程大致可分成相互关联的三个步骤：有害生物归类，对有害生物传入、定殖和扩散的可能性评估，以及对有害生物潜在的经济影响（包括对环境的影响）的评估。

在大多数情况下，有害生物风险分析将按次序采取这些步骤，但并不一定要按照特定的顺序。有害生物风险评估只是需要从技术上证明有害生物的风险程度。评估的标准要求按照联合国粮农组织 1995 年签署的《植物检疫措施国际标准》1 号标准——"与国际贸易相关的植物检疫原则"，根据必要性、最小影响程度、透明度、等同性、风险分析、风险管理和无偏见（无歧视）的原则，对具体的有害生物作出风险判断。

1）有害生物归类

在启动程序中，可能对某种有害生物是否需要进行风险分析还不十分清楚，所以在归类过程中要检查每一个有害生物是否完全符合检疫性有害生物定义中确定的标准。有害生物归类的重要意义在于不做无用功，只有在生物体被确认为检疫性有害生物之后，才会考虑下一步的评估。

是否将一种有害生物归为检疫性有害生物，主要考虑 5 个方面的归类要素，包括：某种有害生物的生物学特性；在检疫风险区的分布，即有害生物在可能被传入地区（"检疫风险区"）的发生状况，有发生或无发生；检疫管控现状，即有害生物是否可以、或即将可以被控制，以及管理和实施控制的机构、部门；在"风险区域"定殖和扩散的可能性；在"检疫风险区"造成经济影响（包括环境影响）的可能性。

（1）有害生物的生物学特性。这一要素的核心是根据有害生物的生物学特性来确定该检测到的有害生物是否应该被确定为检疫性有害生物。因此，应该根据检测到的生物体的形态特征和危害特征，参照生物学的和其他学科的正确信息进行生物学特性方面的分析。如果某些特征还不很确定，则应该参考相近的检疫性有害生物的形态和危害等特征，将该有害生物视为具有传播风险的有害生物，列为检疫性有害生物。

一旦涉及毒性传播介体时，也将传播介体视为可被传播的有害生物，具有传播风险，列为检疫性有害生物。

（2）发生状况。在可能被传入的全部地区（风险分析地）或部分限定地区不应该有这种有害生物的发生和分布。

（3）检疫管控状况。如果有害生物在风险分析地有发生，但是分布不是很广，这种有害生物应该已经有效地被官方控制了，或者在近期将要被官方有效地控制。

涉及产生环境风险的有害生物的官方防治时，除包括国家植物保护机构（NPPO）外，可能还包括有关环境保护方面的一些机构。但是，也可以参考《植物检疫措施国际标准》第 5 号标准、补充编 1——植物检疫条款术语表中规定的关于官方防治的内容，特别是第 5.7 节的内容。

（4）定殖和扩散的可能性。要有充足的资料证明被检测的有害生物在风险分析地定殖和扩散的可能性。如果风险分析地的生态或气候条件适合有害生物生长发育，同时又有合适的寄主，则有害生物有可能在该地区定殖和扩散。

（5）潜在的经济影响。应该有明显迹象表明被检测的有害生物在风险分析地可能产生无法接受的经济影响（包括环境影响）。无法接受的经济影响的含义，在《植物检疫措施国际标准》第 5 号标准、补充编 2——关于理解潜在经济重要性和有关术语的准则中有阐明。

有害生物归类小结：如果已确定该有害生物有成为检疫性有害生物的可能，有害生物风险分析程序应当继续；否则关于该有害生物的风险分析程序即可停止。如果缺乏足够信息或参考资料，应查明不确定性，有害生物风险分析程序应该继续。

2）有害生物传入和扩散的可能性评估

有害生物的传入包括进入和定殖。对传入的可能性评估需要对与有害生物从来源地到风险分析地相关的每个渠道进行分析。在有害生物风险分析中，对特定渠道（通常为商品进口）的风险分析是应该放在第一位考虑的。因此，首先要对有害生物随进口商品途径进行可能性评价。还需要调查其他有关的传入途径，以评估有害生物通过该渠道侵入的可能性。

另外，对已开始的、尚未考虑随着某种具体商品或途径传入的某种（些）有害生物的风险分析，应考虑各种可能的传入途径。

扩散的可能性评估主要依据那些已经进入和定殖的、具有相似生物学特性的有害生物。

至于考虑到有害生物对植物的直接为害，在通常情况下，是指有害生物的植物寄主或寄主范围。因此，应该把适宜的寄主和寄主范围理解为有害生物在风险分析地内的一种适宜的生境（即植物的适宜生存和生长的环境）。

预期生境是指植物适宜生长的、人们有目的输入的地方，非预期生境则指植物不适宜生长的（暂时）、非人们有目的输入的地方。一般情况下，哪里有适宜的寄主，哪里就有有害生物定殖和扩散的可能性。

（1）有害生物进入的可能性。有害生物进入的可能性取决于从输出国到目的地的经由路径，也取决于有害生物的数量和与这些路径接触的频繁次数。经由路径越多，有害生物进入风险分析地的可能性就越大。

应该关注文献记载的关于有害生物进入新地区的经由路径，如通知、报告、新闻报道、科技文献、发表论文等。潜在的进入途径可能尚未有记载和报道，需要估计和科学合理的推测。有害生物被截获的数据资料可以用来证明该有害生物有可能通过某种路径被带入，并且有能力在运输途中或储藏期间存活。

在进口植物的情况下，这种植物本身进入的可能性是不需要评估的。但是，要对有害生物可能被输入植物带入的可能性进行评估（如在输入的种植种子中夹带着昆虫、杂草种子等）。

（2）有害生物进入途径的确定。所有有关的途径都应该考虑。原则上根据有害生物的地理分布和寄主范围来确定。在国际贸易往来中，植物和植物产品货物的托运过程

（发货、运送、交托、经由途径地点等）是重要考虑的途径，这种现存的贸易模式在很大程度上决定了一些相关的进入途径。其他途径的进入也应酌情考虑，如其他种类的商品、包装材料、人员、行李、邮件、运输工具和科学材料的交换。也应该考虑自然进入途径，因为自然进入和自然扩散的有害生物可能降低植物检疫措施的效果。

**从来源地途径进入的可能性** 应该对在空间上或时间上与有害生物来源地有关的进入途径进行评估。考虑的因素有：①来源地有害生物的流行，如果有害生物在来源地普遍发生和流行，则该生物被带入风险分析地的可能性很大；②有害生物发生期与商品、包装或运输工具的联系，即有害生物的发生期是否与商品的形成、装箱、运输的时间吻合，如果发生时期基本一致，则通过来源地途径进入的可能性很大，风险也就很大；③有害生物随商品流通的数量和频率；④有害生物随商品流通的季节和时间；⑤来源地对有害生物采取的管理措施、栽培程序和商业贸易环节（如植物保护产品的使用、处理、精选、淘汰、分级等）。

**运输或储存过程中存活的可能性** 应该考虑的因素有：①运输的速度、条件、有害生物的生活史或生活周期与运输和储存过程的持续时间；②在运输或储存过程中有害生物生活史的薄弱环节（抗性较差的龄期或阶段）；③有害生物在货物托运过程中的流行；④在来源国、目的国和在运输或储存过程中对货物所履行的商业贸易托运程序（如冷藏等）。

**有害生物逃避当前管理措施的可能性** 应该评价在货物托运过程中，现有的有害生物管理程序（包括植物检疫程序）是否能够有效地阻止有害生物从来源地传入到目的地。应该评估有害生物未被查出而被带入风险分析地的可能性，或者评估采用其他现有的植物检疫程序后有害生物仍然存活的可能性。

**向适宜寄主转移的可能性** 考虑的因素有：①扩散机制，包括携带介体从进入路径到适宜寄主的扩散机制；②输入（进口）商品将被运往风险分析地的少数几个地点还是很多地点；③入境点、过境点和运输终点（目的地）是否邻近适宜寄主；④商品在一年中的进口（输入）时间（何时进口）；⑤预期的商品用途（如用于种植、用于加工、用于消费等）；⑥来自于副产品和废弃物的风险。

用于某些用途的商品所带来的传入风险可能性远远高于另外一些用途的商品，如用于种植的商品，其传入有害生物的可能性要比用于加工商品的传入可能性高得多。对任何有生命的生物商品、生物加工商品或垃圾处理商品都应该考虑向附近适宜寄主转移的可能性。

（3）有害生物定殖的可能性。为了估计有害生物定殖的可能性，应当从当前有害生物发生地获取可靠的生物信息（生活史、寄主范围、流行病学、存活能力等），然后比较有害生物风险分析地的情况，应该注意玻璃温室、塑料大棚或暖房等这些保护地的特殊环境，有害生物在这样的环境中定殖的可能性与在露天条件下的不同。定殖可能性应考虑的因素有：有害生物在风险分析地是否有适宜的寄主、寄主的数量和分布，风险分析地环境对有害生物的适宜性，有害生物在风险分析地的适应潜力，有害生物在风险分析地的繁殖方式或生殖策略，有害生物在风险分析地的生存方式或存活手段，以及栽培方法和防治措施。

至于进口（将要输入的）植物，其定殖可能性的评估涉及非预期生境。

**风险分析地适宜寄主、替代寄主及介体的有效性**　　评估有害生物在风险分析地是否有适宜的寄主（第一寄主）、替代寄主（中间寄主）以及携带介体时应该考虑以下因素：①适宜寄主和替代寄主是否存在，它们的数量有多少或可能分布的范围有多广；②适宜寄主和替代寄主是否在相当近的地理范围内出现，从而可使该有害生物有完成其生活史的可能性；③当通常的寄主品种不存在时，是否有其他植物品种可以作为适宜的寄主；④如果该有害生物扩散需要由介体携带，则应该考虑该介体是否已经在有害生物风险分析地发生或者有可能被传入；⑤在有害生物风险分析地是否有另一种传播媒介。

寄主的分类地位通常应该是"种"。当需要采用更高一级或更低一级的分类水平时，应该有足够的科学依据来说明。

**环境的适宜性**　　考虑有害生物对环境的适应性时，应该明确影响有害生物生长发育的环境因素（如适宜的气候、土壤、有害生物和寄主竞争力）、有害生物的寄主以及携带介体（如果有携带介体的话）、有害生物在恶劣的气候条件下存活以及完成生活史的时期。应该注意到：即使是相同的环境条件，对有害生物、寄主及其携带媒介可能产生不同的影响。这需要证实一下，以确定在来源地这些生物之间的相互关系及在有害生物风险分析地是否仍然保持着这种利害关系。另外，还应考虑保护地的特殊环境，如有害生物在玻璃温室中定殖的可能性。

可以利用气候模拟系统比较有害生物在已知发生地和风险分析地的气候数据。

**栽培方式和防治措施**　　应该比较有害生物的寄主作物在有害生物来源地和在风险分析地的栽培管理措施，以确定是否有差别，是否有可能影响有害生物的定殖。

如果风险分析地已经有较完整的有害生物防治方案，或者天敌已经存在，那么应当考虑降低定殖的可能性。难以防治的有害生物比容易防治的有害生物的风险度要大。在评估时还应当考虑有和没有适宜的根除有害生物方法的风险度的差别。有适宜、可行的根除有害生物方法的风险度小，反之，风险度大。

**影响定殖可能性的其他特性**　　影响定殖可能性评估结果的有害生物其他特性包括：①有害生物生殖对策和生存方式：应该考虑有害生物具有在新环境下有效繁殖的特性，如孤雌生殖（或自交）、生活周期、年发生代数、休眠期等；②遗传适应性：在评估中应该考虑有害生物是否具有多态性和适应风险分析地条件的能力，如有害生物仅有专一寄主还是具有广泛寄主（多寄主）或新寄主，这种基因型（和表型）的可变性有利于有害生物承受环境条件的波动，适应更广泛的生境，产生抗药性和克服寄主抗性；③定殖种群数量阈值：如果可能的话，应该估计这个值，即定殖所需要的最小种群数量。

（4）定殖后扩散的可能性。如果一种有害生物潜在的扩散能力强，它潜在的定殖能力也强，因而对它的控制和根除的可能性将非常有限。为了估计有害物扩散的可能性，应该从有害生物普遍发生地区获得有关信息资料。要仔细比较风险分析地和有害生物发生区的条件状况。比较有害生物发生的历史记录和文献记载，对评估定殖后扩散的可能性很有帮助。

评估时要考虑的因素有：①自然环境及管理环境对有害生物扩散的适宜性；②自然阻隔是否存在；③随日常用品和运输工具扩散的可能性；④日常用品的预期用途；⑤风险分析地有害生物的潜在携带介体；⑥风险分析地有害生物的潜在天敌。

针对进口（输入）植物的评估，应该考虑有害生物从预期环境或预期用途扩散到非预期环境中，在非预期的栖息环境中远距离传播。

关于利用扩散可能性的信息估计有害生物对风险分析地的潜在经济价值的影响速度，即使某有害生物易于进入和定殖在潜在经济价值较低的地方，扩散可能性信息也是有意义的，因为有害生物有可能从潜在的经济价值低的地方扩散到潜在的经济价值高的地方。此外，在考虑对一个传入的有害生物采取控制还是根除措施的时候，风险管理程序是很重要的。

某些有害生物可能不会在它们刚进入栖息地时就对植物产生有害影响，但是可能会在某段时间以后便开始蔓延。在评估有害生物扩散可能性时，一定要考虑有害生物的行为习性。

传入和扩散的可能性小结：完整的传入可能性评估应该以最适当的数据、最适宜的分析方法和最适于预期读者阅读的形式来表达。评估可以是定量的，也可以是定性的，因为无论是定量评估还是定性评估，每一种结果都是定量的和定性的信息相结合的结果。可以通过比较从风险分析地获得的关于其他有害生物的信息来表示该有害生物传入的可能性。

关于危险地区的总结：应该明确风险分析地生态条件适宜有害生物定殖的地区，以便定义危险（受威胁）区域。危险区域可能是全部风险分析地，也可能是部分风险分析地。

### 3）潜在的经济影响评估

在这一步骤中要求描述有关有害生物及其潜在寄主植物的信息，并且可以利用这些信息进行经济水平分析，以评估有害生物所带来的一系列影响，如潜在的经济后果。无论如何，应尽可能获得定量数据，提供货币价值参考，还可以利用定性数据。

许多实例表明，如果有足够证据或者普遍认为有害生物的传入将产生不可接受的经济影响（包括环境影响），就不必对估计的经济影响进行详细分析。在这种情况下，风险评估主要侧重于传入和扩散的可能性。然而，当对经济影响水平有疑问时，或者需要用经济影响水平来评价风险管理措施的力度时，或评估排除或防治有害生物的经济费用时，检验经济要素的细节是很必要的，在这种情况下，必须确定有害生物的传入带来的经济影响（包括环境影响）。

（1）有害生物的影响。为了估计有害生物的潜在经济影响，应该从有害生物的自然发生地或传入地获得信息。应将这种信息同有害生物风险分析地区的情况进行比较。认真有效地与类似的发生案例比较是非常必要的。评估有害生物的潜在经济影响，可以是直接的影响，也可以是间接的影响。

本小节中对有害生物的潜在经济价值评估的基本方法也适用于：危害野生（非栽培或未管理）植物的有害生物；杂草和（或）入侵植物；间接危害植物的有害生物（通过影响其他生物体而影响植物的有害生物）。评估有害生物直接或间接对环境产生影响需要有具体证据说明。

关于以种植为目的的进口（输入）植物，评估时要包括有害生物对预期生境的长期影响。种植植物的输入可能会影响进一步的使用价值或对预期生境产生有害影响。评估中考虑的环境影响和后果一般根据有害生物对植物的影响。

**有害生物的直接影响**　　为了确定和阐明风险分析地的有害生物对每个潜在寄主的

直接影响或对专一寄主的影响，可以考虑以下内容：①已知的或潜在的寄主植物（作物大田、栽培保护地、野生荒地）；②危害植物寄主的种类、数量和危害频率；③作物产量损失和数量损失；④影响危害程度和造成产量损失的生物因素（如有害生物的适应性和毒性）；⑤影响危害程度和造成产量损失的非生物因素（如气候）；⑥有害生物的扩散率；⑦有害生物的繁殖率；⑧防治措施（包括现行措施）、防治效果和防治成本；⑨有害生物对现行生产方法的影响；⑩有害生物对环境的影响。

对每一潜在寄主，应根据上述要点估计可能受威胁作物的总面积和潜在受害地区的总面积。如果分析环境风险，可以考虑有害生物对植物的直接影响和（或）对周边环境的影响。例如：主要植物品种的减少；生态系统中植物主栽品种的减少（优势度降低或植物优势品种的种群数量减少）；当地植物品种受到威胁（包括对种以下分类阶元植物寄主的严重影响）；其他植物品种大量减少、被取代或淘汰。对某地区的潜在受威胁的评价应涉及上述影响。

**有害生物的间接影响**　　为了确定和描述有害生物在风险分析地的间接影响或非特定寄主的影响，可以考虑如下内容：①对国内和出口市场的影响，特别包括对出口市场准入的影响，应估计对市场准入的潜在影响，当有害生物定殖时可能产生这种影响，就需要考虑贸易伙伴实行的（或可能实行的）任何植物检疫法规的范围；②生产者费用或投入需求的变化，包括防治费用；③因质量变化而引起国内或国外消费者对产品的需求发生变化；④防治措施的环境影响和其他不良影响；⑤根除或封锁的可行性及成本；⑥作为其他有害生物传媒介体的能力；⑦进一步研究和提供咨询所需要的资源；⑧社会影响和其他影响（如旅游业）。

如果分析环境风险，要考虑有害生物对植物的间接影响和（或）对环境的影响后果。如要考虑：对植物群落产生的严重影响；对指定的环境敏感区或环境保护区产生的重大影响；会引起生态进程、生态系统的结构、稳定性或生态系统过程方面发生重大变化（包括对植物品种、侵蚀、水位变动、火灾危害增加、养分循环等产生进一步影响）；对人类利用产生影响（如水质、娱乐用途、旅游、放牧、狩猎、捕鱼等）；环境恢复成本。其他机构（主管部门）可适当考虑对人类健康和动物卫生的影响（如毒性、过敏等），以及对水位、旅游等的影响。

（2）经济影响结果分析。

**时间和地点因素**　　前面的经济风险分析都是假定有害生物已经传入、扩散、蔓延，根据这些假定表示出有害生物（每年）在风险分析地的潜在经济影响。然而，实际上经济影响可能是一年的影响，也可能是若干年或者是一个不确定时期的影响。因此，可以对一年的经济影响进行评估，也可以对几年或不定时间段的经济影响进行评估。超过一年的总经济影响的评估可以用纯现价（现在净价值）来表示每年的经济影响，同时要选择合理的贴现率（折扣率）来计算纯现价。

对有害生物的经济影响评估还应该根据其他因素设计各种评估方案，如涉及有害生物在风险分析地发生地点的方案，有害生物可能发生在一个点，还可能发生在多个点。根据发生地点的数量来评估有害生物在风险分析地的潜在经济影响时，主要应该考虑有害生物在风险分析地区的扩散速度和方式。可以将扩散速度分为慢和快两种情况。在某些情况下，可以假设扩散是可以被预防的。可以利用合适的分析来估计一定扩散时间段内有害生物在风险分析地的潜在经济影响。此外，还应该注意，上述许多影响因子可能随着时间的推移发生变化，从而影响对潜在经济影响的评估结果，因此，必须要有专家的判断和评价。

**贸易因素**　　有害生物对经济的大多数直接影响和部分的间接影响将根据贸易种类和具体某一市场而有所不同。这些影响可能是积极的，也可能是消极的，应该量化有害生物所产生的经济影响。考虑的因素包括：有害生物通过对产品成本、产量和价格的影响而对生产者的经济利益产生的影响；有害生物通过对商品需求量的影响，或对国内和国际消费者的商品付款价格的影响，包括产品质量的改变、为了避免有害生物传入所采取的检疫措施及有关的贸易限制。

**分析技术**　　用于检疫性有害生物的潜在经济影响评估的分析技术可以咨询经济学专家，然后制定详尽的技术方案。该方案应该整合所有的已经确定的影响因素。其技术要点包括：①部分预算：如果有害生物的行为对生产商的经济利益影响较小，则适合估计为"部分预算"；②部分平衡：如果在"贸易因素"分析中估计出生产者利益可能会发生重大变化，或者如果消费者的需求发生重大变化，有必要采用"部分平衡"的分析技术来衡量利益变化，或衡量纯变化，即由有害生物的影响产生的生产者和消费者的实际费用；③全面平衡：对国民经济而言，如果经济变化巨大并可能引起工资、利率或汇率等要素发生变化，则可以采用"全面平衡"分析来确定整个经济影响范围。

**非商业贸易影响和环境影响**　　在有害生物传入的"直接影响"和"间接影响"的评估中所获取的一些数据和证据对经济影响分析将具有一定的经济价值，对有害生物传入的评估结果或许将影响某种经济影响评估，但是不会影响现存市场的评估，因为现有市场的有关因素已经存在，比较容易确定，估计偏差较小。在经济影响的评估中，可能无法充分衡量有害生物对商品价格和其服务市场价格的深层次影响，尤其包括有害生物进入产生的环境影响（如生态稳定性、生物多样性、环境舒适度）和社会影响（如就业、旅游）。这些影响可以用适当的非市场估价方法进行估计。以下是有关环境的更详细信息。

首先，对环境影响后果的评估可以采用定量或者定性的方法。如果定量分析方法难于操作，在评估中可以提供定性信息，并要说明这些定性信息是如何整合到评估结果中的。对多数环境影响后果的案例用定性的数据和方法就足够了，而对某种情况（如对一个重要物种的毁灭性影响）可能尚无定量的方法，或者可能无法进行定量分析（尚无方法）。如果依照文献、一致和透明的程序，有用的分析就可以在非货币计算（受影响物种数量、水质）或专家评判的基础上进行。

其次，环境危险标准的应用要求对环境质量进行明确的等级分类并阐述如何进行的等级分类。可以采用不同的方法对环境进行评价，但是所选用的方法最好是向经济学专家咨询过的方法，这些方法可以包括两方面的考虑，即"使用"值和"非使用"值。"使用"值产生于自然环境要素的消耗，如存取净水、湖水中捕鱼等，"使用"值也产生于非消耗性活动，如林中散步等休闲性活动。"非使用"值可以分为选择值（以后某一时期使用的价值）、存在值（保持现存自然环境要素的知识价值）和遗产值（为子孙后代提供可利用的自然环境的知识价值）。无论按"使用"值对自然环境要素进行评估，还是按"非使用"值评估，都已经有评价的方法，如市场基础法、代理市场法、模拟市场法和利益传递法等。每种方法都各有利弊，也各有独到之处，用于特别用途。

关于经济影响的定义已经在《植物检疫措施国际标准》第5号——植物检疫术语表补编2——"关于理解潜在经济影响和有关术语指南"中进行了阐述。

经济影响评估小结：在适宜的情况下，这一步骤中说明的经济影响评估结果应以货币值表示。经济影响结果还可以不使用货币值，而用定性或者定量的分析方法表示。应该明确说明信息来源、假设和分析方法。关于受威胁地区的确定，要查明有害生物将在风险分析地造成重大经济损失的地域或地块。

4）不确定性程度

估计有害生物传入的可能性及其经济影响涉及许多不确定性因素，尤其是根据有害生物发生地区的情况对风险分析地的情况进行推测和估计时更是如此。因此，在进行评估时，重要的是记录不确定部分（要点或内容等）及其不确定程度，并且指明哪些部分采纳了专家的意见。这对增加透明度非常必要，同时对确定研究项目、立项内容和项目排序有重要的指导意义。

应该指出的是：在评估有害生物威胁环境的可能性和后果时，对野生植物的不确定性往往比对栽培植物或管理植物的不确定性大，主要原因是缺乏相关参考信息和资料，生态系统相对复杂些，有害生物及其寄主以及栖息环境容易改变。

5）有害生物风险评估程序小结

根据有害生物风险评估结果，所有或者部分归类的有害生物适合进行有害生物风险管理。对每一种有害生物而言，全部或者部分有害生物风险分析地可能被视为受威胁地区。该程序将完成关于有害生物传入可能性及相应的经济影响（包括环境影响）的定量或定性评估并形成文档，有些评估能够划分出整体等级、级别。包括不确定性评估在内的这些有害生物风险评估都将用在"有害生物风险管理"程序中。

**3. 第三阶段：有害生物风险管理**

有害生物风险评估的结果决定是否进行风险管理以及所采取管理措施的力度。因为零风险不是一种合理的选择方案，所以风险管理的原则是利用现有的条件和资源，采用切实可行的办法将风险管理至安全程度。有害生物风险管理（从分析的角度）是确定识别风险的途径、评估这些风险识别途径和方法的有效性、选择最佳处理方案的过程。在选择有害生物合适的管理方案时，应该考虑经济影响评估中和传入可能性评估中的不可确定性部分。至于环境风险管理，应该强调在检疫措施中对不确定因素采取了哪些措施，并且要说明不确定因素在整个风险因素中占多少比例，要以风险比例的形式表示。制定风险管理方案时必须确定风险管理措施，并且要考虑经济影响评估中的和传入可能性评估中的不确定性程度，同时分别选择相应的技术措施。对由植物有害生物引起的环境风险的管理与由植物有害生物引起的其他风险的管理并无不同。

1）风险水平

"风险管理"原则（《植物检疫措施国际标准》1号标准——与国际贸易有关的植物检疫原则）指出："由于某种检疫性有害生物的传入风险始终存在，各国在制定植物检疫措施时应同意采用风险管理政策"。在执行这一原则时，各国应确定何种风险水平可以接受。

可接受的风险水平可以用多种方式表达：①参照现有植物检疫要求；②根据已经估

计的经济损失指数；③表示风险承受等级；④比较其他国家可接受的风险水平。

2）技术信息要求

有害生物风险管理过程中所做的决定是根据前一个程序中所收集的信息。这些信息由以下几个方面组成：①风险分析启动的理由；②有害生物在风险分析地扩散的可能性；③风险分析地潜在经济影响的评估。

3）风险的可接受性

总的风险是根据传入的可能性和经济影响的评估结果确定的。如果根据评估结果发现风险不可接受，那么风险管理的第一步是确定可行的植物检疫措施，将风险降至可接受水平，或低于可接受水平。如果风险已经是可接受的，或者由于无法管理（如自然扩散）而必须接受，则不证实检疫措施是否可行。各国可以建立初级的监测或检查机构以坚持长期监测管理有害生物风险变化。

4）确定风险管理方案的原则

检疫措施是否适合，应根据减少有害生物传入可能性的效果来确定。可以根据以下考虑来筛选，其中包括"与国际贸易有关的植物检疫原则"（《植物检疫措施国际标准》第1号）中的若干原则：

（1）植物检疫措施经济、可行。采用的检疫措施要有益于阻止有害生物传入，从而使风险分析地没有潜在的经济影响。要对每一个安全性检疫措施进行成本效益分析，根据估计结果，选用益价比（利益/费用价格）高的措施。

（2）"最小影响"原则。检疫措施不应超过贸易所必需的限制程度，而应该适于在必要的最小范围内应用，以有效地保护受威胁地区。

（3）重新评估以前的必要条件。如果现行措施有效，则没有必要重新评估，强加采用新的措施。

（4）"等同"原则。如果已经证明不同植物检疫措施具有同样的效果，那么有些措施应该作为备选措施。

（5）"无歧视"原则。如果检疫性有害生物在有害生物风险分析地已经有分布，或已经定殖，但分布在有限范围内，并且已经在官方控制之下，则有关输入的检疫措施不应该过于严格，检疫措施不应比风险分析地所采用的措施更为严格。同样，在植物检疫状况相同的输出国之间，植物检疫措施不应有差别。无歧视原则和官方控制概念还包括有害生物对野生植物（非栽培/未管理植物）的影响、杂草和（或）入侵植物、有害生物通过影响其他生物而对植物的影响。

如果上述中的任何一种情况已经在风险分析地发生，并且官方采取的控制措施已经生效，则输入时的植物检疫措施不应当比官方的控制措施更为严格。

有害生物传入的主要风险是通过输入的货物——植物和植物产品传入，可是同样要考虑其他途径传入的风险（如包装材料、运输工具、旅客及其行李、有害生物的自然扩散）。

下列措施适用于对传入途径的管理。管理措施应尽可能地准确到具体的货物种类（寄主、植物器官）和来源地，以避免产品受到输入限制（在没有理由限制产品输入的地区），贸易往来受阻碍。为了将风险降至可接受的水平，可能需要结合两项或两项以上的管理措施。可以根据来源国有害生物传入的各种途径将现有的管理措施分为多种类别。它们包括：①货物管理措施；②防止或减少来源地有害生物侵袭作物的管理措施；③确保生产地区或产地无有害生物的管理措施；④关于禁止商品输入的管理措施。

5）风险管理方案的筛选

在风险分析地可以有其他管理措施的选择，如采取防治措施、引进天敌（生物防治）、根除和隔离有害生物。这些选择方案也需要评估，而且适合用于有害生物在风险分析地已经存在、但分布不广的情况。

（1）针对货物的筛选方案。所采取的方案可以包括以下任何措施的组合：①检查或检验有害生物的有无或有害生物的特殊忍耐性，检验时，抽样样本应该足够大，以保证检测结果代表货物总体；②禁止寄主器官（部分寄主，如果树接穗、果实等）的输入；③进入前或进入后的检疫系统，这个系统是目前最精细、最彻底的检查或检验形式，适用于设施和财力资源较好的地区，对某些不易发现的有害生物而言，这个系统是唯一可以选择的方案；④预先规定货物的限定条件（如进行防止侵染或再次侵染的处理）；⑤货物特别处理，这种处理方法适用于采收后处理，包括化学处理、高温处理、辐照或其他物理方法；⑥限制商品的用途、分配和入境周期。

还可以采取管理措施限制携带有害生物的货物输入。"有害生物货物"的概念用于某些在其输入时被认为携带有害生物的植物性货物。这些"有害生物货物"可限于产生较少风险的物种或品种。

（2）针对防止或减少受侵袭作物的筛选方案。该项措施的选择可以包括：①处理作物、大田或产地；②限制货物组成，选择抗性品种或非易感品种的货物；③在特别保护条件下种植植物（温室、隔离区）；④在一定的发育期或一年中特定的时间收获植物；⑤按许可计划生产。官方监测的植物生产计划通常是从高度健康的母株开始，监测管理多代，这样可以确定地说明植物来源于有限的少数几代。

（3）确保作物及其生产地区、地域或地块无有害生物的筛选方案。管理措施可以确保的方面包括：①非疫地区（无有害生物地区）：对非疫地区状况的要求已经在《植物检疫措施国际标准》第4号——建立非疫地区的要求中进行了阐述；②非疫生产地域或生产地块（生产地域或生产地块无有害生物）：对非疫生产地域或非疫生产地块的要求已经在《植物检疫措施国际标准》第10号——建立非疫生产地域或非疫生产地块的要求中进行了阐述。

（4）针对其他形式入境的筛选方案。关于有害生物通过许多类型的路径进入的问题，还可以采用上面考虑的有关植物和植物产品的管理措施以检查货物中的有害生物或防止货物被侵染。有害生物进入途径的类型，应考虑以下因素：第一，有害生物的自然扩散包括通过飞机、风、昆虫或鸟等媒介和自然迁移。如果有害生物正在通过自然扩散进入风险分析地或者在近期内可能进入，检疫管理措施可能很难奏效。在这种情况下可以考虑在来源地采取防治措施，还可以考虑在有害生物进入之后在风险分析地进行隔离或根除，并辅以控制和监测措施。第二，关于旅客及其行李方面的措施可以包括针对性的检查、宣传和罚款或鼓励措施。在某些情况下，可以采取处理方法。第三，对于受污染的器械或运输工具（船、火车、飞机、公路运输），可以进行清洗或消毒。

（5）输入国的境内筛选方案。也可以在输入国境内采用某些适用的措施。这些措施可以包括：①对旅客认真解释，以尽早发现有害生物的进入；②消灭任何疫源的根除计划；③限制扩散的隔离措施。

关于进口植物，在有害生物风险较大不确定性地区，可以在输入时不采取植物检疫措施，而是在进入后仅采用监测或其他步骤（如由国家植保机构监测，或在其监督下由相关部门监测）。

（6）禁止商品进入。如果没有找到有效可行的措施将风险降至可接受的水平，则可能会禁止有关商品的输入。这种方法应作为最后方案，并应根据预期效率加以考虑，尤其对那些极力逃避海关检疫性检查的非法输入货物，更要重点考虑这一管理方案。

6）植物检疫证书和其他遵循措施

风险管理包括考虑遵循适合的检疫措施，其中最重要的就是出口证明。植物检疫证书的颁发正式保证了所发送货物的安全性，表明货物无检疫性有害生物，符合输入缔约方的要求，即货物"据认为没有输入缔约方规定的检疫性有害生物，符合输入缔约方现行植物检疫要求"。植物检疫证书证实规定的风险管理方案已得到执行，也许需要另外声明来表示某项特别措施已经执行，可以根据双边或多边协定采用其他遵循措施。

7）有害生物风险管理小结

有害生物风险管理程序的结果应该是两种可能：要么未确定管理措施，认为没有适合的措施；要么选择了一个或几个管理措施，发现这些措施可以降低有害生物风险至可接受水平。这些管理方案构成植物检疫法规或要求的基础。毫无疑问，《国际植物保护公约》缔约方有责任和义务坚持遵守这些法规。

植物检疫措施中涉及的环境风险部分，应该通知国家负责生物多样性政策、策略和行动计划的主管部门。值得提醒注意：与有关环境风险部门的及时沟通和交流特别重要。

对植物检疫措施的监测和评价，"修改"原则中指出："由于条件的变化和新情况的出现，应及时对植物检疫措施进行修改，要么修改包括禁止、限制或要求在内的必要措施，要么免除那些不必要的措施"。

因此，并不是始终不变地执行植物检疫措施，而是在措施被采纳后，在应用过程中，通过追踪监测的方式确定能够达到预期目的的管理措施，这常常是通过检查到达货物、通报截获案例或有害生物传入风险分析地的事件来检验管理措施的成功与否。有关有害生物风险分析的信息报道要定期更新，保证及时发布新信息，以避免做出过期无用的决定。

## （三）有害生物风险分析文档

### 1. 文档要求

《国际植物保护公约》和"透明度"原则要求各国根据植物检疫要求建立有效的基本理由文档。各国应该充分记录从开始启动到有害生物风险管理的整个过程，以作为清楚的信息来源，作为征求管理措施反馈意见的依据，或出现争端时的依据。基本理由文档还可以作为管理决策的基本论据。

### 2. 文档的要点

文档的要点包括有害生物风险分析的目的，有害生物（包括有害生物清单、传播途径、风险分析地、受威胁地区），信息来源，有害生物归类清单，风险评估小结（包括可能性、影响结果），风险管理（包括管理方案的筛选和最终确定）。

## 四、中国有害生物风险分析程序

1995 年，中国植物有害生物风险分析工作组在考察了 FAO 植物检疫措施国际标准"有害生物风险分析准则"及 WTO"实施动植物检疫卫生措施协议"（SPS 协议）的基础上，结合中国实际情况制定了"中国有害生物风险分析程序"。中国有害生物风险分析程序工作流程如图 1-7。

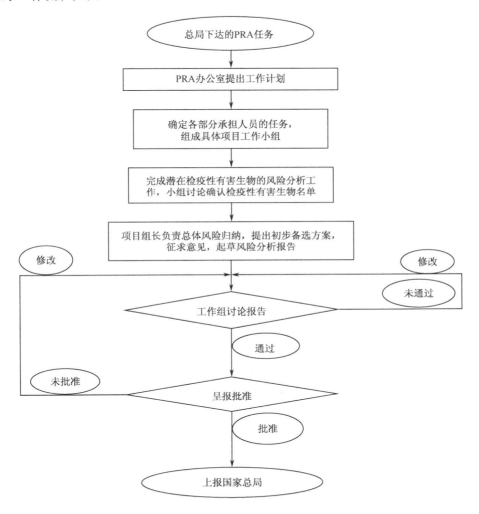

图 1-7　中国有害生物风险分析程序工作流程

该程序是进行植物有害生物风险分析（PRA）的完整步骤，在实践中，可能会针对具体情况进行调整。

（一）从传播途径开始的风险分析

此情况通常是开始进行一种新商品（植物或植物产品）或新产地的商品的国际贸

易，传播途径可能涉及一个或若干个原产地。此情况的风险分析应按以下步骤进行：

第一步，由输出国提出要求，并列入国家局计划，要求输出国检疫部门提供有关材料，包括随该商品可能传带的有害生物名单或该商品在产地发生的有害生物名单、进行官方防治的措施及风险分析所需的相关资料。

第二步，潜在的检疫性有害生物名单的确定。查阅文献资料，对输出国提供的有害生物名单进行核查与补充。提出可能随该商品传带的有害生物名单。根据检疫性有害生物定义，确定中国关心的潜在的检疫性有害生物名单。

第三步，对每一种中国关心的潜在的检疫性有害生物逐个进行风险评估。传入可能性评估包括进入可能性评估、定殖可能性评估、扩散可能性评估和传入后果评估。

第四步，总体风险归纳。

第五步，备选方案的提出：根据总体风险，提出降低风险的植物检疫措施建议。

第六步，就总体风险和降低风险的措施方案征求有关专家和管理者意见。

第七步，评估报告的产生。评估报告的内容主要包括风险评估概要、工作流程交接登记表、风险评估要求描述、与商品有关的有害生物名单、潜在的检疫性有害生物名单，应列出筛选依据，逐条简述。

第八步，对风险评估进行评价，征求有关专家的意见。

第九步，风险管理。适当保护水平（appropriate protection level，APL）的确定，必要时，结合经济、社会因素，提出 APL；降低风险备选方案的可行性评估；建议的检疫措施；征求意见。管理报告主要包括适当保护水平的描述、对备选方案的可行性评价、征求意见及答复、决策建议及有关文件等。

第十步，完成风险分析报告。将风险评估报告和风险管理报告综合为最终的 PRA 报告。报告内容包括有害生物名单、中国关心的检疫性有害生物名单及风险管理措施建议等。必要时，向出口国提供。

第十一步，在实施检疫措施后，应监督其有效性，必要时对建议措施进行评价。

（二）从有害生物开始的风险分析

参照 FAO "有害生物风险分析准则" 的有关内容，针对一种或多种有害生物进行风险分析，应按以下步骤进行。

第一步，有害生物的鉴定或选定。

第二步，对有害生物进行风险评估，以确定是否为潜在的检疫性有害生物：①传入可能性评估（包括进入可能性评估和定殖可能性评估）；②扩散可能性评估；③传入后果评估（包括经济、社会、环境等方面）。

第三步，根据风险评估结果，提出降低风险的植物检疫措施建议。

第四步，风险评估结果和植物检疫措施建议要征求有关专家和管理者意见。

第五步，形成 PRA 风险评估报告。风险评估包括寄主可得性及其适生性等。评估报告要包括数据单、参考文献、降低风险的备选方案和征求意见的答复或解释。

第六步，征求有关专家对 PRA 报告的意见。

第七步，风险管理，包括适当保护水平（APL）的确定、备选方案的可行性评估、征求意见和决策建议。

第八步，PRA 报告的形成，包括风险评估报告和风险管理报告的综合，内容包括单一有害生物风险评估及风险管理措施建议等。

# 五、中国植物害虫风险分析案例

自 2002 年以来，植物害虫在中国的风险性分析案例报道陆续可见，尤其近两年的案例报道逐渐增多，如纵坑切梢小蠹 *Tomicus piniperda* L、菜豆象 *Acanthoscelides obtectus*（Say）、草履蚧 *Drosicha corpulenta* Kuwana、橘小实蝇 *Bactorocera dorsalis*、三叶斑潜蝇 *Liriomyza trifolii* Burgess、苹果绵蚜 *Eriosoma lanigerum*（Hausmann）、红棕象甲 *Rhynchophorus ferrugineus*（Olivier）等。

除此之外，为明确植物害虫在中国的潜在风险性，还报道了某些植物害虫的潜在危险性，如对刺桐姬小蜂 *Quadrastichus erythrinae* Kim 在中国的适生区预测等报道。

目前中国对植物害虫的风险性分析基本上采用相同的模式，即：根据 FAO 和 IPPC 的有害生物风险分析准则，依据 ISPM 规定的 PRA 程序，运用有害生物风险分析的方法，从国内分布状况、潜在为害性、寄主植物经济重要性、传播扩散的可能性以及危险性的管理难度等方面，进行定性、定量分析，综合评价植物害虫的危险性。

下面以入侵植物害虫——苹果绵蚜在中国的风险性分析为例进行说明。

近年来，随着苹果栽培面积的增加，调运果树苗木和接穗的规模在不断增大，苹果绵蚜在我国部分省份的发生与为害日趋加重，蔓延逐渐扩大，是给我国农业生产带来严重危害的入侵植物害虫。

为保护我国生态环境和农业生产安全，吴海军等（2007）在广泛收集和分析苹果绵蚜的生物学、生态学以及其他相关资料的基础上，运用 ISPM 的 PRA 程序，通过建立传入风险分析评估模型，采用定性分析和多指标综合评估相结合的方法对苹果绵蚜的风险性进行了定性和定量分析，从国内分布状况、潜在危害性、寄主植物经济重要性、传播扩散的可能性以及风险管理难度等方面综合评价了苹果绵蚜在我国的危险性。

## 1. 定性分析

对于苹果绵蚜在中国的风险性分析，按照顺序分解为国内外分布状况（$P_1$）、危害性（$P_2$）、寄主情况（$P_3$）、定殖传播扩散的可能性（$P_4$）及危险性管理难度（$P_5$）。

1）国内外分布状况（$P_1$）

（1）国外分布（$P_{11}$）。苹果绵蚜原产北美洲东部，最早发现于美国，后传入欧洲、澳洲和亚洲的日本、朝鲜、印度等国家。现分布于世界约 70 余个国家和地区。

（2）中国分布（$P_{12}$）。根据近年来的普查和公开文献统计，目前该虫在我国辽宁、河北、山东、云南、西藏等省份局部发生。

2）危害性（$P_2$）

（1）潜在经济危害性（$P_{21}$）。苹果绵蚜生活周期短，繁殖能力强，虫口数量大。在我国已发生的山东青岛每年发生 17～18 代，河北唐山发生 12～14 代，辽宁 11～13 代，云南昆明 23～26 代，西藏 7～23 代。

该虫主要以无翅胎生雌蚜和若虫危害寄主植物的枝干和根部，多密集在苹果树背光的病虫伤口、剪锯口、新梢叶腋、果柄、萼洼以及地下根部和露出地表的根际处为害，吸取树液养分，渐渐在枝干或根被害部形成虫瘿，以后形成肿瘤，久则破裂，造成大小、深浅不同的伤口，更适合此虫的危害。

苹果绵蚜的为害，首先严重影响苹果树的生长发育和花芽分化，在较短的时间内使树势衰弱，输导组织破坏，树龄缩短，产量及品质下降，甚至绝收。其次，由于瘤状虫瘿的破裂，容易招致其他病虫害的侵袭，严重时可造成整株枯死，直至毁园。1985年，山东烟台约86万棵苹果树遭到苹果绵蚜为害，虫株率达10%，减产4%～25%。

（2）其他检疫性有害生物的传播媒介（$P_{22}$）。该虫不传带其他检疫性有害生物。

3）寄主情况（$P_3$）

（1）受害寄主的种类（$P_{31}$）。苹果绵蚜的寄主植物以苹果为主，其次有海棠、沙果、花红、山荆子等。在原产地还以杨梨、山楂、美国榆等为寄主。

（2）受害寄主植物的栽培面积（$P_{32}$）和经济重要性（$P_{33}$）。苹果是中国最主要的果树树种之一，广泛种植于全国南北各地，种植面积名列世界首位。全世界苹果栽培总面积约为563.5万公顷，而中国的苹果栽培面积达225.4万公顷，占世界苹果栽培面积的40%，占全国水果栽培面积的25%。全世界苹果总产量达5991.49万吨，而中国的苹果总产量有2043.1万吨，占世界苹果总产量的34.1%，占全国水果总产量的33.3%。中国苹果产值年均达到346亿元，占全国水果总产值的43.3%。

加入世贸以后，苹果是我国为数不多的具有明显国际竞争力的农产品之一。全国出口苹果29.8万吨，出口金额达0.97亿美元，约占世界苹果出口量的5%。由此可见，苹果在我国具有重要的经济价值和生态效益。

4）传播扩散的可能性（$P_4$）

苹果绵蚜传播途径主要靠苗木、接穗、果实及其包装物、果箱、果筐等远距离传播。据报道，该蚜虫最早于1914年传入我国山东和辽宁；以后又于1926年从日本传入大连，之后又传至天津；云南昆明是1930年由美国带进的4株苹果苗传入；西藏的苹果绵蚜由印度传入；2006年，广东检验检疫局又在辖区范围内从进境美国水果中截获到苹果绵蚜。

苹果绵蚜在田间靠有翅蚜或剪枝、疏花疏果等农事操作而迁移扩散。苹果绵蚜的适应性很强，根据其生物学特性，我国大部分苹果产区都是苹果绵蚜的适生区。

苹果绵蚜传入并扩散为害的可能性较大，可随交通工具和进口货物传入我国。一旦传入，将会迅速扩散蔓延，给我国的苹果生产和出口带来重大损失和影响。

5）风险管理难度（$P_5$）

苹果绵蚜虫体小，检疫鉴定有一定难度。

该虫生活周期短，每年可发生多个世代。在我国为孤雌生殖世代，常寄生于寄主的枝干和根部，并在根部的土层中越冬。同时由于苹果绵蚜各种虫态均覆有白色绵状物，不利于药剂防治，在条件适宜的环境下极易暴发成灾，很难根治。

由于苹果绵蚜的传播途径广、速度快、为害大、隐蔽强、生态适应性强、难防治等生物学特点，检疫和根除的难度较大。

**2. 定量分析**

1）苹果绵蚜风险性评估体系的建立

根据我国有害生物风险评估定量分析指标体系及多指标综合评估方法，对苹果绵蚜的指标体系进行量化分析和赋予分值（表1-1），对各指标（$P_i$）和综合风险值（$R$）进行计算。

表 1-1  苹果绵蚜风险性分析评估指标及赋值

| 评判指标 | 评判标准及理由 | 赋值 |
|---|---|---|
| 分布状况（$P_1$） | | |
| 国外分布状况（$P_{11}$） | 标准：分布的国家占世界总数的 50% 以上，$P_{11}=3$；<br>分布的国家占世界总数的 20%～50%，$P_{11}=2$；<br>0～20%，$P_{11}=1$；无分布，$P_{11}=0$<br>理由：该虫在世界 50% 以上国家有分布，分布于世界六大洲苹果产区约 70 个国家和地区 | 3 |
| 国内分布状况（$P_{12}$） | 标准：无分布，$P_{12}=3$；分布面积在 0～20%，$P_{12}=2$；<br>20%～50%，$P_{12}=1$；大于 50%，$P_{12}=0$<br>理由：国内 5 个省的局部地区发生，分布在 0～20% | 2 |
| 危害性（$P_2$） | | |
| 潜在的经济危害性（$P_{21}$） | 标准：预测造成的产量损失达 20% 以上，和/或严重降低寄主产品质量，$P_{21}=3$；产量损失在 5%～20%，和/或较大降低寄主产品质量，$P_{21}=2$；产量损失在 1%～5%，和/或较小降低寄主产品质量，$P_{21}=1$；产量损失小于 1%，对质量无影响，$P_{21}=0$<br>理由：在山东烟台曾造成减产 4%～20% 的损失 | 2 |
| 是否为其他检疫性有害生物的传播媒介（$P_{22}$） | 标准：可传带 3 种以上的检疫性有害生物，$P_{22}=3$；传带 2 种检疫性有害生物，$P_{22}=2$；传带 1 种，$P_{22}=1$；不传带，$P_{22}=0$<br>理由：不传带其他检疫性有害生物 | 0 |
| 国外重视程度（$P_{23}$） | 标准：有 20 个以上的国家将其列为检疫对象，$P_{23}=3$；<br>有 10～19 个国家将其列为检疫对象，$P_{23}=2$；<br>有 1～9 个国家，$P_{23}=1$；无国家，$P_{23}=0$<br>理由：为世界性检疫害虫 | 3 |
| 寄主情况（$P_3$） | | |
| 受害栽培寄主的种类（$P_{31}$） | 标准：受害农作物寄主达 10 种以上，$P_{31}=3$；受害寄主 5～9 种，$P_{31}=2$；受害寄主 1～4 种，$P_{31}=1$；无受害寄主，$P_{31}=0$<br>理由：受害寄主 6～9 种 | 2 |
| 受害寄主的栽培面积（$P_{32}$） | 标准：受害寄主的栽培总面积达 350 万公顷以上，$P_{32}=3$；<br>受害寄主的栽培总面积达 150 万～350 万公顷，$P_{32}=2$；<br>受害总面积小于 150 万公顷，$P_{32}=1$；无受害寄主，$P_{32}=0$<br>理由：全国苹果栽培面积超过 225.4 万公顷 | 2 |
| 受害寄主的特殊经济价值（$P_{33}$） | 标准：由专家根据其应用价值、出口创汇等方面定级为 $P_{33}=3$、$P_{33}=2$、$P_{33}=1$ 或 $P_{33}=0$<br>理由：对生态效应、出口价值、经济价值和社会价值影响很大 | 2 |
| 传播扩散的可能性（$P_4$） | | |
| 截获频繁程度（$P_{41}$） | 标准：经常被截获，$P_{41}=3$；偶尔被截获，$P_{41}=2$；<br>从未被截获或历史上只截获过少数几次，$P_{41}=1$；<br>因现有技术原因，本项目不设 0 级<br>理由：在口岸偶尔被截获 | 2 |

| 评判指标 | 评判标准及理由 | 赋值 |
|---|---|---|
| 运输中有害生物的存活率（$P_{42}$） | 标准：运输中有害生物的存活率在40%以上，$P_{42}=3$；在10%～40%，$P_{42}=2$；在1%～9%，$P_{42}=1$；存活率为0，$P_{42}=0$<br>理由：苹果绵蚜具较强的生存能力，存活率40%以上 | 3 |
| 国内的适生范围（$P_{43}$） | 标准：在国内50%以上地区适生，$P_{43}=3$；在25%～50%，$P_{43}=2$；在1%～24%，$P_{43}=1$；无适生地，$P_{43}=0$<br>理由：预计苹果绵蚜在国内适生范围在25%～50% | 2 |
| 传播途径或能力（$P_{44}$） | 标准：有害生物通过气体传播，$P_{44}=3$；由活动能力很强的个体传播，$P_{44}=2$；通过土壤或有害生物传播力很弱，$P_{44}=1$；本项目不设0级<br>理由：苹果绵蚜属由活动能力很强的介体传播的有害生物 | 2 |
| 风险管理难度（$P_5$） | | |
| 检验鉴定的难度（$P_{51}$） | 标准：现有检验鉴定方法可靠性很低，花费时间很长，$P_{51}=3$；现有检验鉴定方法可靠性较低，花费时间较长，$P_{51}=2$；方法基本可靠性，简便，$P_{51}=1$；方法可靠，快速，$P_{51}=0$<br>理由：现有检验鉴定方法可靠，但花费一定的时间 | 2 |
| 除害处理的难度（$P_{52}$） | 标准：现有除害处理方法几乎完全不能杀死有害生物，$P_{52}=3$；除害率在50%以下，$P_{52}=2$；除害率在50%～100%，$P_{52}=1$；除害率100%，$P_{52}=0$<br>理由：用熏蒸和药剂处理苗木，除害率在50%以下 | 2 |
| 根除难度（$P_{53}$） | 标准：田间防治效果差，成本高，难度大，$P_{53}=3$；田间防治效果较差，成本较高，有一定难度，$P_{53}=2$；田间防治效果一般，防治成本和难度都一般，$P_{52}=1$；田间防治效果显著，成本低，简便，$P_{52}=0$<br>理由：田间防治困难，不能完全根除 | 2 |

2) 苹果绵蚜风险性评判指标值和综合风险性 $R$ 值计算

根据综合评判方法，分别对各项一级指标值（$P_i$）和综合风险值 $R$ 进行计算，其中：

$$P_1 = 0.5P_{11} + 0.5P_{12} = 0.5 \times 3 + 0.5 \times 2 = 2.5$$

$$P_2 = 0.6P_{21} + 0.2P_{22} + 0.2P_{23} = 0.6 \times 2 + 0.2 \times 0 + 0.2 \times 3 = 1.8$$

$$P_3 = \mathrm{Max}(P_{31}, P_{32}, P_{33}) = \mathrm{Max}(2, 2, 2) = 2$$

$$P_4 = (P_{41}, P_{42}, P_{43}, P_{44})^{1/4} = (2 \times 3 \times 2 \times 2)^{1/4} = (24)^{1/4} = 2.2$$

$$P_5 = (P_{51} + P_{52} + P_{53})/3 = (2 + 2 + 2)/3 = 2$$

$$R = (P_1 \times P_2 \times P_3 \times P_4 \times P_5)^{1/5} = (2.5 \times 1.8 \times 2 \times 2.2 \times 2)^{1/5} = (39.6)^{1/5} = 1.92$$

根据 $R$ 值的大小，可将风险程度划分为4级，其中 $R$ 值2.5～3.0为极高风险；$R$ 值2.0～2.4为高风险；$R$ 值1.5～1.9为中风险；$R$ 值1.0～1.4为低风险；$R$ 值1.0以下为无风险。

按照综合评判方法定量分析和计算出苹果绵蚜的 $R$ 值为1.92，即为风险中等程度偏高的有害生物，在中国具有较大的风险性，应实施检疫，与中国将其列为植物检疫潜在危险性害虫相一致。

**3. 风险性管理**

作为 WTO 成员国，在制定检疫措施时，应符合 WTO 的 SPS 协定，考虑尽量减少对贸易的消极影响，现提出如下苹果绵蚜风险管理的备选方案并进行效率和影响评估，以期使苹果绵蚜传入风险减少到可接受水平。

1）风险管理的备选方案

备选方案一：禁止从苹果绵蚜疫区国家和地区输入苹果绵蚜寄主植物的苗木、接穗和果实及其包装物。

备选方案二：对来自疫区或疫情发生区的苗木、接穗、果实及其包装物必须经过药剂或熏蒸除害等检疫处理。

2）备选方案的效率和影响评估

备选方案一：本方案在考虑制定降低风险的管理措施时，首先考虑的是完全禁止从疫区输入苹果绵蚜寄主植物的苗木、接穗和果实及其包装物，从有效性、可执行性和可操作性来考虑，该方案最有效，可完全排除苹果绵蚜进入的风险。但是，完全实施检疫封锁将严重地影响我国的对外贸易，产生消极的贸易影响。所以，该备选方案的管理措施与 SPS 协议的原则不完全一致，建议不予采纳。因此除在紧急情况下，一般不应随便采用该方案。

备选方案二：使用化学药剂浸泡苗木和接穗以及用（如溴甲烷等）熏蒸处理，是植物苗木除害常使用的一种有效的处理手段，可有效地杀死苹果绵蚜，也是目前其他国家对来自苹果绵蚜疫区的寄主苗木和接穗所要求进行的处理措施。该备选方案的检疫处理措施将极大地降低苹果绵蚜传入中国的风险，是很有效的降低风险措施，可使苹果绵蚜传入中国的风险降低到我国可接受水平。

目前，世界上多数国家和地区均可方便进行药剂和熏蒸等检疫处理，操作性强，由于需要进行检疫处理，将不可避免地增加一定的商业成本，但这种成本的增加是有限的，不足以对贸易产生大的影响，与苹果绵蚜在中国定殖并全面扩散、对苹果产业造成毁灭性打击相比，其对贸易的影响是微不足道的。因此，该方案完全符合国际惯例以及 SPS 协议的"最低影响"原则和宗旨，是目前可供选择的降低风险管理措施的最佳方案。此外，也可以采取其他经中方认可行之有效的除害处理方法。

## 复习思考题

1. 为什么要进行植物虫害检疫？
2. 影响昆虫地理分布的因素有哪些？
3. 害虫传播扩散的途径有哪些？
4. 举例说明害虫人为传播扩散的危害性。
5. 说明害虫传入新区后种群的几种发展趋势。
6. 说明有些害虫传入新区后危害性比原产地加重的原因。
7. 有害生物风险分析的概念、目的、作用、意义是什么？
8. 有害生物风险分析包括哪几个阶段？
9. 有害生物风险分析各阶段的要点是什么？

# 第二章　检疫性害虫的检疫程序与方法

**内容提要：** 本章主要介绍了检疫性害虫的检疫程序和方法。在检疫程序方面，首先介绍了植物检疫的一般程序和相关的概念，然后分别介绍了与检疫性害虫有关的国内植物检疫程序和进出境植物检疫程序。在检疫方法方面，分别介绍了粮食和饲料、瓜果和蔬菜、棉麻和烟草、木材和竹藤、种苗和花卉等5大类检疫物的检疫方法。

## 第一节　检疫性害虫检疫程序

随着经济全球化和网络技术的发展，国内外贸易中商品的生产、包装、运输、贮存及交易的方式发生了根本的变化，传统的检疫程序已不适应快进出、少周转、"零"库存的现代物流需要，因此，探索建立检疫监管工作机制越来越受到重视。

### 一、植物检疫的一般程序

植物检疫程序一般包括检疫许可、检疫申报、现场检验和实验室检测、检疫处理和出证放行等5个环节（图2-1）。

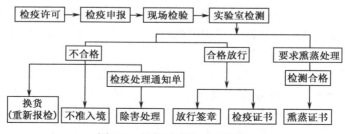

图 2-1　植物检疫的一般程序

### （一）检疫许可

检疫许可又称检疫审批，是在准备输入某些检疫物时，输入单位或个人向检疫机构提前提出申请，检疫机构审查并决定是否批准输入的法定程序。

**1. 检疫许可的主要作用**

检疫许可是植物检疫的重要程序之一，其主要作用表现在以下3个方面：

（1）避免盲目进境，减少经济损失。作为货主，对输出方植物检疫性害虫等有害生物的了解较为有限，同时对输入方植物检疫法规的掌握也不一定全面。因此，可能出现直接输入或引进某些物品的情况，而这些物品是需要经过检疫许可程序才能入境的。一旦这些货物抵达口岸或目的地，则会因违反植物检疫法规而被退回或销毁，造成不必要的经济损失。经过检疫许可，能够明确所需输入或引进的物品是否可以进境，从而避免输入或引进的盲目性。

（2）提出检疫要求，加强预防传入。在办理植物检疫许可的过程中，检疫机构依据有关规定和输出方的有害生物疫情来决定是否批准输入。如果允许输入，则会提出相应的检疫要求，如要求该批货物不准携带某些有害生物等。因此，检疫许可能够有效地预防检疫性有害生物的传入。

（3）依据贸易合同，进行合理索赔。检疫机构将上述检疫要求通知货主，货主即可告之输出方并将其写入贸易合同或协议中。当检疫物到达并被输入方检疫机构确定不符合检疫要求时，如检出某些不准输入的检疫性害虫等，货主可依据贸易合同中的植物检疫要求向输出方提出索赔。

**2. 检疫许可的类型和范围**

依据许可物的范围，植物检疫许可分为一般许可和特殊许可两种基本类型。一般许可又称一般审批，主要针对植物及其产品、植物种子、苗木及其他繁殖材料等；特殊许可又称特殊审批，主要针对国家禁止的输入物。

在一般许可中，植物检疫许可物的范围主要包括两类：①通过贸易、科技合作、赠送、援助等方式输入的植物种子、苗木及其他繁殖材料，以及近年引起广泛重视的水果和粮食等植物及其产品；②携带、邮寄输入的植物种子、苗木及其他繁殖材料。

在特殊许可中，许可物主要指那些因科学研究等特殊需要而引进的国家规定的禁止输入物。在我国，与植物检疫有关的禁止输入物主要包括4类：①植物病原体（包括菌种、毒种等）、害虫及其他有害生物；②植物疫情流行国家或地区的有关植物、植物产品和其他检疫物；③动物尸体（如动物标本等）；④土壤。

**3. 检疫许可的基本手续**

在我国，根据检疫物的不同，检疫许可归不同部门的检疫机构审批。例如，从国外引进蔬菜良种前需要在国务院或省级农业行政主管部门所属的植物检疫机构办理检疫许可手续（图2-2）。通常办理检疫许可包括以下3个步骤：

（1）领取单证。引进单位或个人提供有关证明和说明材料后，到当地有关的检疫机构领取许可证申请表。

图 2-2　引进蔬菜种子的检疫许可（夏红民，2002）

（2）报请批准。引进单位或个人填写申请表后，提供相应的证明材料，有关检疫机构审批。

（3）批准输入。检疫机构根据申请和待批物进境后的用途等，填发许可证，标明批准的数量、检疫要求、进境口岸、许可证有效期等内容。

（二）检疫申报

检疫申报简称报检，是检疫物输入或输出时由货主或代理人向检疫机构及时声明并申请检疫的法定程序。检疫申报的主要作用是为检疫人员在接到货主或代理人递交的报检材料后，准确核对相关单证和做好实施检疫的必要准备。检疫申报是检疫的必经环节，由货主或代理人和检疫人员共同完成。

**1. 报检机关与检疫物范围**

接受进出境检疫申报的机构主要是到达口岸所在地的出入境检验检疫机构。货主在输入植物及其产品和其他检疫物时，应向进境口岸的检验检疫机构报检；输出植物及其产品和其他检疫物时，应向出境口岸的检验检疫机构报检；运输植物及其产品和其他检疫物过境时，应向进境口岸的检验检疫机构报检，不再向出境口岸的检验检疫机构报检。在进出境植物检疫中，有4类检疫物需要进行检疫申报：①输入或输出植物及其产品和其他检疫物；②装载植物及其产品和其他检疫物的容器、包装物；③来自疫区的运输工具；④过境的植物及其产品和其他检疫物。

接受国内调运植物检疫申报的检疫机构主要是各省、自治区、直辖市农业和林业行政主管部门所属的植物检疫机构及其授权的地（市）、县级植物检疫机构。检疫物范围根据国务院农业和林业行政主管部门公布的检疫名单和调入地省级农业和林业行政主管部门公布的补充名单确定。

**2. 检疫申报的基本手续**

进出境植物检疫申报一般由报检员凭《报检员证》向检验检疫机构办理手续，报检员由检验检疫机构负责考核。办理检疫申报手续时，报检员首先填写报检单或通过自助式电子报检系统完成，然后将报检单、输出国家或地区官方检疫机构出具的检疫证书和产地证书、贸易合同、信用证、发票等单证一并交检验检疫机构。如果属于应办理检疫许可的检疫物，在报检时还需提供进境许可证。

国内调运植物检疫一般由供货单位、个人或其代理人办理。首先，供货单位或个人通过进货方向调入地植物检疫机构索取农林业植物调运检疫要求书，了解调入地的植物检疫要求；然后，凭介绍信或身份证向所在地植物检疫机构报检，填写植物及产品调运检疫申报单，并加盖单位公章或个人私章。

遇有下述3种情况之一时，货主或代理人应及时向检疫机构申请办理报检变更：①货物运抵口岸或调入地后、实施检疫前，从提货单中发现原报检内容与实际货物不相符；②出境或调出货物已报检，但原申报的输出货物品种、数量或输出地需作改动；③出境或调出货物已报检，并经检疫或出具了检疫证书，但货主又需作改动。

（三）现场检验和实验室检测

现场检验和实验室检测是查验各种单证和检疫物、收集样品和鉴定有害生物种类的重要检疫程序。检疫人员在车站、码头、机场、田间、仓库等现场对检疫物所做的直观检查，属于现场检验的范畴。经现场检验，某些检疫物或查验出的有害生物需要进一步送实验室进行检测，以确定有害生物的种类。一般认为，现场检验和实验室检测是同一程序的两个组成部分，二者相辅相成，但在实施顺序、实施场所、主要任务、采取方法、所需设备以及对检疫人员的要求等方面有所差别（表2-1）。

表 2-1  现场检验和实验室检测的比较

| 比较内容 | 现场检验 | 实验室检测 |
|---|---|---|
| 实施顺序 | 先 | 后 |
| 实施场所 | 现场（机场、车站、码头、田间、仓库、邮局等） | 实验室（检疫机构、检测中心等） |
| 主要任务 | 检查单证、抽取样品 | 制备样品、鉴定种类 |
| 主要方法 | 肉眼检查 | 镜检、生化检测等 |
| 所需设备 | 放大镜、多孔筛、X 射线机、检疫犬等 | 解剖镜、显微镜、分析仪器等 |
| 人员要求 | 具备专业基础知识和现场检查经验 | 具备扎实的专业技能，熟悉仪器设备和检测技术 |

**1. 现场检验**

现场检验是检疫人员在现场环境中对输入或输出的检疫物进行检查和抽样，并初步确认是否符合相关检疫要求的法定程序。主要针对应检货物及其运输和装载工具、存放场所、携带物和邮寄物等进行检验，经现场检验，采集的样品需送到实验室进行检测。在检查货物时，检疫人员应首先查验许可证、报检单、检疫证书等单证，检查是否与货物、报检情况相符合，然后对货物进行详细的检查和抽样。在检查运输及装载工具时，检疫人员在机场、码头（锚地）、车站需登机、登船、登车执行任务；在进行植物检疫时，应着重检查装载货物的船舱或车厢内外上下四壁、缝隙、边角以及包装物、铺垫材料、残留物等容易潜伏有害生物的地方；在检查旅客携带物时，检验人员可通过 X 射线机、检疫犬（图 2-3）等检查行李

图 2-3  利用检疫犬检查行李
（夏红民，2002）

中的携带物，发现可疑物时可要求旅客打开包裹进一步检查。

**2. 实验室检测**

实验室检测是借助实验室仪器设备对检疫物样品进行检查、鉴定的法定程序。在植物检疫方面，检疫人员依据相关的法律以及输入国家或地区提出的植物检疫要求，对输出或输入的植物及其产品和其他检疫物进行实验室检测。这一环节对专业技能的要求较高，需要专业人员利用现代化的仪器设备和方法，对有害生物种类做出快速、准确的鉴定。

（四）检疫处理

检疫处理是检疫机构根据检验、检测的结果及相关规定，采用一定的方式对检疫物实施处理的法定程序。检疫物经过现场检验和实验室检测程序后，若发现含有相关的检疫性有害生物，则需根据实际情况和法规要求进行检疫处理。植物检疫处理的主要方式包括退回处理、销毁处理和除害处理等，其中除害处理常用的方法有熏蒸处理、辐照处理、热冷处理等（详见第三章）。

（五）出证放行

出证放行是检疫机构根据检疫或除害处理的结果，判断合格后签发相关单证并决定准予输出、输入、调运的法定程序。对于进境检疫，签发通关单；对于出境检疫和国内调运检疫，签发检疫证书。

**1. 进境检疫的放行条件**

经检疫合格或经除害处理合格的进境检疫物，由进境口岸检疫机构签发检疫通关单或在运单上加盖检疫放行章，准许入境。通过国际铁路联运或海陆联运的检疫物，必须在检疫结果得出之前向内地疏散或发运的，可以先由进境口岸检验检疫机构签发进境检疫处理通知单，通知报检人或收货人，货物到达目的地后不得分散、使用，并等候检疫结果，同时通知到达地出入境检验检疫机构进行监督管理。

**2. 出境和过境检疫的放行条件**

经检疫合格或经除害处理合格的出境检疫物，由当地口岸检验检疫机构签发检疫证书，准予出境。输入国家或地区规定本批货物必须熏蒸处理后出口并要求签发熏蒸证书的，经熏蒸处理后复查未发现有害生物的，签发检疫熏蒸证书，准予出境。超过出境货物检疫有效期限的，应进行复检，合格后签发检疫证书。

对过境植物及其产品和其他检疫物，经检疫或除害处理合格的准予过境。

**3. 调运检疫的放行条件**

经检疫未发现检疫对象的调运检疫物，签发植物检疫证书并放行，调入地进行复检但不签证。发现带有或感染有检疫对象的植物及其产品，除保留样品和标本外，签发植物调运检疫结果通知单，通知申报单位或个人立即采取消毒、改变用途、控制使用或销毁处理等措施，并监督执行。

（六）检疫监管

检疫监管是检疫机构对进出境或调运货物的生产、加工、存放等过程实行监督管理的检疫程序。为了防患于未然和适应快进出、少周转、"零"库存的现代物流需要，各地对检疫监管进行了多种探索和尝试。例如，从批批检疫转向对生产企业分类管理，通过对生产企业的内部质量管理体系、企业诚信、守法行为等情况全面考核，确定一、二、三类企业，并采取相应的检疫监管方式，有针对性地抓好二、三类企业的检疫把关；加大企业认证力度，从主要靠随机抽样检疫转变为在正确评估检疫风险的前提下，采取科学、可靠的检疫技术手段，从各生产环节入手，进行生产全过程检疫监管。

## 二、国内植物害虫检疫程序

我国的国内植物检疫根据检疫对象的不同分别归农业和林业行政主管部门管理。在局部地区发生、危险性大、能随植物及其产品传播的害虫，应列为植物检疫性害虫；能够传带检疫性害虫的植物及其产品和装载容器、包装材料、铺垫物等，以及来自疫区的运载工具等为检疫的范围；对于种子、苗木和其他繁殖材料，不论是否列入检疫名单和运往何地，均应列入检疫范围。国内农业和林业植物检疫性害虫名单及应施检疫的植物及其产品名单分别由国务院农业和林业行政主管部门制定和公布，各省、自治区、直辖市农业和林业行政主管部门可根据本地区的需要，制定和公布补充名单，并分别报国务院农业和林业行政主管部门备案。以上两类名单是全国各级植物检疫机构执行检疫的基本依据。

（一）调运检疫程序

调运检疫是指检疫机构对调运过程中的检疫物进行的检疫。对植物及其产品和其他检疫物的调运检疫一般包括领取调运检疫要求书、调运检疫申报、现场检验和实验室检测、签证放行等环节（图 2-4），其中国内农业植物调运检疫按照 GB15569—1995 规定的规程进行。

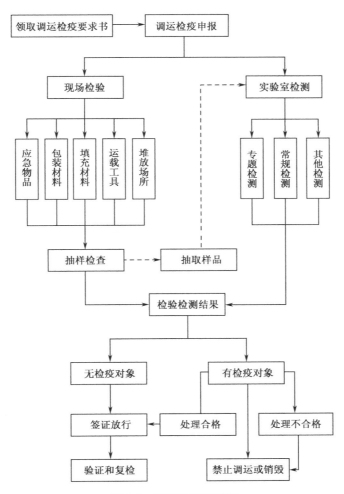

图 2-4　调运检疫的程序

**1. 领取调运检疫要求书**

调入单位或个人应事先征得所在省、自治区、直辖市植物检疫机构或其授权的地（市）、县级植物检疫机构同意，领取植物检疫要求书，向调出单位提出植物检疫要求。省内地（市）间、县间调运种子、苗木、植物及其产品时，是否进行检疫和应检疫的范围，由省、自治区、直辖市人民政府规定。

**2. 调运检疫申报**

调出单位或个人应根据调入地提出的植物检疫要求，向所在地省、自治区、直辖市植物检疫机构或其授权的当地（市）、县级植物检疫机构申报调运植物检疫。

**3. 受理植物检疫**

调出地的省、自治区、直辖市植物检疫机构或其授权的当地植物检疫机构按调入地植物检疫要求受理报检。从无检疫性害虫发生的地区调运植物及其产品，经核实后直接签发植物检疫证书；从零星发生检疫性害虫的地区调运种子、苗木等繁殖材料时，应凭产地检疫合格证签发植物检疫证书；对产地检疫性害虫发生情况不清楚的植物及其产品，必须按照调运检疫规程进行现场检验，发现可疑检疫对象时抽取样品，带回实验室进一步检测，证明确实不携带检疫对象后，才能签发植物检疫证书。若发现携带有检疫性害虫，应通知申报单位或个人，立即采取消毒、改变用途、控制使用或销毁处理等措施，并监督执行，处理合格后才能签发植物检疫证书。

**4. 签证放行**

植物检疫证书是由植物检疫机构签发的证明植物或植物产品符合植物检疫要求的凭证，必须由发证机关加盖植物检疫专用章，由专职植物检疫员签发，其格式由国务院农业和林业行政主管部门统一制定。省间调运的植物检疫证书，由省级农业和林业行政主管部门的植物检疫机构或其授权的地（市）、县级植物检疫机构签发；省内调运的植物检疫证书，由地（市）、县级植物检疫机构签发。

**5. 验证和复检**

调入地省、自治区、直辖市植物检疫机构或其授权的地（市）、县级植物检疫机构负责查验植物检疫证书，必要时可对调入的种子、苗木和其他繁殖材料、植物及其产品进行复检，复检不再签发植物检疫证书。

（二）产地检疫程序

产地检疫是指在植物种子、苗木及其他繁殖材料调运前，当地植物检疫人员在植物生长期间到原产地进行检验、检测的过程。实行产地检疫至少具有4方面的意义：①可将调运时的检疫工作提前到产地进行，避免在调运检疫中由于植物材料种类多、数量大，受取样数量、取样方法及检疫时间的限制而出现漏检现象；②大多数检疫性害虫能在寄主植物生长季节产生明显的危害状，易于发现和识别，比调运抽样检验快速、准确、可靠，且简便易行；③可以避免在调运过程中发现检疫性害虫时，因采取必要的处理措施而造成的经济损失，以及因除害处理而带来的货物压港、压车、压仓和交通堵塞等弊端；④在产地检疫过程中，可以在植物检疫机构的指导下，采取一系列预防措施和综合防治措施，及时铲除或控制检疫性害虫，把其控制在调出之前，防止检疫性害虫的传播蔓延；⑤有利于促进植物检疫机构与种子、农林技术生产及推广部门的合作，建立无检疫性害虫的种苗繁育基地、母树林基地等，生产无虫种苗，使检疫工作由被动变为主动。

**1. 建立种苗繁育基地**

新建的原种场、良种场、苗圃等在选址前，应征求当地植物检疫机构的意见，选择无检疫性害虫分布的地区作为繁育基地；植物检疫机构应帮助种苗繁育单位或个人，选择符合植物检疫要求的地方建立繁育基地。繁育基地要有较好的自然隔离条件，与大田作物或林地有一定的间距。繁育基地内使用的种苗和粪肥不应携带有病虫等有害生物，种苗应从无检疫性害虫发生的地区调入，种植前要进行种子的消毒处理。

**2. 产地检疫的申请**

原种场、良种场、苗圃和其他种苗繁育基地等是产地检疫的重点。有关单位或个人应在每年的年初将本基地当年的种苗繁育计划报所在地的植物检疫机构，填写《产地检疫申请书》，标明种苗名称、品种及来源、繁育面积及地点、预计产量、联系人等，申报产地检疫。

**3. 产地检疫的实施**

产地检疫由繁育基地所在地的县级以上植物检疫机构实施。国家级良种繁育基地可采取"三级联检"，由省、市、县植物检疫机构联合进行产地检疫；省级和省属单位良种繁育基地可采取"两级联检"，由省和基地所在县的植物检疫机构联合进行产地检疫。

承担产地检疫的植物检疫机构应根据国家公布的检疫性害虫名单和本省公布的补充检疫性害虫名单，依照国家制定的产地检疫规程等，定期到良种繁育基地抽样调查，明确是否存在检疫性害虫，并指导良种繁育基地采取预防措施和综合防治措施，及时铲除或控制检疫性害虫。

**4. 签发产地检疫合格证**

产地检疫实施后，确实没有检疫性害虫等有害生物的种子、苗木及其他繁殖材料，发给产地检疫合格证。对于检疫不合格的种子、苗木及其他繁殖材料，发给产地检疫不合格通知书，不能作为种用和对外调运。产地检疫合格证只作换发植物检疫证书的凭证，不能作植物检疫证书使用。在调运时凭产地检疫合格证换取植物检疫证书。

（三）国外引种检疫程序

国外引种检疫是针对从国外（包括境外）引进植物种子、苗木和其他繁殖材料而进行的植物检疫。引进的方式包括贸易、科技合作、交换、赠送、援助等。

**1. 检疫许可**

我国实行严格的国外引种检疫许可制度。对于引进《中华人民共和国进境动植物检疫禁止进境物名录》规定的植物种子、苗木和其他繁殖材料，需办理特殊许可审批，如玉米种子、大豆种子、马铃薯块茎及其繁殖材料、烟属植物繁殖材料、榆属植物的苗和接穗、松属植物的苗和接穗、橡胶属植物的芽、苗和籽等。目录以外的植物种子、苗木和其他繁殖材料，需办理一般许可审批。

（1）审批部门。我国实行中央和地方两级植物检疫审批制度。国务院有关部门所属的在京单位、驻京部队单位、外国驻京机构等引进植物种子、苗木和其他繁殖材料的，需向国务院农业或林业行政主管部门所属的植物检疫机构提出申请，办理引种检疫许可审批手续；其他单位或个人引进植物种子、苗木和其他繁殖材料的，向种苗种植地的省、自治区、直辖市农业或林业行政主管部门所属的植物检疫机构提出申请，办理检疫许可审批手续；热带作物种质资源的交换和引进由国务院农业行政主管部门所属的农垦机构签署意见，报植物检疫机构审批；生产用种苗、国际区域性试验和对外制种的种苗或引种数量超过审批限量的，由种苗种植地的省、自治区、直辖市植物检疫机构审核并签署意见后，报国务院农业或林业行政主管部门所属的植物检疫机构审批。

（2）许可申报。由引种单位、个人或其代理人提出申请，代办植物检疫申报手续的代理人必须同时提交委托书。许可申报应在对外签订贸易合同或协议30日前办理，向有关植物检疫机构填报引进种子、苗木检疫申请书，引进种子、苗木检疫审批单，写明申请引进的植物、植物部位和品种名称、引进用途和数量、原产国家和地区及引种后的种植地区等。若从国外引进的植物种子、苗木及其他繁殖材料为新引进或近3年未引进，或可能潜伏有检疫性害虫等有害生物的，引进单位或个人还应填报引进国外植物种苗隔离试种报告书，制定隔离试种计划。

（3）许可审批。植物检疫机构受理申报后，应审查证件是否齐备，并根据输出国家的疫情和两国间签定的植物检疫条款，签署审批意见。如有特殊要求的，要在审批意见栏中注明，如引进的植物种子、苗木和其他繁殖材料需要通过隔离试种进行检疫观察的，应注明具体的条件和要求。

图 2-5　重新办理检疫许可手续
（夏红民，2002）

（4）办理引种手续。引种单位或个人凭引种植物检疫审批单办理对外引种手续，必须在对外贸易合同或者协议中列入引进种子、苗木检疫审批单上提出的对外植物检疫要求，并定明必须附有输出国家或地区政府机构出具的植物检疫证书，证明符合我国所提出的对外植物检疫要求。检疫审批单在有效期内有效，审批单已逾有效期或需要改变引进种苗的品种、数量、输出国家或地区的，均须重新办理检疫许可审批手续（图 2-5）。

**2. 申报检疫**

由收货单位或其代理人向种苗入境口岸的检验检疫机构报检，报检时间一般应比货物到达口岸的时间提前 7d 左右。报检程序大体分为 3 个步骤：①交检证件，包括种子、苗木和其他繁殖材料的有效植物检疫许可审批单，输出国家或地区政府机构出具的植物检疫证书，贸易合同，检疫物进出境单据；②填写进境检疫报检单，报检单的内容必须与实际相符，否则要受到行政处罚；③核对、登记、编号，由口岸检疫人员核对报检单，确认无误后登记、编号，安排植物检疫事宜。

**3. 口岸检疫**

口岸检疫由进境口岸的检验检疫机构进行。主要程序包括：①查验检疫许可审批单、报检单、输出国家或地区植物检疫证书等单证，核对证物是否相符；②查验与检疫物有关的运行日志、货运单、贸易合同等，查询检疫物的启运时间、港口、途经国家和地区；③检查外部包装、运载工具、堆放场所以及铺垫材料等是否附带有检疫性有害生物；④在全批检疫物中，用科学方法抽样检查是否带有危险性害虫等有害生物；⑤根据检疫需要，在全批检疫物中扦取代表样品，携回实验室进行检测。经口岸检疫合格后，口岸检验检疫机构在引进种子、苗木检疫审批单回执上签章放行，并及时将回执寄往引进种苗许可审批的植物检疫机构核查。

**4. 隔离检疫**

隔离检疫主要针对风险较高的进境繁殖材料，是将引进的植物种子、苗木和其他繁殖材料，在检疫机构指定的场所内进行隔离种植，生长期间进行检验和处理的检疫过程。

（1）隔离检疫的要求。输入的植物种子、苗木和其他繁殖材料，有以下3种情况时应进行隔离检疫：①新引进或近3年未从同一地方引进的植物种子、苗木和其他繁殖材料；②某些植物的危险性害虫等有害生物往往潜伏在输入的种苗内，口岸抽样检查时很难检出，而在生长发育期间容易发现和鉴别；③某些有害生物虽然在国外发生不太严重，但传入国内后，可能由于生态环境的改变有利于其发生为害，并造成重大的经济损失。

（2）隔离种植的场所。隔离种植多在植物检疫机构建立或认可的隔离试种场所进行，包括各类检疫温室、防虫温室、防虫网室等。露天的隔离种植场所一般应满足如下条件：①地址应选在无危险性有害生物分布的地区，并有山、河、湖、海等自然隔离屏障或远离同类植物的生产地，以防种植场内、外的有害生物相互传播，且便于一旦发现引进材料上带有疫情时的封锁和扑灭；②气候、土质等生态条件适合引进植物的生长、发育；③交通比较方便，但隔离场所四周应有防护屏障，无关人员、牲畜等不能进入；④有不受害虫等有害生物污染的水源满足种植的需要，最好有独立的排灌系统；⑤有具有一定理论基础和实践经验的植物栽培、植物保护等方面的技术人员，负责进行试种管理和有害生物的观察、调查、记载、处理等技术工作。

（3）隔离种植的期限。种苗引进后，引种单位必须按照引进种子、苗木检疫审批单上指定的地点进行隔离种植。一年生植物的种植期限不得少于一个生育周期，多年生植物不得少于2年。植物生长期间的管理由引种单位或个人安排管理，或委托隔离基地管理，并建立档案，定期接受植物检疫机构的检查与指导。为减少工作量，引进商品种苗时，应先少量引进，经隔离试种合格后经植物检疫机构同意，再从同一来源地扩大引进。

（4）隔离种植期的检疫。隔离种植期间，由种植地的省、自治区、直辖市的植物检疫机构负责疫情监测，并签署疫情监测报告。必要时，由国务院农业和林业行政主管部门所属的植物检疫机构组织重点疫情监测。在隔离种植期间，发现疫情的，引进单位必须在植物检疫机构的指导和监督下，及时采取封锁、控制和消灭措施，严防疫情扩散，并承担实施检疫处理的全部费用。经植物检疫机构检疫，证明确实未携带有检疫性害虫等有害生物的，方可分散种植。

# 三、进出境植物害虫检疫程序

在我国，进出境植物害虫检疫由国家质量监督检验检疫行政主管部门统一管理，其直属的出入境检验检疫机构及其委托的口岸检验检疫机构负责实施。《中华人民共和国进境动植物检疫性有害生物名录》和《中华人民共和国进境动植物检疫禁止进境物名录》由国务院农业行政主管部门会同有关部门制定，并对外公布。如果国外发生重点疫情并有可能传入我国时，国务院可以下令封锁有关口岸或禁止来自疫区的运输工具等入境。出境植物检疫对象根据输入国家或地区植物检疫要求来确定，但输出我国禁止出口的濒危动植物、珍贵或稀有动植物和物种资源时，还需提交国家有关行政主管部门签发的特许批准出口审批证件。

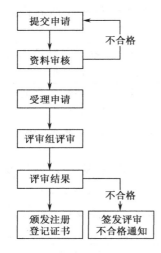

图 2-6　企业登记注册程序

（一）注册登记程序

世界上许多国家要求对进出口植物及其产品的生产、加工和存放企业进行注册登记。向我国输入植物及其产品的境外生产、加工、存放企业，应向国家质量监督检验检疫行政主管部门办理注册登记；向国外输出植物及其产品的境内生产、加工、存放企业，应向国家质量监督检验检疫行政主管部门或其委托的直属出入境检验检疫机构办理注册登记。注册登记程序包括提交申请、资料审核、受理申请、组织评审、颁发证书等（图 2-6）。

**1. 提交申请和资料审核**

除双边协议另有规定以外，境外企业办理注册登记时，需通过所在国家或地区主管当局，提交包括以下内容的申请材料：①所在国家或地区植物保护体系资料；②所在国家或地区植物疫情信息；③生产、加工、存放单位的质量管理和防疫措施；④所在国家或地区主管当局对被推荐企业的植物检疫实际情况的评审报告；⑤所在国家或地区主管当局的推荐材料；⑥所在国家或地区主管当局对生产、加工、存放过程实施有效监管的措施。

境内企业办理注册登记时，直接向出入境检验检疫机构提交包括以下内容的申请材料：①书面申请报告；②申请单位法人资格证明复印件；③生产、加工、存放场所平面图及相关照片；④生产、加工工艺流程；⑤管理制度和检疫措施。

**2. 受理申请和组织评审**

出入境检验检疫机构审查资料合格后接受申请，成立专家评审组对申请材料进行评审，并根据需要赴输出国家或地区、申请单位进行实地考核评审。

**3. 颁发注册登记证书**

根据评审意见，由受理申请的检验检疫机构作出准予许可或不予许可的决定。准予许可的，书面通知境外企业所在国家或地区的主管当局，向境内企业颁发注册登记证书或批准文件，同时予以公布；不予许可的，签发评审不合格通知，说明不予许可的理由。

（二）进境检疫程序

对输入我国的检疫物进行的检疫，称为进境检疫。植物及其产品和其他检疫物的进境检验主要包括以下几个程序：

**1. 进境检疫许可**

凡通过贸易、科技合作、交换、赠送、援助等方式输入或通过携带、邮寄进境的植物及其产品和其他检疫物，均需事先提出申请，办理检疫许可审批手续。进口单位或个人应在签订合同前到有关检疫机构咨询（图2-7），了解国家是否允许进口。除了前述的国外引种检疫许可由农业和林业行政主管部门所属的植物检疫机构办理审批外，其他进境植物及其产品和其他检疫物的检疫许可，由国家质量监督检验检疫主管部门所属的检验检疫机构负责审批。办理进境植物检疫许可证分为3种情况：

对不起，该产品属于国家禁止进境的产品。不能进口！

禁止进境物名录

图2-7　植物及其产品进口前咨询
（夏红民，2002）

（1）一般审批。共涉及7类检疫物：①果蔬类：来自非疫区或已解禁区的新鲜水果、番茄、茄子、辣椒等果实；②烟草类：来自非疫区或已解禁区的烟叶及烟草薄片；③粮谷类：来自非疫区或已解禁区的小麦、玉米、稻谷、大麦、黑麦、燕麦、高粱等；④豆类：来自非疫区或已解禁区的大豆、绿豆、豌豆、赤豆、蚕豆、鹰嘴豆等；⑤薯类：来自非疫区或已解禁区的马铃薯、木薯、甘薯等；⑥饲料类：来自非疫区或已解禁区的麦麸、豆饼、豆粕等粮食或油料经加工后的副产品；⑦其他类：来自非疫区或已解禁区的植物栽培介质。

（2）特许审批。因科学研究等特殊需要引进《中华人民共和国进境动植物检疫禁止进境物名录》规定的植物及其产品和其他检疫物，如来自疫区的烟叶、小麦、水果及茄子、辣椒、番茄果实，植物病原体（包括菌种、毒种）、害虫和其他有害生物体，转基因生物材料，土壤等。

（3）其他审批。旅客携带或邮寄的植物种子、苗木或繁殖材料入境，因特殊情况无法事先办理植物检疫审批手续的，携带人、邮寄人或收件人应当在货物抵达口岸时补办检疫审批手续。

取得进境植物检疫许可证后，有下列情况之一的须重新办理：①更改产地；②更改输出国家或地区；③更改入境口岸、时间；④更改进境物种类（或品种）、数量、用途；⑤更改加工或使用单位；⑥超过许可证有效期。如果输出国家或地区在此期间突发重大植物疫情时，根据国务院质量监督检验检疫或农业行政主管部门的公告或通知，已领取的检疫许可证将自动作废。

**2. 报检和审证**

输入植物及其产品和其他检疫物的，货主或其代理人应当在进境前或进境时向进境口岸检验检疫机构报检。属于调离海关监管区检疫的，运达指定地点时，货主或其代理人应当通知有关口岸检验检疫机构。属于转关货物的，货主或其代理人应当在进境时向进境口岸检验检疫机构申报；到达指运地时，应当向指运地口岸检验检疫机构报检。输入植物种子、苗木及其他繁殖材料的，应当在进境前7日报检。植物性包装物、铺垫材料进境时，货主或其代理人应当及时向口岸检验检疫机构申报，检验检疫机构可以根据具体情况对申报物实施检疫。

向口岸检验检疫机构报检时，应当填写报检单，并提交输出国家或地区政府机构出具的植物检疫证书、产地证书和贸易合同、信用证、发票等单证；依法应当办理检疫审批手续的，还应当提交检疫审批单。无输出国家或地区政府检疫机构出具的有效检疫证书，或未依法办理检疫审批手续的，口岸检验检疫机构可以根据具体情况，作退回或销毁处理。

**3. 检验和检测**

检验和检测由口岸检验检疫机构实施，海关、边防等部门截获的非法进境植物及其产品和其他检疫物，应当就近交由口岸检验检疫机构检疫。输入的植物及其产品和其他检疫物运达口岸时，检疫人员可以到运输工具上和货物现场实施检疫，核对货、证是否相符，并可以按照规定扦取样品，进行实验室检测。承运人、货主或其代理人应当向检疫人员提供装载清单和有关资料。

> 依托信息技术和网络技术的平台，研究和构建基于网络的进出境植物检疫信息管理和辅助决策系统，可极大提高和改善对外植物检疫工作的技术和水平。

检疫人员在实施现场检疫时，按照中国的国家标准、行业标准及国家的有关规定实施检疫，在进行植物检疫时应重点检查如下内容：①对于植物及其产品，要检查货物和包装物有无害虫等有害生物，并按照规定扦取样品，发现害虫等有害生物并有可能扩散时，及时对该批货物、运输工具和装卸现场采取必要的防疫措施；②对于植物性包装物、铺垫材料，要检查是否携带有害虫等有害生物，是否沾带有土壤，并按照规定扦取样品；③对于其他检疫物，要检查包装是否完好和是否被害虫等有害生物污染，发现破损或被污染时，作除害处理。

对船舶、火车装运的大宗植物产品，应当就地分层检查；限于港口、车站的存放条件，不能就地检查的，经口岸检验检疫机构同意，也可以边卸载边疏运，将植物产品运往指定的地点存放。在卸货过程中经检疫发现疫情时，应立即停止卸货，由货主或其代理人按照口岸检验检疫机构的要求，对已卸和未卸货物作除害处理，并采取防止疫情扩散的措施；对被害虫等有害生物污染的装卸工具和场地，也应作除害处理。进境的同一批植物产品分港卸货时，口岸检验检疫机构只对本港卸下的货物进行检疫，先期卸货港的口岸检验检疫机构应当将检疫和处理情况及时通知其他分卸港的口岸检验检疫机构。

**4. 签证与放行**

输入的植物及其产品和其他检疫物，经检疫合格的，由口岸检验检疫机构在报关单上加盖印章或签发检疫放行通知单；需要调离进境口岸海关监管区检疫的，由进境口岸检验检疫机构签发检疫调离通知单；进境的同一批植物产品分港卸货的，由卸毕港的口岸检验检疫机构汇总后统一出具检疫证书，在分卸港实施检疫中发现疫情并必须进行船上熏蒸、消毒时，由该分卸港的口岸检验检疫机构统一出具检疫证书，并及时通知其他分卸港的口岸检验检疫机构。货主或其代理人凭口岸检验检疫机构在报关单上加盖的印章或签发的检疫放行通知单、检疫调离通知单，办理报关、运递手续。海关对输入的植物及其产品和其他检疫物，凭该口岸检验检疫机构在报关单上加盖的印章或签发的检疫放行通知单、检疫调离通知单验放。运输、邮电部门凭单运递，运递期间国内其他检验检疫机构不再检疫。

输入植物及其产品和其他检疫物，经检疫不合格的，由口岸检验检疫机构签发检疫处理通知单，通知货主或其代理人在口岸检验检疫机构的监督和技术指导下，作除害处理；需要对外索赔的，由口岸检验检疫机构为货主或其代理人出具检疫证书。

### （三）出境检疫程序

对输出检疫物进行的检疫，称为出境检疫。植物及其产品和其他检疫物的出境检疫，主要根据国际植物检疫标准、输入国家或地区以及中国有关植物检疫的规定、双边检疫协定、贸易合同中订明的检疫要求等来确定。通常检疫程序包括如下内容：

**1. 注册登记**

输入国要求中国对向其输出植物及其产品和其他检疫物的生产、加工、存放企业注册登记的，口岸检验检疫机构可以进行注册登记，并报国家质量监督检验检疫行政主管部门备案。

**2. 申报检疫**

货主或其代理人办理植物及其产品和其他检疫物的出境报检手续时，应提供贸易合同或协议。出境检疫一般由启运地口岸检验检疫机构受理，派出检疫人员到仓库或货场实施检疫；也可根据需要在生产、加工过程中实施检疫；出境前需经隔离检疫的，在口岸检验检疫机构指定的隔离场所检疫。待检出境的植物及其产品和其他检疫物，应当数量齐全、包装完好、堆放整齐、标记明显。经启运地口岸检验检疫机构检疫合格的，签发检疫证书、出境货物通关单或出境货物换证凭单等有关证单；运往出境口岸时，运输、邮电部门凭启运地口岸检验检疫机构签发的检疫单证运递，国内其他检验检疫机构不再检疫。

**3. 验证放行**

经启运地口岸检验检疫机构检疫合格的植物及其产品和其他检疫物，运达出境口岸时，按照下列规定办理验证放行手续：①从启运地随原运输工具出境的，由出境口岸检验检疫机构验证放行；②在口岸改换运输工具出境的，换证放行；③到达出境口岸后拼装的，因变更输入国家或地区而有不同检疫要求的，或超过规定的检疫有效期的，应当重新报检和检疫。

### （四）过境检疫程序

一个国家或地区输出的物品，需经我国境内运往另一个国家或地区的称为过境；对过境检疫物进行的检疫称为过境检疫。植物及其产品和其他检疫物的过境检疫一般包括如下程序：

**1. 申报检疫**

从我国口岸入境、经我国境内运往第三国的过境植物及其产品和其他检疫物，在货物到达我国口岸时，承运人、押运人或其代理人持运单和输出国家或地区政府机构出具的植物检疫证书向入境口岸的检验检疫机构报检，填写检疫报检单，说明过境植物及其产品和其他检疫物的品名、数量、产地、输出国家或地区、输往国家或地区、过境路线、出境口岸、过境物品包装类型及包装材料、铺垫物或填充材料等。

**2. 现场检疫**

陆运至口岸过境的，应根据直车过境运输、不能直车过境而需换装等情况，以及具体应检内容进行现场检验。海运至口岸后再换装车辆过境的，口岸检验检疫机构应在船舶未靠港前，在锚地进行检疫。检疫人员对原装运输工具过境的，应重点查验运输工具或装载容器的外表有无破损、撒漏，是否附着有土壤、害虫等有害生物。更换运输工具的，应全面查验原运输工具上有无过境检疫物的残留物及植物性铺垫物、填充材料，检疫物的装载容器、包装物有无破损、撒漏或感染害虫等有害生物。对现场检疫截获的害虫等有害生物作初步鉴定并做记录，并抽扦样品带回实验室做进一步检测和鉴定。

**3. 检疫处理与放行**

装载过境植物及其产品和其他检疫物的装载容器、包装物、运输工具应完好无损，不撒漏。经入境口岸检验检疫机构检查，发现运输工具或包装物、装载容器有可能造成途中撒漏的，承运人或押运人应当按照检验检疫机构的要求，采取密封措施；无法采取密封措施的，不准过境。

装载过境植物及其产品和其他检疫物的运输工具、包装物经检疫发现检疫性害虫等有害生物的，出具检疫处理通知单，通知报检人分别作如下处理：①对可以通过清扫、喷洒药剂、熏蒸等处理方法达到除害目的的，监督报检人用指定的方法处理合格后，准予过境；②对疫情严重，难以完成清扫、喷药、熏蒸等处理，而不符合检疫要求的，不准过境。

经检疫未发现危险性害虫等有害生物，或按照检验检疫机构的要求除害处理合格的，签发检疫放行通知单或在货运单上加盖检疫放行章，准予按指定路线和口岸过境。出境口岸检验检疫机构验证放行，若发现没有入境检疫放行章的漏检车体，应予以截留，通知入境口岸检验检疫机构处理，或接受其授权或委托在出境口岸处理，否则不准出境。

**（五）携带物检疫程序**

对出入境人员携带物进行的检疫，称为携带物检疫。这里的出入境人员包括出入境旅客、具有外交或领事特权或豁免权的外交人员、其他人员和交通工具上的员工；携带物包括随身携带物和随所搭乘交通工具上的托运物。出入境人员携带植物及其产品和其他检疫物出入境时，必须办理植物检疫手续。

**1. 检疫许可**

出入境人员携带植物种子、苗木及其他繁殖材料入境时，必须按照国外引种检疫的有关规定事先办理检疫审批手续；因特殊情况无法事先办理的，应当在入境口岸的检验检疫机构补办植物检疫审批手续。因科学研究等特殊需要携带禁止进境物品入境的，必须办理检疫特许审批手续。

**2. 报检与检疫**

出入境人员携带植物及其产品和其他检疫物出入境时，必须如实填写出境或入境检疫申报卡，向出入境口岸检验检疫机构申报，接受植物检疫。若输入国家或地区、或出入境人员对出境植物及其产品和其他检疫物有检疫要求的，由出入境人员提出申请，检验检疫机构按照有关规定实施植物检疫。

检验检疫机构可以在出入境人员通道、行李提取处等现场进行检查，对已申报的携带物进行现场检疫；对可能携带植物及其产品和其他检疫物而未申报的，可以查询并进行抽检，必要时可以开箱（包）检查。对于携带应当办理检疫审批的植物及其产品和其他检疫物的，还应查验种子苗木审批单或许可证等相关单证。

**3. 检疫放行与处理**

携带物经检验检疫机构现场检疫合格的，当场予以检疫放行。若携带出境的植物及其产品和其他检疫物需要提供植物检疫证书或有关证明的，检验检疫机构应按规定出具植物检疫有关单证。

对于需要办理检疫许可的植物及其产品和其他检疫物、禁止入境物品等，出入境人员未能提供种子苗木审批单、检疫许可证或其他相关单证的，检验检疫机构予以暂时截留，并出具留验/处理凭证，在检验检疫机构指定的场所封存，截留期限不超过 7d。出入境人员应在截留期限内补交相关有效单证，凭留验/处理凭证领取携带物，经检验检疫机构检疫合格的，予以放行。

携带物经检验检疫机构现场检疫后，发现检疫性害虫等有害生物需要除害处理或需要做实验室检测和隔离检疫的，检验检疫机构应当予以截留，并出具留验/处理凭证，除害、截留或隔离期限按照有关规定执行。经检验检疫机构除害处理、实验室检测或隔离检疫合格的，予以检疫放行，出入境人员凭留验/处理凭证在截留期限内领取。

携带物有下列情况之一的，按照有关规定予以限期退回或销毁处理：①与所提交单证不符的；②未能提供相关有效单证而暂时截留的携带物，在截留期限内未能补交的；③截留的携带物逾期不领取或出入境人员书面声明自动放弃的；④经检疫不合格又无有效除害处理方法的；⑤法律法规规定禁止入境的；⑥其他应当予以限期退回或作销毁处理的。

（六）邮寄物检疫程序

对通过邮政进出境的邮寄物进行的检疫，称为邮寄检疫。通过邮政寄递的进境植物及其产品和其他检疫物、进境邮寄物所使用或携带的植物性包装物、铺垫材料必须进行植物检疫。

**1. 检疫许可**

邮寄进境的植物种子、苗木及其他繁殖材料，收件人必须按照国外引种检疫的有关规定事先办理检疫审批手续；因特殊情况无法事先办理的，收件人应当在入境口岸的检验检疫机构补办植物检疫审批手续。因科学研究等特殊需要邮寄禁止进境物品入境的，必须办理检疫特许审批手续。

**2. 检疫实施**

邮寄物进境后，由所在地的口岸检验检疫机构实施现场检疫。检验检疫机构可根据工作需要在设有海关的邮政机构或场地设立办事机构或定期派人到现场进行检疫，邮政机构应提供必要的工作条件，并配合检验检疫机构的工作。现场检疫时，检疫人员应审核单证并对包装物进行检疫。需拆包查验时，应结合海关的查验程序进行，原则上同一邮寄物不得重复开拆、查验，重封时应加贴植物检疫封识。需作进一步检疫的进境邮寄物，由检验检疫机构同邮政机构办理交接手续后予以封存，并通知收件人，封存期一般不得超过 45 日，特殊情况需要延长期限的，应当告知邮政机构及收件人。邮寄物在检验检疫机构查验和封存期间发生部分或全部丢失，或因非工作需要发生损毁的，由检验检疫机构按照有关规定赔偿或处理。

**3. 检疫放行与处理**

进境邮寄物经检验检疫合格或经检疫处理合格的，由检疫机构在邮件显著位置加盖植物检疫印章放行，由邮政机构运递。寄件人需要植物检疫合格证的，检验检疫机构检疫合格后应出具有关单证，由邮政机构运递。

进境邮寄物有下列情况之一的，由检验检疫机构作退回或销毁处理：①未按规定办理检疫审批或未按检疫审批的规定执行的；②单证不全的；③经检疫不合格又无有效方法处理的；④其他需作退回或销毁处理的。对进境邮寄物作退回处理的，检验检疫机构应出具有关单证，注明退回原因，由邮政机构负责退回寄件人；作销毁处理的，检验检疫机构应出具有关单证，并与邮政机构共同登记后，由检验检疫机构通知寄件人。

**（七）运输工具检疫**

对来自疫区的船舶、飞机、火车等运输工具进行的检疫，称为运输工具检疫。口岸检验检疫机构应在联检现场，对来自疫区的船舶、飞机、火车等运输工具登船、登机、登车实施检疫，运输工具负责人（船长、机长、列车长、汽车司机或他们的代表）应当接受检疫人员的询问并在询问记录上签字，提供运行日志和装载货物的情况，开启舱室等接受检疫。装载植物及其产品和其他检疫物出境的运输工具，应当符合国家有关植物检疫的规定，发现危险性害虫等有害生物或一般性害虫数量超过规定标准的，作除害处理后方可装运。

**1. 待检管理**

入境的运输工具和人员必须在最先到达口岸指定的地点接受检疫。在等待检疫期间，除引航员外，未经检验检疫机构许可，任何人不得上下运输工具，也不准装卸行李、货物、邮包等物品。运输工具上自用的物品，如植物、植物产品、食品等未经检验检疫机构批准，任何人不准带离运输工具。被检验检疫机构封存的运输工具上的自用物品，未经检验检疫机构许可，任何人不得拆封。运输工具上的人员不得抛弃泔水、植物性废弃物和垃圾等。

**2. 检疫重点**

口岸检验检疫机构在对运输工具进行植物检疫时，应检查有关证件是否齐全、有效，是否携带有国家禁止或限制进境的物品，是否携带有植物危险性有害生物。并重点检查以下可能存在检疫性害虫等有害生物的场所：①交通员工和乘客生活、活动场所，如船舶的生活舱等；②存放和使用食品及饮用水、植物产品的场所，如船舶的厨房、储藏室、食品舱，火车的餐车，飞机的配餐间等；③容易隐藏检疫性害虫等有害生物的场所，如货舱壁、夹缝、船缘板、车厢壁等；④存放泔水和植物性废弃物、垃圾等的场所和运输工具上的卫生间；⑤陆路口岸出入境汽车的驾驶室。

**3. 检疫处理**

经检疫发现有我国规定的检疫性害虫等有害生物的，不准调离运输工具，必须作熏蒸、消毒或其他除害处理；若装载的为植物及其产品和其他检疫物，必须连同货物一并进行除害处理。发现有禁止或限制入境的植物及其产品和其他疫物的，应予以封存或销毁；如果外国运输工具的负责人拒绝接受销毁处理，除有特殊情况外，准许该运输工具在检验检疫机构的监督下，立即离开我国国境。

**4. 放行与监管**

经口岸检验检疫机构检疫合格或除害处理合格的，准予入境。运输工具负责人或其代理人要求出证的，由口岸检验检疫机构签发运输工具检疫证书或运输工具消毒证书。对于装载植物及其产品和其他检疫物的运输工具，经检疫必须作封存处理的，在中国境内停留或者运行期间，未经口岸检验检疫机构许可，不得启封动用。进境、过境运输工具在中国境内停留期间，交通员工和其他人员不得将所装载的植物及其产品和其他检疫物带离运输工具；需要带离时，应当向口岸检验检疫机构报检和接受检疫。

## （八）其他检疫程序

**1. 集装箱检疫**

集装箱是指国际标准化组织所规定的集装箱，包括进境、出境和过境的实箱和空箱。集装箱进出境前、进出境时或过境时，承运人、货主或其代理人必须向出入境检验检疫机构报检，检验检疫机构按以下两种情况分别实施检疫：

（1）进境或过境集装箱检疫。来自检疫性植物有害生物疫区、装载有植物及其产品和其他检疫物或箱内带有植物性包装物或铺垫材料的集装箱，或法律法规、国际条约规定、贸易合同约定的集装箱，均应实施植物检疫。报检时承运人、货主或其代理人应提供集装箱数量、规格、号码、到达或离开口岸时间，装箱地点和目的地，货物种类、数量和包装材料等单证或情况。检验检疫机构接受报检后审核相关材料，并将审核结果通知报检人。

对于在进境口岸通关和国家法律法规规定必须在进境口岸查验的集装箱，在进境口岸进行检疫。对于指运地结关的集装箱，进境口岸检验检疫机构受理报检后，检查集装箱外表，符合检疫要求时办理调离和签封手续，并通知指运地检验检疫机构，到指运地进行检疫。过境集装箱经查验发现有可能中途撒漏的，报检人应按检验检疫机构的要求采取密封措施，无法采取密封措施的不准过境。集装箱运抵目的地开箱检查时，检疫人员应会同海关、铁路或其他有关部门一起拆封开箱，实施检疫，经检疫合格的予以放行。不合格的，通知报检人作熏蒸消毒或其他除害处理，检验检疫机构应对处理全过程进行监督。货主要求签发植物检疫证书或熏蒸处理证书的，检验检疫机构应当出具有关证书。

（2）出境集装箱检疫。装载植物及其产品和其他检疫物、输入国家要求实施植物检疫的集装箱，或法律法规、国际条约规定、贸易合同约定进行植物检疫的集装箱，均应实施植物检疫。

出境集装箱应在装货前向所在地出入境检验检疫机构报检，未经检验检疫机构许可不准装运。经检验检疫机构检疫合格的，出具检疫证、单验证放行。出境口岸凭启运地检验检疫机构出具的单证放行，不再进行检疫。在出境口岸装载拼装货物的集装箱，由出境口岸检验检疫机构实施检疫。

### 2. 包装铺垫材料检疫

对进出境或过境货物的包装铺垫材料进行的检疫，称为包装铺垫材料检疫。凡来自疫区，采用植物性材料包装、铺垫进出境货物的，均应进行植物检疫，这些植物性材料包括木材、藤竹、棉麻、茎秆、谷壳、草、纸等；若货物为植物及其产品和其他检疫物，采用的海绵、编织袋等非植物性包装铺垫材料也应进行植物检疫。包装铺垫材料的植物检疫由口岸出入境检验检疫机构实施，对于货物为植物及其产品和其他检疫物的，包装铺垫材料的植物检疫与货物一并进行；货物非植物及其产品和其他检疫物的，按以下程序进行检疫：

图 2-8　包装材料报检
（夏红民，2002）

（1）申报检疫。由货主或其代理人、押运人向口岸检验检疫机构报检（图 2-8），报检时应提供有关单证和资料。

（2）检验检疫。货主或其代理人、押运人应按照检疫人员的要求，负责开拆箱和恢复原包装。经现场检疫合格的进境货物包装铺垫材料，由进境口岸检验检疫机构出具检疫放行通知单，需作检疫处理的按要求进行处理，合格后予以放行；因口岸条件限制等原因，经批准同意，可以运抵到达地或其他规定地点实施检疫的，入境口岸检验检疫机构只检查装载容器和包装物外表，核对单证，签发检疫调离通知单，并负责通知到达地口岸检验检疫机构进行开箱检疫。对于出境货物，由货物装箱地的口岸检验检疫机构实施检疫，出境口岸检验检疫机构进行验证，并在报关单上加盖印章交海关验放；需要在出境口岸拼装货物的，由出境口岸检验检疫机构进行包装铺垫材料检疫。对于过境货物的包装铺垫材料，进境口岸检验检疫机构现场查验合格的，实行检疫监督，出境口岸不再检疫；查验发现检疫性害虫等有害生物的，作除害处理或不准过境。

### 3. 进境废物检疫

我国允许限制进口十大类可用作原料的固体废物，其中木废料、软木废料、废纸和废旧船舶等因容易夹带检疫性害虫等有害生物，应进行植物检疫。

（1）许可审批。进口可用作原料的固体废物的企业，必须获得国务院环境保护行政主管部门的许可，其中申请进口木废料、软木废料、废纸等自动许可类固体废物的，由利用企业或其代理进口商直接向国务院环境保护行政主管部门提出申请；申请进口废旧船舶等限制类固体废物的，利用企业或其代理进口商须将申请材料提交给利用企业所在地的地（市）级环境保护行政主管部门，经地（市）级和省级环境保护行政主管部门逐级核查签署意见后，由省级环境保护行政主管部门报送国务院环境保护行政主管部门审批；获准进口可用作原料的固体废物的企业，由国务院环境保护行政主管部门颁发固体废物进口许可证，并予以公告。

（2）注册登记。国家对进口可用作原料的固体废物的国外供货商、国内收货人和利用企业实行注册登记制度。国外供货商、国内收货人在签订对外贸易合同前，应当在出入境检验检疫机构注册登记；进口固体废物利用企业应向所在地的地（市）级环境保护行政主管部门办理备案登记。

（3）检验检疫。进口固体废物按照"先检验，后通关"的原则实行强制检验检疫和海关监管。固体废物装运前，由国务院质量监督检验检疫行政主管部门指定或认可的国外检验检疫机构实施装运前检验检疫，出具装运前检验证书。承运人在受理承运业务时，应当要求货运委托人提供固体废物进口许可证、进口废物原料境外供货企业注册证书和进口废物原料装运前检验检疫证书。货物到达口岸后，利用企业或代理进口商持固体废物进口许可证、进口废物原料装运前检验检疫证书及其他必要的单证，向进境口岸检验检疫机构报检。检验检疫机构经检验检疫符合环保要求、且未查出检疫性害虫等有害生物的，出具入境货物通关单；对不符合环保要求或查出检疫性害虫等有害生物的，出具检验检疫处理证书，移交海关和环境保护部门依法处理。

# 第二节　检疫性害虫的检疫方法

## 一、粮油和饲料的检疫方法

本节涉及的粮油和饲料主要包括粮食作物的籽实及其加工品，如小麦、玉米、稻谷、大麦、黑麦、燕麦、高粱等禾谷类作物原粮及其加工品大米、米粉、麦芽、面粉等；大豆、绿豆、豌豆、赤豆、蚕豆、鹰嘴豆、菜豆、小豆、芸豆等豆类；花生、油菜、芝麻、向日葵等油料；马铃薯、木薯、甘薯等薯类的块根、块茎及其粒、粉、条等加工品；干草饲料、糠麸饲料以及棉籽、菜籽、大豆、花生、芝麻、甜菜等饼粕饲料。用前述饲料加工的复合饲料和需要进行植物检疫的动物性饲料等。

（一）现场检疫

检疫机构接受报检后，应核查有关单证，明确检疫要求，确定检疫时间、地点和方案。检疫人员进行现场检疫时，应携带取样工具和剪刀、放大镜、镊子、指形管、白瓷盘、规格筛、白塑料布等检疫工具以及现场检疫记录单、采样凭证等。

**1. 一般检验**

核查货位、唛头标记、批次代号、件数、重量等是否与报检情况相符，检查货物的存放仓库、场所、包装物和铺垫物。用肉眼或放大镜观察仓库四壁、角落、缝隙，堆垛的堆脚、袋角，包装物和覆盖物外部、铺垫物上和周围环境等有无虫害痕迹或活虫。对发现的害虫进行初步识别，必要时采集标本，装入指形管带回实验室供进一步鉴定。

**2. 抽样检查**

在抽样时要注意样品的代表性，必须考虑到不同害虫的生物学特性，也要注意在货物的不同部位取样。进出口粮油和饲料检验抽样和制样方法按 SN/T0800.1—1999 执行，其他有规定或标准的应按规定或标准执行。目前正在研究一些先进的监测方法，如对一些储藏物害虫采用声音监测器和视屏监测器等。

（1）袋装物的检查。应分堆垛抽查，按每一堆垛总袋数的 0.5%～5.0% 随机分点抽查。500 袋以下的抽查 3～5 袋，501～1000 袋的抽查 6～10 袋，1001～3000 袋的抽查 11～20 袋，3000 袋以上的每增加 500 袋抽查件数递增 1 袋。①倒袋检查：将袋内物全部倒出并分层取样检查，拆开缝口后先取样品1000g，然后倒出袋内物的1/2，取中部样品1000g，再将袋内物全部倒净，取样1000g，然后将抽取的3000g样品倒入规格筛内筛检，同时将袋外翻，检查袋内壁、袋角、袋缝有无隐伏的害虫；②拆袋检查：将袋口缝线拆开，检查袋口内外及表层上有无害虫及危害痕迹，并取样品1000g倒入规格筛内进行筛检；③扦样检查：对不易搬动的中、下层袋进行抽查时，用扦样器从袋口的一角向斜方向扦入袋内，任选数袋，直至取出2000g样品，倒入规格筛内筛检。

（2）散装物的检查。根据散装物的容积和高度来确定样点的部位和数量，50t以下的选3~5点，51~100t的选6~10点，101~300t选11~20点，301t以上的每增加50t递增一个样点。用2m长的双管式回旋扦样器随机或棋盘式分上、中、下或靠近四壁边角、缝隙、梁板等易于隐藏害虫处扦样，每个样点取样品1000~3000g筛检。

（3）原始样品的扦取。根据实验室监测项目的需要，扦取一定数量的原始样品。①袋装禾谷类：1000件以下的取1份，1001~3000件的取2份，3001~5000件的取3份，5001~10 000件的取4份，10 001~20 000件的取5份，20 001件以上的每增加20 000件递增1份，每份原始样品取2000g；②袋装豆类：100件以下的取5%、不足5件的逐件扦取，101~500件以内的以100件扦取5件为基数、其余抽取4%，501~1000件的以500件扦取21件为基数、其余取3%，1001件以上的以1000件扦取36件为基数、其余取1%，每件扦取样品不少于100g；③饲料和其他散装物：1000件或50t以下的取1份，1001~3000件或50~150t的取2份，3001~5000件或150~250t的取3份，5001~10 000件或250~500t的取4份，10 001~20 000件或500~1000t的取5份，每份原始样品扦取1000~1500g。

扦取原始样品时，应结合抽样检查进行，采用对角线、棋盘式或随机方法多点扦取样品，然后注明货物品名、产地、存放库场、堆垛号位、取样日期、取样人等，携回实验室留存和检测。

（二）实验室检测

**1. 样品检测**

将现场扦取的原始样品均匀混合成复合样品后，用四分法分取两份，一份作留存样品，一份用于检测。根据不同的检疫物可分别采用下列一种或几种方法进行检疫检测：

（1）过筛检查。根据检疫物粒径和拟检查害虫的虫体大小，选定标准筛的孔径及所需用的筛层数，按大孔径在上、小孔径在下的顺序套好，将样品倒入最上层的筛内，样品量以占筛层体积的2/3为宜，加盖后进行筛选。手动筛选时左右摆动20次，在筛选振荡器上筛选时振荡0.5min，然后将1~3层的筛上物和最下层筛底的筛出物分别倒入白瓷盆内，摊成薄层，用肉眼或借助放大镜、显微镜检查有无虫体。在气温较低时，害虫有冻僵、假死、休眠的情况，可将筛取物在20~30℃的温箱内放置10~20min，待害虫复苏后再行检查，必要时计算含虫量。

（2）比重法检查。主要根据虫蛀种实与健康种实间的比重差异，配制不同比重的溶液将它们分离开来。常用的溶液有清水、盐水、硝酸盐溶液等，不仅可以用来检查混杂在种实间的害虫，也可用来检查潜藏在种实组织内的害虫，尤其在含虫率较低的情况下更为实用。通常按样品与溶液的容积比1∶5称取样品，将样品放入溶液中，用玻璃棒充分搅拌后计时，按照不同样品规定的静置时间，捞出上层漂浮样品，放入培养皿内供进一步检查。

（3）染色检查。检查禾谷类种实时用高锰酸钾染色法，取洁净样品15g放入金属网或塑料网中，在30℃温水中浸泡1min，移入1%高锰酸钾溶液中再浸泡1min，取出立即用清水漂洗20～30min至干净，将染色后的样品倒入白瓷盘内，用放大镜或肉眼检查挑出粒面有0.5mm左右黑斑的种实供进一步检查。检查豆类时用碘化钾染色法，取样品50g放入金属网或塑料网中，放入1%碘化钾或2%碘酒溶液中1.0～1.5min，移入0.5%氢氧化钠或氢氧化钾溶液中浸泡20～30s，取出后用清水冲洗0.5min，将染色后的样品倒入白瓷盘内，用放大镜或肉眼检查挑出粒面有1～2mm黑圆圈的豆粒供进一步检查。

（4）解剖检查。将采集的疑似潜藏有害虫的种实、比重法获得的漂浮样品、染色法获得的可疑虫害种实或豆粒，用解剖刀剖开或切片，置解剖镜或显微镜下检查。

（5）软X射线检查。是利用长波X射线检查种实的一种透视摄影技术，可在不破坏害虫生境的条件下进行定期跟踪检验，目前国内多采用HY-35型农用X射线机。首先根据感光材料和供试样品的结构、密度、厚度等，优选出适合的电压、电流、焦距等，然后进行透视检查或摄影检查。进行透视检查时，每批取待测种实100粒，用浆糊粘在一块9cm×12cm的白纸片上，横竖成行，每行10粒，放入软X射线机载物台上，透视检查记载含虫粒数。进行摄影检查时，首先将粘有种实的白纸片与装有放大纸的黑纸袋一起放在软X射线机载物台上，关好机门，打开电源开关曝光30s，然后将装有放大纸的黑纸袋带入暗室，冲洗得到软X射线照片，最后进行图像识别。种皮和种仁连为一体且均为白色者为健康饱满的种实；种皮图像清晰，种皮内颜色灰暗者为空粒种实；种皮图像清晰，种皮中央有一呈"C"形弯曲的白色幼虫影像，其余部分为灰黑色者为被害的种实。

**2. 种类鉴定**

将现场检验和实验室检测采集的昆虫标本在实验室借助放大镜、解剖镜、显微镜等进行种类鉴定。重点鉴定粮油和饲料可能携带的谷象类、谷蠹类、谷盗类、皮蠹类、蛛甲类、豆象类、瘿蚊、螨类等检疫性害虫，如果虫态为幼虫或蛹难以准确鉴定时，可在实验室用原危害物饲养至成虫，再鉴定种类。

## 二、瓜果和蔬菜的检疫方法

本节涉及的瓜果包括西瓜、甜瓜、哈密瓜、香瓜、葡萄、苹果、梨、桃、李、杏、沙果、梅、山楂、柿子、猕猴桃、柑、橘、橙、柚、柠檬、荔枝、枇杷、龙眼、香蕉、菠萝、芒果、咖啡、可可、腰果、番石榴、胡椒等新鲜瓜果。涉及的蔬菜包括叶菜、果菜、花菜、肉质茎、根状茎、块茎、球茎、鳞茎、块根等新鲜蔬菜和松茸、蘑菇、香菇、猴头菌等新鲜食用菌类，以及经冷冻、干燥、脱水、腌渍等处理的加工蔬菜。植物性调料可参照干燥加工蔬菜进行检疫。

（一）产地检疫

国家对生产、加工、存放贸易性出境新鲜水果、新鲜蔬菜、冷藏蔬菜、加工蔬菜的企业实行检疫注册登记。对于这些水果和蔬菜的原料生产基地应加强检疫监管，检疫机构应定期派检疫人员到基地进行疫情调查，指导防治害虫。加工企业应在产品加工前，向当地口岸检验检疫机构提供加工计划申报表，申请预检，并对不同产地的原料进行严格挑选和清洗，保证初加工品无虫蛀、无害虫残体等有害生物。口岸检验检疫机构在产品加工过程中派检疫人员到生产加工企业进行检疫和监管，根据加工企业提供的生产、加工记录，详细审核产品类别、批号、规格、加工时间及贮存温度等，并按不同品种、规格做抽样检验，符合要求的出具预检单。

（二）现场检验

检疫机构接受报检后，应核查有关单证，属于注册登记的生产、加工、存放企业应核实预检单。并根据瓜果、蔬菜的种类和来源地明确检疫重点和要求，确定检疫时间、地点和方案。检疫人员进行现场检疫时，应携带剪刀、放大镜、镊子、指形管、白瓷盘、样品袋等检疫工具以及现场检疫记录单、采样凭证等。

**1. 一般检验**

核查单证、品种、数量、产地、包装、唛头等内容是否货证相符；对于冷冻蔬菜还应了解温度与速冻时间、冷藏温度与冷藏时间；对于脱水蔬菜还应了解脱水方式，若为热风干燥脱水的应了解热风脱水温度和脱水时间；对于腌渍蔬菜还应了解腌渍液组成成分、腌渍时间等。检查货物的存放仓库或场所、包装物、覆盖物、铺垫物，用肉眼或放大镜观察铺垫物、包装物外表及周围环境有无害虫或为害痕迹。对发现的害虫进行初步识别，必要时装入指形管带回实验室供进一步鉴定。

**2. 抽样检查**

进出境瓜果、新鲜蔬菜和加工蔬菜的抽样检查分别按 SN-T1156—2002、SN-T1104—2002 和 SN-T1122—2002 规定的检疫规程进行，其他有规定或标准的应按规定或标准执行。

（1）新鲜瓜果的检查。用随机方法进行抽查。批量在 10 件以下的全部检查，批量在 10～100 件的抽查 10％，批量在 101～300 件的抽查 5％～10％，批量在 301～500 件的抽查 4％～5％，批量在 501～1000 件的抽查 3％～4％，批量在 1001～2000 件的抽查 2％～3％，批量在 2001～5000 件的抽查 1％～2％，批量在 5000 件以上的抽查 0.2％～1.0％。发现可疑有害生物时，可适当增加抽查件数。

对抽查到的货物进行开件检查，注意检查包装物底部、四周、缝隙有无害虫活动，用肉眼或借助放大镜检查瓜果表面有无虫害，应特别注意检查果蒂、果脐等部位有无害虫隐藏，或果实是否有腐软现象，必要时做剖果检查，对发现的害虫等有害生物做初步鉴别；发现有害虫或可疑为害状或畸形的果实，应携带回实验室做进一步的检验和鉴定。

（2）新鲜蔬菜的检查。按棋盘式或对角线随机抽查。批量在 5 件以下的全部抽检；批量 6～200 件的抽检 5％～10％，最低不少于 5 件。批量 201 件以上的抽检 2％～5％，最低不少于 10 件。

将所取样品放于白瓷盘内，仔细观察蔬菜表面有无虫道、虫孔和害虫，并根据不同类型的蔬菜分别用抖、击、剖、剥等方法进行检验；或将样品放入盛有 1％淡盐水的盆、盘等容器内，进行漂浮检验，收集虫体。把收集到的虫体装入试管内带回实验室做进一步检验鉴定。

（3）加工蔬菜的检查。冷冻蔬菜和腌渍蔬菜采用随机抽样，100 箱以下按 5%～10%抽检，101 箱以上按 2%～5%抽检，最低不少于 5 箱。脱水蔬菜根据堆放情况及加工时间按垛位的上、中、下随机抽检，500 件以下的按 1%～5%抽检，最低不少于 5 件；501 件以上的每增加 100 件增抽 1 件。

将所取样品放于白瓷盘内，逐一检查有无害虫或危害状；将脱水蔬菜等干菜倒入分样筛中，用回旋法过筛，将筛上物和筛下物分别倒入白瓷盘检查；对有虫蛀、虫孔以及带有其他可疑为害状的根、茎类蔬菜用刀剖查有无害虫。把收集到的虫体装入试管内带回实验室做进一步检验鉴定。

**3. 扦取样品**

在抽样检查的同时扦取样品。实行堆垛抽样，对每批瓜果或蔬菜，均从堆垛的上、中、下、四角等不同部位、组别抽取代表样品。扦取新鲜瓜果时，批量在 100 件以下的取 1 份，批量在 101～300 件的取 1 或 2 份，批量在 301～500 件的取 2 或 3 份，批量在 501～1000 件的取 3 或 4 份，批量在 1001～2000 件的取 4 或 5 份，批量在 2001～5000 件的取 5 或 6 份，批量在 5000 件以上的取 7 份，每份代表样品重 2000～10 000g。进行新鲜蔬菜和加工蔬菜扦取时，200 件以下的取 1 或 2 份，201 件以上的取 2～4 份，每份代表样品重 1000～2000g。

将扦取的样品装入样品袋后，应扎紧袋口，加贴样品标签，注明编号、品名、数量、产地、取样地点、取样人、取样时间等。对于新鲜蔬菜和冷冻蔬菜样品还应及时存放在 0～4℃的温度条件下。

（三）实验室检测

**1. 样品检测**

（1）新鲜瓜果检测。仔细观察或借助解剖镜检查瓜果表面有无蛀孔、排泄物或产卵孔等危害状；将果实剖开，检查果肉、果核内是否有害虫；对于瓜果中的虫卵和低龄幼虫可进行培养检验，在适宜温度条件下，将样品置于室内或生物培养箱内培养，经一定的时间后，再检查是否有害虫。

（2）新鲜蔬菜检测。按现场检验的方法检查有无害虫。对于螨类可用螨类分离器分离，或在白瓷盘四周涂甘油后放入样品，置 45℃条件下 20min，然后检查盘四周的螨类。

（3）加工蔬菜检测。方法同现场检验的方法。

**2. 种类鉴定**

将现场检验和实验室检测采集的害虫进行种类鉴定。重点鉴定瓜果和蔬菜可能携带的卷叶蛾、蠹蛾、巢蛾、举肢蛾、野螟、灰蝶、天牛、象甲、叶甲、实蝇、介壳虫、蚜虫、粉虱、潜叶蝇、瘿蚊、蓟马、小蜂、叶蜂等检疫性害虫，必要时可用原寄主植物饲养幼虫至成虫，再鉴定种类。

### 三、棉麻和烟草的检疫方法

本节涉及的棉麻包括皮棉、籽棉、棉短绒、废棉、木棉等棉花类，亚麻、大麻、黄麻、蕉麻、苎麻、剑麻、茼麻、罗布麻等麻类及商品麻袋、麻片等。涉及的烟草包括烤烟、晒烟、晾烟、香料烟、莫合烟等烟叶及其初加工的烟丝等。

（一）产地检疫

国家对从事贸易性出境的棉麻和烟草生产、加工、存放企业实行检疫注册登记。对于具有一定规模、出口量大的棉麻生产、加工、存放企业和晒烟、晾烟等的原料基地，检疫机构应定期派检疫人员进行疫情调查，指导防治害虫。棉麻和烟草的熏蒸处理必须在检疫机构的监督下进行，熏蒸后符合要求的出具预检单。

（二）现场检验

检疫机构接受报检后，应核查有关单证，属于注册登记的生产、加工、存放企业应核实预检单，并结合发运计划，确定检疫时间、地点和方案。检疫人员进行现场检疫时，应携带有关检疫工具以及现场检疫记录单、采样凭证等。

**1. 一般检验**

核查单证、唛头标记、批号、重量和数量等是否与报检相符；存放场所是否有无关杂物，是否符合检疫要求。检查货物的存放仓库或场所、包装物、覆盖物、铺垫物，用肉眼或放大镜观察铺垫物、包装物外表及周围环境有无害虫或为害痕迹。对发现的害虫进行初步识别，必要时装入指形管带回实验室供进一步鉴定。

**2. 抽样检查**

（1）棉麻的检查。按堆垛的上、中、下部位随机抽检，总件数在 1000 件以下的按 1%～10% 抽检，最少不小于 5 件；1001 件以上的每增加 500 件抽查数递增 1 件。对抽检的样品作击拍检验，在平地上铺 $1m^2$ 大小的白塑料布，击拍样品，使隐藏的害虫、螨类等落于白塑料布上，如棉花掺有棉籽，应剖开检查其内部有无害虫。用毛刷、指形管收集击落物，做好标记后带回实验室做进一步检测。

（2）烟草的检查。根据产品的类别、加工时间及存放场所情况，按垛位的上、中、下随机抽件检查。200 件以下的按 2%～5% 抽检，最低不少于 5 件，并扦取 1～2 份样品；201 件以上的按 2%～3% 抽检，最低不少于 10 件，扦取 2～4 份样品；扦取的每份样品重 1000～2000g。把抽取的样品放于白瓷盘内，仔细观察表面有无虫道、虫孔和害虫，并用抖、击、剖、剥等方法进行检验，把收集到的虫体装入指形管，携回实验室做进一步的检测和鉴定。

（三）实验室检测

**1. 样品检测**

对现场扦取的烟草样品在实验室进一步检测，参照现场检验的方法，在白瓷盘内抖、击、剖、剥样品，检查是否有害虫。

## 2. 种类鉴定

将现场检验和实验室检测采集的害虫进行种类鉴定，重点鉴定棉麻和烟草可能携带的棉铃象、剑麻象、皮蠹等检疫性害虫，必要时进行害虫饲养和鉴定。

# 四、木材和竹藤的检疫方法

本节涉及的木材包括原木、锯材和用于承载、包装、铺垫、支撑、加固货物的各种木质包装材料，如木板箱、木条箱、木托盘、木框、木桶、木轴、木楔、垫木、枕木、衬木等；不包括盛装酒类的橡木桶和经人工合成或经加热、加压等深加工的包装用木质材料，如胶合板、刨花板、纤维板等，也不包括薄板旋切芯、锯屑、木丝、刨花和其他厚度小于 6mm 的木质材料。涉及的竹藤包括用竹材、藤条及其加工制成的产品和半成品，含装饰材料和工艺品。草制品可参照竹藤制品进行检疫。

## （一）现场检验

### 1. 原木和锯材的检验

检疫机构接受报检后，应核查贸易合同、信用证、提运单、发票、产地证、输出地官方出具的植物检疫证书等有关单证是否齐全，若为带皮原木还应核查输出前的熏蒸处理证书，并结合木材特点明确检疫重点，确定检疫时间、地点和方案。检疫人员进行现场检疫时，应携带工具箱、木工斧、木凿、放大镜、镊子、指形管、广口瓶、样品袋等检疫工具以及现场检疫记录单、采样凭证等，必要时可配带电锯、照相机、摄像机、木材害虫啮食微音器等设备。

（1）一般检验。核对货证是否相符，核实实际装运原木和锯材的种类、数量、规格与报检资料是否一致。车、船装运的应首先登车、登船检查表层是否有虫体或危害状，船运的还要结合卸货按上、中、下 3 层检查 3 次，受客观条件限制时，中、下层的检查也可在规定的堆放场所进行。

（2）抽样检查。原木按每批货物总根数进行抽样检查，其中船、车装运的原木按 0.5%～5% 进行抽样，集装箱装运的检查根数不低于总根数的 10%。锯材和单板按每批货物的总件数进行抽样检查，10 件以下的全部检查；11～100 件的抽查 10 件；101～500 件的，在抽查 10 件的基础上，每增加 100 件增加抽检 1 件；501～2000 件的，在抽查 10 件的基础上，每增加 200 件增加抽检 1 件；2000 件以上的，在抽查 10 件的基础上，每增加 400 件增加抽检 1 件。

对抽取的原木和锯材应进行详细检查，根据不同材种可能携带的检疫性害虫及其生物学特性，有针对性地检查危害部位，也可在货物堆放场所安装诱虫灯、放置引诱剂或性诱剂等诱捕害虫。对现场发现的害虫、为害状等可疑物，应采集标本、截取代表性木段或树皮等带回实验室供进一步检测。需要做树种鉴定时，应截取代表性木段。

### 2. 木质包装材料检验

按照国际植物保护公约（IPPC）的要求，使用木质材料包装货物的必须进行除害处理，并加施 IPPC 专用标识。进境货物使用木质包装的，货主或其代理人应向入境口岸检验检疫机构报检。检疫机构接受报检后，应核查有关单证是否齐全，确定检疫时间、地点和方案。

检疫人员在进行现场检验时，首先应核查是否有 IPPC 专用标识，对于未加施 IP-PC 专用标识的木质包装，出具除害处理或销毁处理通知单，在检验检疫机构监督下进行除害或销毁。确认有 IPPC 专用标识后，检查有无虫孔、虫粪、蛀屑和虫体依附等为害迹象，重点检查是否携带有天牛、蠹虫、吉丁虫、象甲、白蚁、树蜂等钻蛀性害虫及为害迹象。对有危害迹象的木质包装应当剖开检查，发现害虫时进行初步鉴别，难以鉴别的采集标本供实验室检测。

**3. 竹藤制品的检验**

国家对从事出境的竹藤制品包括木、柳、草制品生产、加工、存放的企业实行检疫登记注册和预检制度。检疫机构应定期派检疫人员到生产、加工企业，对待加工原料集中进行害虫及其他有害生物的针对性检疫，指导企业防治害虫。检疫机构接受报检后，应核对有关单证，明确检疫要求，确定检疫时间和地点。检疫人员进行现场检验时，应携带剪刀、放大镜、镊子、指形管、白塑料布、毛刷等检疫工具以及现场检疫记录单等。

（1）一般检验。核对货位、唛头标记、批号、重量和数量等是否与报检相符，检查包装物及周围环境是否有害虫等有害生物。

（2）抽样检查。采用随机抽查的方法，一批货物在 10 件以下的全部检查，11～50 件的抽查 3～5 件，51～100 件的抽查 6～10 件，101 件以上的每增加 100 件，抽查数量递增 1 件；每件内含有小件的，抽检小件数不少于该件内含小件数的 1/4。

对抽取的样品，逐件用放大镜检查是否携带有活虫等有害生物。对藤、柳、草制品还须作击拍检验，在平地上铺 $1m^2$ 的白塑料布，击拍样品，使隐藏的害虫、螨类、书虱等落于白塑料布上，用毛刷、指形管收集击落物，做好标记，带回实验室做进一步检测。

（二）实验室检测

**1. 剖解检测**

将在现场采集的可疑木段或树皮进行剖解，检查是否有害虫。发现有害虫时，记录害虫种类、虫态、寄主及截获日期等，并及时制作害虫及其危害状标本。

**2. 种类鉴定**

将现场检验和实验室剖解木段或树皮采集的害虫进行种类鉴定，重点鉴定木材和竹藤可能携带的天牛、吉丁虫、蠹虫、象甲、介壳虫、书虱、卷叶蛾、毒蛾、灯蛾、白蚁、树蜂、螨类等。对尚不具备鉴定条件的害虫应进行饲养或将解剖特征制成标本，送有关专家进行鉴定。

# 五、种苗和花卉的检疫方法

本节涉及的种苗包括粮食、薯类、牧草、瓜类、蔬菜、棉麻、烟草、糖料等农作物的种子、种苗、块根、块茎、细胞繁殖体、试管苗等繁殖材料，果树、林木、花卉、中药材的种子、种苗、球茎、鳞茎、苗木、接穗、砧木、细胞繁殖体、试管苗等繁殖材料。涉及的花卉包括各种木本和草本植物盆景花卉、鲜切花等，以及用于栽培植物或维持植物生长的栽培介质，如泥炭、泥炭藓、苔藓、树皮、椰壳（糠）、软木、木屑、稻壳、花生壳、甘蔗渣、棉籽壳等有机介质和砂、炉渣、矿渣、沸石、煅烧黏土、陶粒、蛭石、珍珠岩、矿棉、玻璃棉、浮石、片岩、火山岩、聚苯乙烯、聚乙烯、聚氨脂、塑料颗粒、合成海绵等无机或人工合成介质。

（一）产地检疫

产地检疫主要针对国内已存在或可能已传入的检疫对象。国家已经颁布了小麦、水稻、柑橘、甘薯、马铃薯、大豆、棉花、苹果等植物的种子和苗木等繁殖材料的产地检疫国家标准或行业标准，一些省、市、自治区也制定了部分地方标准，在进行产地检疫时应首先按照标准规定的方法进行。

**1. 一般核查**

受理种苗繁育基地产地检疫申请后，植物检疫机构应核查繁育基地是否符合产地检疫的有关要求，询问种苗繁育基地的种苗来源、栽培管理情况、检疫对象和其他危险性害虫的发生情况，确定调查重点和调查方法，做好观察、采集、鉴定用的工具和记录表格等准备。

**2. 田间调查**

检疫调查应根据不同检疫对象和其他危险性害虫的生物学特性，在作物不同生育期、害虫危害高峰期或某一虫态的发生高峰期进行，森林植物每年不得少于两次。进行田间调查时一般先进行踏查，选择有代表性的踏查路线，穿过种苗繁育基地，详细查看植株各部位是否有虫体或其为害状。对于苗木要特别注意观察顶梢、叶片、茎干及枝条，必要时可挖取苗木检查根部。通过踏查，初步确定害虫种类、分布范围、发生面积、发生特点、为害程度等。

对于历史上曾发生过应检对象的地块、邻近应检对象地块或应检对象中间寄主的地块、种植比较珍贵品种的地块等，应作为调查重点进行专项调查。对在踏查过程中发现的检疫对象和其他危险性有害生物，应进行抽样调查或定点、定株调查，根据害虫的田间分布选择合适的取样调查方法，详细记录害虫的发生和为害情况。例如，进行瓜豆类蔬菜田调查时多采用棋盘式取样方法，每点 10 株或 10 片叶，记录各虫态发生数量及其为害状等。对于有趋性的害虫，可在田间设置诱虫灯、黄色粘虫板，或放置引诱剂、性诱剂等进行诱捕监测。

**3. 标准地调查**

对于踏查发现的检疫对象和其他危险性有害生物需进一步掌握为害情况的，或繁育基地面积较大的，应设立标准地或样方进行详细调查。标准地应设在害虫发生区域内有代表性的地段，累计总面积不少于调查总面积的 1‰～5‰，其中针叶树每块标准地面积 0.1～5.0m² 或 1～2m 的条播带，阔叶树每块标准地面积为 1～5m²。

调查应在害虫为害高峰期或发生盛期、末期进行，对抽取的样方进行逐株检查。对于林木种苗，还要按树冠上、中、下不同部位取样。根据调查结果统计总株数、害虫种类或害虫编号、被害株数和受害程度，计算虫口密度、有虫株率、被害株率等。

（二）隔离检疫

隔离检疫主要针对从境外引进的种子、苗木和其他繁殖材料，按农业部制定的 NY/T1217—2006 检疫规程进行。

**1. 初步检验**

植物检疫机构接到隔离种植物后，应核查引进种子、苗木检疫审批单等相关资料，根据隔离植物的种类、产地及可能传带的有害生物等情况进行初步检验。可以用肉眼或借助放大镜直接检查样品是否带有害虫等有害生物或为害状，也可进行解剖镜检、过筛检验等。

经初步检验确认携带有禁止进境检疫性害虫等有害生物的，应根据有关规定予以销毁或除害处理，经除害处理后的种子、苗木和其他繁殖材料方可进行隔离种植。对于不能确认是否携带有检疫性害虫等有害生物的，直接进行隔离种植。

**2. 隔离种植**

植物检疫人员应对每一批隔离植物制定隔离检疫计划，经隔离场所负责人同意后执行。隔离检疫计划应明确以下问题：①隔离种植期限：草本植物从种到收，观察一个生长季节，木本材料至少观察两年；②种植数量：引种量小的，只留少数原种作对照，其余全种，引种量大的可多留一些；③其他：根据不同植物，明确具体的种植地点、隔离方式、管理要点、取样调查方法、观察重点、记载要点等。

同一批次的隔离种植植物按照隔离检疫计划集中种植，不同批次的应相互隔离。对于隔离设施、栽培介质、盆钵及专用器械等，在种植前应进行杀虫和灭菌处理。

隔离场所管理人员根据货主提供的植物栽培管理资料，采取适当的栽培管理措施。在隔离植物种植期间，应详细记载或采集温度、湿度、土壤等环境条件数据，记录植物生长状况等。田间有害生物调查一般每周 2 次，发现植株出现被害症状等异常现象时，管理人员应在 24h 内报告植物检疫人员。

**3. 田间调查**

植物检疫人员可根据需要定期到田间进行调查。观察害虫等有害生物发生为害的情况，发现可疑为害状时应立即挂牌标记，并详细记录和描述为害症状、检疫性害虫等有害生物的种类、发生数量、发生过程等。对于无法鉴定的害虫或为害状，应采集标本送实验室检测。

（三）现场检验

检疫机构接受报检后，应核查植物检疫证书、进境植物许可证、引进种子或苗木检疫审批单等有关单证，明确检疫要求，确定检疫时间、地点和方案。检疫人员进行现场检疫时，应携带剪刀、放大镜、镊子、指形管、白瓷盘、塑料布等检疫工具以及现场检疫记录单、采样凭证等。

**1. 一般检验**

核查单证、唛头标记、批号、重量和数量等是否与报检相符；存放场所是否有无关杂物，是否有防虫条件，光线是否充足。检查货物运输工具、堆放场所、包装物、覆盖物、保湿材料时，用肉眼或放大镜观察有无害虫或为害痕迹。对发现的害虫进行初步识别，必要时装入指形管带回实验室供进一步鉴定。

**2. 抽样检查**

（1）种子和果实的抽样检查。

大于 0.5kg 的包装每份样品的抽样点不少于 5 个：10kg 以下的取 1 份；11～100kg

的取 2 份；101～1000kg 的取 3 份；1001～5000kg 的取 4 份；5001～10 000kg 的取 5 份；10 001kg 以上的每增加 5000kg 增取 1 份，不足 5000kg 的余量计取 1 份。每份样品的重量为：玉米、花生、大豆等大粒种子为 2.5kg，麦类、绿豆等中粒种子为 2.0kg，谷子、苜蓿等小粒种子为 1.5kg，烟草等细小或轻质种子为 1.0kg。

小于 0.5kg 的包装：100 包以下的取 1 份；101～500 包的取 2 份；501～1000 包的取 3 份；1001～5000 包的取 4 份；5001～10 000 包的取 5 份；10 001 包以上的每增加 5000 包增取 1 份，不足 5000 包的余量计取 1 份；每份样品的重量为 1kg。

检验的方法可参照粮食的检验方法进行，对混合在种子间的害虫用回旋筛检验；对隐藏在种子内的害虫可采用剖粒、比重、染色或软 X 射线透视、试剂染色等方法进行检查。

（2）其他繁殖材料的抽样检查。批量较大且在国内调运的苗木、块根、块茎、鳞茎、球茎、砧木、插条、接穗、花卉等繁殖材料按一批货物总件数 1%～5% 抽样。进出境的其他繁殖材料根据其风险确定抽样检查的数量，对于高风险进境繁殖材料应全部检查，中、低风险的进境繁殖材料及出境的繁殖材料按其总量的 5%～20% 随机抽检，如有需要可加大抽检比例，其中不足最低检查数量的须全部检查。对于整株植物、砧木、插条类最低抽检 10 件，且不少于 500 株（枝）；接穗、芽体、叶片类最低抽检 10 件，且不少于 1500 条（芽）；试管苗类最低抽检 10 件，且不少于 100 支（瓶）。

对于抽取的植株、砧木、插条应重点检查是否带有土壤和害虫等有害生物，必要时可剖查植株或枝条。对于接穗、芽体、叶片等应重点检查芽眼处是否开裂、肿大、干缩、畸形或有斑点、缺刻、虫道等为害状，特别要注意检查是否携带有介壳虫、螨类等。将抽取的样品放在一块 100cm×100cm 的白布或塑料布上，逐株（根）进行检查，详细观察根、茎、叶、芽、花等各个部位有无变形、变色、枯死、虫瘿、虫孔、蛀屑、虫粪等。必要时采集害虫和为害状供实验室检测。

（3）植物盆景和花卉的抽样检查。每批至少抽查 300 盆，不足 300 盆的全部检查，3000 盆以上的按批量 10% 抽查；脱盆不带栽培介质的裸根植物或鲜切花每株或支按 1 盆计。用肉眼或放大镜检查植株基部、枝干、叶片等处是否有介壳虫、螨类、蚜虫、蓟马、鳞翅目害虫及其为害状，是否有蛀孔等钻蛀性害虫为害状，必要时剖查植株。对于无法鉴别的害虫或为害状，采集标本供实验室进一步检验。

在抽查植物的同时检查栽培介质，每批 3000 盆以下的抽取 20 盆栽培介质，3000 盆以上的每增加 1000 盆增加取样 5 盆，余量不足 1000 盆的按 1000 盆计。将植株连根拔起脱离花盆，倒置植株并检查根部有无害虫等有害生物，必要时用水冲洗后再检查。同时，翻开栽培介质检查是否有根部害虫、地下害虫等有害生物。

**3. 扦取样品**

（1）种子和果实的扦样。种子和果实在 100 件以下的取 1 份样品，101～500 件的取 2 份，501～3000 件的取 3 份，3000 件以上的取 4 份。代表样品的数量因植物而异，如红枣、橄榄、块根、块茎、葱头、大蒜等取 2000～2500g，菜豆取 1000～1500g，甜瓜、西瓜籽取 1000g，蔬菜、杂草种子及落叶松、榆树种子取 100g，细小种子取 10～30g。

（2）其他繁殖材料的扦样。接穗、芽体和叶片每份样品按 10 株或枝计，其他每份样品按 5 株或枝计。整株植物、砧木、插条 50 份以下的取 1 份；51～200 份的取 2 份；201～1000 份的取 3 份；1001～5000 份的取 4 份；5001 份以上的每增加 5000 份增取 1 份，余量不足 5000 份的按 1 份取。接穗、芽体、叶片、试管苗 100 份以下的取 1 份；101～500 份的取 2 份；501～2000 份的取 3 份；2001～5000 份的取 4 份；5001 份以上的每增加 5000 份增取 1 份，余量不足 5000 份的按 1 份取。

（3）植物盆景和花卉的抽样。可结合抽样检查进行，批量少于 30 株的取 1 株样品，超过 30 株的取 2～6 株。栽培介质每盆取 50～100g 样品，每批取 1000～2000g 样品。

（四）实验室检测

对于混杂在种子间的害虫，用回旋筛检验；对隐藏在种子内的害虫，可采用剖粒、比重、软 X 射线透视、药物染色等进行检查；对于隐蔽在叶部或树干、茎部的害虫，用刀、锯或其他工具剖开被害部位或可疑部位进行检查，剖开时应注意保持虫体完整。

对于获得的标本可借助于解剖镜、显微镜等仪器设备，参照已定名的昆虫标本、有关图谱、资料等进行识别鉴定。对那些一时难以鉴定的害虫，应人工饲养至成虫，或结合观察各虫态特征及其生物学特性，做出准确鉴定，必要时送请有关专家鉴定。

## 复习思考题

1. 简述植物检疫的一般程序。
2. 何谓检疫许可？检疫许可的作用有哪些？
3. 国内调运植物检疫的程序包括哪些步骤？
4. 如何进行国外引种检疫？
5. 怎样进行携带物和邮寄物检疫？
6. 粮食和饲料的检疫包括哪些内容？常用的检疫方法有哪些？
7. 产地检疫的程序有哪些？为什么要进行瓜果和蔬菜的产地检疫？
8. 试述现场检验时确定抽样方法的依据，如何才能保证取样的代表性？
9. 为什么要对木质包装材料进行检疫？对木质包装材料进行植物检疫时应重点注意哪些害虫？
10. 为什么要对引进的种子、苗木和其他繁殖材料进行严格的检疫管理？
11. 种苗的隔离检疫包括哪些程序和方法？
12. 查阅有关资料，概述现代检验检疫方法在植物检疫上的应用情况。

# 第三章　植物害虫的检疫处理与防治

**内容提要：**发生于不同地域环境的为害粮食作物、纤维作物、果蔬园艺植物、牧草和林木的众多危险性有害生物，不少是由人类通过贸易传播的。为了防止有害生物的传播，检疫处理是必不可少的，是检疫工作的重要环节，它通过多种方法阻止或避免有害生物的人为传播，同时又保证贸易和引种的正常进行，因而是一项积极的措施。检疫处理一般在检验不合格后，由检疫机关通知货主或其代理人实施，但有的检疫对象缺乏可靠的检验方法或不能实施检验检疫时，需要根据该检疫物是特定检疫对象的寄主或来自疫区等理由，进行预防性处理。检疫处理往往还作为进境的限制条件，有时甚至成为贸易的一种壁垒。

本章在掌握检疫处理的概念、原则与基本措施以及检疫处理与常规植物保护措施差异的基础上，进一步了解与掌握不同检疫处理措施的原理和实施的具体要求。

## 第一节　检疫处理的概念、原则与策略

### 一、检疫处理的概念

检疫处理是对国内或国际贸易调运植物、植物产品和其他检疫物及其装载容器、包装材料、铺垫物、运输工具以及货物堆放场所、仓库和加工点等，经检疫发现有植物危险性病、虫、杂草或一般生活害虫超标，为防止有害生物的传入、传出和扩散，由检验检疫机关依法采取的强制性处理措施，是确保植物检疫质量的重要手段。

### 二、检疫处理原则与策略

（一）目的与策略

检疫处理的目的是严防植物有害生物的传入、传出和扩散。杀灭在国内或国际贸易调运物品中带有的危险性有害生物，使处理后物品的调运成为可能，否则，物品会由于携带有害生物而被禁止输入、输出或调运。从害虫治理的全局讲，检疫处理属于阻止外来有害物种传入及定殖的早期预防性措施。

当运输的物品有可能传播有害生物时，检疫法规可能要求将处理作为输入的一个条件。在保证有害生物不传入、传出和扩散的前提下，尽量减少货主的经济损失，以促进贸易和经济的发展。对于能进行有效检疫处理的，采取根除有害生物的策略，尽量不作退回或销毁处理。无有效处理方法或经除害处理不合格的，作退回或销毁处理。另外在进出口贸易中，检疫处理往往还作为进出境的限制条件，有时甚至成为贸易的一种壁垒。

（二）基本原则

对应检物品的检查是为了决定其能否调运。对于未发现列入检疫对象的危险性有害

生物或一般生活害虫未超标时不必处理即可放行。经检查确认有危险性病、虫、杂草时，应将这种物品处理、销毁、拒绝调入、遣返起运地或转运别处，或者在各种限制条件下调入后再作清除或用于加工。为保证检疫处理顺利进行，达到预期目的，实施检疫处理应遵循一些基本原则。

（1）检疫处理措施必须符合检疫法规的有关规定，有充分的法律依据。

（2）检疫处理措施是必须采取的，应设法使处理所造成的损失降低到最小。

（3）处理方法必须完全有效，能彻底除虫灭病，完全杜绝有害生物的传播和扩展。

（4）处理方法应当安全可靠，不造成中毒事故，无残毒，不污染环境。

（5）处理方法还应不降低植物和植物繁殖材料的存活能力和繁殖能力，不降低植物产品的品质、风味、营养价值，不污损其外观。

（6）凡涉及环境保护、食品卫生、农药管理、商品检验以及其他行政管理部门的措施，应征得有关部门的认可并符合各项管理办法、规定和标准。

（三）检疫处理与常规植物保护措施的差异

检疫处理是依照法律、法规，由检验检疫机关规定、监督而强制执行的，要求彻底铲除目标有害生物所采用的方法，是最有效的单一方法。常规植保措施则把有害生物控制在经济允许损失水平以下，需要协调使用多种防治手段。

（四）检疫处理的方式与方法

检疫处理的方式大体上有四类，即退回、销毁、除害和隔离检疫，其中除害处理是主体。此外还有转关卸货、改变用途、限制使用等避害处理以及截留、封存等过渡性处理方式。执法部门根据贸易具体要求和疫情不同，采取适当的方式处理。

尽管各国或各地检疫机关认为他们采用的处理是有效的，但由于条件的变化，不可能经常获得满意的效果。降低处理效果的因素包括有害生物对药剂的抗性、不利的处理条件和错误的处理方法。处理效果的降低可导致有害生物生存下来或伤害物品，或者这两种结果同时出现。处理失败几乎总是由于疏忽或采用不正确的方法而引起的。

在物品中发现一种害虫未必一定要处理，只有经过 PRA 分析确认是危险性大的有害生物，涉及国家农业的重要种类才有必要。许多国家的法规将对一些产品的强制处理作为进口的一个条件，因为在这些产品中难以查出一种特定有害生物的各个生活期，或者这种物品在产地国家是一种特定有害生物寄主。对于具有极易遭受侵袭的物品，为了避免在目的地进行详细而费时的检查，作为预防性处理可规定某物品不应携带有危险性有害生物作为进口的一个条件。

检疫处理所需费用及后果均由货主承担。在进境物检疫遇到下列疫情时应退回或销毁：①事先未办理进境审批手续，现场又被查出有禁止或限止进境的有害生物；②虽然已办理了审批手续，现场检出有禁止进境的有害生物，但没有有效或彻底的杀灭方法；③为害已很严重，农产品已失去使用价值。

当植物种苗或植物产品上发现了有害生物，有条件可以杀死或除害时，或者带有一般性害虫或病害时，需采取除害处理，常用的方法有熏蒸、高温处理或冰冻处理等化学处理和物理除害。有时可采用异地卸货、异地加工或改变用途等方法使之无害化。

在出境物检疫时，同样也应严格把关，凡经检疫后发现不符合进口国要求的货物，实行退货或经除害处理后才能签证。

（五）检疫处理的程序

依照《中华人民共和国进出境动植物检疫法》第17条等有关规定，对进出境植物、植物产品和其他检疫物，经检疫发现有危险性病虫、杂草的，由出入境检验检疫机构根据检疫结果，对不合格的进出境检疫物签发《检疫处理通知单》，通知货主或者其代理人在出入境检验检疫机构的监督和技术指导下作除害、退回或销毁处理。经除害处理合格的，准予入境、出境、过境。《检疫处理通知单》是检疫处理措施的书面指令。

# 第二节　法规治理

为了达到保护植物的目的，防止危险性植物病虫的传播，又允许这些物品可在一定条件下自由调运，植物检疫规程规定对植物和植物产品进行检查和处理，是防止有害生物传播的一种保护措施。植物检疫法律授予检疫官员检查有害生物和在有传播危险时采取适当措施的权力。

按照《中华人民共和国国境卫生检疫法》及实施细则、《食品卫生法》、《中华人民共和国进出境动植物检疫法》及其实施条例的有关规定，检验检疫机构所涉及的卫生除害处理的范围和对象是非常广泛的，它包括出入境的货物、动植物、运输工具、交通工具的除害处理以及公共场所、虫源地等的除害处理等。本章仅介绍出入境货物、集装箱和植物及其产品的害虫除害处理。国内植物及其产品的检疫性害虫由相关的植物检疫行政单位根据国家及各地区的有关法律、法规实施检疫处理（图3-1）。

图 3-1　按法规处罚
（夏红民，2002）

## 一、对入境植物、植物产品的检疫处理

（一）确定处理原则应从以下不同角度考虑

（1）按可传带植物危险性病、虫、杂草的分布范围、危害程度及传带机率等角度考虑：①对具有毁灭性或潜在极大危险性的病、虫、杂草种类与危险性次之种类的处理要有区别；②对无分布的种类与国内已有局部发生种类的处理要有区别；③对通过输入植物、植物产品传带机率高的危险性病、虫、杂草种类与传带机率相对较低种类的处理要有区别。

（2）按引进寄主植物、植物产品本身的经济重要性角度考虑：①对作为国家重要种质资源或主要农作物、经济作物的种子、种苗等繁殖材料与生产用种子、种苗，在处理原则上应有不同；②对非繁殖材料，应区分其经济价值、产地疫情、传带病虫害的种类及其危险性等状况，处理原则也应有所不同。另外，还要考虑有无有效的除害处理方法。

（二）入境植物危险性病、虫、杂草名录所列有害生物的检疫处理

（1）禁止来自该种病虫流行区的寄主植物、植物产品入境。

（2）经检疫发现输入植物、植物产品和其他检疫物感染检疫性害虫的，对其全批作除害处理，经除害处理合格的，准予入境。

（3）无有效除害处理方法的，作退回或销毁处理。

（三）具体检疫处理要求

（1）有下列情况之一者，需作退回或销毁处理：①输入《中华人民共和国入境植物检疫禁止入境物名录》中的植物、植物产品，未事先办理特许审批手续的；②经现场或隔离检疫发现植物种子、种苗等繁殖材料感染检疫性害虫，无有效除害处理方法的；③输入植物、植物产品，经检疫发现检疫性害虫，无有效除害处理方法的；④输入植物、植物产品，经检疫发现病虫害，为害严重并已失去使用价值的。

（2）有下列情况之一者可作化学、物理等除害处理：①输入植物、植物产品，经检疫发现植物危险性病虫害，有有效除害处理方法的；②输入植物种子、种苗等繁殖材料，经隔离检疫发现植物危险性病虫害，有条件实施除害处理的。

（3）输入植物产品、生产用种子、种苗等繁殖材料，能通过限制措施达到防疫目的，采用下列限制措施处理：①指定口岸；②转港；③改变用途；④限制使用范围、使用时间、使用地点；⑤限制加工地点、加工方式、加工条件等。

发现在《中华人民共和国进境植物检疫危险性病、虫、杂草名录》之外，对农、林、牧、渔业有严重危害的其他病虫害，按照相关文件规定处理。

（4）进境的车辆，由出入境检验检疫机构作防疫消毒处理。转关或隔离种植的检疫物，在运输、装卸过程中，货主或其代理人应当按检疫要求采取防疫措施，其措施必须符合植物检疫和防疫的规定。

（5）国外发生重大植物疫情，有可能传入中国时，根据《中华人民共和国进出境动植物检疫法》采取的紧急防范措施有三种：①禁止来自植物疫区的运输工具入境；②封锁有关口岸；③禁止疫情流行地区的检疫物入境。

## 二、对出境植物、植物产品的检疫处理

输出植物、植物产品或其他检疫物，经检疫不符合检疫要求的要作除害处理。无法进行除害处理或经除害处理不合格的不准出境。输出植物、植物产品或其他检疫物，经检疫发现一般生活害虫的，根据输入国有关检疫要求或贸易合同、信用证的有关规定，作除害处理或不准出境。

# 第三节　物 理 处 理

## 一、低 温 处 理

温度对昆虫的影响很大。在正常的温度下随着温度下降，活动能力也相应降低，并进入冷昏迷状态，代谢速度变慢，引起生理功能失调和新陈代谢的破坏。长期处于冷昏迷状态，在温度和时间的综合作用下，就会死亡。低温处理技术在20世纪初期就被用于处理害虫。

### （一）速冻

速冻是在−17℃或更低的温度下急速冰冻被处理的农产品，是控制害虫的一种处理方法。这种方法对防治许多害虫有效，常常用于处理那些由害虫的原因而不能出口的产品，特别是用于处理某些水果和蔬菜。这种处理方法包括在−17℃或更低的温度下冰冻，接着按规定在−17℃或更低温度下保持一定时间，然后在不能高于−6℃温度下贮藏。速冻处理需具备满足上述温度处理的冷冻仓和贮藏仓，在冷冻仓内必须设置自动温度记录仪，记录速冻过程中温度的变化动态。

### （二）冷处理

冷处理是指应用持续的不低于冰点的低温作为控制害虫的一种处理方法。这种方法对处理携带实蝇的热带水果有效，并已在实践中应用。处理的时间常取决于冷藏的温度。冷处理通常是在冷藏库内（包括陆地冷藏库和船舱冷藏库）进行。处理的要求包括严格控制处理的温度和处理的时间，这是冷处理有效性的基本条件。

（1）冷藏库处理。陆地冷藏库和船舱冷藏库必须符合如下条件：①制冷设备能力应符合处理温度的要求并保证温度的稳定性；②冷藏库应配备足够数量的温度记录传感器，每300m³ 的堆垛应配备三个传感器，一个用于检测空气温度，两个用于监测堆垛内水果或蔬菜的温度；③使用的温度自动记录仪应精密准确，需获得检疫官认可；④冷藏库内应有空气循环系统，使库内各部分温度一致。

（2）集装箱冷处理。具备制冷设备并能自动控制箱内温度的集装箱，可以在运载过程中对某些检疫物进行冷处理。为监测处理的有效性，在进行低温处理时，在水果或蔬菜间放置温度自动记录仪，记录运输期间集装箱内水果或蔬菜的温度动态，40英尺（1英尺＝0.3048米）集装箱放置三个温度记录仪，20英尺集装箱放置两个温度记录仪，集装箱运抵口岸时，由检疫官开启温度记录仪的铅封，检查处理时间和处理温度是否符合规定的要求。

## 二、热 处 理

热处理有害生物的效果取决于温度、穿透和持续时间。但杀死有害生物所要求的温度和寄主耐温能力相差的温度范围很小。因此应用热处理时，务必严谨、准确。

（一）蒸汽热处理

蒸汽热处理是利用热饱和水蒸气使农产品的温度提高到规定的要求，并在规定的时间内使温度维持在稳定状态，通过水蒸气冷凝作用释放出来的潜热，均匀而迅速地使被处理的水果升温，使可能存在于果实内部的昆虫死亡。蒸汽热处理主要用于控制水果中的实蝇及出入境木质包装材料。

水果蒸汽热处理设施包括三个部分：①产品处理前的分级、清洁、整理车间；②产品蒸汽热处理室；③产品热处理后的降温、去湿、包装车间，这个车间应有防止产品再次遭到感染的设施。蒸汽热处理的主要设施及其功能如下：

（1）热饱和蒸汽发生装置。这一装置应能按规定要求自动控制输出的蒸汽温度，蒸汽的输出量应能使室内的水果在规定时间内达到规定的温度。

（2）蒸汽分配管和气体循环风扇。蒸汽分配管把蒸汽均匀地分配到室内任何一个果品的货位，循环风扇使室内蒸汽处于均一状态，使蒸汽热量均匀地被每个水果吸收。

（3）温度监测系统。温度监测系统包括多个温度传感器，均匀分布在室内空间各个点，传感器的探头插入水果堆的内部，通过温度显示仪可以了解处理过程中室内各点水果果堆内的温度动态。

检疫官员主要监督处理室内热蒸汽分布的均匀性、温度监测系统的准确性，以及产品处理后防止再感染的有效性。

（二）热水处理

热水处理可防治多种生物，如豆粒内害虫、各种球茎上的线虫和其他有害生物，也可处理带病种子。

（三）干热处理

干热处理一般在烤炉或干燥窑里进行，将被处理的物品置于100℃的环境条件下，这种方法的关键是使处理的材料内部达到特定的温度，并保持到需要的处理时间。

干热处理的方法应用上有局限性，尤其是受害的植物材料要能承受较高温度处理。干热处理还没有被成功用于活的植物材料，因为水分的损耗可使植物受到损害。

# 三、辐 照 处 理

辐照处理就是利用离子化能照射有害生物，使之不能完成正常的生活史或不育，从而防止有害生物传播扩散或将其杀灭。常用的离子化能有 γ 射线、X 射线、射电线等。由于 γ 射线、X 射线都具有很强的穿透能力，所以它们在检疫上有广泛的应有前景。辐照作为一种检疫处理手段是安全的，不会导致被处理物品产生放射性，用小于或等于 1000Gy 剂量处理的食品不会产生对人体健康的毒害问题。

1970 年，联合国粮农组织（FAO）和国际原子能机构（IAEA）专家就目前已有的辐照处理知识和技术解决国际水果贸易中存在的检疫问题进行了探讨，并对其应用前景作出了积极评价。辐照处理中无论使用哪种射线，都必须在固定的放射室中进行照射，主要包括辐射源（$^{60}$Co、$^{137}$Cs）、硬件设施（辐射器、携带设备和传输设备、控制系统及其他辅助设施）、场地、辐射防护棚及仓库等。美国联邦食品与药品管理局已批准使用小于或等于1000Gy的离子化能处理食品。据亚太地区植物保护委员会（APPPC）植物检疫处理程序手册的规定，辐照处理以下害虫可使其成虫正常的羽化受阻，最低剂量150Gy处理实蝇科 Tephritidae；最低剂量300Gy处理苹果蠹蛾 Cydia pomonella、梨圆蚧 Quadraspidiotus perniciosus 以及芒果隐喙象 Sterrochetu smangiferae。

辐照处理的优点主要包括：①γ射线等穿透力强，可对已包装的农副产品进行深部杀虫，并可防止再感染；②生产性辐照装置具备传送机构，可实行装卸全部自动化和24h作业，适合口岸应急处理；③对冷库出来的商品可立即进行处理，不需过渡到常温；④辐照不会增温，也不会影响一些农产品的后熟；⑤辐照处理无残留，不污染环境；⑥使用剂量很低，处理后的食品不会引起对人体健康的毒害问题。

## 四、气 调 技 术

气调技术（CA）是通过调节处理容器中的气体成分，给有害生物以一种不适宜其生存的气体环境而达到检疫处理的目的。气调技术长期以来被应用于储藏谷物的害虫防治，其工作原理是通过降低处理容器中氧气含量和增加二氧化碳的浓度而杀死害虫或减少害虫对谷物或干果的危害。气调技术实际上是起源于对储藏品的保护，当然也可以应用于检疫处理中。实蝇类是世界水果和蔬菜的重要检疫性害虫类群之一，应用气调的方法对实蝇的防除是可行的。研究表明，适当地采用气体调节技术可以杀死多种检疫害虫，Gould 和 Sharp（1990）报道，在其用双膜包裹芒果的方法致死加勒比实蝇的研究中发现，被包裹的实蝇经过3d，实蝇卵和幼虫死亡率达98.67%，但达到死亡率99.9968%的要求时，则需经16.3d的时间。研究人员采用气调和低温综合处理技术，对人工接种在鲜荔枝中的橘小实蝇进行处理，结果显示，在20℃低温下处理13d，可杀死其卵和各龄幼虫。Sharp 等研究表明，将苹果蠹蛾 Cydia pomonella 的5龄幼虫置于95%二氧化碳的环境中48h后，包括滞育的所有虫态均死亡。将苹果储藏在氧气和二氧化碳浓度均为3%的气调状态下，苹果蠹蛾的卵和0~13d幼虫经30d死亡。

## 五、微波加热处理

微波加热是利用电磁场加热电介质，使其内部升温，从而达到灭虫效果。因粮食、食品、植物与昆虫均是介质，当它们处于电场中时，昆虫的内容物可因迅速加热和剧烈振荡而破坏，最终导致死亡。植物、种子和食品也会因过热而导致死亡或质量的变化。微波加热的优点是升温快，介质内部的温度往往比外表高，不像一般的热处理，温度由外向里升高，需时较长，处理后的介质无残毒。主要缺点是介质的内容物组成不同和磁场不均匀，导致介质升温不均匀。因此微波处理用于植物检疫中的少量农副产品，在旅检中处理非种用材料也较为理想。

# 第四节　化 学 处 理

化学处理是目前检疫处理中最常用的方法，主要有熏蒸处理、防腐处理和化学农药处理等。

# 一、熏 蒸 处 理

对于防治大量物品中种类繁多的有害生物来说，熏蒸处理是目前检疫处理中应用最为广泛的一种除害处理方法。熏蒸处理具有很多突出的优点，如杀虫灭菌彻底，操作简单，不需要很多特殊的设备，能在大多数场所实施，而且基本上不对熏蒸物品造成损伤，处理费用较低。熏蒸剂气体能够穿透货物内部或建筑物等的缝隙，杀灭有害生物，这一特性是其他很多处理方法所不具备的（图 3-2）。

图 3-2　公元前 2000 至公元前 1000 年埃及熏蒸装置

检疫熏蒸（quarantine fumigation），是指为防止检疫性有害生物的传入、传出、定殖和扩散而实施的熏蒸处理，或者那些在官方控制下所进行的熏蒸处理。这里的官方控制是指由国家植物、动物或环境保护以及卫生等官方部门实施或授权。而检疫性有害生物是指那些在某一地区还不存在，但一经传入就会对该地区构成潜在巨大威胁的有害生物，或指那些在某一地区虽有分布，但分布不广泛而且仍处于官方控制下的有害生物。

根据 IPPC 的定义，对受控的非检疫性有害生物实施的熏蒸也应属于检疫熏蒸的范畴。IPPC 对受控的非检疫性有害生物的定义为：因为某种害虫的存在，直接影响了用于繁殖的植物材料的利用，在经济上造成了不可接受的损失。所以对进口国来说，这种生物也是受控的。

装运前熏蒸（preshipment fumigation），是指直接与货物出口有关而且是在货物出口前所进行的熏蒸。其目的是为了满足进口国的植物检疫或卫生要求，或者出口国已有的植物检疫或卫生要求。

由此可以看出，检疫及装运前熏蒸都是属于官方要求的熏蒸，是为了防止有害生物自由传播的熏蒸。它与保证货物品质的商业熏蒸是不同的，它的要求更为严格。特别是检疫熏蒸，其熏蒸效果必须保证能够防止检疫性有害生物传入传出所要求的检疫安全。

## （一）熏蒸技术的基本原理

### 1. 熏蒸及熏蒸剂的概念

熏蒸是指借助于熏蒸剂这样一类化合物，在密闭的场所或容器内杀死病原菌、害虫等有害生物的技术或方法。因此，熏蒸是以熏蒸剂气体来杀灭有害生物的，它强调的是熏蒸剂的气体浓度和密闭熏蒸空间。烟雾剂和气雾剂不是气体，所以利用烟雾剂和气雾剂来进行除害处理的方法不是熏蒸。

熏蒸剂是在一定温度和压力下，能够保持气态且维持将有害生物杀灭所需的足够高的气体浓度的一类化学物质。

**2. 熏蒸剂的气化**

大多数常用熏蒸剂都是以液态形式储存于钢瓶中的。当这些液态熏蒸剂从钢瓶中释放出来后，就会吸收周围环境的热量，迅速变成气体。液态熏蒸剂从液态变成气态的过程，就是熏蒸剂的气化。熏蒸剂气化速度与熏蒸剂的沸点和气化潜热有关。

熏蒸剂的沸点是指液态熏蒸剂迅速转变成气态时的温度。有机化合物的沸点与它的相对分子质量有密切关系，相对分子质量越大，沸点越高。在常用熏蒸剂中，溴甲烷和硫酰氟的沸点例外，溴甲烷相对分子质量 94.95，沸点 3.6℃；硫酰氟相对分子质量 102.6，沸点－55.2℃。

熏蒸剂的气化潜热是指有机化合物在气化（蒸发）时，如果没有外部能源的补偿，就会因为液体中具有较高能量分子的逃逸而导致液体总能量的损耗，即液体温度的降低。因此汽化（蒸发）是以消耗液体总能量而发生的。气化潜热是以每气化 1g 液体所损耗的热量（单位：焦耳）来表示的。

**3. 熏蒸剂的扩散与穿透**

在一个温度和压强都处处均匀的混合气体体系中，如果有某种气体成分的密度不均匀，则这种气体将由密度大的地方向密度小的地方迁移，直到这种气体成分在各处的密度达到均匀一致为止。气体由密度大的地方向密度小的地方的迁移就叫扩散。

扩散速度与气体密度梯度及扩散系数成正比。扩散系数则与气体本身的性质有关，相对分子质量大的气体，其密度也大，但扩散系数小。同时扩散速度与温度成正比，温度越高，扩散速度越快。

熏蒸剂气体的穿透指熏蒸剂气体由被熏蒸货物的外部空间向内部空间扩散（迁移）的过程。熏蒸剂的穿透能力和速度要受到很多因素的影响。熏蒸剂气体浓度越高，穿透能力越强，穿透速度也越快；熏蒸剂的相对分子质量越大，自上而下的沉降速度越快，但在货物内部的水平扩散性较差；熏蒸剂的沸点越高，穿透性越差，吸附性增加。货物本身的性质也与穿透性有密切的关系。货物表面的含水量、含油量以及紧密程度等，都可以通过影响熏蒸剂气体分子的运动速度和对熏蒸剂的吸附，造成熏蒸剂气体浓度不同程度的下降，而影响熏蒸剂气体的穿透性及穿透速度。货物内部温度的均匀程度也能影响熏蒸剂气体的穿透性。

**4. 熏蒸剂的吸附与解吸**

吸附是指在整个熏蒸体系中，固体物质对熏蒸剂气体分子的保留和吸收的总量。吸附使熏蒸体系中部分熏蒸气体分子不能自由扩散或穿透进入货物内部，表现为熏蒸空间熏蒸剂气体分子的减少。因此，在熏蒸中，熏蒸剂气体的散失，除了泄漏外，最主要的原因就是由于被处理货物的吸附所造成的。吸附引起的熏蒸剂气体浓度的降低与熏蒸体系的气密性无关，而只与货物的种类、装载系数和温湿度有关。在气密性很好的熏蒸系统中，吸附是引起熏蒸剂气体浓度降低的主要原因。吸附不仅直接影响密闭空间内熏蒸气体实际浓度的高低，还影响解吸时间的长短。吸附是一个渐进过程，熏蒸初期货物对熏蒸剂气体的吸附速率快一些，然后逐渐降低，其表现为在整个熏蒸过程中，熏蒸剂气体浓度的逐渐降低。

吸附包括表面吸附、物理吸附和化学吸附 3 种。

（1）表面吸附是指熏蒸剂气体分子和固体物质表面接触时，固体物质表面分子和熏蒸剂气体分子之间的相互吸引而引起的对熏蒸剂气体分子的滞留现象。被固体表面滞留的气体分子是可以重新回到自由空间的，也就是说，对气体分子的滞留是暂时的，是可逆的。

（2）物理吸附是指熏蒸剂气体分子进入到物体内部后，被存在于物体内部毛细管中的水或脂肪所溶。物理吸附的量直接与被熏蒸物品的种类和熏蒸剂在水及脂肪中的溶解度有关。

（3）化学吸附是指熏蒸气体分子与被熏蒸物品的组成物质之间通过化学反应而生成新的化学物质。这种化学反应是不可逆转的，因而新生成的化合物就成了永久性的残留物。

解吸是一个与吸附相反的过程，即被货物吸附的熏蒸剂气体分子解脱货物表面分子的束缚或从毛细管中扩散出来，重新回到自由空间中。解吸过程是在熏蒸结束后的散气期间进行的。解吸的快慢与环境温度直接相关，温度越高，解吸越快。

**5. 熏蒸剂的剂量与浓度**

QFTU 移动熏蒸装置具有自动检测气密性、自动定量气化、自动循环、浓度检测、自动温度检测、加温保温等功能，可实现常压熏蒸全过程的自动化控制。

剂量是指熏蒸时单位体积内实际使用的药量。理想的剂量通常是浓度高到足以杀灭有害生物，而低到足以避免损害农产品或形成过多的有害残留物，并且两者之间要有一个较小的安全系数。在剂量的表示单位中，通常用克每立方米（$g/m^3$）来表示，这是因为在实际熏蒸中，熏蒸剂的重量和被熏蒸场所的体积容易确定。

浓度是指在熏蒸体系中，单位体积自由空间内熏蒸气体的量。因此，浓度和剂量之间虽然有联系，但也有本质的区别。也就是说，在一般情况下，剂量越高，熏蒸体系中熏蒸剂气体的浓度也越高；但在有些情况下（如熏蒸体系的密封不太好、货物对熏蒸剂的吸附特别强等），剂量高，浓度不一定高。由此可以看出，熏蒸期间熏蒸剂气体浓度的高低是判断熏蒸效果的唯一依据，熏蒸期间不测定浓度，而只凭剂量高低来推断熏蒸效果是不科学的。

**6. 浓度和时间的乘积**

1）CT 值含义

CT 值就是浓度和时间的乘积。它是指在一定的温湿度条件下和一定的熏蒸剂气体浓度及熏蒸处理时间变化范围内，使得某种有害生物达到一定死亡率所需的浓度和时间的乘积，是一个常数，即 $C \times T = R$，这里 $C$ 是指熏蒸剂气体浓度，$T$ 是指熏蒸时间的长短，$R$ 是一个常数。从 CT 值的这一定义中可以看出，在一定温湿度条件下，只要能满足一定的 CT 值要求，那么熏蒸杀虫效果就是一定的，而且熏蒸剂气体浓度和处理时间是可以根据实际情况在一定范围内进行变化的。但 CT 值的这一定义和上述的关系表达式应该说只是一种近似值，而真正具有普遍意义的关系式应是：

$$C^n \times T = R$$

式中，指数 $n$ 可作为毒性指标，它是一个特殊值，代表了熏蒸剂与虫种，更确切地说包含了不同的发育阶段之间的毒性关系。熏蒸工作的重点就在于要知道使用熏蒸剂和害虫

的 $n$ 值。$n$ 值越接近 1，说明浓度越重要，实际熏蒸中可以通过提高熏蒸浓度来缩短熏蒸时间。从目前的研究结果来看，溴甲烷、氢氰酸等熏蒸剂在较大的浓度变化范围内比较好地遵从于 CT 值的规律，而磷化氢只在很小的浓度变化范围内遵从于 CT 值的规律，并且基本上无实际应用价值。

2）CT 值的计算方法

所谓 CT 值，即熏蒸期间熏蒸剂气体浓度和熏蒸处理时间的乘积，单位为 $gh/m^3$。如果熏蒸期间熏蒸体系中熏蒸剂气体浓度始终保持不变的话，那么 CT 值的计算就非常简单，即熏蒸剂气体浓度和熏蒸时间的乘积。在实际熏蒸中，熏蒸体系内熏蒸剂气体浓度总是随时间的推移而不断变化，因此不能简单地用熏蒸剂浓度乘以熏蒸时间就得到 CT 值。一次熏蒸中总的 CT 值是通过多次测量熏蒸体系中熏蒸剂的气体浓度值，并以各时间间隔的 CT 值相加才能得到总的 CT 值。一次熏蒸中总 CT 值的最精确近似值是通过大量的浓度检测后获得的。由于条件限制，实际熏蒸中，不可能进行大量的浓度检测，因此一般应在施药后 2h、4h、12h 和 24h 测定熏蒸体系中的熏蒸剂气体浓度。一次熏蒸中熏蒸剂气体浓度的测量次数不能少于 2 次，否则无法计算总的 CT 值。

帐幕熏蒸中，熏蒸剂气体的损失率很高，在这种情况下，CT 值的计算方法最好用几何平均法，即：

$$CT_{(n,n+1)} = (T_{(n+1)} - T_n) \times C_n \times C_{(n+1)}$$

$$CT_{\text{总}} = \sum CT_{(n,n+1)}$$

式中，$CT_{(n,n+1)}$ 是指时间 $T_{(n+1)}$ 和 $T_n$ 之间的 CT 值；$T_n$ 是指第一次测定熏蒸剂气体浓度的时间，h；$T_{(n+1)}$ 是指第二次测定熏蒸剂气体浓度的时间，h；$C_n$ 是指 $T_n$ 时测定的熏蒸剂气体浓度值，$g/m^3$；$C_{(n+1)}$ 是指 $T_{(n+1)}$ 时测定的熏蒸剂气体浓度值，$g/m^3$。

在气密性较好的并已通过了压力试验的熏蒸环境（如熏蒸室）中，气体的损失率很低，此时可以用算术平均值进行 CT 值的计算。即：

$$CT_{(n,n+1)} = (T_{(n+1)} - T_n) \times (C_n + C_{(n+1)}) \div 2$$

$$CT_{\text{总}} = \sum CT_{(n,n+1)}$$

**7. 影响熏蒸剂气体浓度衰减的因素**

所有熏蒸过程都可以分为这样 3 个阶段：①熏蒸初始阶段，即密闭空间中熏蒸剂气体浓度建立阶段；②熏蒸剂气体浓度衰减阶段，在此阶段中熏蒸剂气体浓度慢慢降低；③熏蒸结束后的散气阶段，即达到了所需 CT 值后将熏蒸体系中残存熏蒸气体排出的阶段。在整个熏蒸期间，人们总是期望熏蒸剂气体浓度能够维持在某一水平上，以满足杀灭某种有害生物所需的 CT 值。在给定数量的熏蒸剂和特定的熏蒸环境条件下，整个熏蒸期间所能达到的 CT 值，主要取决于衰减阶段熏蒸剂气体的损失率。在衰减阶段如果不补充熏蒸剂到密闭空间中，那么熏蒸体系中的熏蒸剂气体浓度（$C$）依据下列公式进行计算：

$$\ln C_0 - \ln C = K(t - t_0)$$

式中，$C$ 是在时间 $t$ 时的浓度；$C_0$ 是在 $t_0$ 时的浓度；$K$ 是单位时间内（如每天）熏蒸剂气体浓度衰减的速度常数。$K$ 值可由浓度与时间的半对数坐标的斜率求得。对大多数熏蒸来说，在比较稳定的环境条件下，开始时浓度降低较快，而在密闭的大部分时间内浓度与时间的半对数坐标曲线是一条直线,在散气阶段也大致如此。

衰减速率常数值 $K$ 受诸多因素的影响。可以把 $K$ 值分解成环境条件的影响因素 $K_1$、吸附因素 $K_2$ 和渗漏因素 $K_3$。因此,衰减速率常数的全部内容大致可用 $K=K_1+K_2+K_3$ 的公式来表示。影响 $K$ 值的因素作用的大小随熏蒸剂的种类和具体熏蒸情况有很大的差异,如在一个漏气严重的仓内进行熏蒸,则环境条件成为引起熏蒸剂损失的主要因素,因此这部分影响就成为主要的支配因素。在实际熏蒸中,这些因素的任何一个都可能导致熏蒸的失败,因此一定要改进熏蒸方法,采取正确的熏蒸措施,从而减少这些因素的影响程度,确保熏蒸的成功。

1) 环境因素

影响衰减常数 $K$ 值的环境因素按其影响程度大致分为风的影响、温度变化等。

(1) 风的影响。事实上,任何用于熏蒸的密闭空间都存在不同程度的漏气,尤其是帐幕熏蒸,因此,风的影响是造成熏蒸剂气体损失和导致熏蒸失败的主要原因。风使密闭仓迎风面的压力增加,外界空气进入密闭熏蒸空间;同样,风使背风面的压力降低,熏蒸剂气体外泄出密闭空间。因此,风使密闭空间内熏蒸气体外泄而导致其浓度降低,熏蒸剂气体外泄的速度与风速成正比。但是,风对熏蒸剂气体泄漏的影响程度还取决于密闭空间的气密性,如在同样风力条件下熏蒸,气密性好的熏蒸仓的熏蒸剂气体泄漏速度比气密性差的要慢 200 倍以上。由此说明,密封好坏是决定熏蒸成功的重要因素之一,然而在风力比较大的条件下最好不要进行熏蒸。

(2) 温度的影响。密闭空间内外的温度不同,气体的比重也不相同,由此会导致密闭空间内外气体压力的差异。如有孔洞存在,熏蒸剂气体就会通过孔洞迅速泄漏。如夏天在阳光直射下进行帐幕熏蒸,由于帐幕内的气体受太阳光的照射而温度升高,密度变小,压力升高,此时帐幕内的熏蒸剂气体就会通过孔洞迅速外泄。夏天阳光直射下的集装箱熏蒸也是如此。因此,夏天在这些场所进行熏蒸,要特别注意密封。

2) 吸附因素

货物吸附熏蒸剂气体分子的能力,不但与熏蒸剂的种类有关,而且也与货物的性质和环境条件有关。货物吸附熏蒸剂气体,主要发生在熏蒸刚开始的数个小时。一般来说,熏蒸剂气体的相对分子质量越大,沸点越高,越容易被吸附,就越不容易被解吸;货物颗粒比表面积越大、含水含油量越高,吸附能力越强;温度越高,货物的吸附能力越低;货物的装载量越大,被吸附的熏蒸剂气体总量也越大。吸附造成熏蒸气体浓度的降低,与气密性无关。为了弥补因吸附而造成的浓度衰减,必须增加投药量。

3) 渗漏因素

熏蒸剂气体渗漏包括通过扩散并穿透熏蒸帐幕上的微孔而发生的泄漏和通过因密封不严所留下的孔洞而发生的泄漏两部分。熏蒸剂气体分子通过扩散穿透帐幕发生外泄的量与熏蒸剂的种类、性质和帐幕的种类及厚度有关。一般情况下,通过帐幕泄漏的量是很少的,而熏蒸空间密闭不严才是造成熏蒸剂泄漏的主要原因。

**8. 影响熏蒸效果的因素**

(1) 温度的影响。温度是影响熏蒸效果最重要的一个因素。在通常的熏蒸温度范围内（10~35℃）,杀灭某一虫种所需的熏蒸剂气体浓度,随着温度的升高而降低。其主要原因是:温度升高,昆虫的呼吸速率加快,昆虫从环境中吸收的熏蒸剂有毒气体随之增多；温度升高，昆虫体内的生理生化反应速度加快，进入昆虫体内的熏蒸剂有毒气体更易于发挥毒杀作用；温度升高，被熏蒸物品对熏蒸剂气体的吸附率降低，熏蒸体系自由空间中就有更多的熏蒸剂气体参与有害生物的杀灭作用。

当温度低于 10℃时，温度对熏蒸效果的影响就变得比较复杂了。温度降低，昆虫的呼吸速率也随之降低，昆虫从环境中吸入的熏蒸剂气体的量也相应地下降，但昆虫虫体对熏蒸剂气体的吸附性增加了，从熏蒸剂气体进入虫体的量来看，后者补充了前者的不足。另一方面，在低温下有些昆虫对熏蒸剂的抗药性减弱了，因此对一些熏蒸剂来说，低于或高于某一温度都可以用较低的浓度来杀灭这些昆虫。在检疫熏蒸中，熏蒸前测定大气温度和货物内部温度，并据此确定合理的投药剂量，是保证熏蒸成功的基本条件。

害虫在熏蒸前和熏蒸后所处的温度状况也影响杀虫效果。熏蒸前害虫如处于低温环境，新陈代谢缓慢，在移入较高温度下时熏蒸害虫的生理状态仍受前期低温的影响，抗药能力也较高。

（2）湿度的影响。湿度对熏蒸效果的影响不如温度对熏蒸效果的影响明显，但对于落叶植物或其他生长中的植物及其器官，熏蒸时必须保持较高的湿度；对于种子等的熏蒸，湿度越低越安全。用磷化铝和磷化钙进行熏蒸时，湿度太低会影响磷化氢的产生速度，因此必须延长熏蒸时间。

（3）货物装载量及堆放形式对熏蒸效果的影响。在一定的温湿度条件下，每种货物（货物相同，容量也相同的条件下）对每种熏蒸剂都有一个固定的吸附率。因此，熏蒸体系中货物填装量不同，整个货物对熏蒸剂的吸附量也不相同，用相同的投药剂量就会导致不同的熏蒸结果。对于熏蒸室内的熏蒸，水果、蔬菜等的填装量不能超过总容积的2/3，其他农产品填装量的堆垛顶部与天花板之间的距离应不少于 30cm。

（4）密闭程度的影响。投药期间，熏蒸体系中的压力随着投药的继续而不断升高，熏蒸剂气体浓度不断增大。如果密封不好，即使是比较小的空洞，也会造成熏蒸剂气体的大量损失和有效浓度的降低，严重影响熏蒸效果。

（5）熏蒸剂的物理性能。熏蒸剂的挥发性和渗透性强，能迅速、均匀地扩散，使被熏蒸物品各部位都接受足够的药量。溴甲烷、环氧乙烷和氢氰酸等低沸点的熏蒸剂扩散较快；二溴乙烷等高沸点的熏蒸剂，在常温下为液体，加热蒸散后，借助风扇或鼓风机的作用，方能迅速扩散。

与熏蒸剂扩散和穿透能力有关的因子有相对分子质量、气体浓度和熏蒸物体的吸收力。一般来说，较重的气体在空间的扩散慢；气体浓度越大，弥散作用越强，渗透性也越大。熏蒸物对熏蒸剂的吸附量，与该物体占容积的比例和吸附气体的浓度成正相关。吸附性高可能影响被熏蒸物品的质量，如降低发芽率、使植物产生药害、使面粉或其他食物中营养成分变质，甚至有时由于熏蒸剂的被吸收而引起食用者的间接中毒。

（6）昆虫的虫态和营养生理状况。一般来讲，不同虫态的昆虫对熏蒸剂的抵抗力是：卵强于蛹，蛹强于幼虫，幼虫强于成虫，雄虫强于雌虫。饲养条件不好，活动性较低的个体呼吸速率低，较耐熏蒸。

近年来发现昆虫对某些熏蒸剂产生了抗药性。据报道，谷斑皮蠹在斐济只有 5 年历史，每年用磷化铝熏蒸，第 1 龄幼虫出现了抗磷化氢的能力增加 40 倍的品系，其他龄期也出现较高的抗性。溴甲烷现限于少数虫种，多数处于边缘抗性的程度，应高度重视这类问题。

### （二）检疫熏蒸的方式与操作程序

熏蒸方式一般分为常压熏蒸和真空熏蒸（减压熏蒸）。常压熏蒸按所熏蒸容器的不同又可分为集装箱熏蒸、帐幕熏蒸、熏蒸室熏蒸、大船熏蒸和圆筒仓循环熏蒸以及土壤覆盖塑料布内熏蒸等。

#### 1. 常压熏蒸

常压熏蒸的操作程序大体可分为熏蒸准备、熏蒸施药、散气和善后处理三个步骤。具体程序包括：选择合适的熏蒸场所，要求在空旷偏僻，距离人们居住活动场所20m以外的干燥地点进行，仓库应具备良好的密闭条件；做好熏蒸密闭工作；根据货物种类、熏蒸害虫对象来确定熏蒸剂种类；计算容积，确定用药量；安放施药设备及虫样管，施药熏蒸；熏蒸期间测毒查漏；熏蒸后通风散气、处理残渣、检查熏蒸效果和填写熏蒸记录表。在整个熏蒸过程中应特别注意操作人员和周围环境的安全防护。

1）集装箱熏蒸

集装箱运输以安全、快速、简便、灵活等优点，从根本上改变了传统的散件杂货运

图 3-3　溴甲烷集装箱熏蒸

输方式。为防止有害生物随集装箱运输而远途传播扩散，要及时对集装箱本身、所承载物、包装及铺垫材料进行检疫，不合格的要进行检疫处理。集装箱熏蒸（图3-3）成为当前熏蒸工作中一种操作简单、效果良好的处理方式。集装箱熏蒸的主要程序是：

（1）熏蒸前的准备工作。熏蒸前要备足熏蒸用物品并选择合适的熏蒸场所，应选择风力不大于5级的露天场地，与生活和工作区相距要在50m以上。所熏蒸的集装箱应单层平放，熏蒸期间不能挪动。

（2）检查货物包装及集装箱状况。如果被熏蒸的货物采用不透气或透气性较差的包装材料，应除去此类包装，或采取其他不影响药剂扩散的措施；还要搞清所熏货物是否与药剂有反应，防止发生货损，影响货物的正常进出口贸易；同时还应检查集装箱外表，是否有除通风孔以外明显漏气的可能，如有应及时处理或者换箱。

（3）集装箱的密封。熏蒸前应对集装箱进行密封，首先应将集装箱的所有通气孔都粘好。然后关闭箱门，检查门缝胶条是否完好严密，如有问题及时糊封。如果有专用投药装置及浓度检测管，则在关门前放入箱内适当位置。密封好以后还要张贴专用熏蒸标识并划定熏蒸警戒区。

（4）投药熏蒸及浓度检测。按所熏蒸集装箱体积及投药剂量计算出所用药量，然后投药，控制合理投药速度1~2kg/min。投药后应进行检漏，如发现泄漏应及时采取补救措施。还要用熏蒸气体浓度检测设备在特定的时间对气体浓度进行检测，以确定是否

需要补药或重新熏蒸。

（5）通风散气。检测并记录散气前的浓度检测结果，如果散气前的浓度实测值大于或等于规定的最低浓度值，则可以结束熏蒸并进行通风散气。应由戴有防毒设备的熏蒸人员将箱门打开，并由专人值守，严防无关人员进入该集装箱，待12～24h后方可搬动货物。散气结束后，撤除熏蒸警戒区和警戒标志，并及时处理其他废弃物（如磷化铝残渣等）。

2）熏蒸室熏蒸

熏蒸室熏蒸和帐幕熏蒸比较，更经济、更安全，而且更有效，特别是活体植物及植物器官如水果、蔬菜、花卉和种苗等的检疫熏蒸处理，优点更为突出。在强调保护环境、保护臭氧层的今天，更应推广熏蒸室熏蒸。

作为固定的熏蒸室，应具备如下条件：①气密性良好；②具有性能优良的气体循环系统，能用于熏蒸剂气体的扩散与分布，而且在熏蒸结束时，能快速有效地排除残存的熏蒸剂气体；③具有熏蒸剂气化、定量、施药和熏蒸剂气体扩散装置；④建设熏蒸室的地方，要便于装卸需要熏蒸和熏蒸过的货物；⑤对熏蒸操作人员和工作在熏蒸室附近的人员不构成任何威胁。

熏蒸室熏蒸同圆筒仓循环熏蒸差不多。但在熏蒸室熏蒸中，要注意货物的堆放。货物应堆放整齐，货堆顶部距熏蒸室天花板的距离不少于30cm。熏蒸室地板未架空的，应将货物堆放在货物托盘上。货物堆放完毕后，应准确测定货物内部和空间的温度。测温点不得少于4个。熏蒸水果等鲜活植物时，一定要测定果堆等的中心温度，而且测温一定要准确。一般以测得的最低温度为标准来确定投药剂量，精确计算投药量。

进行熏蒸前关闭熏蒸室的大门，并将其夹紧。关闭或打开有关阀门，使循环气路畅通。投药熏蒸前最好先进行气密性测试，气密性测试的方法与圆筒仓循环熏蒸中气密性测试方法一样。熏蒸室熏蒸中，气体环流的时间一般为20～30min。熏蒸某些货物时，可能需要在密闭熏蒸过程中再次进行环流，可以根据需要进行环流。密闭熏蒸结束后，立即进行通风散气。通风散气的方法同圆筒仓循环熏蒸。通风散气时间的长短，一定要以熏蒸气体浓度检测仪的检测结果为准。

3）帐幕熏蒸

帐幕熏蒸是常压熏蒸的一种方式，由于其应用方便、有效而在检疫处理中被普遍采用。进行帐幕熏蒸应注意以下几个方面的问题。

（1）选择合适的熏蒸场所，并选用符合要求的熏蒸剂和熏蒸帐幕。通风良好的库房和背风的露天场地，是合适的熏蒸场所，风力大于5级以上的地方不能进行熏蒸，并选择使用聚乙烯或聚氯乙烯作为帐幕。

（2）根据具体情况确定合适的用药剂量，如熏蒸前需测量堆垛的体积、货物内部和垛外空间的温度，以作为确定合适的用药剂量参考指标。

（3）合理安放测毒采样管，如100t以下的堆垛，分别在垛前面中部和左端下部距地面0.5m的地方各安置一根采样管，在垛后面右端上部距垛顶0.5m的地方放置另外一根测毒采样管；100t以上300t以下的堆垛，放置5根测毒采样管，即垛前面对角线的上下端各放一根，垛后面对角线的上下两端放另外两根，第五根放于垛前面中心点。

（4）投药前应检查气密性及空气在帐幕内的循环是否畅通、所有的测毒采样管是否正确标记，并开启熏蒸气体浓度检测仪器，检查是否正常工作。

（5）正确、均匀安放投药管。

（6）及时检漏。按要求检测帐幕内熏蒸剂气体浓度的变化情况，根据熏蒸处理时间的长短，确定熏蒸期间熏蒸剂浓度的检测时间和次数。一般情况下，以下时间的浓度检测是必需的：30min、2h、熏蒸结束前的浓度检测。30min 的浓度检测结果能够说明堆垛的气密性、渗漏和吸附情况，不正确的药量计算和不当的投药方法，且此时垛内平均浓度应在投药剂量的 75％以上；2h 的浓度检测结果进一步说明是否有严重的渗漏，货物是否强烈吸附熏蒸剂气体，此时垛内平均浓度不能低于投药剂量的 60％；熏蒸结束前的浓度检测是必需的，因为它能说明熏蒸是否已获成功，是否可以结束熏蒸并进行散气。结束熏蒸应充分通风散气，2h 以后再将熏蒸帐幕全部揭下彻底通风，24h 以后方可进行货物搬动。

4）大船熏蒸

大船熏蒸相当复杂，这不仅因为大船的结构相当复杂，密封困难，而且还因为不同类型的船舱、储藏间等的设计和结构都不一样，所以不了解船体结构及其装置，没有经验或未经充分训练的人，均不能从事船舶熏蒸。船舶货舱和储藏室内等空间的熏蒸，必须在检疫部门的监督下，按照规定的程序正确地操作和实施，否则对熏蒸期间仍在船上工作的所有人员都是相当危险的。船舶熏蒸应有组织、有计划地进行，分工明确，责任分明。由于大船熏蒸的复杂性，安全工作应特别重视。

5）圆筒仓循环熏蒸

圆筒仓循环熏蒸（图 3-4）是目前处理散装货物最为先进、最为经济有效和最为快速的方法。因为散装谷物的熏蒸，最大的困难就是熏蒸剂的快速均匀分布问题，而在圆筒仓循环熏蒸中，借助循环风机，熏蒸剂气体就会在循环气流的带动下，实现快速均匀的分布，达到快速杀虫灭菌的目的。圆筒仓的气密性与先进、安全高效的循环熏蒸系统是实施圆筒仓循环熏蒸的必要条件。

最典型的圆筒仓循环熏蒸是 Winks 等研究开发出的赛若气流（siroflo）及赛若环流（sirocirc）技术体系，这是目前世界最先进、最安全、最有效的循环熏蒸使用方法，它们已被澳大利亚、美国、加拿大、南非及中国使用。

一般的循环熏蒸系统，都应包括以下几部分：风量风压适当的防爆型循环风机、位于筒仓锥形体上部的十字形气体扩散支架或其他类型的气体扩散管道（有助于熏蒸剂气体在圆筒仓横截面上的均匀分布和扩散）、熏蒸剂气化器、尘埃滤出装置、定量施药及控制系统、用于气密性检测的玻璃 U 形管水银压力计、循环管道和相关阀门等。为了监测仓内的熏蒸剂气体浓度，还可以在筒仓内不同高度安置测毒采样管。在循环系统的设计中，首先应确定如下的技术参数，如货物内部的风速、循环风量、循环系统中的静压、循环管道的直径、弯头的设计、循环风机的类型、所需静压和功率大小等。

适合圆筒仓循环熏蒸的熏蒸剂，目前主要推荐溴甲烷、氢氰酸和环氧乙烷同二氧化碳的混合制剂等。

**2. 真空熏蒸**

真空技术在熏蒸中的应用，即在一定的容器内抽出空气达到一定的真空度，导入定量的熏蒸杀虫剂或杀菌剂，这样就有利于熏蒸剂气体分子迅速地扩散，渗透到熏蒸物体

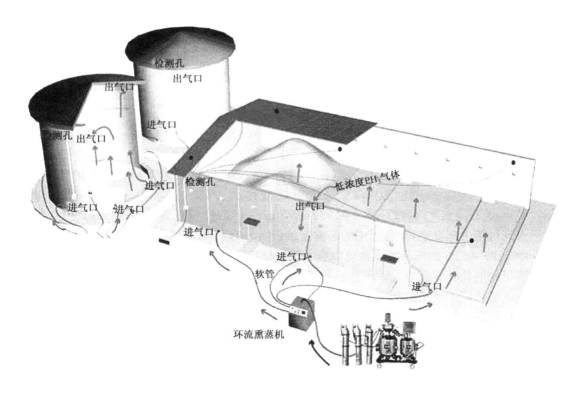

图 3-4　移动式环流熏蒸系统

内，因而可大大减少熏蒸杀虫灭菌的时间，一般只要 1～2h。由于真空熏蒸所用时间较短，所以不能长时间熏蒸的种子、苗木、水果蔬菜等都可进行真空熏蒸。另外，整个操作过程如施药、熏蒸和有毒气体的排出均在密闭条件下进行，容器内的熏蒸剂气体分子，可用空气反复冲洗抽出，抽出的熏蒸剂气体，可排放高空或通过处理，避免污染环境，确保使用上的安全、快速及有效。真空熏蒸的方法有持续减压熏蒸、复压熏蒸等。

（三）常用熏蒸剂

熏蒸剂是能够在室温下气化，并以其气体毒杀害虫或抑杀微生物的化学药剂。熏蒸剂毒杀害虫主要是作用于呼吸系统，降低呼吸率，导致害虫中毒死亡。理想的熏蒸剂应具有：①杀虫灭菌效果好；②对动植物和人毒性最低；③容易生产，价格便宜；④人的感觉器官易发觉；⑤对食物无害；⑥对金属不腐蚀，对纤维和建筑物不损害；⑦不爆炸、不燃烧；⑧不溶于水；⑨不变质，不容易凝结成块状或液体；⑩有效渗透和扩散能力强等特点。事实上能完全符合上述特点的熏蒸剂是没有的，能大部分符合，则为好的熏蒸剂。选择时，除考虑药剂本身的理化性能外，还要根据熏蒸货物类别、害虫或病害的种类以及当时的气温条件，综合研究分析后决定。其中最重要的是对害虫或病害效果好而不影响货物的质量。

几十年来国际上开发应用于防治贮粮害虫和检疫处理的熏蒸剂仅有 10 余种，主要是溴甲烷、磷化氢、硫酰氟、环氧乙烷、氢氰酸、氯化苦、二硫化碳、四氯化碳、二氧化碳、二溴乙烷等。目前检疫熏蒸处理中最常用的是溴甲烷、硫酰氟、磷化氢、环氧乙烷等。我们应注意到各种熏蒸剂都有其优缺点，如溴甲烷是一种很好的熏蒸剂，但近年来发现其大量消耗保护地球的臭氧，形成臭氧洞，使地球抵御紫外线的能力大大降低，威胁人类生存，因而发达国家已签署协议，将在今后数年内逐步淘汰溴甲烷，因而就存在溴甲烷的替代技术问题。

**1. 溴甲烷**

1）溴甲烷的理化特性

溴甲烷（methyl bromide，MB，溴代甲烷）分子式为 $CH_3Br$，相对分子质量 94.95。常温下是一种无色无味的气体。沸点 3.6℃，冰点 −93℃。对空气的比重为 3.27（0℃）；液体的比重为 1.732（溴甲烷液体为 0℃，水为 4℃时）。蒸发潜热 257.57J/g。在空气中不燃不爆（在 530～570g/m³，即体积百分比为 13.5%～14.5% 时遇火花可能引起燃烧）。在水中的溶解度较低（1.34g/100mL，25℃）。商品纯度一般在 98%～99.4%。加压易液化并可以液态形式储存、运输和施药。

溴甲烷的化学性质稳定，不易被酸碱物质所分解，但它能大量溶解于酒精、丙酮、乙醚、二硫化碳等有机溶剂中，在油类、脂肪、染料和醋等物质中的溶解度也较高。液体溴甲烷还是一种很强的有机溶剂，能溶解很多有机化合物，特别是对天然橡胶的溶解能力更强，因此，在熏蒸时注意防止将溴甲烷液体直接喷到熏蒸帐幕上。

纯的溴甲烷对金属无腐蚀作用，但在无氧存在的条件下，溴甲烷能与铝发生反应，生成铝溴甲烷，这种物质遇到氧气后能自燃或爆炸。因此不能用铝罐或含有铝的容器储存溴甲烷；实际熏蒸中，也不能用铝管作连接管。

2）溴甲烷的毒理机制

到目前为止，溴甲烷的杀虫机理还没有完全搞清楚。但很多实验证明，溴甲烷是一种烷化剂，能使巯基类（—SH）化合物烷基化，从而导致含巯基（—SH）的各种蛋白质、酶，包括琥珀酸脱氢酶等失去活性。溴甲烷还能和组氨酸、甲硫氨酸及各种含甲硫基的化合物以及游离的巯基起反应，生成硫甲氨基类化合物。溴甲烷的这种烷基化作用是不可逆转的。溴甲烷在使昆虫中毒的初期，可能通过对琥珀酸脱氢酶的逐渐甲基化而使三羧酸循环中的氧化反应速度变缓，由此导致糖酵解反应的加速。昆虫中毒的最初阶段表现为特别兴奋，十分活跃。但随着中毒程度的加深，溴甲烷逐渐使磷酸丙糖脱氢酶、辅酶A等甲基化，导致糖酵解反应和三羧酸循环反应的逐渐停止，最终使昆虫体内各种生化反应因得不到必需的能量（ATP）而中止，昆虫也就因此而死亡。

由此可以看出，巯基类化合物（—SH）在细胞生化反应方面起着十分重要的作用。溴甲烷使这些化合物甲基化，对细胞中的正常生化反应造成了严重的破坏。虽然从昆虫中毒后的行为和有关的生化反应来看，溴甲烷似乎是一种主要的细胞呼吸抑制剂，但从它对各种含巯基（—SH）酶的甲基化来看，它应该是对昆虫各种机能造成损害而使昆虫死亡的。

3）溴甲烷的毒性

溴甲烷不只是对昆虫有毒，对包括人在内的所有生物都有毒害。人中毒后，主要表现为迟缓的神经性麻醉。中毒症状在数小时到 2～3d 内表现，有时长达数星期甚至数月才表现出来。中毒症状表现得越迟缓，中毒者的健康恢复也越缓慢。高浓度的溴甲烷气体会损伤人的肺部并引起有关的循环衰竭。所以在溴甲烷的实际熏蒸中，应特别注意不要吸入任何浓度的溴甲烷气体。

4）溴甲烷的使用范围

溴甲烷属于一种较为缓慢的中等强度的熏蒸杀虫剂。利用溴甲烷熏蒸，不仅能杀灭各种各样的害虫、螨虫、软体动物和线虫，甚至对某些真菌、细菌和病毒也有一定的杀灭作用。

溴甲烷在常压或真空减压下广泛用于各种植物、植物材料和植物产品、种子、仓库、面粉厂、船只、车辆、集装箱等运输工具以及包装材料、木材、建筑物、衣服、文史档案资料等的熏蒸处理；也可用作土壤熏蒸和新鲜蔬菜、水果的熏蒸。溴甲烷也可与其他熏蒸剂混用。溴甲烷还可用于圆筒仓循环熏蒸，是一种安全、经济、有效的熏蒸方法。溴甲烷用于土壤熏蒸，可防治一年生杂草、线虫、地下害虫、真菌及黄瓜病毒病等。溴甲烷可与磷化氢混用起到增效作用，使用时先施入产生磷化氢的物质，然后再投入溴甲烷；溴甲烷还可以和二氧化碳混用，能提高杀虫效果，增强渗透作用。

溴甲烷可以用于很多活体植物的熏蒸而不会对其造成明显的损伤。在贸易流通中的苗木和其他植物，大约有 95％ 可以用溴甲烷进行检疫熏蒸处理。有些属的植物或这些属的部分种或品种，不能用溴甲烷进行熏蒸处理。

由于氯化苦对植物有强烈的杀伤作用，因此溴甲烷中不能混有氯化苦，否则就不能用于活体植物的检疫熏蒸处理。

溴甲烷应用于种子的检疫熏蒸处理，在正常情况下不会使大多数种子的发芽率降低。但在有些条件下，如温度过高、剂量过大或时间过长，种子含水量或含油量过高等，轻则可能导致发芽迟缓或发芽率降低，重则使种子丧失发芽率。因此，用溴甲烷熏蒸处理种子，其含水量越低越好，但是在一般情况下，只要能满足种子安全储存所要求的含水量就可以了。熏蒸时温度不宜太高，最好不要超过 25℃。熏蒸结束后要及时通风散气。尽可能不要对种子进行多次重复熏蒸，因为这样做，不仅可能影响种子的发芽率，而且还可能导致种子发芽后长出的植株生长缓慢或者产量降低。用溴甲烷熏蒸大量的种子时（如堆垛等），应尽量在短时间内通过环流等方法让溴甲烷气体分布均匀。

溴甲烷可以广泛地应用于水果、蔬菜等的检疫熏蒸处理。但由于不同种或品种甚至不同成熟度的水果和蔬菜等活体植物对溴甲烷的耐药能力各不相同，因此在进行检疫熏蒸处理时，应特别小心。有条件时，最好在大规模熏蒸前，做一个小型预备试验，以确定所要熏蒸的货物在实际熏蒸条件下的耐药水平。

溴甲烷同水果、蔬菜等活体植物组织细胞中的酶（含—OH、—SH 或—$NH_2$ 基团）或其他蛋白质起化学反应，使其甲基化，从而阻止这些酶的正常功能，阻止或改变正常的生化反应。溴甲烷熏蒸后的残留物还能继续同细胞组织起反应。用溴甲烷熏蒸苹果后，在熏蒸结束后的 7d 内，60％ 的溴甲烷残留物继续同苹果组织发生化学反应。溴甲烷还能损害细胞膜，如用溴甲烷熏蒸葡萄后，发现细胞组织的钾离子渗透速度加大，说明正常的细胞膜系统受到损伤。细胞膜受到损伤的原因，一方面可能是由于溴甲烷直接同细胞膜发生反应造成的，另一方面也可能是由于细胞中非正常的生化反应造成的。

溴甲烷熏蒸后，可能诱发植物或器官正常的生化反应发生改变，从而发展成为各种各样的药害症状。大多数药害症状表现的速度取决于熏蒸结束后的温度和其他存储条件。药害症状主要表现为改变颜色或产生坏死斑、改变味道或失去应有的香味、更易于腐烂、改变成熟度等。

活体植物或植物器官对熏蒸反应程度的影响因素主要包括两个方面，即熏蒸本身和被处理的活体植物或植物器官的生理状态。熏蒸处理方面的影响因素主要包括熏蒸剂的种类、浓度、熏蒸时间、货物的装填量、通风散气情况、熏蒸期间的环境条件和熏蒸结束后的存储条件等。这些因素能够极大地影响被处理货物的药害反应。不同的植物品种与成熟度和植物器官对熏蒸处理的反应极为不同。

因此用溴甲烷熏蒸处理活体植物时，应注意熏蒸处理期间保持较高的湿度，相对湿度不应低于75%；由于苗木等植物的根部最容易受到溴甲烷的损伤，所以在苗木等的熏蒸中，应尽量使其根部土壤保持湿润；熏蒸期间或熏蒸结束后，强制循环通风时间不能太长，否则容易造成植物的损伤；有些植物只能在完全休眠后才能用溴甲烷熏蒸处理。溴甲烷可以用于水仙属和其他鳞茎类花卉的熏蒸。

5）溴甲烷的安全防护

溴甲烷阈限浓度为 15mg/kg（15min），对人安全的阈限浓度值为 5mg/kg，一星期接触一次为 100mg/kg，7h；200mg/kg、1h；1000mg/kg，0.1h。每星期连续 5d，每天 5mg/kg，8h。

轻微中毒表现为头昏、眩晕、全身无力、恶心呕吐、四肢颤抖、嗜眠等。中等和严重中毒时，走路摇晃、说话困难、视觉失调、精神呆滞、但保持知觉。发现有轻微中毒时，应立即离开熏蒸场所，呼吸新鲜空气，多喝糖水等，并将患者送医院检查和治疗。任何可能接触浓度超过 15mg/kg 的熏蒸操作，工作人员必须佩戴适宜的防毒面具。溴甲烷的剂量高于 64g/m³ 时，防毒面具就不能很好防护。在浓度低于 50mg/kg 时使用，如通风散气过程低剂量情况下，滤毒罐使用到 8h 就应报废。液态溴甲烷和人体皮肤长期接触，会产生烫伤或冻伤。所以使用时，要穿戴皮靴或橡皮靴和橡胶手套，防止液体同皮肤接触。如果液体溅在皮肤的外露部位，要立即用肥皂水洗净。

6）溴甲烷的禁用和替代问题

自法国的 LeGoupil 1932 年发现溴甲烷的杀虫活性以来，溴甲烷一直作为广谱、高效的杀虫灭菌熏蒸剂，被广泛地应用于土壤消毒、仓储害虫的防治、面粉厂等建筑物的熏蒸以及动植物检疫中对于国际国内调运货物的检疫除害处理。

溴甲烷气体进入大气平流层后，与平流层中的臭氧发生化学反应，从而减少平流层中的臭氧浓度。据世界气象组织发表的"1991 年臭氧层耗减科学评估"报告，全球对流层中溴甲烷浓度为 9～13mg/L，相当于在对流层中存在 15 万～21 万吨溴甲烷。在平流层中，虽然溴原子的浓度比氯原子少得多，但其损耗臭氧的能力却比氯原子强得多，约为氯原子的 40 倍。

大气中的溴甲烷，主要由自然界中海洋生物海藻所产生的。最近的研究还发现，燃烧某些植物也能产生溴甲烷。熏蒸过程中排放溴甲烷的量仅为排放总量的 25%左右。但实际测得北半球大气中溴甲烷的浓度比南半球高 1.3 倍，而北半球的海洋面积小于南半球，也就是说，人为排放溴甲烷的主要来源是北半球。近年来，溴甲烷人为排放量的年递增率为 5%～6%。估计从 1990～2000 年，大气中溴甲烷的浓度将增加 10mg/L，由此造成臭氧层的耗减将增加 5%。据联合国环境规划署（UNEP）调查后估计，每年全世界因为熏蒸而排放到大气中的溴甲烷气体总量约为 56 000t。

鉴于溴甲烷对臭氧层的耗损特别大，人为排放溴甲烷的量也比较大，因此《蒙特利尔议定书》哥本哈根修正案中已将溴甲烷列为受控物质。虽然国际上对如何削减溴甲烷还存在分歧，但在1995年12月的第5次《议定书》缔约国会议上最后确定，发达国家应将溴甲烷使用量冻结在1991年的消费水平，而且除了装运前和检疫等农业必要用途之外，发达国家应在2001年1月1日起停止溴甲烷的使用；发展中国家应在2002年冻结在1995～1998年的平均消费水平上。

关于溴甲烷的替代问题，国际"溴甲烷技术方案委员会"（Methyl Bromide Technical Options Commitee，MBTOC）的主要调查结果认为，目前尚没有单一的替代品或替代技术可以全面取代溴甲烷。土壤消毒应用方面，可以通过改进使用方法、采用替代化学品、溴甲烷与其他农药协同使用以及采用非化学害虫防治方法等减少溴甲烷的使用量。检疫法要求货物熏蒸处理的效果为100%，这方面没有其他替代品和替代技术可以替代溴甲烷。干果以及非食品货物的应用方面，替代品和替代技术的应用前景是令人鼓舞的，如磷化氢、辐照、生物控制、气调技术及冷热处理方法的应用。溴甲烷的回收、再生、再循环技术尚待进一步发展。

溴甲烷已列入受控物质名单，最终禁止溴甲烷的使用已成必然。但从MBTOC的报告中可以看出，目前还没有单一的替代品或替代技术可以全面取代溴甲烷。今后只有加强溴甲烷替代品和替代技术的研究，才能满足溴甲烷禁用后的杀虫灭菌需要。在检疫中，对于溴甲烷替代品和替代技术的研究，目前主要有以下几个方面：①提高气密水平，加强溴甲烷回收利用技术和与其他熏蒸剂包括二氧化碳混用技术的研究，以减少溴甲烷的用量和排放量；②加强溴甲烷替代品的筛选研究；③加强物理处理方法的研究，主要包括蒸热处理、热空气处理、低温加气调处理和辐照处理技术的研究，从而在水果等应用领域替代溴甲烷的熏蒸。

**2. 磷化氢**

1）磷化氢的理化特性

磷化氢（phosphine，hydrogen phosphine）分子式 $PH_3$，相对分子质量34.04。纯净的磷化氢是一种无色无味的气体，沸点－87.4C，气体比重1.214（空气为1），液体比重0.746（－90℃），蒸发潜热429.57J/g。在水中的溶解度很低（26mL/100mL 水，17℃）。磷化氢在空气中的最低爆炸浓度为1.7%。

磷化氢能与某些金属起化学反应，严重腐蚀铜、铜合金、黄铜、金和银。因此，磷化氢能损坏电子设备、房屋设备及某些复写纸和未经冲洗的照相胶片。

由各种磷化物制剂产生的磷化氢具有一种类似于碳化物或大蒜的强烈气味。这种气味可能与磷化物制剂类型有关，这些制剂在产生磷化氢的同时，也产生有异味的杂质。即使磷化氢浓度很低时，靠嗅觉也能嗅出。这些杂质在熏蒸处理中可能更容易被吸收。在有些熏蒸条件下，当熏蒸空间中仍然存在对害虫有效的浓度时，这种气味也可能已经消失，因此决不能靠气味来指示磷化氢的存在。

国内熏蒸中常用的是磷化铝（aluminium phosphide），国外的商品名为Phostoxin（德），分子式为 $Al_3P$。磷化铝原药为浅黄色或灰绿色松散固体，吸潮后缓慢地释放出有效杀虫成分磷化氢气体。磷化铝通常被制成片剂或丸剂，也有袋装粉末。主要含有白蜡、硬脂酸镁、氨基甲酸铵，能同时释放二氧化碳和氨，这两种气体起保护和稀释作用，以减少磷化氢燃烧的危险。

2) 磷化氢的毒理机制

只有当氧气存在时，磷化氢才能完全发挥其毒杀作用，高浓度的磷化氢能使昆虫迅速处于麻醉状态，从而相应地减少磷化氢的吸入。但还不清楚这种麻醉现象是否能使昆虫有更大的生存机会。过去一直认为，磷化氢主要是对细胞线粒体中有氧呼吸的电子传递终端的细胞色素 c 氧化酶的抑制，而破坏了细胞的有氧呼吸，使得生物不能获得必要的能量（ATP）而死亡。因此认为磷化氢主要是一种呼吸抑制剂。但有的研究证明，用磷化氢致死剂量处理谷蠹、锯谷盗和一种扁谷盗以后，这三种昆虫体内的细胞色素 c 氧化酶并没有被完全抑制，而是只有少部分受到了抑制，因此认为，抑制细胞色素 c 氧化酶，不是磷化氢唯一的作用点。看来磷化氢的毒理机制是相当复杂的。它不只是单一的细胞色素 c 氧化酶的抑制剂，还可能是多种过氧化氢酶的抑制剂，也就是说磷化氢是对生物有氧呼吸的全面抑制而起毒杀作用的。

3) 磷化氢的毒性

磷化氢对所有的动物都有很大的毒性。因此，人不能接触任何浓度的磷化氢气体。人可以通过吸入磷化氢气体或咽下发生磷化氢的片剂磷化物如磷化铝而导致中毒，但磷化氢气体不能通过皮肤进入人体而使其中毒。人吸入磷化氢后可产生头痛、胸痛、恶心、呕吐、腹泻等症状。重度中毒所引起的肺部积水（肺水肿）可导致死亡。在浓度为 2.8mg/L（2000mg/kg）的空气中，在非常短的时间内就能将人致死。极限浓度值 TWA（即每周工作 40h）为 0.3mg/kg。

4) 磷化氢的使用范围

磷化氢常用于防治植物产品和其他贮藏品上的害虫，很少报道有关使用防治有生命植物、水果及蔬菜上的害虫。对大多数害虫，长时间暴露于磷化氢低浓度下比短期暴露于高浓度下更为有效，这也不会影响大多数种子的萌发。磷化氢帐幕熏蒸基本类似于溴甲烷熏蒸，但也有些不同，如不必要进行强制性环流，使用熏蒸剂时应戴上保护性手套，如手术用手套等；规定数量的片剂、丸剂、药袋等，应放在浅盘或纸片上并推入帐幕下，或者布置帐幕时均匀地分布于货物中；注意货物与货物之间不要相互接触；为方便起见，可延长熏蒸期；磷化氢对聚乙烯有渗透作用，一般使用厚 0.15～0.2mm 的高密度聚乙烯薄膜作熏蒸帐幕；拆除帐幕和检测磷化氢时应戴防毒面具。金属磷化物制剂在原包装完整无缺和按厂商推荐的方法储藏时，其储藏时间是无期限的，应存放在远离生活区和办公区、凉爽通风之处，存放温度应低于 38℃，由于金属磷化物制剂如磷化铝可能在容器内遇水分冷凝，所以不应冷藏。

磷化氢对种子活力影响不大。在正常情况下，用磷化氢熏蒸防治害虫，一般不会影响种子的发芽率。即使用较高的浓度熏蒸，两三次反复熏蒸，很多种子的发芽率都不会受到影响，如小麦、玉米、花生、高粱等；但经磷化氢反复熏蒸的种子长成植株后，其生长速度可能明显变慢，也可能引起产量降低。

磷化氢对生长中的植物活力有较大的影响，尤其是对苗木、花卉等的损伤比较大，因此一般不宜作这方面的熏蒸处理。

磷化氢对新鲜植物产品的影响较小。可用磷化镁制剂释放的毒气防治实蝇类害虫，而不会损伤新鲜水果和蔬菜。用杀灭橘小实蝇、地中海实蝇的卵和幼虫的剂量来熏蒸番木瓜、番茄、青椒、茄子和香蕉，没有发现任何损伤。有10种鳄梨虽经熏蒸处理后未受损伤，但比起未经熏蒸的，成熟得更快。以足以杀死实蝇的浓度熏蒸的葡萄和番茄也未受到损伤。

磷化氢对昆虫的毒力是很强的，即使较低的浓度也能将昆虫杀死。但磷化氢的毒杀作用较慢，因此需要进行较长时间的熏蒸。一般情况下，磷化氢对昆虫的毒杀性能下降，就不宜再用磷化氢熏蒸。

昆虫的不同发育阶段对磷化氢的耐药性、抗药性存在差异，一般是卵和蛹耐药性强，最难被杀死，而幼虫和成虫较容易被杀死。但有的昆虫，如谷斑皮蠹的幼虫能休眠，其休眠幼虫的抗药力最强。

用磷化氢熏蒸，宜用较低的浓度，较长的熏蒸时间。延长熏蒸时间，还能等到某些抗药性较强的虫态发育至对磷化氢敏感的虫态，从而用较低的剂量就能将害虫各虫态杀死。

5）磷化氢的安全防护

有研究表明，每周接触1次的最长时间分别为 1mg/kg，7h；25mg/kg，1h；50mg/kg，5min。轻度中毒感觉疲劳、耳鸣、恶心、胸部有压迫感、腹痛和呕吐等。中度中毒上述症状更明显，并出现轻度意识障碍、抽搐、肌束震颤、呼吸困难、轻度心肌损害；严重中毒除上述症状外，还有昏迷、惊厥、脑水肿、肺水肿、呼吸衰竭、明显心肌损害，严重肝损害。中度到严重中毒可能出现干咳、气哽发作、强烈口渴、步态摇晃、严重至四肢疼痛、瞳孔扩大和急性昏迷。发现中毒症状应立即离开熏蒸现场，呼吸新鲜空气；然后使患者坐下或躺下，盖上被毯保温，再请医生治疗。操作时必须戴上合适的防毒面具，用手拿取投放药片或药丸时必须戴上手套。不能依靠磷化氢的气味判断有无磷化氢的存在，要依靠化学或物理的方法测定。熏蒸结束必须妥善处理残渣，一般埋于土中，并用磷化氢测定仪器测定散毒是否彻底。

## 3. 硫酰氟

硫酰氟（sulphuryl fluoride）早在1901年由法国人Moisson在实验室制得。1957年，美国Dow公司发展成商品，商品名为Vikane。我国于1979年由原农业部植物检疫实验所主持，浙江化工研究所、中国医学科学院卫生研究所等单位协作发展为商品，商品名为熏灭净。

1）硫酰氟的理化特性

硫酰氟的分子式为$SO_2F_2$，相对分子质量102.60。硫酰氟是一种无色无味的压缩气体，不纯和高浓度下略带硫磺气味。沸点-59.2℃。气体比重2.88，液体比重1.342（对水的比重，水温4℃）。蒸气压13 442mmHg（25℃）。汽化潜热184.95J/g。水中溶解度很低，为0.075g/100mL（25℃），但在油脂中的溶解度较高，如在25℃下，硫酰氟在花生油中的溶解度为0.62%。不燃不爆，化学性质稳定。具有很高的蒸气压，穿透力较强。商品纯度为98%～99%。在温度22℃，100g溶剂中溶解硫酰氟的克数分别是：丙酮为1.74g，氯仿为2.12g，二溴乙烷为0.5g，在-78℃下能大量溶于溴甲烷中。硫酰氟在400℃以下性质稳定，600℃以下时，与大多数金属不起反应。在水中水解很慢，而在碱溶液中迅速分解。硫酰氟的自然蒸汽压比溴甲烷大，因此在熏蒸物中渗透能力比溴甲烷强，熏蒸后解吸也较溴甲烷快。

2）硫酰氟的毒理机制

硫酰氟能抑制氧气的吸收，能破坏生物体内磷酸的平衡，能够抑制大分子脂肪酸的水解；还有人认为硫酰氟能影响一些新陈代谢过程。Meikle等（1963）的研究结果表明，硫酰氟主要是以氟离子起毒杀作用的。在对白蚁的研究中，糖酵解过程被硫酰氟阻断了，然而没有发现烯醇酶的产物和磷酸烯醇式丙酮酸的累积。因而有人主张硫酰氟能够抑制那些需要镁离子才具有活性的酶，包括烯醇酶和能量代谢中的一些酶如酰苷三磷酸酶等，就是通过这些酶的抑制才使昆虫死亡的。

3）硫酰氟的毒性

硫酰氟对人的毒性比较高，大致相当于溴甲烷。硫酰氟一般说来对所有处在胎后发育阶段的害虫毒性都很大。

4）硫酰氟的使用范围

硫酰氟杀虫谱广，低温下仍有良好的杀虫作用，对线虫也有一定的杀灭效果；但是很多害虫的卵对它具有较强的耐药性，据分析，这种耐药性主要是由于硫酰氟药剂不能穿透卵壳所致。

硫酰氟一般贮存于耐压钢瓶，包装规格现有5kg、15kg、20kg及35kg。广泛应用于植物检疫处理、文史档案的熏蒸灭虫等领域，其具体使用方法可参见溴甲烷的使用。

硫酰氟对杂草和作物种子的发芽没有或很少有影响，但对绿色植物、蔬菜、果实和块茎作物则有害。小麦、锯木屑和其他许多物品吸收硫酰氟的程度比吸收溴甲烷的程度低。

美国Dow化学公司在1963年明确指出，"无论如何都不要用硫酰氟熏蒸未经加工的农业产品、食物饲料，或预定供人或动物用的药品。不要用它熏蒸活体植物"。

5）硫酰氟的安全防护

硫酰氟对高等动物的毒性属中等，100mg/kg的浓度，每周5d，每天接触7h，经6个月，试验动物可忍受，但对人的毒性还是很大，操作时一定要注意防护。发生头昏、恶心等中毒现象，应立即离开熏蒸场所，呼吸新鲜空气；如果呼吸停止，要施行人工呼吸，并请医生治疗。一般防护用具是防毒面具，需配备合适的滤毒罐。

**4. 环氧乙烷**

1）环氧乙烷的理化特性

环氧乙烷（ethylene oxide，EO）分子式为$(CH_2)_2O$，相对分子质量为44.05。环氧乙烷是一种极易挥发的无色液体。沸点10.7℃，冰点−111.3℃。气体比重1.521（空气为1时）。液体比重（水在4℃时）为0.887（环氧乙烷液体7℃时），汽化潜热为582J/g。环氧乙烷具有强烈的可燃性和爆炸性，空气中的燃烧极限为3%～80%（按体积计算）。易溶于水，0℃时在水中溶解度无限。有高度的化学活性，较低的腐蚀性。环氧乙烷低浓度时有刺激性乙醚味，高浓度时有刺激性芥末味。环氧乙烷是低黏度的无色液体。除溶于水和绝大多数有机溶剂外，高度溶于油脂、奶油、蜡中，尤其是橡胶。

环氧乙烷在粮堆中的分布扩散性较强，但其穿透性较弱，特别是对散装粮、捆装烟叶及袋装粉状食品的穿透。由于粮谷等物品对环氧乙烷的吸附特强，而且还易于形成永久性残留物，所以在较长时间的熏蒸期间内，环氧乙烷可被逐渐吸收掉。

2）环氧乙烷的毒理机制

有关环氧乙烷的毒理机制了解得不多。现在可以肯定的就是环氧乙烷能参与羟基化反应，特别是和蛋白质发生这种反应。有学者提出环氧乙烷能与蛋白质分子链上的羧基、羟基、氨基、酚基和巯氢基产生烷化反应，代替上述各基团上不稳定的氢原子，而构成一个带有羟乙基根的化合物。还有人认为环氧乙烷的另一个主要作用就是能使核酸中的嘌呤、嘧啶基团烷基化。环氧乙烷通过使前述物质发生羟烷基和烷基化，阻碍了它们参加正常的生物化学反应和新陈代谢，故而能杀灭各种昆虫和微生物。环氧乙烷在有水存在的情况下，还能降解为乙二醇，而乙二醇本身也是有毒的。

3）环氧乙烷的毒性

和其他熏蒸剂比起来，环氧乙烷对人的急性毒性要小得多，但环氧乙烷对人仍是有毒的，在任何场合下，应避免吸入任何浓度的环氧乙烷气体。人和动物的急性中毒主要表现为，呼吸系统和眼的严重刺激性反应、呕吐和腹泻等。其慢性中毒主要表现为刺激呼吸道，产生贫血病症和发生行为变化。虽然经过有限实验表明环氧乙烷没有致癌性，但是环氧乙烷的烷基化和诱发基因突变的特性足以受人关注，因此应当把环氧乙烷作为潜在的致癌物质。在熏蒸过程中，应避免吸入任何浓度的环氧乙烷。美国政府工业卫生学家会议（1981）规定，每日连续吸入环氧乙烷的极限从 $10mg/kg$ 降到 $5mg/kg$。

4）环氧乙烷的使用范围

环氧乙烷一般压缩成液体，贮存于耐压钢瓶内。由于其易燃易爆，所以一般与二氧化碳或氟利昂混合使用。与二氧化碳混配在同一钢瓶时，此钢瓶必须符合二氧化碳的耐压安全规定。此外，环氧乙烷容易自聚发热，也会引起爆炸，故需控制其贮存温度。环氧乙烷和二氧化碳混合气体作为熏蒸杀虫剂，主要应用于散装粮的圆筒仓循环熏蒸，常压或真空熏蒸原粮、干果、空仓、工具、文史档案、羊毛、皮张、袋装物品及烟叶等。国外常用环氧乙烷与二氧化碳以 1∶9 的比例混配，进行检疫熏蒸。环氧乙烷对昆虫的毒力，同其他常用熏蒸剂相比较，属于中等，特别是大谷盗幼虫、赤拟谷盗、杂拟谷盗和谷斑皮蠹的幼虫对环氧乙烷的耐药性更强。此外，环氧乙烷对很多真菌、细菌和病毒的毒杀作用都很强。

环氧乙烷同活体植物的反应很强烈，不是造成死亡就是造成极大的损伤。在通常情况下，不宜用它熏蒸种子、苗木或任何生长中的植物。环氧乙烷一般不能应用于水果、蔬菜等鲜活物品的熏蒸杀虫。在常压下，环氧乙烷对袋装或有包装的谷物及其碾磨产品的渗透力不强。用环氧乙烷熏蒸这类物品，主要在真空下进行。

5）环氧乙烷的安全防护

环氧乙烷连续每日呼吸的阈限浓度为 $50mg/kg$，较一些常用的熏蒸剂高，但仍必须重视避免吸入毒性。尽管环氧乙烷的刺激性的霉味可警戒一次过量的接触，但其气味开始的大致浓度为 $300\sim1500mg/kg$，远远超过阈限浓度。研究表明，对人安全的最大的接触时间是接触一次，$150mg/kg$，$7h$；$500mg/kg$，$1h$；$2000mg/kg$，$0.1h$。连续接触，每星期 5d，每天 8h 为 $50mg/kg$。过量接触环氧乙烷，会引起头痛、呕吐、呼吸短促、腹泻、血液变化等症状。发现有中毒现象应立即离开熏蒸场所，呼吸新鲜空气，并请医生治疗。人在超过阈限浓度时操作，必须戴合适的防毒面具。熏蒸时，要注意着火与爆炸的危险，采取专门的防护措施或使所有的设备接地，以防可能因产生的静电火花引起爆炸。

## 5. 二硫化碳

### 1）二硫化碳的理化特性

二硫化碳（carbon disulphide）分子式 $CS_2$，相对分子质量 76.13。纯的二硫化碳是无色无味的液体，不纯的二硫化碳，液体呈黄色，并伴有难闻的似硫化氢的气味。沸点 46.3℃，液体比重 1.26（二硫化碳液体温度 20℃，水温 4℃，水的比重为 1），汽化潜热 352.1J/g，空气中燃烧极限 1.25％～44％（按体积计），22℃时水中溶解度为 0.22g/100mL，闪点约 20℃，在 100℃左右能自燃。商品纯度 99.9％，工业品含二硫化碳 95％。其余为硫磺、硫化氢等杂质。

### 2）二硫化碳的毒理机制

对二硫化碳毒理机制的研究不多。Pant（1958）报道二硫化碳能全面抑制糖酵解，但对其具体的作用点不清楚。对细胞色素 c 氧化酶的抑制，也许是在昆虫体内观察到的 ATP 酶和 ADP 代谢水平降低的主要原因。

二硫化碳和蛋白质起反应，生成硫醇类化合物、二硫氨甲酰基及四氢噻唑衍生物，这些生成物能螯合细胞中的重金属，能够使含有铜和锌的对生命至关重要的酶失去活性。在生物体内，这些反应生成物的代谢产物中有硫化氢的形成，而硫化氢本身是一种潜在的对含铜的酶特别是细胞色素 c 氧化酶起抑制作用的物质。因此，可以说二硫化碳和蛋白质起反应的生成物才是二硫化碳起毒杀作用的关键物质。

### 3）二硫化碳的毒性

二硫化碳在熏蒸剂中的毒性算是比较低的，但二硫化碳对人还是有毒的。在浓度很高时，能对人产生麻醉作用。如果连续接触它，可能会因呼吸中枢麻痹而失去知觉以致死亡。人可以通过皮肤和呼吸吸入高浓度的二硫化碳气体。人的皮肤长时间接触高浓度的二硫化碳气体或液体，可能导致严重的烧伤起泡或引起神经炎。几个星期或者更长一段时间反复接触较低浓度的二硫化碳气体，可能会引起各种神经症状，从而难以做出正确的诊断。接触低浓度二硫化碳的人，可能会因为失去鉴别这种化合物气味的能力而无任何感觉地连续工作在有毒气体存在的环境中。

### 4）二硫化碳的使用范围

二硫化碳可采用不同容积的金属桶或金属罐贮存，作为试剂的二硫化碳贮存在玻璃瓶内。二硫化碳的渗透性较强，在粮堆内有效浓度可深达 1.5～2m。熏蒸时，易被粮食和各种物体所吸附，但比较容易散放出去。对棉麻、毛、丝织物及纸张颜色没有影响，不腐蚀金属。二硫化碳熏蒸原粮、成品粮，用药量 100g/m³。仓房条件较差的需高达 200g/m³，密闭 72h。二硫化碳对昆虫的毒力，同其他熏蒸剂比较，杀虫效果中等。同一种昆虫各虫态对二硫化碳的敏感程度也不相同。可杀卵，也是良好的杀螨剂，土壤熏蒸可以杀死线虫和地下害虫。

二硫化碳对干燥种子的发芽率影响不大，但能大大降低潮湿种子的发芽率，Kamel 等（1958）发现，用 250g/m³ 二硫化碳熏蒸处理谷物种子 24h，结果小麦、大麦、小米和稻谷的发芽率没有受到影响；除茄子种子以外的 15 种蔬菜种子的发芽率也没有受到影响；二硫化碳熏蒸处理的很多牧草种子也是安全的，如二硫化碳处理白三叶草的安全 CT 值为 2400gh/m³。King 等（1960）用二硫化碳加四氯化碳熏蒸小麦、大麦、小米、燕麦、棉花、玉米和稻谷等,结果证明二硫化碳和别的药剂混合使用,有使种子发芽率降低的倾向,尤其是长期贮存之后的种子。用二硫化碳熏蒸处理正在生长中的植物或苗木时,会使这些活的植物体或植物器官受到严重损伤,甚至死亡。很多水果和蔬菜能够忍受二硫化碳的熏蒸,而不使其品质和味道发生任何明显的改变。

　　5)二硫化碳的安全防护

　　二硫化碳或其代谢产物抑制某些酶的活性,使儿茶酚胺代谢紊乱,引起精神障碍、脂肪代谢障碍、多发性神经炎等各种症状。二硫化碳对人的毒性较氰酸气和氯化苦为小,但可以经呼吸器官及皮肤侵入人体。根据 Monro 的综合报道,气味开始的大致浓度为 30~60mg/kg。认为对人安全的最大接触时间和浓度是一星期接触一次,100mg/kg,7h;200mg/kg,1h;300mg/kg,0.1h。连续接触,每星期 5d,每天 8h 为 20mg/kg。皮肤与高浓度蒸汽或液体长时间接触,可造成严重的烧伤、起泡或引起神经炎。每升空气中含 0.15mg,经 1 个月可以引起慢性中毒;每升含 0.5mg,短期内即可中毒;空气中含量 5% 时,可致死亡。中毒轻的头痛、眩晕、恶心、腹泻,重者神经错乱、呕吐、充血、呼吸困难以致死亡。中毒轻时,速至新鲜空气处,即可恢复。中毒较重时,将患者移到新鲜空气中进行人工呼吸,用冷水擦身,氨水蘸湿棉花使患者吸入,喝浓茶,并请医生诊治。使用时,除注意防燃烧爆炸外,还必须佩戴合适的防毒面具、胶皮手套。液体接触皮肤时,应立即用肥皂液洗净。

**6. 氯化苦**

　　氯化苦(chloropicrin)是一种对眼膜刺激特别强的催泪气体。分子式为 $CCl_3NO_2$,沸点 112℃,熔点 -64℃。比重气体为 5.676,液体为 1.692(20℃),在空气中不燃烧。水中溶解度在 0℃ 为 0.227g/100mL,25℃ 为 0.1621g/100mL,75℃ 为 0.1141g/100mL。能溶解于有机溶剂中,如酒精、汽油、乙醚、脂肪。在光线下在水中分解较快,湿气存在时有腐蚀性,对金属有侵蚀作用。

　　氯化苦可用于整仓、帐幕、面层、空仓、器材、加工厂、种子粮和鼠洞的熏蒸,还可结合其他熏蒸剂混用,促进挥发,增加效果。整仓熏蒸贮粮时,用药量以空间计算为 20~30g/m³,以粮堆体积计为 35~70g/m³。熏蒸处理土壤中害虫和防治蔬菜、果树、棉花、烟草病害(如立枯病、萎凋病、黄萎病、枯萎病、菌核病、白绢病、纹羽病及根瘤线虫),每 1000m² 用药量为 20~32L。仓房内杀鼠用药量每洞 5g,田间每洞 5~10g。

　　氯化苦容易被熏蒸物吸附,散气迟缓,特别是潮湿物更难散发。挥发速度慢,使用时,应当洒开,尽量扩大其蒸发面。氯化苦的扩散能力较强,在粮堆里杀虫的有效范围为 0.75~1m。氯化苦易被粮食、仓库的墙壁、麻袋、砖木等物吸附,蒸气约 1 个月才能散尽。

　　氯化苦对植物有严重的药害,甚至在其他熏蒸剂中加入少量作为警戒剂,也可能有毒害。因此,不能作为植物、水果和蔬菜的熏蒸剂。用作土壤熏蒸可杀伤杂草种子。在植物生长期不能使用。对萝卜和首蓿种子发芽率有严重损害。

　　氯化苦对昆虫的毒力较强。常用于熏蒸仓储害虫和林木种实害虫。在 21℃ 下处理 2h,菜豆象、锯谷盗、谷蠹、谷象、米象、药材甲和杂拟谷盗的 $LC_{50}$(单位:mg/L)分别为 1.5、3.5、4.5、16.0、7.51、5.5 和 23.5。杂拟谷盗各虫态的敏感性从强到弱依次为幼虫、成虫、蛹和卵。

氯化苦对人、畜有剧毒，轻者眼膜受刺激流泪，重者咳嗽、吐带血痰、恶心、呕吐、呼吸困难、心跳不正常、失去知觉以致死亡。氯化苦气体侵入眼内流泪时，应迅速离开有毒场所，迎风吹之，切勿手擦，任其流泪，再以3%硼酸水洗。中毒较重时，安置躺下，保暖勿受冷，用碳酸钠液漱口洗服，充分输氧，禁止人工呼吸及慢步行动，请医生诊治。操作时，必须戴适合的防毒面具及胶皮手套，充分散毒后，才能入库搬运货物。

### 7. 二溴乙烷

二溴乙烷（ethylene dibromide）为无色液体，气味似氯仿。分子式为 $CH_4Br_2$，沸点 131.6℃，冰点 10℃。气体比重（空气＝1）6.487；液体比重 2.172（20℃）。水中的溶解度为 0.431g/100mL（30℃），溶于醇、醚等大多数有机溶剂。化学性质稳定，不燃烧。易向下方和侧方扩散，不易向上扩散。

二溴乙烷单独或与其他熏蒸剂或农药混合，处理水果防治实蝇类害虫、熏蒸防治仓库害虫以及防除森林害虫。例如，用二溴乙烷熏蒸橙、葡萄柚、红橘、李和芒果防治墨西哥实蝇。

二溴乙烷作为杀虫熏蒸剂使用时，对小麦、大麦、豌豆、野豌豆、蚕豆种子的发芽无影响。对含油量高的种子，如大豆、亚麻籽、芝麻和花生等，为使残留的熏蒸剂不影响种子的发芽，应充分地通风稀释。二溴乙烷混合剂熏蒸过的玉米、高粱、大麦、燕麦、小麦和稻谷种子，贮存12个月后，尤其在高温高湿情况下，发芽率均显著下降。二溴乙烷对生长期的植物影响很大，对休眠状态的植物损伤很小，但松类植物对二溴乙烷很敏感，即使对休眠状态的松苗也会有伤害。

二溴乙烷杀虫效果中等，处理菜豆象、锯谷盗、谷蠹、米象、药材甲、杂拟谷盗和豆象 2h 的 $LC_{50}$（单位：mg/L）分别为 21.0、1.8、3.8、14.0、14.0、6.5、12.5，6h 的 $LC_{50}$分别为 10.2、0.9、3.0、3.0、2.6、2.8、3.4。

二溴乙烷对人的毒性比溴甲烷高。能通过肺部、皮肤和肠胃很快吸收。空气中0.005%的含量就对人有危险。连续接触最高允许浓度为 25mg/L。使用时要戴合适的防毒面具，发现中毒现象，应立即离开现场，呼吸新鲜空气，并请医生治疗。

二溴乙烷挥发性较差，易被熏蒸物品吸附，残留现象严重；而且美国国立肿瘤研究所 1974 年指出剂量高的二溴乙烷在某些实验动物身上会致癌。美国环境保护公署（EPA）于 1977 年 12 月发布了二溴乙烷对健康危害的声明，1983 年 6 月中止它作为土壤熏蒸剂使用，1984 年 3 月 2 日中止它用于贮存谷物的熏蒸和谷物加工机械设备的处理。

### 8. 氢氰酸

氢氰酸（hydrocyanic acid）有三种物理常态，固态为白色结晶。分子式为 HCN，熔点－13.5℃；液态为无色液体，沸点 26.5℃，比重 0.7156（0℃）、0.688（20℃）；气态为无色带杏仁气味，易溶于水和酒精，比重 0.9，沸点 26℃。空气中燃烧浓度限度为 6%～41%，5.6%～40%（按体积计算）。液态贮存时，如无化学稳定剂存在，在容器内可分解爆炸。

氢氰酸用于防治原粮、种子粮的仓储害虫和烟草甲，苗木、砧木、花卉鳞茎、球茎上的介壳虫、蚜虫、蓟马等，房屋或建筑物内熏蒸干木白蚁或其他木材害虫，以及地毯中的蚁和树蜂属的种类。防治仓库、船舱内的鼠类。氢氰酸气体不腐蚀金属，不影响棉、麻、丝织物的品质。

一般认为氢氰酸是安全的种子熏蒸剂，在正常条件下对谷物种子尤其如此。但它对植物有药害，不用于熏蒸生长期植物、新鲜水果和蔬菜。熏蒸花草和蔬菜种子，最好对当地品种预先进行试验。该药剂还能污染某些食品，不用于熏蒸成品粮。

氢氰酸主要熏蒸表面害虫，对植物内部和土壤内的害虫效果差，卵和休眠期昆虫抗药性较强。氢氰酸、氰化氢对高等动物属剧毒，它们能抑制细胞呼吸，造成组织的呼吸障碍，使呼吸及血管中枢缺氧受损，出现呼吸先快后慢、瘫痪、痉挛、窒息、呼吸停止直至死亡。氢氰酸除了可以从呼吸器官进入人体外，还可以经皮肤吸收而中毒。因此，在任何浓度下的一切操作，工作人员必须戴防毒面具。发现中毒患者，应迅速转移到空气新鲜的温暖场所，脱去被污染的衣服，随即进行急救处理和请医生治疗。

## 二、其他化学处理方法

### （一）防腐处理

检疫处理中的防腐处理多用于木质材料的除害处理。国内外木材防腐处理中常用的防腐剂，根据其介质和有效成分可分为焦油型、有机溶剂型和水溶型三种；其使用方法一般分为两种，即表面处理法和加压渗透法。前者只针对木材表面或浅层的有害生物，药效短，是一种暂时性的防护法，还可能造成环境污染；后者是通过一系列抽真空和加压的过程，迫使防腐剂进入木材组织细胞，使防腐剂能与木材紧密结合，从而达到木材的持久防腐效果。使用防腐剂应注意处理过程中人员的安全、处理过程要全面和彻底以及对防腐处理后的废弃物的处置等几个问题。

### （二）化学农药处理

在检疫处理中，常采用化学农药对不能采用熏蒸处理的材料进行灭害处理，根据处理对象的不同而用不同的施药方法，一般有喷雾法、拌种法、种苗浸渍法等。在检疫处理中常用的杀虫灭菌农药有林丹、杀螟硫磷、二嗪磷、氧化乐果、波尔多液、克菌丹、多菌灵等。根据需要配制不同浓度的药液使用。

### （三）烟雾剂处理

烟雾剂是利用农药原药、燃料、氧化剂、消燃剂等制成的混合物，经点燃后不产生火焰，农药有效成分因受热而气化，在空气中冷却后凝聚成固体颗粒，沉积到材料表面，对害虫具有良好的触杀和胃毒作用。烟雾剂受自然环境尤其是气流影响较大。国内常用2%敌敌畏烟雾剂、0.2%磷胺烟雾剂等进行航机机舱或货舱的处理。

## 第五节　检疫性害虫的防治

检疫性害虫一旦传入到未发生地区，由于缺乏自然控制因子，常常会给该地区的农、林、牧业生产带来灾难性、毁灭性的危害。因此，对其防治与一般性害虫的治理有着本质的不同，一般性害虫实施的可持续治理，即把有害生物控制在经济损失允许水平以下，需要协调使用多种防治手段，综合考虑生态、经济和社会效益；而检疫性害虫的防治原则上要求彻底铲除目标有害生物，在措施上甚至是单一的、强制性的。因此，对于检疫性害虫的防治策略应以实施严格的检验检疫和进行彻底的检疫处理为根本，以加强监测并时时掌握本国本地区的疫情为基础，在具体防治技术的组配中应将疫区与非疫区进行分别对待。

## 一、加强监测，定期普查

疫情监测旨在了解和掌握本国、本地区检疫性害虫发生的基本情况，它既是本国、本地区制订检疫性有害生物名单的基础，更是进行检疫性害虫控制的前提。通过监测，一旦发现疫情，就应采取一系列措施进行防治，如发生入侵的国外危险性的检疫性害虫，应采取一切可靠措施予以根除，保护我国的农林业生产。

另一方面，疫情也是一个动态管理的过程，通过定期普查，了解和掌握本国、本地区检疫性害虫发生历史、现状及扩散蔓延的动态，为进一步的控制以及进行 PRA 提供基本信息与数据库。目前在疫情动态管理的手段上已充分与信息技术结合，尤其是 3S技术的应用，将普查获取的数据以各种专题地图的形式表现出来并加以分析，能够获得更加直观的结果，并通过网络及时传递疫情变化情况，真正实现了疫情动态管理。

疫情监测另一主要任务是要充分了解进口国植物检疫性害虫的基本信息，"知己知彼，百战不殆"，因此它既是防止国外危险性的检疫性害虫传入我国的重要手段，同时又是保证植物资源交换、国际间商品贸易正常有序进行的前提。当然有时也可以成为国际间商品贸易的技术壁垒，在进出口商品的贸易谈判中有时起着关键性作用，有关实例不胜枚举。

## 二、加强非疫区建设与管理

非疫区建设是目前我国农业部门实施的旨在保护各地区农、林、牧业免遭植物检疫性害虫为害的有效措施。各地区根据当地的植物检疫性害虫疫情，结合农业产业结构，有目标、有计划地开展非疫区建设工作。最有效的措施应为严禁从疫区调运一切可能传播检疫性害虫的植物及植物产品，对可能携带检疫性害虫的运输工具实施严格的检疫检验和彻底的检疫处理。

## 三、疫区根据实际情况实施扑灭与综合治理

植物检疫性害虫因各种原因而被带到未发生地区后，应采取一系列行之有效的措施予以扑灭。但大量的事实与实践表明，包括植物检疫性害虫在内的许多入侵有害生物，一旦入侵就难以用人为手段给予扑灭，因此必须充分研究已传入并定殖的检疫性害虫的生物学、生态学特性以及防治技术，从而开展综合治理，防止其继续扩散、蔓延。

### 1. 封锁、隔离疫区

用法律、行政管理等手段严禁从疫区调出一切可能传播已定殖检疫性害虫的植物及植物产品。

### 2. 引进、繁殖及释放天敌

在自然界中，各种生物以多种形式生存和繁衍，但每种生物与别的生物之间都有着种种的联系和制约，其中最主要的就是食物链的联系。食物链是生态系统的基本单元，食物网和生物群落是生态系统的生物成分，生物间的依存和制约关系，就在食物链、食物网和生物群落中发生演替。植物、害虫和天敌就是一条食物链中联系紧密的三个环节，其中任何一环发生变化，必然引起其他环节变化。植物检疫性害虫因人为因素带到未分布区，实质上就是植物、害虫和天敌的食物链关系没有建立，害虫缺少天敌这一最重要而有效的自然控制因素，从而导致其猖獗为害。因此，到植物检疫性害虫原产地调查、了解其天敌资源状况，引进控制作用明显的优势天敌种群，并进行繁殖与释放，是控制植物检疫性害虫在新发生区猖獗为害、继续扩散与蔓延的有效手段。目前，一些发达国家对此项工作十分重视，如美国到我国调查、引进光肩星天牛的天敌资源。

### 3. 综合治理

深入系统地研究已定殖检疫性害虫的生物学特性、发生为害及种群动态与生态因素的关系，开展系统的预测预报工作，主要采取控制的策略，将农业防治、物理机械防治、生物防治和化学防治等技术有机结合起来，控制其为害，并防止其继续扩散、蔓延。

## 复习思考题

1. 简述检疫处理的基本原则。
2. 检疫处理方式有哪些，如何进行合理应用？
3. 简述低温处理的原理与方式。
4. 分析辐照处理的原理、优点与发展趋势。
5. 简述熏蒸处理的原理、熏蒸方式和常用的熏蒸剂种类。
6. 影响熏蒸处理效果的主要因素有哪些？
7. 分析熏蒸处理中 CT 值的含义及影响熏蒸剂气体浓度衰减的因素。
8. 简述对入境植物检疫危险性有害生物的处理原则。
9. 理想的熏蒸剂应具有怎样的条件？
10. 比较烟雾剂处理与熏蒸处理的异同。
11. 分析检疫性害虫防治与一般性害虫防治的异同。

# 第四章　检疫性鞘翅目害虫

**内容提要：** 鞘翅目中包含的检疫性害虫种类最多。按检疫性象甲类、豆象类、小蠹类、天牛类及其他检疫性鞘翅目害虫等，本章分为5节。每节概述了该类检疫性害虫的经济意义、危险性及检疫性害虫种类；并详细介绍了重要检疫性害虫的寄主与为害、分布、传播途径、形态特征、生物学特性、检疫方法、检疫处理与防治技术等，重点突出了各种检疫性害虫的形态鉴别特征、检疫方法及检疫处理。

## 第一节　检疫性象甲类

象甲隶属于鞘翅目 Coleoptera，多食亚目 Polyphaga，象甲总科 Curculionoidea，象甲科 Curculionidae。象甲科成虫额向前延伸成象鼻状或鸟喙状，咀嚼式口器着生其端部，通称为"象鼻虫"或象甲。其科下一般分为30～40个亚科。本书采用赵养昌和陈元清（1980）的分类检索表，包括种类多、分布广、经济意义较明显的26个亚科（附表4-1）。象虫科种类多，是生物界中最大的一科，记录有6万多种，估计超过10万种。我国已知约1000种，估计约1万种。按照成虫、幼虫形态及生活习性，象甲分类学者一般将象虫科分为两组：①隐颚象组：成虫前颏扩大，把下颚遮盖，上颚大而钝，有颚尖（脱落后可留下颚疤），颚短粗，成虫产卵于土中或植物外部。幼虫生活于土中，取食植物地下部分，如短喙象亚科、耳喙象亚科等；②显颚象组：成虫前颏不扩大，没有把下颚遮盖，上颚尖细，没有颚尖，多产卵于植物体内。幼虫在植物体内蛀食，如隐喙象亚科、树皮象亚科、叶象亚科、大眼象亚科、船象亚科等，象虫多数亚科属于这组。

象甲绝大部分属于植食性昆虫，食性杂，寄主广泛，为害从草本植物到木本植物几乎所有种类的不同部位，根、茎、叶、花、果实、种子、嫩芽、幼苗及嫩梢等无不受其为害，给农林业生产及仓储造成巨大损失。例如，为害储粮和种子的玉米象 *Sitophilus zeamais*、米象 *S.oryzae* 和谷象 *S.granarius* 是重要的初期性仓储害虫，其危害常常是毁灭性的。为害棉花的墨西哥棉铃象 *Anthonomus grandis* 和为害水稻的稻水象甲 *Lissorhoptrus oryzophilus* 也都是其寄主的重要害虫，特别因其寄主在国民经济中的地位而备受各国的关注，被许多国家列为检疫性害虫。

绝大部分象甲为害农林作物或仓储物，属于农林或仓储害虫。少数种类属于药用昆虫，如蚊母草直

> 亚拉巴马州（Alabama）矗立着美国第一个昆虫纪念碑——象鼻虫纪念碑。碑文是：深深感谢象鼻虫在繁荣经济方面所作的贡献。世世代代种棉花的亚拉巴马州人因1910～1915年一场特大棉铃象灾害，开始在棉花田里套种玉米、大豆、烟叶等农作物。不仅抑制了棉铃象的危害，而且经济效益4倍于单纯种棉花。亚拉巴马州的经济也从此走上了繁荣之路。亚拉巴马州的人们认为经济的繁荣应该归功于那场象鼻虫灾害，并于1919年建立这座纪念碑。

喙象 *Gymnetron miyoshii* Miyoshi，产卵于蚊母草 *Veronica peregrina* L. 或水苦荬 *V. anagalis-aguatica* L. 的子房中，成虫羽化前，采收全菜，晒干入药，具有止血、活血、消肿和止痛之功效。此外，加拿大利用锥形宽喙象 *Rhinocyllus conicus* Froelich 防治牧场杂草垂头蓟 *Cardnus nutans*。

大多数象甲种类蛀食于植物内部。据估计，在具有重要经济意义的象虫中，为害种子果实的种类多于为害其他部分的种类；为害森林、果树等木本植物的种类超过为害农作物的种类，因此隐蔽性强，检测困难，易随种子、果实及苗木等的调运而传播扩散。也因为大多数种产卵于植物组织内，幼虫在其内蛀食，直到羽化成虫才出来，药剂难以渗入和接触，防治困难。一旦传入，在新区定殖，极难根除和防治，如墨西哥棉铃象成虫产卵于蕾铃内，幼虫在其中蛀食，防治非常困难。又如稻水象甲传入日本后，成为该国水稻上最主要的害虫之一。因此，象虫类害虫在植物害虫检疫学中占有重要地位。

象甲中有许多危险性及检疫性种类。2007 年列入我国进境植物检疫性害虫的有墨西哥棉铃象 *Anthonomus grandis* Boheman、苹果花象 *Anthonomus quadrigibbus* Say、西瓜船象 *Baris granulipennis*（Tournier）、阔鼻谷象 *Caulophilus oryzae*（Gyllenhal）、鳄梨象属 *Conotrachelus* Schoenherr、葡萄象 *Craponius inaequalis*（Say）、欧洲栗象 *Curculio elephas*（Gyllenhal）、蔗根象 *Diaprepes abbreviata*（L.）、桉象 *Gonipterus scutellatus* Gyllenhal、苍白树皮象 *Hylobius pales*（Herbst）、稻水象甲 *Lissorhoptrus oryzophilus* Kuschel、白缘象甲 *Naupactus leucoloma*（Boheman）、玫瑰短喙象 *Pantomorus cervinus*（Boheman）、木蠹象属 *Pissodes* Germar、褐纹甘蔗象 *Rhabdoscelus lineaticollis*（Heller）、几内亚甘蔗象 *Rhabdoscelus obscurus*（Boisduval）、苹虎象 *Rhynchites aequatus*（L.）、欧洲苹虎象 *Rhynchites bacchus* L.、李虎象 *Rhynchites cupreus* L.、日本苹虎象 *Rhynchites heros* Roelofs、棕榈象甲 *Rhynchophorus palmarum*（Linnaeus）、紫棕象甲 *Rhynchophorus phoenicis*（Fabricius）、剑麻象甲 *Scyphophorus acupunctatus* Gyllenhal、芒果象属 *Sternochetus* Pierce、杨干象 *Cryptorhynchus lapathi* L.、阿根廷茎象甲 *Listronotus bonariensis*（Kuschel）、红棕象甲 *Rhynchophorus ferrugineus*（Olivier）、亚棕象甲 *Rhynchophorus vulneratus*（Panzer）等。

# 一、墨西哥棉铃象

### 1. 名称及检疫类别
别名：墨西哥棉铃象甲、棉铃象甲等
学名：*Anthonomus grandis* Boheman
英文名：cotton boll weevil，boll weevil
分类地位：鞘翅目 Coleoptera，象甲科 Curculionidae
检疫害虫类别：进境植物检疫性害虫

### 2. 分布与为害
原产墨西哥，1892 年传入美国。现分布于墨西哥、美国、哥斯达黎加、萨尔瓦多、危地马拉、洪都拉斯、尼加拉瓜、西印度群岛、古巴、海地、哥伦比亚、委内瑞拉和印度西部。

目前已有近 30 个国家和地区对其实行严格的检疫，如中国、印度、土耳其、伊朗、俄罗斯、保加利亚、匈牙利、德国、西班牙、原南斯拉夫、希腊、罗马尼亚、塞浦路斯、南非、阿尔及利亚、摩洛哥、突尼斯、美国、智利、巴西、安提瓜、多米尼加、维尔京群岛、蒙特塞拉特、圣克里斯、巴拉圭（图 4-1）。

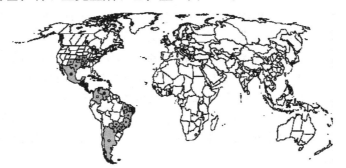

图 4-1　墨西哥棉铃象世界分布图（EPPO, 2005）

阴影部分：墨西哥棉铃象分布区

　　主要为害棉花，也可为害野棉花、桐棉、秋葵、木槿、苘麻等。成虫在棉株现蕾前取食棉株生长点、嫩梢，现蕾后取食蕾花和青铃，形成"张口蕾"、虫花和虫铃，引起脱落。常使棉花减产 1/3～1/2，防治困难。因此是世界上最重要的检疫性害虫之一。

**3. 形态特征**

　　墨西哥棉铃象的形态特征如图 4-2 所示。

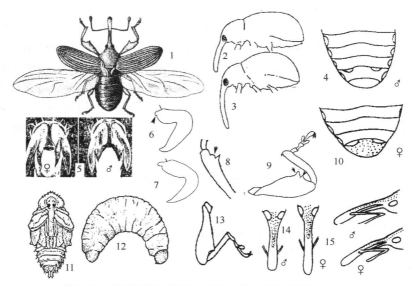

图 4-2　墨西哥棉铃象形态特征（北京农业大学，1989）

1. 雌成虫（展翅）；2. 侧面示意图（示背部上隆程度）；3. 近似种 *Anthonomus hunteri* 侧面示意图（示背部上隆明显高于本种）；4. ♂腹板 8 外露明显；5. 爪（♀的内侧具尖细的齿，♂齿较粗短）；6. ♀受精囊（示硬化管长度）；7. 野棉铃象 *Anthonomus grandisithurberiae* Boheman♀受精囊；8. *Anthonomus hunteri* 前足腿节；9. 前足（示腿节端部有 2 个齿，内侧齿粗大）；10. ♀腹板 8 被腹板 7 遮盖；11. 蛹；12. 幼虫；13. 中足；14. 喙背观面（示♀♂区别）；15. 喙侧观面（示♀♂区别）

（1）成虫。雌虫体长4.5mm，宽2.2mm，长椭圆形，红褐色或暗红色，被覆粗糙刻点和浓密的灰色短柔毛。雄虫体长5.0mm，体宽3.0mm，体色较浅。触角索节7节，索节和棒节颜色相同。喙细长，近体长的1/2。前胸背板宽约1.5倍于长，后角直角形，前端不窄缩、背面相当隆起，密布刻点。前胸背板的刚毛倒卧，紧贴在前胸背板上。小盾片中凸，具稀疏刻点。后胸前侧片崎岖不平，有时具皱纹。鞘翅长椭圆形，基部稍宽于前胸背板，向后逐渐加宽。鞘翅行纹刻点深且互相接近，行间稍隆起具横皱，奇数和偶数行间等宽，一些个体行间基部有多态现象，后翅无明显斑点。前足腿节特别粗大，呈棒形，通常长为宽的2.8～4.6倍，具2个齿，靠内侧的齿较长且粗大，外侧的呈尖锐三角形，2齿基部合生。中足、后足腿节不如前足的粗大，中足腿节具1个齿。腹部臀板外露，腹部有腹板8个，雌虫腹板8缩在腹板7下面。雌虫生殖器受精囊开放一端连接附腺的硬化管短。

雌虫喙从两端到中间略收缩，基部具稀疏茸毛；雄虫喙较雌虫略粗短，两侧边近乎平行，刻点较大。雄虫触角嵌入位于喙端到眼之间的1/3处；雌虫较雄虫略远离喙端。雌虫前足跗节爪内侧的齿较细长而尖锐，其长几乎等于爪；雄虫的较粗大，端部钝圆不尖锐。雌虫有背板7个，背板8缩在背板7下面；雄虫有背板8个。

（2）卵。白色椭圆形，长0.8mm，宽0.5mm。

（3）幼虫。老熟幼虫体长约8.0mm。白色，无足。头淡黄色，身体弯曲呈C形，多褶皱并被覆少量刚毛。头壳和口器浅黄褐色，腹部气孔二孔形。

（4）蛹。裸蛹，乳白色。

墨西哥棉铃象与近缘种的区别见表4-1、表4-2。

表4-1　墨西哥棉铃象和野棉铃象 Anthonomus grandisithurberiae Boheman 成虫形态区别

| | 墨西哥棉铃象 | 野棉铃象 |
|---|---|---|
| 触角 | 触角索节7节，索节和棒节颜色相同 | 棒节较索节颜色稍暗 |
| 胸部 | 前胸背板前端不窄缩，其刚毛倒卧，紧贴在前胸背板上。小盾片中凸，具稀疏刻点。后胸前侧片崎岖不平，有时具皱纹。中足腿节具1个齿。后翅无明显斑点 | 前胸背板前端略窄缩，其刚毛呈弓形。小盾片平坦且宽大，具粗糙小刻点。后胸前侧片平滑。中足腿节具2个齿。后翅有1个明显斑点 |
| 雌虫生殖器 | 受精囊开放一端连接附属腺的硬化管短 | 硬化管要长得多 |

表4-2　墨西哥棉铃象和近缘种 A. hunteri 成虫形态区别

| | 墨西哥棉铃象 | A. hunteri |
|---|---|---|
| 前足腿节 | 粗壮，长约3.7倍于宽 | 较细长，长约4.4倍于宽 |
| 鞘翅 | 背部中度隆起，鞘翅茸毛呈毛状。鞘翅行间有横皱 | 背部高度隆起，鞘翅茸毛呈鳞片状或棒状。鞘翅行间很少有横皱 |
| 雄虫外生殖器 | 中叶端部不尖锐 | 中叶端部尖锐 |

**4. 生物学特性**

在美国中部每年2、3代，南部8～10代，在中美洲热带和亚热带则可全年繁殖，

8～10 代。以成虫在落叶下、树皮中、篱笆内和仓库附近等隐蔽场所越冬，死亡率高，达 95% 以上。成虫飞行能力强，可作 20～50km 距离扩散飞行。成虫取食棉株生长点、嫩梢，现蕾后取食蕾花和青铃。成虫在蕾或铃上咬食一孔穴，将 1 粒卵产于其中，每头雌虫能产 100～300 粒卵，所以可同时为害 100～300 个蕾铃。卵期 3～5d。幼虫 3～4 龄，无足，在蕾铃内蛀食，然后以蕾铃内作蛹室化蛹。一代平均历时 25d。由于卵、幼虫、蛹都在蕾铃内，防治困难。冬季低温和夏季干热不利于此虫发生。其最低致死温度为 -11.1～-9.5℃，如果温度低于 -6.7℃ 的天数超过 14d，绝大部分成虫死亡，常年越冬死亡率达 95% 以上；而冬季温暖和夏季多雨常引起其猖獗。最适宜其繁殖的夏季相对湿度为 60%～70%，温度为 26.6～32.2℃。

**5. 传播途径**

幼虫、蛹、成虫随籽棉、棉籽壳和棉籽的调运而远距离传播，皮棉则几乎无传播危险。此虫蛹室与棉籽很相似，但很难发现和处理，故应特别注意。此外，成虫具较强飞行能力，每年可以自然扩散 40～160km。

**6. 检疫方法**

鉴于籽棉和棉籽对传播此虫有很大的危险性，对疫区，特别是对美国、墨西哥及中美、南美国家进口的棉籽、籽棉必须进行严格的检疫，要严格控制数量，货主需出具官方的熏蒸证书，确保无活虫存在。皮棉虽然携带此虫可能性很小，但也要经过检验，防止可能有夹杂此虫的棉籽。

1) 现场检验

严格检查装载货物的船舱或车厢内外四壁、缝隙边角，以及包装物、铺垫物、残留物等害虫易潜伏和藏身的地方；开仓重点检查上层棉花，仔细检查棉花包装的外表、内壁和棉絮表层，有无害虫和棉籽；在卸货过程中，继续检查中、下层装载的棉花；检查货物存放的仓库或场所，注意货物表层、包装外部和袋角以及周围环境有无害虫和害虫活动的痕迹。

详细记载现场检查发现的可疑害虫的有关截获资料信息，如采集者、采集时间、采集地点、虫态和数量、截获物品、运载工具、截获国家等。应将所有混杂其中棉籽带回实验室逐一进行剖开检查，确定是否存在墨西哥棉铃象的老熟幼虫、蛹和新发育尚未羽化钻出的成虫。

2) 标本制备和鉴定

现场采集的可疑墨西哥棉铃象活成虫应立即置入备好的毒瓶内杀死，死的或干的成虫宜放入盛有还软液的干燥器（玻璃干燥器底部放入 2cm 厚洗涤清洁的沙粒，加水并漫过沙粒约 1cm，水中应滴入少量碳酸以防标本腐烂）内回软数日。然后将成虫头向前、背朝上放在整姿台上整姿，记录标本的采集时间、地点、寄主及采集者等信息。双目解剖镜下进行鉴定；如必要，可用小毛笔蘸少许清洗液（无水乙醇：乙酸乙酯：水＝1∶1∶1）仔细清洗虫体表面。

（1）雌虫生殖器受精囊的制备。将雌虫腹部放入 10% 氢氧化钠水溶液内加热煮沸 3～5min，使肌肉溶解分离，取出用清水冲洗干净。在双目解剖镜下解剖腹部，将取出的雌虫生殖器受精囊用不同浓度酒精脱水，放入二甲苯中，透明后用加拿大树胶封片、贴标签并鉴定。

（2）幼虫浸泡标本的制作。从蛹室内解剖得到的老熟幼虫应放入开水内煮 1～2min，至虫体直硬，然后放入 75％乙醇：甘油＝100：（0.5～1）的乙醇-甘油保存液中备用。

**7. 检疫处理与防治方法**

1）检疫处理

严禁从国外疫区进口籽棉、棉籽，少量时必须具有疫区各国政府的无此虫的熏蒸证明。如在进口检疫中发现该虫，应采用溴甲烷熏蒸处理。此外，也可用氢氰酸进行室内、车船（舱）熏蒸处理。密封舱（室）内氢氰酸浓度 0.5％，熏蒸 20h。

2）防治方法

一般采用 IPM，各地根据当地的实际，采取不同的防治措施。

（1）农业防治。美国选用抗虫棉种，密植，早种，增施化肥，促使早发；应用脱叶剂加干燥剂，促使提早脱叶和棉铃早开桃，以切断部分越冬成虫的营养；早耕、割茬、牧放牲畜、以减少越冬虫口基数。

（2）人工防治。哥伦比亚人工采摘虫蕾、虫花和虫铃，深埋在 1m 多的地下或烧毁；标记虫株，定点化学防治。

（3）生物防治。美国利用火蚁 *Solenopsis invicta* 捕食"张口蕾"中的幼虫和蛹，可消灭 44.9％的蕾中幼虫。

此外，美国曾于 1971～1973 年在密西西比南部棉区进行 TPM 试验，成功地将虫口密度从 1994.18 头/hm² 降至 0.49 头/hm²，基本消除了该虫的危害。所采取的防治措施包括：①棉花生长季节采用常规化学防治；②秋后灭越冬成虫；③应用脱叶剂，促使提早脱叶，以切断部分越冬成虫营养；④收获后毁茎，以减少越冬场所；⑤性诱剂诱杀成虫；⑥早播少量作物引诱越冬成虫，集中消灭；⑦现蕾期施药防治；⑧释放不育雄成虫，进行遗传防治。第 2 年重复①～⑧步，第 3 年再重复一次。

# 二、稻水象甲

**1. 名称及检疫类别**

别名：稻水象、稻象甲、稻根象

学名：*Lissorhoptrus oryzophilus* Kuschel

异名：*Lissorhoptrus simplex* Say

英文名：rice water weevil，root-maggot

分类地位：鞘翅目 Coleoptera，象虫科 Curculionidae

检疫害虫类别：进境植物检疫性害虫，全国农业植物检疫性害虫

**2. 分布与为害**

原产美国东部平原和山林中，1976 年传入日本。现分布于加拿大、美国、古巴、日本、朝鲜、墨西哥、圭亚那、多米尼亚、哥伦比亚等地。1989 年开始入侵我国河北省唐海县，并成功定殖。随后，相继扩散到天津、北京、辽宁、山东、吉林、浙江、安徽、江苏、福建、江西、湖南、广东、广西、台湾和山西等地（图 4-3）。对这些地区的水稻造成严重危害。

稻水象甲食性复杂，寄主范围广。成虫能取食 13 科 104 种植物，幼虫可取食 6

图4-3 稻水象甲在我国的分布
(张润志，2003)
阴影部分：稻水象甲在我国的入侵地

科30余种。水稻是最重要的寄主，其次是玉米、甘蔗、小麦、大麦、牧草、禾本科、泽泻科、鸭跖草科、莎草科、灯心草科等杂草。但有人认为，只有在水稻及其近缘植物上才可完成全部发育过程。以成虫和幼虫为害。成虫在幼嫩水稻叶片上取食上表皮和叶肉，留下下表皮，形成喙宽的纵行长条白斑，严重时全田稻叶花白、下折，影响光合作用。幼虫在根内或根上造成断根，甚至根系变黑腐烂。该虫为害水稻一般减产10%～20%，严重的50%以上。为控制入侵的稻水象甲，我国仅1989～1991年就花费了1500多万元，农民的投入更多。

**3. 形态特征**

稻水象的形态特征如图4-4所示。

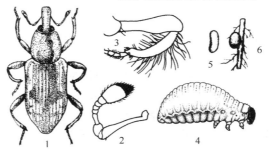

图4-4 稻水象形态特征
1. 成虫；2. 触角；3. 中足；4. 幼虫；5. 卵；6. 土茧
(1. 中华人民共和国北京动植物检疫局，1999；2，3. 森、本桂，1984；4～6. 商鸿生，1997)

（1）成虫。体长2.6～3.8mm，宽1.2～1.8mm。雌虫略比雄虫大。表皮黄褐色（刚羽化）、褐色至黑褐色，密被灰色、互相连接、排列整齐的圆形鳞片，但前胸背板和鞘翅的中区无，呈黑色大斑。喙端部和腹部、触角沟两侧、头和前胸背板基部、眼四周、前中后足基节基部、可见腹节3、4的腹面及腹节5的末端被覆黄色圆形鳞片。近乎扁圆筒形喙与前胸背板约等长，略弯曲。额宽于喙。触角红褐色，生于喙中间之前；柄节棒形，有小鬃毛；索节6节，第1节膨大呈球形，第2节长大于宽，第3至6节宽大于长；触角棒3节组成，长椭圆形，长约为宽的2倍，第1节光滑无毛，其长度为第2、3节之和的2倍，第2、3节上密被细茸毛。两眼下方间距大于喙的直径。前胸背板宽略大（1.1倍）于长，前端明显细缢，两侧近于直，只在中间稍向两侧突起，中间最宽，眼叶相当明显。小盾片不明显。鞘翅侧缘平行，长1.5倍于宽，鞘翅肩突明显，略斜削，行纹细，不明显，行间宽为行纹的2倍，其上平覆3行整齐鳞片。鞘翅行间1、3、5、7中后部上有瘤突。腿节棒形，无齿。胫节细长、弯曲，中足胫节两侧各有1排长的游泳毛（约30根）。雄虫后足胫节无前锐突，锐突短而粗，深裂呈两叉形。雌虫的锐突长而尖，有前锐突。第3跗节不呈叶状且与第2跗节等宽。

雌虫的腹部比雄虫粗大。雌虫可见腹节 1、2 的腹面中央平坦或凸起；雄虫在中央有较宽的凹陷。两性成虫可见腹节 5 腹面隆起的形状和程度也不同，雄虫隆起不达腹节 5 长度的一半，隆起区的后缘是直的；雌虫隆起区超过腹节 5 长度的一半，隆起区的后缘为圆弧形。雌虫腹部背板 7 后缘呈深的凹陷（有个体变异）；而雄虫为平截或稍凹陷。

（2）卵。长约 0.8mm，宽约 0.2mm，长为宽的 3～4 倍。珍珠白色，圆柱形。向内弯曲，两端头为圆形。

（3）幼虫。老熟幼虫体长约 10.0mm。白色，无足。头部褐色，腹节 2～7 背面有成对朝前伸的钩状气门。幼虫被水淹没后，可以从植物的根内和根周围获得空气。活虫可见体内大的气管分支。美国报道幼虫有 4 龄，各龄幼虫头壳宽度分别为 0.14～0.18mm、0.20～0.22mm、0.33～0.35mm、0.44～0.45mm。日本报道孤雌生殖型各龄头壳宽度分别为（0.190±0.019）mm、（0.272±0.034）mm、（0.368±0.036）mm、（0.496±0.040）mm。从其水生栖所、腹部背面钩状气门形状以及延长的新月形身体，通常可以区别出稻水象甲的幼虫。

（4）蛹。土茧形似绿豆，土色，长 4.0～5.0mm，宽 3.0～4.0mm。蛹白色，大小、形状近似成虫。

稻水象甲和近缘种 *L. simplex*（Say）在外部形态特征和生活习性上极其相似。*L. simplex* 体长 2.7～3.6mm，体宽 1.3～1.7mm。两者成虫形态区别如表 4-3 和图 4-5。

表 4-3　稻水象甲和近缘种 *L. simplex* 成虫形态区别

|  | 稻水象甲 | *L. simplex* |
|---|---|---|
| 雌虫背板 7 后缘 | 凹陷较深 | 平截，或微凹陷 |
| 后足胫节锐突 | 雌虫具前锐突，雄虫无。雄虫锐突短而粗，分裂成 2 齿 | 两性成虫均具前锐突。雄虫锐突具 3 齿，中间的较长、钩状，其余 2 齿突出 |
| 鞘翅端部形状 | 两鞘翅端部会合线呈连续弧形，无三角形凹陷 | 两鞘翅端部会合线呈三角形凹陷 |

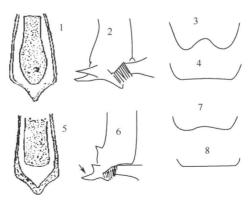

图 4-5　稻水象甲与近似种 *L. simplex* 形态区别（Kuschel，1952；北京农业大学，1989）

1. 阳茎；2. ♂后足胫节末端的钩；3. ♀背板Ⅶ后缘；4. ♂背板Ⅶ后缘；5～8. 近似种 *L. simplex* 的相应特征

另外，在我国许多水稻种植区发生另一种水稻重要害虫——稻鳞象甲 *Echinocnemus squameus* Billberg。从害虫的习性、为害状和形态特征可将两种象甲加以区别（表4-4）。

表4-4　稻水象甲和稻鳞象甲的区别

| | 稻水象甲 | 稻鳞象甲 |
|---|---|---|
| 成虫 | 体小，长2.6～3.8mm，宽1.2～1.8mm。体密被灰色圆形鳞片。触角索节6节，第1节膨大呈球形。鞘翅行间1、3、5、7中后部上有瘤突，但在行间3近端部无灰白色长斑。跗节3不呈叶状且与跗节2等宽。中足胫节两侧各有1排长的游泳毛 | 体大，长约5.0mm，宽约2.3mm。体被覆卵形鳞片。触角索节7节，第1节棒形。在鞘翅行间1、3、5、7端部不具瘤突，但行间3近端部各有1明显长椭圆形灰白色斑。跗节3呈两叶型且明显宽于跗节2。中足胫节外缘无细长游泳毛，仅内缘具一排长刚毛 |
| 卵 | 长圆柱形，略弯曲 | 椭圆形 |
| 幼虫 | 纤细，新月形，腹部2～7节背面有成对的钩状突起呼吸器 | 身体肥胖，多皱，无钩状突起呼吸器 |
| 蛹 | 有薄土茧，附着于根部上 | 离蛹，位于土室内 |
| 为害习性 | 成虫在幼嫩稻叶片上取食上表皮和叶肉，留下下表皮，形成喙宽的纵行长条白斑，严重时全田稻叶花白、下折。幼虫可生活在根内和根上 | 成虫取食稻茎叶，为害轻的，抽出的心叶面呈横排小孔；受害重的，稻叶可在小孔处断裂。幼虫仅生活在须根间，根外取食 |

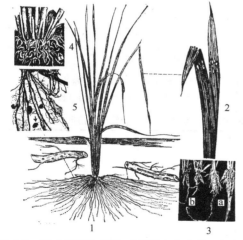

图4-6　稻水象甲为害状（北京农业大学，1989）
1. 全株被害状；2. 被害叶；3. 被害根系（b）与正常根系（a）；4. 幼虫群集为害根系；5. 土茧

### 4. 生物学特性

稻水象甲以成虫和幼虫为害水稻作物（图4-6）。美国每年2代，日本1～2代，以成虫在稻草、稻茬、稻田四周禾本科杂草、田埂土中、杂木、竹林落叶下以及住宅附近草地内和某些苔藓中越冬。成虫有明显的趋光性，飞行能力强，可离地面到18m的高度飞行10km以上，且在季风下可导致远距离扩散。成虫会游泳，可随水漂流扩散。成虫一般产卵于叶鞘水淹以下部位（占约93%），少量产于叶鞘水淹以上部位（约5.5%），极少产于根部（约1.5%）。幼虫共4龄，有群集习性，一株水稻根部常几头到几十头。初孵幼虫先在叶鞘短时间蛀食，然后沿茎叶爬向根部蛀食危害。由于无足，移动非常缓慢，这是防治的有利时期。1～2龄幼虫在根内蛀食，形成许多蛀孔；3～4龄后在根外为害，造成断根，受损严重的根系变黑腐烂，刮风时植株易倾倒，甚至被风拔起浮在水面上。老熟幼虫一般就近结一个光滑的囊包裹自身，形成一个附着于根系的不透水的土茧，并在其中化蛹。稻水象甲有两性生殖型和孤雌生殖型两种生殖类型，发生在美国加利福尼亚州、日本、朝鲜半岛和我国的均属孤雌生殖型，发生在美国其他地方的为两性生殖型。

**5. 传播途径**

卵、初孵幼虫和成虫可随寄主植物如稻苗、稻草及其他禾本科杂草调运远距离传播；成虫还可随稻种、稻谷、稻壳及其他寄主植物、交通工具等进行远距离传播；成虫能跟车灯飞行，随风传播，还可随水流传播，如美国加州 16km/年，日本爱知县 20～30km/年呈同心圆扩散。

**6. 检疫方法**

在口岸中应严格检验各种以寄主植物作的填充料、包装材料、铺垫物。另外对离口岸 30km 内的水稻种植区，应定期调查。通过对其适生区、适生场所、嗜好寄主植物，采样检验，开展普查、监测，力求做到早发现。田间不同发育阶段检查方法如下：

（1）成虫。第一代成虫具有很强的趋光性和较强的飞翔能力。可使用灯光诱集，检查和镜检有无稻水象甲成虫。

（2）卵。将新鲜带根幼嫩稻株在热水中浸泡 5min，再移入 70％热酒精内浸泡 1d 以上，这时候卵因为吸收了叶绿素呈现绿色，而稻株发白。

（3）幼虫和茧。将带根及土的稻株浸泡在饱和盐溶液中，搅拌，检查有无上浮的土茧和幼虫。然后用吸管取出，进行镜检鉴定。

**7. 检疫处理与防治方法**

1）检疫处理

严禁从疫区调运稻谷、稻苗、稻草和其他寄主植物及其制品。在口岸检验中，一旦在填充料、包装材料、铺垫物等寄主植物上发现疫情，要立即焚烧，或用溴甲烷、磷化氢等熏蒸处理。

2）防治方法

（1）防治策略。对新疫区，应加强管理，认真执法，严格封锁，实行 TPM 治理，无防治指标，必须根治。田间化学防治则采用根治迁入早稻田的越冬后成虫，兼治第一代幼虫，挑治第一代成虫。

（2）农业防治。水稻收获后及时翻耕土地，可降低其越冬存活率；选育抗虫品种；适时移栽健壮秧苗；加强水肥管理等。

（3）灯光诱杀。第一代成虫具有很强的趋光性和较强的飞翔能力，可使用黑光灯诱杀。

（4）喷雾施药。越冬场所及第一代，喷雾施药防治。可用 40％水胺硫磷乳油、20％三唑磷、20％多来宝乳油、20％杀灭菊酯、40％甲基异柳磷乳油或 50％稻乐丰乳油；施用 DJ 复合制剂，于水稻插秧后 7～10d 撒施，形成的药膜对成虫产在近水层的卵有杀伤力，持效 30d 以上，对根际幼虫控制效果 85％左右。施药时，必须兼施田边、沟边及坎边杂草。

（5）撒施毒土。可用 40％甲基异硫磷乳油配制成毒土撒施在稻田里，或 10％甲基异硫磷颗粒剂拌细土撒施防治成虫。

# 三、棕 榈 象 甲

**1. 名称及检疫类别**

别名：椰子象甲、棕榈隐喙象、棕榈象

学名：*Rhynchophorus palmarum*（Linnaeus）

异名：*Curculio palmarum* Linnaeus

*Rhynchophorus cycadis* Erichson

*Cordyle barbirostris*（Thunberg）

*Rhynchophorus lanuginosus* Chevrolat

*Rhynchophorus depressus* Chevrolat

英文名：palm weevil

grugru beetle

south American palm weevil

black palm weevil

分类地位：鞘翅目 Coleoptera，象甲科 Curculionidae

检疫害虫类别：进境植物检疫性害虫

## 2. 分布与为害

分布国家有美国（加利福尼亚、得克萨斯南部）、墨西哥（墨西哥海湾和太平洋沿岸、尤卡坦、科利马、下加利福尼亚、哈利斯科、维拉克鲁斯、莫雷洛斯）、萨尔瓦多、洪都拉斯、尼加拉瓜（马那瓜）、危地马拉、哥斯达黎加、巴拿马（巴拿马城、巴拿马运河、佩克尼）、多米尼加、瓜德罗普岛、波多黎各、马提尼克岛、特立尼达和多巴哥、古巴、海地、哥伦比亚（纳里尼奥）、委内瑞拉、法属圭亚那、厄瓜多尔、圭亚那、苏里南、秘鲁、巴西（亚马逊、巴伊亚、帕拉、伯南布哥、里约热内卢、南里奥格兰德、圣保罗、马拉尼翁）、瓜纳巴拉、米纳斯吉拉斯、玻利维亚及阿根廷（科连特斯、恩特雷里奥斯、巴拉圭、密西昂奈斯、乌拉圭、格林纳达岛、圣文森特岛）。

寄主有菠萝、亚利特棕 *Attaica cohune* Mart、红棕 *Roystonea regia*（kunth）Cook、木瓜 *Chaenomeles sinensis* Koehne、竹棕 *Chrysalidocarpus lutescens* Wendl、格鲁刺椰 *Acromomia aculeata* Lodd. ex Mart、*A. lasiopatha* Wall、厚果刺椰 *A. sclerocarpa* Mart、花环椰 *Cocos coronata* Mar、纺锤形椰 *C. fusiformis* Sw.、椰子、罗蔓椰 *C. romanzoflana* Cham、裂叶椰 *C. schizophylla* Mart.、*C. vagans* Bond、油棕、*Euterpe broadwayana* Becc、粮棕 *Gullelma* sp.、*Gynerium saccharoides* Humb&Bonpl、*Jaracatia dodecaphylla* A. D. C.、母油棕 *Manicaria saccifera* Gaertin、束藤 *Desmoncus major* Crueg et Griseb.、芒果、加勒比棕 *Maximillana caribaea* Griseb、菜棕 *Oreodoxa oleracea* Mart.、蓖麻 *Ricinus communis* L.、伞形蓑棕 *Sabal umbraculifera* Mart.、蓑棕属（*Sabal* sp.）、棕榈 *Trachycarpus fortunei*（Hook）H. Wendl、香蕉 *Musa paradisiaca* L.、甘蔗 *Saccharum officenarum* L.、可可 *Theobroma cacao* L. 等植物。

棕榈象是热带地区椰子和油棕上的一种重要害虫。以成虫和幼虫取食为害寄主植物。幼虫蛀食树冠和树干，蛀食后，生长点周围的组织不久坏死腐烂，产生一种特殊的难闻气味，造成植株枯死。成虫取食还能传播椰子红环腐线虫 *Rhadinaphelenchus cocophilus* Cobb.，造成严重的经济损失。

## 3. 形态特征

棕榈象甲的形态特征如图 4-7 所示。

（1）成虫。体型大，雌雄异型，黑色。雄虫体长 29.0～44.0mm，宽 11.5～18.0mm；雌虫体长 26.0～42.0mm，宽 11.0～17.0mm。雄虫体长卵形，背面较平。

喙粗壮，短于前胸背板，从背面看，基部宽，端部逐渐变细，在喙背面端半部，着生粗大直立的黄褐色长毛。触角沟间狭窄，刻点深。触角窝位于喙基部侧面，触角沟宽而深，触角柄节延长，长于索节和棒节之和，等于喙长的1/2，索节6节，索节1的长等于索节2与索节3之和，触角棒大，宽三角形。口器黑褐色，位于喙端，上颚端部中央深凹呈两叶状。头部球根状，近圆形，后部隐藏在前胸背板内。前胸背板黑色，长大于宽，平坦，无光泽，有或无绒毛，端部窄缩。中胸前侧片三角形，刻点粗，有褐色细毛；中胸后侧片平坦，有褐色细毛；中胸小盾片长三角形，长约为鞘翅长的1/4，黑色，有光泽。后胸前侧片大，

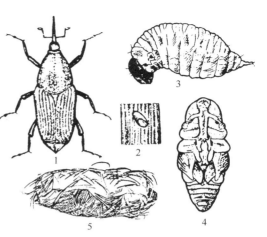

图 4-7　棕榈象甲（Hill，1975）

1. 成虫；2. 卵；3. 幼虫；4. 蛹；5. 茧

近似矩形；后胸后侧片小，近似三角形。足黑色，有细刻点。两前足基节相距为节宽的1/4，后足基节相距远。前足腿节与中足腿节约等长，短于后足腿节，腿节平，末端宽。前足胫节和后足胫节等长，但长于中足胫节，各足胫节端部具1长1短的两个爪形钩（小的长约为大的1/5）。第1跗节为第2跗节长的2倍，第3跗节膨大，跗节腹面后半部具褐色浓密海绵状绒毛。爪简单，细长。腿节、胫节、第3跗节腹面的毛褐色，雄虫足上的毛显著，腿节近基部有2～3根长暗色毛。鞘翅宽于前胸背板，其长为宽的2.5倍。每个鞘翅的行纹中有6条较深，其余行纹较浅。行纹不伸达基部，行间宽约为行纹的5～8倍，行间略凸起。腹部黑色，腹面凸起，第1腹节短，其中部与第2腹节愈合。臀板黑色，三角形，中部隆起，基部、边缘和端部具浓密刻点，中间的刻点稀疏。雄虫臀板略宽于雌虫；雌虫臀板端部较雄虫的尖。雌虫体长卵圆形，喙端半部的背面不具长毛，第1腿节无毛。

棕榈象与亚洲桐象 *Rhynchophorus ferrugineus*（又称红棕象）、非洲棕榈象 *R. phoenicis*（又称紫棕象）成虫的主要区别在于：棕榈象体黑色，前胸背板无斑纹；红棕象体浅红褐色至紫褐色，前胸背板有2条浅色或暗褐色带。

（2）卵。长约2.5mm，宽0.9mm；浅黄褐色，光滑而光亮，细长，圆筒形。

（3）幼虫。老熟幼虫体长44.0～57.0mm，宽22.0～25.0mm，头壳长10.5～13.0mm，宽9.5～11.0mm；浅黄白色，体较粗大，无足。头部暗褐色，近圆形。触角小，2节。胴部具小而硬的毛片。第4或第5腹节最大，最后1个腹节宽而扁。中胸和第1～8腹节各有1对气门，中胸气门二唇状；所有腹节上的气门简单，椭圆形；中胸和第8腹节上的气门长为第1～7腹节气门的3～4倍；中胸气门的气门片沿气门前缘有6根排列成行的毛，1根气门毛位于后部。

（4）蛹。体长40.0～51.0mm，宽16.0～20.0mm。长卵形，浅黄褐色。中胸最宽，向前和向后逐渐变细，化蛹于由纤维、蜕等组成的薄茧内。

**4. 生物学特性**

（1）成虫习性。成虫羽化后，在茧内停留几天后钻出。成虫常栖息在叶腋基部、茎干基部或椰子园附近的垃圾堆或椰子壳堆内，傍晚及上午9～11时最活跃，飞行迅速，

扩散能力强，可持续飞翔4～6km。喜为害弱树、病树。

雌成虫羽化后取食4～8d后开始交配，可连续交配4～5次。羽化5～11d后开始产卵。雌虫先在切割的棕榈叶柄、破伤的表面、树皮裂缝及倒伐的树桩上咬1个3～7mm深的产卵穴，然后产卵其中。成虫喜在新切割的树桩上产卵。卵单产，产卵后分泌蜡质物将产卵穴盖住。雌虫平均产卵量为（245±155）粒，最多924粒，一天最多产卵63粒，产卵历期约（30.7±14.3）d。

（2）幼虫习性。幼虫孵化后，从树冠侵入，造成较大的虫孔，先使外层叶片枯黄死亡，进而为害内层叶片，最后蛀入茎干，造成许多自上而下的蛀道，并导致茎干破裂，甚至整株树死亡。幼虫8～10龄。老熟幼虫常自茎干钻出又钻入土壤中，但不在土壤中化蛹，仍又爬到叶柄基部或树干周围，在树皮下作茧化蛹。

（3）各虫态历期。卵3d，蛹10～14d，雄成虫寿命44.7d，雌成虫寿命40.7d。在28℃，相对湿度75%条件下，用椰子茎干饲养，完成一个世代需73.5～101.5d。雌雄性比接近1：1。

**5. 传播途径**

此虫可随寄主植物的种苗及其外包装的调运而远距离传播。成虫易随椰子园附近的垃圾或椰子壳转运而传带。成虫飞行迅速，可持续飞行4～6km，进行自然传播。

**6. 检疫方法**

仔细检查茎与叶柄之间，特别注意切割伤口等处。对于包装材料及附带的残留物、运载工具等都应严格检查。

**7. 检疫处理与防治方法**

1）检疫处理

禁止从疫区引进寄主种苗。需要特殊引种时，需经审批，并应限制数量，对进境的寄主、种苗、包装材料及附带的残留物应严格进行检疫处理或销毁。

2）防治方法

（1）阻止成虫产卵。种植棕榈等寄主植物时，要防止植株损伤，发现伤口应及时用油灰或拌有杀虫剂的混合土涂抹，以防止成虫在其内产卵。烧毁枯死树，对严重受害植株和死树，应及时砍伐并集中烧毁，防止该虫扩散。

（2）诱捕成虫。将棕榈植物残渣装入长圆筒形铁丝网笼内（直径0.5m、高1.0m）诱捕成虫，或用盛有醋酸异戊酯、麦芽膏、玉米面的诱捕器诱捕成虫。

# 四、白缘象甲

**1. 名称及检疫类别**

学名：*Graphognathus leucoloma*（Boheman）

异名：*Naupactus leucoloma*（Boheman）

*Pantomorus*（*Graphognathus*）*pilosus*（Buchanan）

*Pantomorus*（*Graphognathus*）*dubius*（Buchanan）

*Pantomorus*（*Graphognathus*）*striatus*（Buchanan）

*Graphognathus leucoloma pilosus*（Buchanan）

*Graphognathus leucoloma dubius*（Buchanan）

*Graphognathus leucoloma striatus* （Buchanan）

英文名：white-fringed beetle

分类地位：鞘翅目 Coleoptera，象甲科 Curculionidae

检疫害虫类别：进境植物检疫性害虫

**2. 分布与为害**

原产于南美洲。现分布国家：非洲的南非（开普），大洋洲的澳大利亚（新南威尔士、维多利亚）、新西兰（北岛、南岛坎特伯雷）；美洲的美国（密西西比、佐治亚、亚拉巴马、佛罗里达、阿肯色、田纳西、北卡罗来纳、弗吉尼亚、南卡罗来纳、肯塔基、新墨西哥、路易斯安那、得克萨斯、加利福尼亚）、巴西、秘鲁、智利、乌拉圭、阿根廷。

寄主有大豆、豌豆、花生、天鹅绒豆、墨西哥三叶草、紫花苜蓿、牛豆、蔬菜、棉花、玉米、甘薯、甘蔗、观赏植物、苗圃植物、装饰和野生杂草等。

成虫取食植物叶片，其幼虫是严重为害根部的地下害虫。幼虫聚集在土壤上层取食幼嫩植株的茎基部、根部外层和内层的柔软组织，并可切断主根；也取食播下的种子，还钻蛀为害马铃薯和甘蔗等。幼虫对根系的为害可造成植株枯萎和死亡。

**3. 形态特征**

白缘象甲形态特征如图 4-8 所示。

（1）成虫。雌虫体长 8.0～10.0mm，身体灰褐色，披浓密短毛，头部和前胸背板两侧各有 2 条纵向白色条纹。头部的白色条纹一条在复眼上方，另一条在眼下方。触角柄节棒状。喙短而粗。鞘翅基半部较宽，向端部逐渐变窄。鞘翅边缘有一条浅色带，故称白缘象甲。鞘翅后端的毛较长。鞘翅与中胸背板相连，后翅不发达。尚未发现该虫的雄虫。

（2）卵。长约 0.8mm，椭圆形，卵初产时为乳白色，4～5d 后变为浅黄褐色。

（3）幼虫。老熟幼虫体长约 13.0mm，为典型的象甲型幼虫。浅黄白色，无足，体强度弯曲，被稀疏短毛。头部颜色稍暗，部分缩入体内。上颚粗壮，黑色。

（4）蛹。体大小与成虫相近。

已知本属有 4 个种，白缘象甲与其他 3 个种的形态区别见表 4-5。

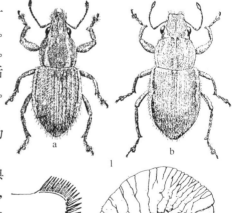

图 4-8 白缘象甲
1. 成虫（a：白缘象甲；b：*G. peregrinus*）；
2. 后足胫节侧面观；3. 幼虫
（1. Buchanan, 1939；2, 3. Hill, 1975）

表 4-5 白缘象甲属 4 个种的鉴别特征

| | 白缘象甲 | *G. fecundus* | *G. peregrinus* | *G. minor* |
|---|---|---|---|---|
| 后足胫节胫窝 | 较窄 | 较窄 | 较窄 | 宽 |
| 前胸背板中域的毛和鳞片 | 半直立，沿中线的毛和鳞片向前 | 半直立，沿中线的毛和鳞片向前 | 半直立，中线后半部的毛和鳞片向后 | 倒伏或近于倒伏 |
| 喙 | 中沟端部加宽，沟较深，具隆线 | 中沟端部明显加宽，沟较浅，不具隆线 | 中沟端部稍加宽，不具隆线 | 中沟端部加宽，前端有隆线 |
| 鞘翅 | 行纹较暗，明显 | 行纹不明显 | | |

资料来源：中华人民共和国动植物检疫局、农业部检疫实验所，1997

**4. 生物学特性**

（1）世代及越冬。每年1代。一般以低龄或高龄幼虫在土下23～30cm深的植株根部或根周围越冬；或以卵在干草堆或未脱壳的花生中越冬；也有以老熟幼虫越冬的。

（2）发生及成虫习性。各虫态发生期随地区和气候而异。翌年3～4月，越冬幼虫从土壤深处向上移动，在土中7～15cm处形成蛹室。5～7月化蛹。初羽化成虫在蛹室内停留几天，体壁逐渐变硬。5月初至8月中旬成虫羽化。通常在雨后从土中爬向嗜好取食的寄主植物，并从老叶叶缘向叶基部取食数日，取食量不大。一天之内多在午后活动、取食。该虫为孤雌生殖。羽化后10～12d开始产卵。成虫可在寄生植物的各个部位产卵，但多产在植株与土壤接触的茎基部；也可将卵产在地面或近地面的其他物体上。因卵外部常沾泥土而不易被发现。成虫具向上爬习性。

（3）幼虫习性。在盛夏，卵经2周孵化。从7月下旬至天气较冷时期，幼虫在土中15cm或更深处取食，为害许多种植物的茎秆和主根。翌年5月化蛹。孵化较晚的幼虫可在土壤中不取食存活一年或更长时间。

（4）发生与环境的关系。年平均气温、纬度、土壤类型、冬天的土壤温度及土壤使用情况影响该虫的分布。该虫分布的南端位于南纬40°，北端位于南纬23°～29°，其北界温度等温线大约为20.9°，南界等温线为13.7°。食料对雌虫的产卵量有显著影响，以草为食的产卵量仅为15～60粒，取食豆类植物的产卵量高达1500多粒。最多可产卵3258粒。

（5）各虫态历期。卵14d，最长7个月；蛹8～15d；雌成虫2～3个月。

**5. 传播途径**

成虫不能飞翔，主要通过能携带各虫态的土壤、寄主植物及其运输工具远距离传播。

**6. 检疫方法**

对进境寄主植物、包装物及运载工具进行认真检查，若发现虫体带回实验室进一步鉴定。在产地对适生区、嗜好寄主植物、植物被害状进行调查和采样检验，做到及早发现。

**7. 检疫处理及防治方法**

1）检疫处理

（1）严格检疫。幼虫易随土壤、寄主植物根茎传播，要严禁调运寄主植物。成虫喜在嗜好的寄主植物的茎部与土壤接触的地方产卵。从疫区调运花生和花生秸秆特别危险，要严格检疫。

（2）严禁带土移栽。一年中有较长时间该虫以卵、幼虫和蛹的形态在土壤中生存；在一定季节，土壤中也有成虫，土壤转移对该虫传播最危险。要严禁苗圃幼苗和其他植物带土移栽，防止害虫扩散蔓延。

（3）熏蒸处理。用溴甲烷熏蒸处理土壤、寄主材料及其包装物等，可杀灭白缘象甲各种虫态。白马铃薯和爱尔兰马铃薯常压熏蒸灭虫剂量、时间为：32～35℃，40g/m³，2h；26.5～31.5℃，48g/m³，2h；21～26℃，56g/m³，2h。

2）防治方法

（1）农业防治。轮作可控制白缘象甲的虫口密度。据报道，在受害严重的地块种植燕麦和其他矮小的谷物，3～4年轮作一次花生、大豆、天鹅绒豆等其他豆类作物，可减轻危害。

（2）开沟捕杀。由于白缘象甲成虫只能爬行，可在田边开挖宽 25cm、深 25cm 的沟，沟壁直立平滑，沟底设洞诱捕并杀灭，能有效阻止近距离扩散。

（3）化学防治。将杀虫剂和肥料同时施于土表并翻入土下 10cm，防治土壤中幼虫和蛹。内吸杀虫剂乙拌磷处理可防治花生上的白缘象甲；除虫脲处理可降低白缘象甲的繁殖力和卵的孵化率。

# 五、芒果果肉象甲

### 1. 名称及检疫类别
学名：*Sternochetus frigidus*（Fabricius）

异名：*Cryptorrhynchus frigidus*（Fabricius）

*Acryptorrhynchus frigidus*（Fabricius）

*Sternochetus gravis*（Fabricius）

*Cryptorrhynchus gravis*（Fabricius）

*Paracryptorrhynchus frigidus* Fabricius

英文名：mango nut borer

分类地位：鞘翅目 Coleoptera，象甲科 Curculionidae

检疫害虫类别：进境植物检疫性害虫，全国农业植物检疫性害虫

### 2. 分布与为害
分布于亚洲的巴基斯坦、印度、缅甸、孟加拉国、泰国、马来西亚、菲律宾、印度尼西亚及大洋洲的巴布亚新几内亚。

寄主为芒果。主要以幼虫潜食芒果果肉，使肉内形成纵横交错的蛀道，甚至相连成大的空洞，其中充满黑褐色粉末和虫粪，受害芒果的外表无明显入侵孔和为害状，整个果皮呈青绿色，只有少数黑褐色斑点。芒果果实受害后失去食用价值，据印度尼西亚报道，有的地区果实受害率达 30%～80%。

### 3. 形态特征
芒果果肉象甲的形态特征如图 4-9 所示。

（1）成虫。体长 5.0～6.5mm，宽约 3.0mm，卵形。体黄褐色，被浅褐色、暗褐色至黑色鳞片。喙赤褐色，刻点深密，中隆线较明显，弯曲，常嵌入前胸腹板的纵沟中。触角锈赤色，膝状，棒节卵形，长 2 倍于宽，密被绒毛，节间缝不明显。额窄于喙基部，中央无窝。前胸背板宽约为长的 1.3 倍，基半部两侧平行，中隆线细，被鳞片遮蔽。鞘翅长约为宽的 1.5 倍，从肩部至第 3 行间有三角形淡黄色鳞片带，整体观呈

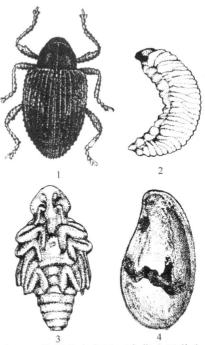

图 4-9　芒果果肉象甲（中华人民共和国北京动植物检疫局，1999）

1. 成虫；2. 幼虫；3. 蛹；4. 为害状

倒八字形。奇数刻点行间较隆起,具少数鳞片小瘤,行间略宽于行纹。腿节各具1齿,其腹面有沟,胫节直。腹部第2~4节腹板各具3排刻点。

(2)卵。长0.8~1.0mm,宽0.3~0.5mm。长椭圆形,乳白色,表面光滑。

(3)幼虫。老熟幼虫体长7.0~9.0mm,乳白色。头部褐色,被白色软毛;胸足退化呈小突起,其上无趾,仅有1刚毛状物。

(4)蛹。长6.0~8.0mm,初化蛹时乳白色,后变黄白色。喙呈管状并紧贴于体腹面,腹部末端着生尾刺1对。

**4. 生物学特性**

(1)世代及越冬。在云南西双版纳每年发生1代,以成虫在树洞边缘缝、枝杈间和茂密的地衣下越冬。

(2)发生及成虫习性。越冬成虫于次年3月中旬开始活动,3月下旬成虫交配产卵。产卵时雌虫先在幼果上咬一小孔,然后产卵其中。卵散产,一般一个幼果上产卵1粒,偶尔也有2粒的。第1代成虫于6月下旬至7月中旬在果实内羽化。预蛹期2~3d,蛹期约7d,羽化的成虫停留在果内至芒果成熟期,然后在果皮上咬圆形孔钻出。成虫主要在夜间取食和交配产卵,白天多静伏在枝叶的背面,但在阴天或上午10时以前有时也可见到成虫交配或在幼果上爬行,有假死性,并且耐饥力强。

(3)幼虫习性。幼虫孵出后即在果肉内潜食为害,一般一个果实内有幼虫1~2头,最多达6头。幼虫在果实内取食60~70d即成熟,老熟幼虫在果内由虫粪作干燥蛹室化蛹。

(4)各虫态历期。卵4~6d,幼虫60~70d,蛹7d。

不同芒果品种受害程度有差异,小芒、野生芒、印度芒 *Mangifera indica* 和 *M. foetida* 受害重,其他芒果品种受害较轻。

**5. 传播途径**

可随芒果果实和繁殖材料(如种子、苗木、无性繁殖材料)的调运而远距离传播。

**6. 检疫方法**

可按照中华人民共和国出入境检验检疫行业标准(SN/T1402—2004)对来自疫区的芒果种苗、果实及运输工具进行检验。

(1)剖果检验。在现场或室内剖开可疑果实,仔细检查果肉内有无幼虫和虫粪堆积而成的蛹室,蛹室内有无蛹或成虫。

(2)培养检验。将剖果发现的幼虫、蛹,连同原来的果实,放入衬有滤纸的玻璃缸中,外罩防虫纱网,在温度25~30℃、相对湿度70%培养箱或室温25~26℃下移入养虫箱内饲养观察。待成虫羽化后,制成标本。

(3)芒果种苗检验。对抽查的种苗逐株检查,重点检查种苗的茎干缝隙、嫩枝嫩梢等处有无隐蔽的成虫。

(4)标本鉴定。在体视显微镜下观察其形态特征。另用10%氢氧化钠或氢氧化钾溶液处理成虫10min后,取出外生殖器,制成玻片,在生物显微镜下观察。

**7. 检疫处理及防治方法**

1)检疫处理

严禁从国外疫区调运芒果果实和种苗。若科研需要从国外疫区引进时,一定要经过严格检疫检验和彻底处理；并具有输出国植物检疫证书，证明所运芒果和种苗不带此虫，才能准许进口。

加强国内检疫，严禁从国内疫区调出种苗和果实。例如，必须从云南疫区向省外和省内的非虫害区调运果实及种苗，产地要经过严格检疫和彻底处理，并由植检机构签证，方可放行。

2）防治方法

（1）农业防治。搞好清除果园内杂草，及时捡拾落地小芒果集中销毁；精细翻耕土层，消灭土层裂缝中越冬成虫；冬季修剪整形，对老芒果树断头改造。剪除老弱病残枝，培育健壮、光滑的枝条。另外，引进抗病抗虫优良品种，淘汰野生的小芒、小青皮等受害严重的品种。

（2）药剂防治。重点在幼果期（花谢后 30～45d）喷药防治。可用乐果和敌百虫混合液（1∶1∶1500）喷洒树冠，每隔 7～10d 喷药 1 次，施药 2～3 次。

# 六、芒果果核象甲

## 1. 名称及检疫类别

学名：*Sternochetus mangiferae*（Fabricius）

异名：*Paracryptorrhynchus mangiferae*（Fabricius）

*Cryptorrhynchus mangiferae*（Fabricius）

*Acryptorrhynchus mangiferae*（Fabricius）

*Cryptorrhynchus ineffectus*（Walker）

英文名：mango seed weevil，mango stone weevil，mango weevil

分类地位：鞘翅目 Coleoptera，象甲科 Curculionidae

检疫害虫类别：进境植物检疫性害虫

## 2. 分布与为害

分布国家有亚洲的菲律宾、马来西亚、越南、印度尼西亚、柬埔寨、孟加拉国、缅甸、尼泊尔、印度（阿萨姆、泰米尔纳德、奥里萨、特里普拉、喀拉拉、卡纳塔克、马哈拉施特拉）、斯里兰卡、巴基斯坦、查戈斯群岛、阿曼、不丹、阿拉伯联合酋长国，非洲的塞舌尔、马达加斯加、肯尼亚、毛里求斯、坦桑尼亚、马拉维、乌干达、莫桑比克、南非、赞比亚、留尼旺、加蓬、中非、尼日利亚、加纳，南北美洲的美国（夏威夷群岛、加利福尼亚、佛罗里达）、多米尼加、巴巴多斯、马提尼克岛、圣卢西亚、特立尼达和多巴哥、瓜德罗普、法属圭亚那，大洋洲的关岛、新喀里多尼亚、马里亚纳群岛、澳大利亚（昆士兰、新南威尔士）、社会群岛、法属波利尼西亚、瓦利斯群岛、斐济与汤加。

寄主为芒果。据报道，成虫在实验室内可在土豆、桃、荔枝、李、豆角及几种苹果上产卵，但幼虫不能发育老熟。

幼虫为害芒果果核，受害的果实外表无明显症状，切开果实后，可见到果核受害处附近的果肉有变色斑，核仁严重受害，并有虫粪。受害果有时过早脱落。据印度报道，秋芒品种被害率可达 73% 以上。

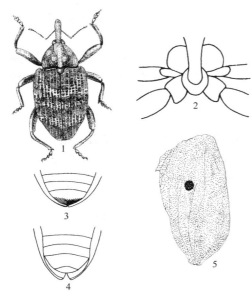

图 4-10　芒果果核象甲（中华人民共和国动植物检疫局、农业部检疫实验所，1997；1999）

1. 成虫；2. 容纳喙的槽；3. 雄虫腹部末端；4. 雌虫腹部末端；5. 为害状

### 3. 形态特征

芒果果核象甲的形态特征如图 4-10 所示。

（1）成虫。体长 6.0～9.0mm，体粗短，暗褐色。头较小，嵌入胸沟，胸沟达前足基节之后。触角膝状，赤褐色，棒节分节不明显，节间具细密绒毛。前胸背板中隆线不明显，被两侧规则鳞片遮盖。前胸背板和鞘翅上有浅黄白色鳞片斑。身体花斑有变异，基部花斑由彩色鳞片组成，由红色至灰色，杂夹着浅色斑纹。鞘翅前端的斜带较窄，后端有一直带，奇数行间不隆起，行间上无小瘤状突起；雌虫臀板末端具倒 V 形凹陷；雄虫臀板末端呈圆弧形。

（2）幼虫。体白色，无足，头部褐色。

（3）蛹。初化蛹时为乳白色，后变为黄色。

### 4. 生物学特性

（1）世代及越冬。每年发生 1 代，以成虫在土壤中、树皮裂缝下、茎秆周围、种子内及腐烂果实中越冬。

（2）发生及成虫习性。成虫于次年结果季节开始取食，夜间活动，有假死性。成虫产卵于果端凹洼附近，即在果皮上磨一凹陷或做一纵缝或一新月形切口后，产卵其中，卵单产。5 月中旬为芒果花期，也是成虫交配产卵阶段。该虫还可在马铃薯、苹果、桃、李、荔枝和菜豆上产卵，成虫还能取食苹果和花生。每头雌虫一天可产卵 15 粒，3 个月中最多产卵达 300 粒。

（3）幼虫习性。幼虫孵化后，即钻蛀果实进入果核，从孵化到穿透种皮至少需 1d。幼虫在果核内取食为害，幼虫老熟后即在果核内化蛹、羽化，也发现在果肉中化蛹的。不同芒果品种受害程度有差别，果实成熟期短于该虫生活周期的品种受害较轻，成熟期长的受害重。

（4）各虫态历期。卵 5.5～7d，幼虫 30～36d，蛹 5d，成虫寿命 140d。完成 1 个世代约需 40d。

### 5. 传播途径

随芒果种子和果实携带及调运远距离传播。

### 6. 检疫方法

根据中华人民共和国出入境检验检疫行业标准 SN/T1401—2004 对进境芒果、果实、种苗进行检验。

（1）剖果检验。在现场或室内剖开芒果果实，去掉果肉后观察果核表面有无黑色的孔洞，若有黑色孔洞，将果核剖开，检查是否有幼虫、蛹、成虫。

（2）培养检验、芒果种苗检验及标本鉴定同芒果果肉象甲。

**7. 检疫处理及防治方法**

1）检疫处理

加强检疫，严禁从国外疫区进口芒果果实、芒果种子、苗木及其土壤和植株包装物；对于科学试验和宾馆配餐，需从国外引进芒果及种苗的，一定要经过严格检验检疫和彻底处理，并有输出国植物检疫证书，证明所运芒果和种苗等不带此虫，才能准许进口。

2）防治方法

（1）农业防治。保持果园清洁，消灭越冬虫源。种植时，仔细除去果核壳，避免损伤胚芽，去除在子叶上取食的幼虫或果核内的其他虫态，并立即杀灭。结果期经常清除落果并集中销毁。

（2）物理及生物防治。开花前，在树干上涂胶带，阻止成虫上树。用$^{60}$Coγ射线辐照杀死果实内成虫；或用$^{60}$Coγ射线不育剂量辐照使成虫不育，利用雄性不育法防治。

此外，也可在树干上涂煤油乳剂杀灭成虫或其他化学药剂防治。

# 七、芒果果实象甲

**1. 名称及检疫类别**

学名：*Sternochetus olivieri*（Faust）

异名：*Cryptorrhynchus olivieri*（Faust）

　　　*Acryptorrhynchus olivieri*（Faust）

英文名：mango nut weevil

分类地位：鞘翅目 Coleoptera，象甲科 Curculionidae

检疫害虫类别：进境植物检疫性害虫，全国农业植物检疫性害虫

**2. 分布与为害**

分布于亚洲的越南（胡志明市）、柬埔寨（金边）、孟加拉国、缅甸、印度、巴基斯坦、斯里兰卡、马来西亚、菲律宾；非洲的加蓬、毛里求斯与马达加斯加。

寄主为芒果。成虫、幼虫为害芒果的果核和果肉。幼虫蛀入果肉，并作隧道进入果核，在核仁内取食，使果核、果肉都失去应用价值。

**3. 形态特征**

芒果果实象甲的形态特征如图 4-11 所示。

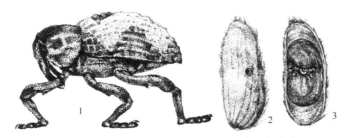

图 4-11　芒果果实象甲（中华人民共和国北京动植物检疫局，1999）

1. 成虫；2, 3. 为害状

（1）成虫。体长 7.0～8.5mm，宽 3.4～4.6mm。体黑色，被锈赤色、黑褐色和白色鳞片。头部额中央有窝。触角棒节端部尖细，节间不明显，密被绵毛。前胸背板中隆

线显著，其前缘和中部两侧各有 1 对乳头状的黑色鳞片丛，中部 1 对更显著。鞘翅奇数行间较隆，每行间各具 1 行小瘤，鞘翅前端有一较宽斜带，后端有一直带。腹部第 2～4 节腹板各具 2 排刻点。

（2）卵。长 0.8mm，宽 0.3mm。长椭圆形。初为乳白色，后变为黄褐色，卵壳表面有由 4～6 边形组成的网纹。

（3）幼虫。低龄幼虫乳白色，老龄幼虫银灰色，头黄褐色。无趾钩，但具刚毛 1～2 根。

（4）蛹。黄白色，腹末有 1 对短而尖的臀刺。

该虫形态特征与芒果果肉象甲、芒果果核象甲比较近似。三种象甲的主要形态区别见表 4-6。

表 4-6　三种象甲成虫形态区别

| | 芒果果肉象甲 | 芒果果核象甲 | 芒果果实象甲 |
|---|---|---|---|
| 为害部位 | 果肉 | 果核 | 果核或偶尔为害果肉 |
| 体长/mm | 5.0～6.5 | 6.0～9.0 | 7.0～8.5 |
| 体色 | 黄褐色 | 暗褐色 | 深褐色 |
| 前胸背板 | 前胸背板中隆线细小，两侧各有一个淡褐色斑点 | 前胸背板中隆线不太明显，两侧各有黄白色斑点 | 前胸背板中隆线明显，两侧各有乳头状黑色鳞片丛 |
| 鞘翅及腹板 | 鞘翅斜带较窄，直带不明显；奇数行间具有少数不明显的小瘤，腹板 2～4 节各有 3 排刻点 | 鞘翅斜带窄，直带不完整；奇数行间较宽，不隆，无明显鳞片瘤 | 鞘翅斜带宽，直带明显；奇数行间较隆，腹板 2～4 节各有 2 排刻点 |

资料来源：谢伟宏，1995

**4. 生物学习性**

（1）世代及越冬。在云南景谷每年发生 1 代，以成虫越冬。

（2）发生及成虫习性。越冬成虫次年 3 月中旬到 4 月中旬进入取食高峰期，4 月下旬至 6 月中旬为幼虫发生的高峰期，6 月中下旬为化蛹高峰期，6 月下旬至 7 月中旬为成虫羽化盛期。成虫有假死性，喜湿润环境；畏强光，白天多隐蔽在花序、果枝或叶片背面，傍晚以后开始活动和飞翔，午夜以后，活动减少。成虫食性专一，越冬后的成虫取食植株上的幼嫩部分。室内饲养时，成虫喜食幼嫩的茎、叶片以及蜂蜜、芒果干果。成虫产卵于果实表皮内。

（3）各虫态历期。卵 7～8d，幼虫 40d，蛹 9d，成虫寿命 13～15 个月。

**5. 传播途径**

随芒果种子和果实调运传播。

**6. 检疫方法**

检验时必须剖开果实（包括果肉和果核）检查，检查果核附近的果肉是否有变色斑及果核是否有虫粪和虫体。

**7. 检疫处理及防治方法**

1）检疫处理

同于芒果果肉象甲和芒果果核象甲。

2）防治方法

（1）芒果成熟时统一收购加工。根据该虫生活习性，由有关部门收购虫区熟果统一加工，可大量消灭害虫。

（2）搞好田园清洁，及时捡净落地幼果，熟果煮熟后深埋处理，消灭虫源。

（3）药剂防治。可在 4 月上、中、下旬喷药，毒杀成虫。药剂有 80％敌敌畏、50％马拉硫磷、90％敌百虫、杀灭菊酯、乐果等。

# 八、剑 麻 象 甲

**1. 名称及检疫类别**

学名：*Scyphophorus acupunctatus* Gyllenhal

异名：*Scyphophorus interstitialis* Gyllenhal

*Scyphophorus anthracinus* Gyllenhal

*Scyphophorus robustior* Horn

*Rhyncophorus asperulus*（LeConte）

英文名：sisal weevil；Mexican sisal weevil

分类地位：鞘翅目 Coleoptera，象甲科 Curculionidae

检疫害虫类别：进境植物检疫性害虫

**2. 分布与为害**

剑麻象甲原产于中美洲。在非洲最早是 1914 年记录了在坦桑尼亚的坦蔼尼喀的发生；1916 年在亚洲印度尼西亚的爪哇发生；在夏威夷的最早记录是 1927 年；1976 年在南非首次报道发生。现分布国家：亚洲的印度尼西亚（苏门答腊、爪哇）；非洲的坦桑尼亚、肯尼亚，美洲的美国（阿肯色、佐治亚、佛罗里达、亚利桑那、新墨西哥、加利福尼亚、得克萨斯、堪萨斯、科罗拉多、夏威夷）、墨西哥、萨尔瓦多、危地马拉、洪都拉斯、尼加拉瓜、哥斯达黎加、牙买加、古巴、海地、哥伦比亚、多米尼加、委内瑞拉及巴西。

寄主有剑麻或西沙尔麻 *Agave sisalana*、毛里求斯麻 *Furcraea gigantea* 以及各种野生及观赏的龙舌兰科植物。

成虫为害剑麻叶片，受害叶片基半部下表皮出现灰褐色椭圆形或圆形斑痕，斑痕周围的纤维常外露。幼虫为害造成的损失最大。幼虫孵化后，蛀入植株茎秆，在茎秆内钻蛀为害幼嫩组织，特别是分生组织以下的鲜嫩、白色、非纤维的多汁组织。生长点受害，并且弯向幼虫在地下钻入的一边。幼小茎干被蛀食成蜂窝状，或被全部吃光，继之发生腐烂，植株死亡。还可传播黑曲霉病，引起剑麻茎腐病，导致植株死亡。

**3. 形态特征**

剑麻象甲的形态特征如图 4-12 所示。

（1）成虫。长 9.0～15.0mm，体暗黑色。头较小，两复眼在腹面下方距离相对较宽，头喙向下弯曲，喙端具小而粗壮的钳状上颚。触角在近喙基部嵌入，触角棒的绒毛部分平截。前胸背板长约为腹长的一半，

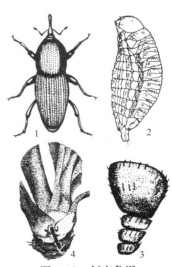

图 4-12 剑麻象甲
1. 成虫；2. 幼虫；3. 触角；4. 为害状

前胸背板上有细小的刻点。鞘翅行纹刻点大，刻点互相连接呈纵沟状，行间稍凸起，有成排的细小刻点。两鞘翅合并紧密。后胸前侧片端部 1/3 处明显窄于腿节最宽处，后胸前侧片后端明显窄于中部。臀板裸露。足的第 3 跗节呈宽三角形，跗节腹面前端边缘有绒毛。雌雄形态非常相似。

（2）卵。卵长约 1.5mm，长卵形，乳白色，卵壳光滑而薄。

（3）幼虫。老熟幼虫体长 18.0mm，头壳宽 4.0mm。各龄幼虫的头壳坚硬而角质化，上颚深褐或黑色，体柔软具皱纹，无足，第 8 节后的体节急剧缩小，最后 1 节成为 2 个肉质突起，并向上弯曲。每个突起上有 3 根毛，2 根向后直伸，第 3 根（中间的）较短，向下伸出。

（4）蛹。蛹长约 16.0mm，初化蛹时呈浅黄褐色，几天蛹体变暗，最后整个蛹体呈深褐色。鞘翅、足、喙紧贴在蛹皮上明显可见。

**4. 生物学特性**

（1）世代及发生。每年发生 4～5 代。该虫在老种植区较新种植区发生重。在内地较干燥、凉爽地区，多数季节气候不适宜剑麻象甲繁殖，但也不应忽视其为害的危险性。

（2）成虫习性。剑麻象甲成虫活动性不强。成虫对龙舌兰科植物纤维气味有趋性。雌、雄成虫寿命较长，但产卵量少。雌成虫羽化后约需 1 个月性成熟。雌雄交配后，雌虫常将卵产在植株柔软的腐烂组织里，有时成虫在穗状花序里咬一个小穴，造成局部腐烂，然后产卵其中。卵壳壁薄，如果暴露在干燥的大气环境中，会很快干涸。雌虫每次产卵 2～6 粒，一生共产卵 25～50 粒。

（3）幼虫习性。幼虫孵化后即在幼嫩的剑麻茎干组织内取食直至化蛹。幼虫 5 龄，1 龄幼虫体长 1.3～1.8mm，乳白色，很快头部变为褐色，身体其余部分稍变暗。老熟幼虫先用纤维和一些碎叶片做个粗糙的茧，然后在茧内化蛹。

（4）各虫态历期。卵 3～5d，幼虫 21～58d，蛹 12～16d，人工饲养的成虫寿命约 45 周。

**5. 传播途径**

随寄主植物及纤维、龙舌兰科植物、剑麻包装及运载工具等进行远距离传播。

**6. 检疫方法**

对进口的寄主植物及包装材料、种苗（特别是龙舌兰科植物及其纤维）、运输工具等进行严格检验。

**7. 检疫处理及防治方法**

（1）检疫处理。除禁止从疫区引进寄主植物种苗外，对到达口岸的上述包装物、纤维、运输工具等均应严格检验，对进口的龙舌兰科植物及其纤维必须进行检疫处理。对特殊批准的少量科研引种，应进行灭虫处理并限定地区隔离试种观察。

（2）防治方法。清除并销毁适合该虫繁殖的衰老植株和腐烂茎干可大大降低虫口密度。在剑麻被害孔内注射杀虫剂或煤油可杀死栖息在内的剑麻象甲各虫态。植麻前用 0.2%～0.4% 的乐果或百治磷、久效磷等药液涂芽防治。

# 九、杨 干 象

**1. 名称及检疫类别**

学名：*Cryptorhynchus lapathi* Linnaeus

异名：*Curculio lapathi*（Linnaeus）

*Cryptorrhynchus lapathi*（Linnaeus）

英文名：poplar and willow weevil, osier weevil

分类地位：鞘翅目 Coleoptera，象虫科 Curculionidae

检疫害虫类别：进境植物检疫性害虫，森林植物检疫性害虫

**2. 分布与为害**

分布于中国（黑龙江、辽宁、四川、新疆等省、自治区）、朝鲜、日本、原苏联（西伯利亚）、匈牙利、捷克、德国、法国、英国、意大利、美国、加拿大。

主要寄主是杨、柳、桦，如加拿大杨、中东杨、小叶杨、赤杨、小青杨、香杨、桦树、旱柳等。

杨干象是杨、柳树的毁灭性害虫。该虫以幼虫在树干中钻蛀为害，严重为害三年生以上的杨、柳、桦等幼树。开始取食树枝干的木栓层，食痕呈不规则的片状，逐渐深入韧皮部与木质部之间，环绕树干蛀成圆形隧道；植物被害后，常由孔口渗出树液，隧道处的表皮颜色变深，呈油浸状，微凹陷；随着树木的生长，隧道处的表皮常形成一圈圈刀砍状的裂口。植株被害后轻则生长缓慢，严重威胁着幼树成林，被害株率有时竟达100％；重则造成枝梢干枯，整株树木死亡。成虫取食，枝干留下许多针刺状小孔；在叶片上取食，食痕成网眼状。

**3. 形态特征**

杨干象的形态特征如图 4-13 所示。

（1）成虫。雄虫体长 8.0mm，雌虫体长 10.0mm。体长椭圆形，高凸。体壁黑色，除前胸两侧、鞘翅肩部的一个斜带和端部 1/3 部分被覆白色或黄色鳞片外，其余部分被瓦状圆形黑色鳞片。头部球形，密布刻点，头顶中间具略明显的隆线；喙弯，略长于前胸。触角暗褐色，触角基部以后密布互相连合的纵列刻点，具中隆线，触角基部以前散布分离的小而稀的刻点；触角柄节未达到复眼，索节 1、2 长约相等，索节 3 长于宽，其他节长宽约相等，触角棒倒长卵形，密布绵毛。复眼梨形，略突出。

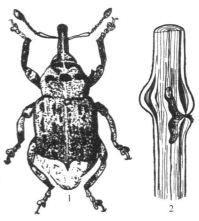

图 4-13　杨干象
1. 成虫；2. 幼虫的取食道

前胸背板宽大于长，中间最宽，向后略缩窄，向前猛缩窄，散布大刻点，中隆线细。前胸中间以前具排成一列的 3 个黑色直立鳞片束，前胸中间具 2 个相同的鳞片束。小盾片圆形。鞘翅前端 2/3 平行，端部 1/3 逐渐缩窄，肩胝明显，行纹刻点大，行间扁平，宽于行纹。鞘翅行间 3、5、7 各具 1 行黑色直立鳞片束。足腿节黑色，中间具黄白色环，腿节具齿 2 个，胫节直，外缘具隆线；跗节红褐色。雄虫腹板 1 中间具沟，臀板末端圆形；雌虫臀板末端尖形。

（2）卵。长 1.3mm，宽 0.8mm，乳白色，椭圆形。

（3）幼虫。老熟幼虫体长 9.0mm 左右，乳白色，全体疏生黄色短毛。头部黄褐色。胴部呈"C"状弯曲，气门黄褐色。胸足退化，在足痕处有数根黄毛。

（4）蛹。体长 8.0～9.0mm，乳白色。前胸背板上有数根突出的刺，腹部背面散生

许多小刺，腹部末端具 1 对向内弯曲的褐色小钩。

### 4. 生物学特性

（1）世代及越冬。在欧洲的大部分地区每年发生 2 代。在我国辽宁、吉林、黑龙江每年 1 代，以卵及初龄幼虫越冬。

（2）成虫习性。羽化后成虫爬到嫩枝或叶片上取食，善于爬行，很少起飞，但有时可飞行几十米远。成虫有假死性，大多在早晨交配和产卵。在一般情况下，成虫不在 1～2 年生苗木或枝条上产卵，多选择 3 年生以上幼树或枝条，在 5～9mm 粗的枝干产卵。产卵前先咬一产卵孔，然后在产卵孔中产 1 粒卵。每头雌虫平均产卵 40 多粒。成虫产卵后不再取食，多攀缘于物体上死亡。

（3）幼虫习性。幼虫开始在原越冬处取食木栓层，以后逐渐深入韧皮部与木质部之间，环绕树干蛀成圆形隧道，在隧道中间蛀食，导致树木大量失水干枯或遇风折断。老熟幼虫在木质部凿成圆形羽化孔，在孔道末端做椭圆形蛹室，并在蛹室内化蛹。

### 5. 传播途径

越冬卵和初孵幼虫可随杨、柳苗木的调运而远距离传播。

### 6. 检疫方法

根据成虫的产卵习性，对叶痕、树皮裂缝、树皮孔等部位进行解剖检查，判明是否有越冬幼虫和卵。另外，由于杨干象的为害状较明显，可检查树皮上是否有刀砍状裂口。

### 7. 检疫处理及防治方法

1）检疫处理

根据分布和危害情况划分疫区和保护区，分别采取相应的检疫措施。

（1）疫区。把杨干象封锁在疫区之内。在发生杨干象的林地上，不准随意采条或移植。苗木出圃造林时，要经检查，确实没有此虫才能出圃造林。调运木材必须剥皮和彻底处理。对活体杨干象标本，非经当地检疫机构批准不得携带出境。

（2）保护区。对调入的苗木须经过严格的检疫，严禁将此虫传入保护区，特别是调运三年生以上的幼树更应慎重检疫。每年对原有林、新植林以及苗圃进行全面检查。一有发现，及时上报，并立即消灭。

培育无病虫苗木，保证出圃苗木健康无病虫。

2）防治方法

（1）农业防治。及时伐除被害株，特别是严重受害的零散木要及时砍掉；结合幼林抚育砍去被害枝条，伐下的林木及枝条必须在成虫出现以前彻底处理，并剥皮使其干燥，减少林地虫口密度。发生面积小时，可利用成虫假死性，于早晨震动树干，扑杀落地成虫。

（2）药剂防治。①涂抹虫孔；用 50％辛硫磷、50％杀螟松、40％氧化乐果乳剂 100 倍液涂抹虫孔或树干有虫区；②打孔注射；在树干上打孔或开槽，将 50％久效磷乳剂、40％氧化乐果乳剂、50％氧化乐果油剂原液注入孔或槽中。一般在胸径 8～12cm 的树上开 2 或 3 孔（槽），注药 1.0～1.5mL，防治效果可达 90％以上，树干 3～4m 高处杀虫效果可达 100％；③喷雾杀成虫；在成虫羽化盛期，可用 50％杀螟松 1000 倍、50％辛硫磷 1000 倍、2.5％溴氰菊酯 5000 倍、40％氧化乐果 5000 倍、20％杀灭菊酯 5000 倍，进行林间喷树冠毒杀未产卵的成虫。

附表 4-1  象甲科常见亚科检索表（26亚科）

1. 触角棒节愈合，节间环纹不明显，或基节扩大而发光，节间缝几乎不明显；身体光滑，稀被覆鳞片 ······························································································ 2
   触角棒节不愈合，节间环纹通常明显，不发光；身体通常被覆鳞片，稀光滑 ··············· 3

2. 前足胫节内缘近端部密布一排长而直立的毛；索节 7 节，有时退化为 6 或 5 节；臀板被遮蔽；发生于树皮下或朽木内；体型扁而细长 ····························· 朽木象亚科 Cossoninae
   前足胫节内缘近端部不密布长而直立的毛；索节 6 节，有时退化为 5 或 4 节；臀板露出；幼虫蛀食茎、芽或种子；体型很大或很小 ····································· 隐颏象亚科 Rhynchophorinae

3. 上颚外角有一可脱落的颚尖，脱落后可留下一疤痕（根瘤象除外）；前颏扩大，把下颚遮盖；喙短粗而直，无辅助产卵的功能；营寄主体外取食生活 ·································· 4
   上颚无颚尖，喙稀短粗，大多数细长而弯，呈圆筒形；前颏没有扩大，没有遮盖下颚；喙有辅助产卵的功能；营蛀食生活（方喙象亚科的方喙象族和叶象亚科除外） ················ 7

4. 触角沟细而深，位于喙的两侧，在眼以前向下弯，触角沟的基部外缘不扩大；触角柄节不超过眼 ······································································································ 5
   触角沟宽而浅，位于喙的背面，指向眼，触角沟基部外缘扩大，呈耳状；触角柄节超过眼；幼虫为害寄主的地下部分 ············································· 耳喙象亚科 Otiorrhynchinae

5. 前胸前缘两侧截断形；足正常 ····························································· 6
   前胸前缘两侧向前突出成眼叶；跗节 3 略扩大；腹面非海绵状；成虫陆生；体型大 ·············································································· 细足象亚科 Leptopinae

6. 上颚有颚尖；幼虫寄生于根部，成虫为害嫩叶、幼芽；体型中等 ········ 短喙象亚科 Brachyderinae
   上颚无颚尖，被覆鳞片或毛；幼虫为害豆类植物根部；体型细长而小 ········ 根瘤象亚科 Sitoninae

7. 触角位于或接近喙的端部；喙较短粗，端部略放宽，或细长呈圆筒形，触角沟基部近于喙的两侧背面，从上面可见 ······················································································· 8
   触角多数位于喙的中间与端部之间；喙一般细长，通常呈圆筒形，触角沟基部位于喙的两侧，从上面看不见 ······················································································· 10

8. 触角沟远在眼以前猛烈向下弯，不指向眼；喙短粗或较细长呈圆筒形；后胸后侧片明显；爪合生，稀离生；幼虫发生于草本植物的地下部分，或蛀食茎秆，成虫栖息于地面；体型大 ················································································ 方喙象亚科 Cleoninae
   触角沟直，指向眼，至少指向眼的下缘；爪离生，稀合生 ····························· 9

9. 前胸背板基部缩窄，后角钝圆；后胸后侧片被鞘翅遮蔽；后足胫节端刺从胫窝的隆线生出；幼虫多发生于树皮下 ··················································· 树皮象亚科 Hylobiinae
   前胸背板基部不缩窄，后角近于直角形；后胸后侧片露出；后足胫节端刺从内角生出；幼虫食叶（和大多数鳞翅目幼虫一样） ················································· 叶象亚科 Hyperinae

10. 上颚位于喙的背面，上下活动；喙特别细长，雌虫更长，有时长过体长；幼虫蛀食果实，种子或蜂类造成的虫瘿 ······································· 象甲亚科 Curculioninae
    上颚位于喙的两侧，左右活动；喙长一般 ··········································· 11

11. 腹部腹板 2～4 的后缘两侧向后弯，或仅腹板 2 向后弯 ····························· 12
    腹部腹板 2～4 的后缘两侧不向后弯 ··················································· 18

12. 中胸后侧片扩大，向上升到前胸与鞘翅之间 ········································· 13
    中胸后侧片不扩大，不向上升 ··························································· 15

13. 胫节很少有明显的端刺；前胸背板前缘两侧有眼叶；腹面多有胸沟，喙隐藏于胸沟内；小盾片区洼，小盾片极小或看不见；鞘翅短而宽；爪一般有齿；多发生于低洼地区的草本植物上；体型小，宽卵形 ············································· 龟象亚科 Ceuthrrhynchinae

胫节有明显的端刺，前胸前缘无眼叶；爪简单 ····································· 14

14. 眼发达，在背面彼此很接近，或接触；喙较细，喙与额之间无横沟；腿节有齿；寄生于草本植物
    茎秆内，或树皮下；体型近菱形，或细长圆锥形，腹部向上翘 ············· 大眼象亚科 Zygopinae
    眼位于头的两侧，在腹面彼此接近；喙发达向后弯，基部弯成弓形，端部扁，喙与额之间有横沟；
    腿节无齿；寄生根茎内；型扁 ········································· 船象亚科 Barinae

15. 后足腿节很粗，适于跳跃；喙较短，弯在前胸下面；眼近于头的背面，彼此接近；胫节无端刺，
    爪有齿，幼虫潜叶，成虫跳跃；体型小 ····························· 跳象亚科 Rhynchaeninae
    后足腿节正常；喙长，休止时，喙与身体长轴近于垂直 ································· 16

16. 触角索节 5 节，眼近于头的背面，彼此接近；额窄于喙的基部；喙略弯，向前伸出；幼虫食叶
    （和大多数鳞翅目幼虫一样）；体型近于球形 ························· 球象亚科 Cioninae
    触角索节 7 节 ················································· 17

17. 爪合生；额与喙之间有一明显的横沟；眼近于腹面，彼此几乎接触；幼虫为害菟丝子茎蔓，寄生
    后膨胀为虫瘿；体型小 ········································· 小爪象亚科 Smicronychinae
    爪离生，有齿，彼此平行；喙从基部向前逐渐缩窄或平行；幼虫蛀食种子 ··· 籽象亚科 Tychiinae

18. 鞘翅前缘特别向前突出成叶状，把前胸背板基部遮盖 ····················· 19
    鞘翅前缘不特别向前突出 ········································· 21

19. 前胸背板后角圆；后胸后侧片被遮蔽；在爪的后面跗节 5 的腹面有一对叶状突起；体型小，呈菱
    形 ····················································· 菱象亚科 Trigonocolinae
    前胸背板后角向下突出成角；跗节 5 简单 ····························· 20

20. 爪有齿，彼此平行，前足基节彼此距离大，腿节较长而粗；索节 7 接近棒状，和棒不容易分开；
    身体被覆分裂成毛状的鳞片；幼虫蛀食茎干；体型大 ············· 长足象亚科 Alcidodinae
    爪简单，前足基节彼此接触，腿节正常；索节 7 比棒细得多，和棒明显分开；小盾片宽大，把鞘
    翅内角的距离扩大；身体不被鳞片；发生于树皮下 ················· 大盾象亚科 Magdalinae

21. 前足基节彼此分离，胫节端刺位于外角或胫窝的隆线 ····················· 22
    前足基节彼此接触，胫节端刺位于内角或完全无端刺，稀发生于外角 ············· 24

22. 胸部有胸沟，休止时，喙隐藏于胸沟内；腿节有齿；发生于树皮下，稀发生于果实内；体型多肥
    大，呈卵形；刻纹复杂而且发达 ····························· 隐喙象亚科 Cryptorrhynchinae
    胸部无胸沟 ················································· 23

23. 触角索节 7 节；喙较短而弯，向前伸出；寄生于松柏的树皮下、球果或嫩梢内 ···············
    ····················································· 木蠹象亚科 Pissodinae
    触角索节 5 节；喙直而长，弯于身体腹面；幼虫寄生于果实内，形成虫瘿；体型小而扁，被覆毛
    状鳞片 ··················································· 直喙象亚科 Gymnetrinae

24. 眼突出于头的表面；前胸与鞘翅紧密相连，后角不特别缩窄，直角形；幼虫生活于芽、花、果
    实、种子内或虫瘿内 ········································· 花象亚科 Anthonominae
    眼不突出于头的表面 ··········································· 25

25. 跗节正常，第 3 跗节宽于第 2 附节，二叶状；腹面海绵状；第 4 跗节很小；幼虫生活于木本植物
    种子内 ··················································· 多型象亚科 Notarinae
    第 3 跗节不宽于第 2 跗节或略宽，不呈二叶状；腹面非海绵状；第 4 跗节明显；身体背面被覆能
    排水的紧密相连的鳞片；发生于水生植物 ····················· 水象亚科 Erirhininae
    资料来源：赵养昌等，1980；北京农业大学，1989

# 第二节　检疫性豆象类

豆象属鞘翅目 Coleoptera，多食亚目 Polyphaga，象甲总科 Curculionoidea，豆象科 Bruchidae。豆象为中小型昆虫。体长 1.0～10.0mm，体卵圆形，少数长椭圆形或近方形，背面略隆起，腹面显著隆起，身体各部密接；体壁黑色或暗褐色，有时呈赭黄色、淡红色或黄色，颜色单一或具花斑；体密生倒伏状茸毛，背面茸毛往往形成毛斑。

全世界记录豆象科昆虫约 1400 种，我国共记录 44 种。本科有弯足豆象亚科 Rhaebinae、细足豆象亚科 Kytorhininae、粗腿豆象亚科 Pachymerinae、粗颈豆象亚科 Amblycerinae、豆象亚科 Bruchinae 等 5 个亚科，包括弯足豆象属 *Rhaebus*、细足豆象属 *Kytorhinus*、粗腿豆象属 *Pachymerus*、阔腿豆象属 *Pseudopacymerus*、广颈豆象属 *Spermophagus*、宽颈豆象属 *Zabrotes*、粗颈豆象属 *Amblycerus*、豆象属 *Bruchus*、三齿豆象属 *Acanthoscelides*、瘤背豆象属 *Callosobruchus*、锥胸豆象属 *Conicobruchus*、短颊粗腿豆象属 *Caryedon*、多型豆象属 *Bruchidius*、脊背豆象属 *Specularius* 和沟股豆象属 *Sulcobruchus* 等。

豆象是豆科植物的重要害虫。在全世界记录的约 1400 种豆象中有 50 余种具有重要的经济意义。经济意义重要的属有豆象属、多型豆象属、瘤背豆象属、三齿豆象属、短颊粗腿豆象属和宽颈豆象属。重要的种有蚕豆象 *Bruchus rufimanus*（Boheman）、豌豆象 *Bruchus pisorum*（L.）、绿豆象 *Callosobruchus chinensis*（L.）、四纹豆象 *Callosobruchus maculatus*（Fabricius）、鹰嘴豆象 *Callosobruchus analis*（Fabricius）、灰豆象 *Callosobruchus phaseoli*（Gyllenhal）、菜豆象 *Acanthoscelides obtectus*（Say）和巴西豆象 *Zabrotes subfasciatus*（Boheman）。

豆象对豆类造成严重为害，常见寄主有蚕豆、豌豆、扁豆、豇豆、菜豆和花生等。蚕豆象在抗日战争年代随日本的马饲料传入中国，现已遍及国内 20 多个省、自治区，对蚕豆造成的重量损失达 20％～30％。豌豆象对种子的侵染率达 40％～50％，重量损失约 20％。在中东，欧洲扁豆象 *Bruchus lentis* Fröelich 对扁豆的侵染率高达 80％，对蚕豆的侵染率达 40％，经 3 个月的储藏，重量损失在 50％以上。绿豆象的为害更严重，在中国南方，每年发生多代。四纹豆象的世界分布更广泛，危害性比绿豆象更大，在中国南方每年可发生 11～13 代。在尼日利亚，由于四纹豆象为害，豇豆储藏 9 个月重量损失可达 87％。还有一些国家受四纹豆象严重为害的地区被迫放弃了豇豆的种植；该虫于 20 世纪 60 年代由港澳随旅客携带的豆类传入中国大陆，现已蔓延到广东、广西、福建、浙江、湖南、云南、江西等省、自治区。

我国多次截获豆象类危险性害虫。1986 年 5 月以来，畹町、瑞丽动植物检疫所多次从来自缅甸的白扁豆和白茶豆中检获灰豆象。1987 年 2 月 17 日，畹町口岸首次从进境的缅甸小白芸豆 *Phaseolus* spp. 中截获了菜豆象，至 1992 年底共截获了菜豆象 15 批次。1988 年重庆和 1990 年四川广安分别从云南贸易小白豆中发现巴西豆象活虫，并对其进行了隔离处理。近年来针对豆象的检验检疫也常有报道。2001 年 10 月 20 日，广东新会市检验检疫局在对入境的一艘土耳其废钢船进行检查时，从该船食品仓的一袋豆中截获进境检疫危险性害虫菜豆象。2003 年 11 月，温州检验检疫局检疫人员在对从韩国仁川出发的科威特籍"澳明纳格"轮进行入境检疫时，在该轮食品仓内一小袋约 2kg 的豇豆中截获危险性害虫巴西豆象。

蚕豆象与豌豆象的生物学特性较为相似，这两种豆象均每年发生 1 代，以成虫在豆粒内、仓内角落、包装品缝隙以及田间、晒场、作物遗株或砖石下越冬。越冬成虫次年分别在蚕豆、豌豆开花结荚期飞向田间产卵于豆荚上。卵孵化后幼虫蛀入豆粒，在田间生长发育一段时间，然后随收获的豆粒回到仓内。两种豆象飞翔力、耐饥力、抗寒力都较强。

绿豆象、四纹豆象、鹰嘴豆象、灰豆象、菜豆象及巴西豆象 6 种豆象生物学特性也较为相似。每年发生世代数因虫种、地理位置及食物等环境因子的不同而不同。均以幼虫在豆粒内越冬。它们既可以在仓内豆堆中反复产卵、繁殖，又可以飞至田间豆荚上产卵、繁殖，在田间繁殖数代后，随收获豆粒回到仓库。成虫均善飞翔，有假死性、趋光性。

豆象害虫的传播蔓延与以下因素有关：①成虫飞翔能力强，可以由分布点向四周逐渐扩展；②随着生产的发展，从国外引种增多，增加了这类害虫传入的机会；③国际贸易的日趋频繁，农产品的调运增多。上述因素中，以后一个因素最重要。另外，豆象这类昆虫个体小，幼虫在豆粒内蛀食为害，十分隐蔽，被侵染的豆粒有时从外部看来完整无损，极容易借助于人为的因素传播。由于人类的经济活动，许多豆象的分布由局部变为世界性。通过以下 9 种豆象的分布变迁，生动地反映出这类害虫的传播蔓延情况（表 4-7）。

表 4-7　九种重要豆象的分布

| 种类 | 分布 | | | | | |
|---|---|---|---|---|---|---|
| | 亚洲 | 非洲 | 欧洲 | 北美洲 | 南美洲 | 大洋洲 |
| 四纹豆象 | ● | ● | □ | □ | □ | □ |
| 绿豆象 | ● | ● | □ | □ | □ | |
| 鹰嘴豆象 | ● | □ | | | | |
| 罗得西亚豆象 | | ● | | | | |
| 西非花生豆象 | | ● | | | □ | |
| 灰豆象 | ● | ● | | □ | | |
| 菜豆象 | □ | □ | □ | ● | ● | □ |
| 巴西豆象 | □ | □ | □ | ● | ● | |
| 花生豆象 | ● | ● | | | □ | □ |

●本地种；□传入种

资料来源：赵志模，2001

2007 年列入我国进境植物检疫性害虫的有菜豆象 *Acanthoscelides obtectus*（Say）、巴西豆象 *Zabrotes subfasciatus*（Boheman）、埃及豌豆象 *Bruchidius incarnates*（Boheman）、豆象（属）（非中国种）*Bruchus* spp.（non-Chinese）、瘤背豆象（四纹豆象和非中国种）*Callosobruchus* spp.［*maculatus*（F.）and non-Chinese］等。

# 一、菜　豆　象

## 1. 名称及检疫类别

学名：*Acanthoscelides obtectus*（Say）

异名：*Bruchus obtectus* Say

*B. obsoletus* Say

*B. breweri* Crotch

*B. irresectus* Fahrreus

*B. pallidipes* Fahrreus

*B. incretus* Walker

*B. tericus* Gullenhal

*B. varicornis* Motschulsky

*Mylabris obtectus* Leng

*Spermophagus incretus* Motschulsky

英文名：bean weevil

分类地位：鞘翅目 Coleoptera，豆象科 Bruchidae。

检疫害虫类别：进境植物检疫性害虫，全国农业植物检疫性害虫

**2. 分布与为害**

分布于朝鲜、日本、缅甸、原苏联、阿富汗、土耳其、波兰、匈牙利、德国、奥地利、瑞士、荷兰、比利时、英国、法国、西班牙、葡萄牙、意大利、原南斯拉夫、罗马尼亚、阿尔巴尼亚、希腊、尼日利亚、埃塞俄比亚、肯尼亚、乌干达、布隆迪、刚果、安哥拉、澳大利亚、新西兰、斐济、美国、墨西哥、古巴、哥伦比亚、秘鲁、巴西、智利、阿根廷。

主要为害菜豆属的植物，具体种类如下：鹰嘴豆、赤小豆、多花菜豆、金甲豆、菜豆、豌豆、蚕豆、长豇豆、豇豆。也为害其他豆类。幼虫在豆粒内蛀食，对储藏的食用豆类造成严重危害。在墨西哥、中美和巴拿马，菜豆象和巴西豆象在豆类储藏期间共同造成的重量损失为35％；在巴西为13.3％；在哥伦比亚，由于储藏期短，造成的损失为7.4％。

**3. 形态特征**

菜豆象的形态特征如图 4-14 所示。

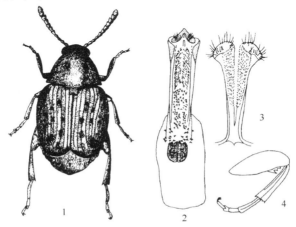

图 4-14　菜豆象

1. 成虫；2. 阳茎；3. 阳基侧突；4. 后足

（1）成虫。成虫体长 2.0～4.0mm。头黑色，通常具橘红色的眼后斑；上唇及口器多呈橘红色；触角基部 4 节（有时包括第 5 节基半部）及第 11 节橘红色，其余节褐色。足大部橘红色；胸部黑色；鞘翅黑色，仅端部边缘橘红色。腹部橘红色，仅腹板基部有时呈黑色；臀板橘红色。头及前胸密被黄色毛；鞘翅密被黄色毛，在近鞘翅基部、中部及端部密被褐色毛斑，足被白色毛，腹面密被白色毛或杂以黄色毛，臀板被白色或黄色毛。头部长而宽，密布刻点，额中线光滑无刻点，由额唇基沟延伸至头顶，有时稍隆起。触角第 1～4 节丝状，第 5～10 节锯齿状，末节端部尖细。前胸背板圆锥形，中区布刻点，端部及边缘刻点变小。小盾片黑色，方形，端部 2 裂，密布倒伏状黄色毛。鞘翅行纹深，行纹 3、4 及行纹 5、6 分别在基部靠近。后足腿节端部与基部缢缩，呈梭形，中部约与后足基节等宽；腹面近端部有 1 个长而尖的齿，其后有 2～3 个小齿，大齿的长度约为小齿的 2 倍；后足胫节具前纵脊、前侧纵脊、侧纵脊及后纵脊，其中前侧纵脊在端部 1/4 不明显；后足胫节端部前方的刺长约为第 1 跗节长的 1/6。臀板隆起，雄虫腹板 5 后缘明显凹入，雌虫稍凹入。雄虫外生殖器的阳基侧突端部膨大，两侧突在基部 1/5 处愈合；阳茎长，外阳茎瓣端稍尖，两侧稍凹入；内阳茎密生微刺，且向囊区方向骨化刺变粗，囊区有 2 个骨化刺团。

（2）卵。长椭圆形，一端稍尖。长约 0.66mm，宽约 0.26mm，长约为宽的 2.5 倍。

（3）幼虫。1 龄幼虫体长约 0.8mm，宽约 0.3mm。中胸及后胸最宽，向腹部渐细。头的两侧各有 1 个小眼，位于上颚和触角之间。触角 1 节。前胸盾呈"X"或"H"形，上面着生齿突。第 8、9 腹节背板具卵圆形的骨化板。足由 2 节组成。老熟幼虫体长 2.4～3.5mm，宽 1.6～2.3mm。体粗壮，弯曲呈"C"形。足退化。上唇具刚毛 10 根，其中 8 根位于近外缘，排成弧形，其余 2 根位于基部两侧。无前胸盾，第 8、9 腹节背板无骨化板。

（4）蛹。体长 3.0～5.0mm，宽约 2.0mm，椭圆形。淡黄色，疏生柔毛。

**4. 生物学特性**

此虫以幼虫或成虫在仓内越冬，部分在田间越冬。次年春播时随被害种子带到田间，或成虫在仓内羽化后飞往菜豆田间。越冬成虫于次年春季温度回升至 15～16℃时开始复苏，气温达 18℃以上时开始交配产卵。成虫寿命一般为 20～28d；不需要补充营养；交尾持续 6～7min，2～3h 后开始产卵。产卵可持续 10～18d。雌虫产的卵并不黏附在豆粒上，而是分散于豆粒之间或将卵产于仓内地板、墙壁或包装物上。在田间，卵多产于成熟豆荚的裂隙处。每头雌虫可产卵 50～90 粒，个别多达 100 余粒。

卵期一般为 6～11d，随温湿度变化而异。高于 31.6℃ 和低于 −12.9℃ 为卵的致死温度。卵对低温最敏感。可以全部杀死各虫态的温度及时间为：在 −27.5～−35℃ 下 30～35min；在 −17℃ 下 6～8h；−11℃ 下至少 1d；−9℃ 下至少 3d；−8℃ 下至少 4d；−6℃ 下至少 12d；−1℃ 下至少 15d。

幼虫共 4 龄。初孵幼虫胸足发达，四处爬行寻找蛀入处。幼虫发育最适温度为 30℃；发育的湿度范围为相对湿度 30%～90%，最适湿度为 70%～80%。在最适条件下，幼虫期约为 30d。

近几年，国外对该虫发育与温度的关系做了进一步的试验。

Labeyrie 根据在欧洲多年的研究和观察，认为菜豆象的分布范围向北受到了 7 月份平均温 19℃ 这条等温线的限制。如果从这一指标分析该虫在我国的可能生存范围，国内大部地区对该虫都可以适生，不适合的地区有西藏、青海、四川西半部、甘肃与青海接近的部分地区、新疆与原苏联接近的部分边界地区、云南与西藏毗邻的个别地区及内蒙古和黑龙江最北部的个别地区。

在田间，菜豆象主要侵染菜豆、多花菜豆等，也侵染豇豆。如果侵染大豆、豌豆和胡豆的话，只发生于仓内而很少发生在田间。

### 5. 传播途径

主要借助被侵染的豆类种子通过贸易和引种进行传播。卵、幼虫、蛹和成虫均可被携带。

### 6. 检疫方法

过筛检查种子看有无成虫和卵，注意豆粒上是否有成虫的羽化孔或幼虫蛀入孔。成虫产的卵并不黏附在豆粒表面，必须在样品的筛出物中仔细寻找。

由卵内孵出的 1 龄幼虫必须经过一个四处爬行寻找适合蛀入点的阶段。幼虫蛀入种子后，种皮上留下一个裸露的直径约 1.5～2.4mm 的圆形蛀孔，孔口被豆子的碎屑堵塞。幼虫老熟化蛹时，贴近蛹室的种皮呈半透明的"小窗"状，成虫羽化后打开"小窗"，在种皮上留下一个近圆形的直径为 1.5～2.4mm 的羽化孔。羽化孔大，容易发现；幼虫蛀入孔很小，不易发现，豆粒上若没有成虫羽化孔极易造成漏检。

若被害的种子为褐色、红色或其他深色，则暗色背景为发现幼虫蛀入孔提供了一个有利的条件，不必进行染色检验；若被害种子为白色或接近白色，可用染色法迅速将蛀入孔染成红色。采用的染色方法如下：将样品放入 1% 碘化钾溶液或 2% 碘酒溶液中，使种子全部沉浸在染色液内，并轻轻晃动，使豆粒表面与染色液充分接触。2min 后，将样品取出放在 0.5% 氢氧化钠或氢氧化钾液内固定 1min，然后用清水漂洗 0.5min。以上方法使幼虫蛀入孔显褐色至深褐色。另外，也可以将酸性品红 0.5g、冰醋酸 50mL 及蒸馏水 950mL 混合，配制成酸性品红染色液。将样品充分浸泡 2min，然后用自来水漂洗 0.5min。上述方法可将幼虫蛀入孔染成粉红色，清晰可辨。有条件的话，也可借 X 射线机检查豆粒内的幼虫或蛹。

在田间，菜豆象不在未成熟的绿荚上产卵，只侵染成熟的豆荚（此时荚皮多已变得干燥）。雌虫将卵产于开裂荚的种子上，或将荚壁做切口，卵产于荚内。通过一个切口可产卵几粒至 20 粒。因此，田间调查要在寄主种子趋于成熟时进行，用扫网法捕获成虫，或检查带卵的豆荚。

### 7. 检疫处理及防治方法

少量种子可用高温处理，在 60℃ 下持续 20min；用二硫化碳 200～300g/m³ 或氯化苦 25～30g/m³ 或氢氰酸 30～50g/m³ 处理 24～48h，溴甲烷 35g/m³ 处理 48h。以上措施可全部杀灭各个虫态。

禁止由疫区调种，防止扩散蔓延。另外，在疫区，选用健康的种子播种，在早春及早处理掉农户家中留存的被害种子，以减少虫源。在北方地区，12 月至次年 2 月温度都在 0℃ 以下，可将豆子放在室外或不受加温影响的房间，在这种低温环境下幼虫不能越冬。

仓内储存期间可使用虫螨磷（安得利），剂量为 8mg/kg，保护期半年以上；或马拉硫磷 15mg/kg，保护期 4 个月以上。

田间喷洒，国外曾使用 1605 或甲基 1605、敌百虫、杀螟松等。当豆荚开始成熟时用第 1 次药，1 周后再喷第 2 次。

用黑胡椒 2.6g 拌入 1kg 豆内，经 4 个月储藏可减少侵染 78%；若黑胡椒用量增加到 11.1g，可减少侵染 97.9%。用惰性粉和草木灰拌种也可以有效地杀灭此虫。用硅藻土、皂土、高岭土及滑石进行比较试验，证明硅藻土效果最好。

## 二、巴 西 豆 象

### 1. 名称与检疫类别

学名：*Zabrotes subfasciatus*（Boheman）

异名：*Spermophagus subfasciatus* Boheman

　　　*S. musculus* Boheman

　　　*Bruchus cingulatus* Kunze，Suffrian

　　　*B. leucogaster* Kunze，Sharp

　　　*S. semicinctus* Horn

　　　*S. pectoralis* Say

　　　*S. dorsopictus* Lepesme

　　　*S. minusculus* Boheman

　　　*Amblycerus semifasciatus* Blackwelder

　　　*Zabrotes semifasciatus* Bottimer

英文名：Mexican bean weevil

分类地位：鞘翅目 Coleoptera，豆象科 Bruchidae

检疫害虫类别：进境植物检疫性害虫

### 2. 分布与为害

此虫原产地是墨西哥或是美国南部。在美洲，从智利至美国均有分布。在亚洲、非洲、欧洲的发生，可能是通过贸易的渠道传入。分布的国家主要有越南、缅甸、印度尼西亚、印度、波兰、匈牙利、德国、奥地利、英国、法国、葡萄牙、意大利、几内亚、尼日利亚、埃塞俄比亚、肯尼亚、乌干达、坦桑尼亚、布隆迪、扎伊尔、安哥拉、马达加斯加。1991 年，我国粮食部和农业部联合进行仓虫调查，曾在云南省与缅甸交界的地区发现巴西豆象的为害。

在巴西，曾对 11 个栽培品种进行观察，在自然条件下储藏 9 个月，此虫对种子的侵染率为 50%；储藏 12 个月，侵染率均达 100%。

主要寄主为菜豆、豇豆等。另外，其他寄主还包括：扁豆、多花菜豆、金甲豆、绿豆、菜豆、赤豆、长豇豆、豇豆。此虫以幼虫蛀食豆类种子，对储藏的菜豆和豇豆危害尤其严重。在中美、墨西哥和巴拿马，此虫和菜豆象共同对菜豆造成的损失约为 35%；在缅甸和印度，此虫全年在仓内繁殖，主要危害金甲豆。

### 3. 形态特征

巴西豆象的形态特征如图 4-15 所示。

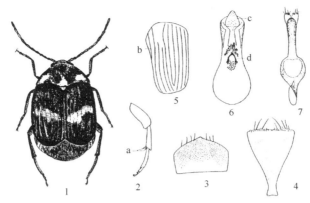

图 4-15　巴西豆象（张生芳等，1998）

1. 成虫；2. 后足；3. 雌虫第8腹节背板；4. 雌虫第8腹节腹板；5. 左鞘翅；6. 阳茎；7. 阳基侧突
a. 后足胫节端距；b. 左鞘翅第10行纹；c. 外阳茎腹瓣；d. 内阳茎"U"形骨片

（1）成虫。雄虫体长 2.0～2.9mm，雌虫 2.5～3.6mm，体为宽卵圆形。表皮黑色，有光泽，仅触角基部2节、口器、前足中足胫节端及后足胫节端距为红褐色。头小，被灰白色毛；额中脊明显；复眼缺切宽，缺切处密生灰白色毛；触角节细长；雄虫触角锯齿状，雌虫触角弱锯齿状，第1触角节膨大，其长为第2节的2倍。前胸背板宽约为长的 1.5 倍；两侧均匀突出，后缘中部后突，整个前胸背板呈半圆形。雄虫前胸背板被黄褐色毛，后缘中央有一淡黄色毛斑；雌虫前胸背板有较明显的中纵纹和分散的白毛斑。小盾片三角形，着生淡色毛。鞘翅稍呈方形，长约与两翅的总宽相当，翅的端部圆。雄虫鞘翅被黄褐色毛，散布不规则的深褐色毛斑；雌虫鞘翅中部有横列白毛斑构成的一条横带，这一特征可明显区别于雄虫。臀板宽大于长，与体轴近垂直；雄虫臀板着生灰褐色毛，偶有不清晰的淡色中纵纹，雌虫臀板多被暗褐色毛，白色中纵纹较明显。腹面被灰白色毛，后胸腹板中央有一凹窝，窝内密生白色毛。后足胫节端有2根等长的红褐色距。雄性外生殖器的两阳基侧突大部分联合，仅在端部分离，呈双叶状，顶端着生刚毛；外阳茎的腹瓣呈卵圆形；内阳茎的骨化刺粗糙，中部有一个"U"形的大骨片。

（2）卵。长约 0.5mm，宽约 0.4mm。扁平，紧贴在寄主豆粒表面。

（3）幼虫。老熟幼虫呈菜豆形，肥胖无足，乳白色。头部具小眼1对，额部每侧着生2根刚毛。唇基着生1对长的侧刚毛，基部有1对感觉窝。上唇近圆锥形，基部骨化，端部有小刺数列，近前缘有2根亚缘刚毛，后方2根长刚毛，基部每侧有1感觉窝。上内唇中区有1对短刚毛，端部有7根缘刚毛及少数细刺。触角2节，第2节骨化。上额近三角形。下额轴节显著弯曲；茎节前缘及中部着生长刚毛；下额须1节；下额叶具5个截形突，下方着生4根刚毛。后额与前额界限不分明，着生2对前侧刚毛和1对中央刚毛；前额具1长的盾形骨片。腹部第1～8节为双环纹，第9～10节为单环纹。

**4. 生物学特性**

该虫主要在仓内为害。在巴西，每年发生 6～8 代；在我国云南和广西南部每年可发生6代。

成虫羽化后即达性成熟，但多在豆粒内停留2～3d才顶开羽化孔盖爬出来活动。交配4～5min。雌虫直接将卵产于豆粒表面，卵牢固地黏附在种皮上。由于虫口密度和气候条件不同，每头雌虫平均产卵量可波动在20～50粒。产卵期持续半个月至一个月，但大部分卵产于雌虫羽化后的前5d。产卵的适温为25～30℃。幼虫发育最快的温度为32.5℃，发育的最低温度接近20℃。在相对湿度75%的条件下，幼虫发育的温度范围为20～37.5℃。一般认为，最适的发育温度为27℃，相对湿度为75%。

幼虫孵化时，前胸刺协助上颚破开卵壳，幼虫垂直蛀入种子内。当虫体全部蛀入种子后，幼虫从与种子表面平行的方向蛀食前进。卵的孵化率在最适条件下达90%以上。

巴西豆象多分布在世界的热带或亚热带地区。在北京室内观察表明，该虫每年可发生3～4代，发育期在5～10月，对豆类造成严重危害。但各虫态在冬季均不能越冬，主要的限制因子是冬季的低温和低湿度。

在一定的温度范围内，成虫寿命与温度成负相关：在37.5℃下，雌虫寿命平均为5.6d，30℃下为7.6d，25℃下为11.7d，20℃下为18.5d，15℃下为54d。在适温下，相对湿度低于50%时成虫寿命缩短。

**5. 传播途径**

此虫主要在仓内繁殖为害。成虫产的卵牢固地附着在豆粒表面、幼虫期和蛹期全部在被害豆粒内生活。这种习性使该虫很容易随寄主传播蔓延。卵、幼虫、蛹和成虫均可传播。在我国口岸检疫中曾多次截获此虫。

**6. 检疫方法**

注意豆粒上是否带卵，是否有成虫的羽化孔或半透明的圆形"小窗"；过筛检查看是否有成虫。

**7. 检疫处理与防治方法**

(1) 仓贮期间的管理。仓库应保持清洁，经常打扫，尤其是仓库墙壁的边角处，清扫的垃圾应集中烧毁，不要随意倒在仓外，以杜绝虫源的发生和扩散。贮藏的豆类，可做熏蒸杀虫处理，杀灭害虫。

(2) 物理防治。采用冷冻处理方法，经-22℃处理2h后，各虫态的巴西豆象校正死亡率达100%；采用干热处理方法，经55℃处理1 h或60℃处理0.5h后，各虫态的巴西豆象校正死亡率达100%；采用热水浸泡处理方法，经50℃处理1h后，各虫态的巴西豆象校正死亡率达100%。但采用冷藏处理方法，经0.5℃处理192h，仍不能全部杀死各虫态的巴西豆象。在60℃下处理被害种子2h，可全部杀灭各个虫态。

(3) 化学防治方法。巴西豆象很少到大田进行危害，主要是进行仓内防治。可用二硫化碳、氢氰酸、磷化铝作熏蒸处理。用溴甲烷熏蒸，每立方米投药30～40g，密闭24h可全部杀灭。用20mg/kg的辛硫磷处理成虫，效果可达100%，也比较经济。虫螨磷（安得利）是一个比较理想的保护剂，使用剂量一般为8mg/kg。此外，除虫菊酯被认为是高效的药剂，在拉丁美洲，该制剂拌入果楂使用，药效更持久。用草木灰、惰性粉或胡椒拌种也有明显的防治效果。

# 三、鹰嘴豆象

## 1. 名称及检疫类别

学名：*Callosobruchus analis*（Fabricius）

异名：*Bruchus analis* Fabricius

　　　　*B. obliquus* Allibert

　　　　*B. jekelii* Allibert

　　　　*B. glaber* Allibert

　　　　*B.（Callosobruchus）glaber* Allibert，Pic

　　　　*B. cicer* Rondani

分类地位：鞘翅目 Coleoptera，豆象科 Bruchidae

检疫害虫类别：进境植物检疫性害虫

## 2. 分布与为害

分布于日本、缅甸、印度尼西亚、印度、斯里兰卡、塞浦路斯、原苏联、南欧、苏丹、赞比亚、坦桑尼亚、马达加斯加、毛里求斯、南非、澳大利亚、美国。

主要寄主为鹰嘴豆、绿豆。对豇豆、绿豆、鹰嘴豆等造成严重危害，在印度、印度尼西亚等国家危害尤其严重。在热带地区，对豇豆属和绿豆危害最重。

## 3. 形态特征

鹰嘴豆象的形态特征如图 4-16 所示。

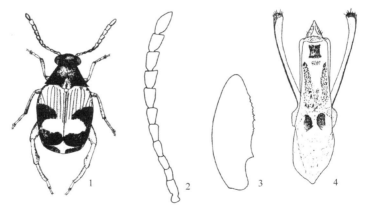

图 4-16　鹰嘴豆象（张生芳等，1998）

1. 成虫；2. 触角；3. 后足腿节（示内缘齿）；4. 雄性外生殖器

（1）成虫。体长 2.5～4.0mm。头小，暗褐色；额部具中纵脊，被灰白色毛；触角黄褐色，弱锯齿状。前胸背板亚圆锥形，暗褐色，疏被黄褐色毛；近后缘中部有 1 对瘤突，上面着生白色毛。小盾片方形，着生白色毛。鞘翅淡褐色至暗褐色，每一鞘翅的中部和端部各有 1 个黑斑，两黑斑在翅外缘相连；鞘翅长约与两翅的总宽相等，行纹 4 和 5 在端部远短于相邻的其他行纹；肩胛突出；鞘翅表皮的褐色部分着生黄褐色毛，黑斑上光裸少毛，在两个黑斑之间有 1 个卵圆形白毛斑，有时在该白毛斑之前的第 3 行间也着生白色毛。足黄褐色，后足色较暗；后足腿节腹面有纵脊 2 条，外缘脊上的端齿粗钝，内缘脊上的端齿短而尖，或完全消失，沿内缘脊基部 3/5 处着生多数微齿。臀板黑色，雄虫臀板与体轴近垂直；雌虫臀板倾斜，具有一条白色中纵毛带。雄性外生殖器的阳基侧突端部着生刚毛 10 余根；内阳茎端部的骨化区呈矩形，端缘不凹入；囊区有 2 个椭圆形的骨化板。

（2）卵。椭圆形，扁平，紧贴于种子表面。长约 0.6mm，宽约 0.4mm。

（3）幼虫。老熟幼虫长 3.6～4.0mm，宽 1.9～2.0mm。足退化，身体弯曲呈"C"形，淡黄白色。头圆形，两侧及后面骨化较强；有小眼 1 对；额区每侧有刚毛 3 根，排成弧形，具感觉窝 1 对；唇基着生刚毛和感觉窝各 1 对；上唇卵圆形，横宽，基部骨化，前缘有多数细刺及 4 根长的亚缘刚毛，基部每侧有 1 根刚毛和 1 个感觉窝；上内唇中部有 2 对短刚毛，稍弯曲，前缘有 4 根缘刚毛；触角 2 节，仅端节骨化，末节刚毛长为末端感觉乳突长的 2 倍以上；后颊膜质，与前颊的界限不明显，着生 2 对侧刚毛；前颊具一圆形骨片，前端呈双叶状，在凹缘两侧各有 1 根短刚毛；唇舌有 1 对刚毛和 1 对感觉窝。前、中、后胸节上的环纹数分别为 3、2、3。足 3 节。腹部 1～8 节上各有环纹 2 条，第 9～10 节上各有环纹 1 条，气门环形。

**4. 生物学特性**

成虫羽化时已达性成熟，随即交配产卵。交配持续 3～6min，有多次交配现象。卵散产于豆粒上，雌虫选择在完整豆粒的光滑种皮上产卵。用绿豆作寄主，每一粒上可有卵 1～3 粒，多时可达 7 粒，卵借雌虫排出的黏性分泌物固定在豆粒表面。

幼虫孵化后，向下用上颚咬破卵壳及种皮，垂直蛀入豆粒内，然后又 90°转折，向水平方向前进，继续食害子叶。幼虫有 4 龄。化蛹之前，老熟幼虫在种皮下做一个圆孔，从外部看来呈圆形"小窗"状，是幼虫开始化蛹的标志。幼虫静伏于圆孔内，上颚正对着羽化孔盖，以此种姿态度过前蛹期及蛹期。成虫羽化后静止 1～2d，然后顶开羽化孔盖由豆粒中钻出。成虫雌雄性比为 1:1。

温度和湿度对该虫的发育、产卵和寿命有直接的影响。用 25℃、30℃、35℃、40℃及相对湿度为 40%、70% 及 90% 的温湿度组合进行试验，证明在 30℃及相对湿度 70% 的条件下卵和蛹的成活率高，幼虫发育快，产卵多；在 40℃下幼虫不能发育。在 30℃及相对湿度 70% 的条件下，鹰嘴豆象既可以在仓内为害，又可以在田间为害。与四纹豆象比较，鹰嘴豆象的为害更多地发生在田间。

**5. 传播途径**

主要随寄主的调运远距离传播。

**6. 检疫方法**

检疫方法参考巴西豆象。

**7. 检疫处理及防治方法**

参考巴西豆象和菜豆象。

# 四、灰　豆　象

**1. 名称及检疫类别**

学名：*Callosobruchus phaseoli*（Gyllenhal）

异名：*Bruchus phaseoli*（Gyllenhal）

分类地位：鞘翅目 Coleoptera，豆象科 Bruchidae

检疫害虫类别：进境植物检疫性害虫

**2. 分布与为害**

分布于日本、缅甸、印度、斯里兰卡、巴基斯坦、原苏联、意大利、法国、尼日利亚、坦桑尼亚、肯尼亚、卢旺达、安哥拉、马达加斯加、美国、南非、古巴、巴西。

主要寄主为鹰嘴豆、扁豆、金甲豆、绿豆、豌豆、蚕豆。另有资料报道，该虫还危害以下属的某些种：木豆属（*Cajanus*）、田菁属（*Sesbaania*）、狗牙根属（*Cynodon*）。严重危害菜豆、扁豆、豇豆等多种豆类。

**3. 形态特征**

灰豆象的形态特征如图 4-17 所示。

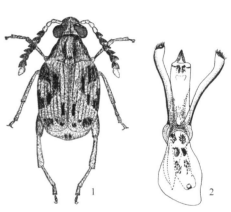

（1）成虫。体长 2.5～4.0mm。体壁黄褐色至暗褐色。触角基部 4～5 节及末节黄褐色，其余节色暗；雄虫触角强锯齿状，雌虫触角锯齿状。前胸背板赤褐色，中区有 2 条暗褐色纵纹；近后缘中央有 2 个并列的瘤突，上面着生白色毛。鞘翅表皮赤褐色，每一鞘翅中部外侧各有一个半圆形的暗色大斑，斑内又有淡色纵条纹；鞘翅密被大量淡黄色毛，沿翅缝形成一条纵宽带，并在翅的后半部形成一条不清晰的横带。臀板红褐色，几乎着生均一的淡黄白色毛，暗色斑不清晰或全缺。后足腿节腹面近端部的内缘齿大而尖。雄性外生殖器内阳茎的囊区有 3 对骨化板。

图 4-17　灰豆象（张生芳等，1998）
1. 成虫；2. 雄性外生殖器

（2）卵。椭圆形，扁平，长平均为 0.6mm，宽平均为 0.4mm。

**4. 生物学特性**

灰豆象在我国云南与缅甸交界地区每年发生 8 代，以幼虫在豆粒内越冬，越冬幼虫于翌年 2 月上、中旬开始化蛹，3 月上、中旬羽化出越冬代成虫。成虫羽化后，在蛹室内静止 1～2d，以头部和前足顶开羽化孔盖爬出。昼夜均可羽化，自然条件下羽化率平均为 88.9％。成虫由豆粒钻出后不久即行交配。交配持续 7～8min，最长 25min。成虫有多次交配现象。产卵前期少则几小时，多则 1～2d，雌虫选择完整和光滑的豆粒上产卵。卵黏附在豆粒表面，不易脱落。卵散产，有时几粒卵堆在一起。雌虫产卵 18～73粒，平均 44.1 粒。卵的孵化率在当地条件下为 62％～95％，平均 88.4％；卵期 5～12d，平均 7d。幼虫孵化时同时咬破卵壳和与其接触的种皮垂直蛀入豆粒内，然后再改为与种皮平行的方向蛀食前进，近老熟时又向种皮方向前进，做一个弧形隧道。幼虫 4龄。幼虫期 9～50d，平均 21.8d。蛹期 7～23d，平均 13.5d。成虫寿命 5～26d，平均 12.7d。

灰豆象发育起点温度约 11℃，有效积温为 450℃·d。最适的发育温度为30～32.5℃。

**5. 传播途径**

主要随寄主豆类的调运远距离传播。近几年由缅甸进口的药用白扁豆是携带该虫的主要寄主。

**6. 检疫方法**

参考巴西豆象。

**7. 检疫处理及防治方法**

参考巴西豆象和菜豆象有关部分。

# 五、四纹豆象

**1. 名称及检疫类别**

学名：*Callosobruchus maculatus*（Fabricius）

异名：*Bruchus maculatus* Fabricius

　　　*B. quadrimaculatus* Fabricius

　　　*B. bistriatus* Fabricius

　　　*B. ornatus* Boheman

　　　*B. vicinus* Gyllenhal

　　　*B. sinuatus* Fahraeus

　　　*B. ambigus* Gyllenhal

英文名：cowpea weevil

分类地位：鞘翅目 Coleoptera，豆象科 Bruchidae。

检疫害虫类别：进境植物检疫性害虫，全国农业植物检疫性害虫

**2. 分布与为害**

四纹豆象原产东亚热带，但最早在美国发现。分布地区有中国、朝鲜、日本、越南、缅甸、泰国、印度、伊朗、伊拉克、叙利亚、土耳其、原苏联、匈牙利、比利时、英国、法国、意大利、原南斯拉夫、保加利亚、希腊、阿尔及利亚、塞内加尔、加纳、尼日利亚、苏丹、埃塞俄比亚、坦桑尼亚、扎伊尔、安哥拉、南非、美国、洪都拉斯、古巴、牙买加、特立尼达和多巴哥岛、委内瑞拉、巴西。我国曾在国外及港澳寄来的豆类邮包中发现四纹豆象活体，1984 年在云南边境贸易的绿豆中截获大量四纹豆象，在重庆的贸易中也查获四纹豆象，福州也发现该虫。因此四纹豆象是我国应严加注意的一种检疫害虫。

主要寄主为木豆、鹰嘴豆、扁豆、大豆、金甲豆、绿豆、豇豆。以幼虫为害豆科植物的种子。成虫活泼善飞，能在田间和仓库内繁殖为害。严重为害菜豆、豇豆、兵豆、木豆等。在非洲的一般储藏条件下，经 3～5 个月的储存，豇豆种子被害率达 100%；在埃及储藏 3 个月，豇豆的重量损失达 50%；在尼日利亚，豇豆储藏 9 个月后重量损失达 87%，年损失为 3 万吨。从世界范围来看很可能比绿豆象还危险。被害豆粒产生豆象类所特有的成虫羽化孔。

**3. 形态特征**

四纹豆象的形态特征如图 4-18 所示。

（1）成虫。体长 2.5～3.5mm。表皮暗红褐色至黑色，全体被灰白色及暗褐色毛。足红褐色，后足腿节基半部色暗。复眼深凹，凹入处着生白色毛。触角 11 节，弱锯齿状，着生于复眼凹缘开口处，基部几节或全部黄褐色。前胸背板亚圆锥形，黑色或暗褐色，被黄褐色毛。后缘中央有瘤突 1 对，上面密被白色毛，形成三角形或桃形的白毛

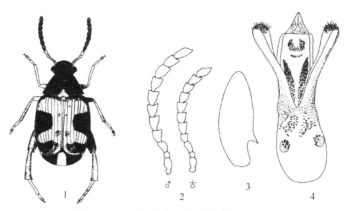

图 4-18　四纹豆象（张生芳等，1998）

1. 成虫；2. 触角；3. 后足腿节（示内缘齿）；4. 雄性外生殖器

斑。小盾片方形，着生白色毛。鞘翅长稍大于两翅的总宽，肩胛明显；表皮褐色，着生黄褐色及白色毛；每鞘翅上通常有 3 个黑斑，近肩部的黑斑极小，中部和端部的黑斑大。四纹豆象鞘翅斑纹在两性之间以及在飞翔型和非飞翔型两型个体之间变异很大。臀板倾斜，侧缘弧形。雄虫臀板仅在边缘及中线处黑色，其余部分褐色，被黄褐色毛；雌虫臀板黄褐色，有白色中纵纹。后足腿节腹面有 2 条脊，外缘脊上的端齿大而钝，内缘脊端齿长而尖。雄性外生殖器的阳基侧突顶端着生刚毛 40 根左右；内阳茎端部骨化部分前方明显凹入，中部大量的骨化刺聚合成 2 个穗状体，囊区有 2 个骨化板或无骨化板。

（2）卵。长平均约 0.6mm，宽约 0.4mm，椭圆形，扁平。

（3）幼虫。老熟幼虫体长 4.5～4.7mm，宽 2.0～2.3mm。身体弯曲呈"C"形，淡黄白色。头圆而光滑，有小眼 1 对；额区每侧有刚毛 4 根，弧形排列；唇基有侧刚毛 1 对，无感觉窝。上唇卵圆形，横宽，基部骨化，前缘有多数小刺，近前缘有 4 根刚毛，近基部每侧有一根刚毛，在基部每根刚毛附近各有一个感觉窝。上内唇有 4 根长而弯曲的缘刚毛，中部有 2 对短刚毛。触角 2 节，端部一节骨化，端刚毛长几乎为末端感觉乳突长的 2 倍。后颏仅前侧缘骨化，其余部分膜质，着生 2 对前侧刚毛及 1 对中刚毛；前颏盾形，骨片后面圆形，前方双叶状，在中央凹缘各侧有一根短刚毛；唇舌部有 2 对刚毛。前、中、后胸节上的环纹数分别为 3、2、2。足 3 节。第 1～8 腹节各有环纹 2 条，第 9、10 腹节单环纹。气门环形。

（4）蛹。体长 3.0～5.0mm。椭圆形，乳白色或淡黄色，体被细毛。

**4. 生物学特性**

在美国加利福尼亚州，每年发生 6、7 代，在我国广东及北非，每年多达 11～12 代。在热带地区，该虫可在田间和仓内为害，在温带区主要在仓内进行为害。

四纹豆象以成虫或幼虫在豆粒内越冬。越冬幼虫于次年春化蛹。成虫活泼善飞，新羽化的成虫和越冬成虫离开仓库，飞到田间产卵，或继续在仓内产卵繁殖。

成虫寿命短，在最适条件下一般不多于 12d。产卵的最适温度为 25℃。在 28.6℃下卵期 5～6d，11.6℃下 22d。幼虫发育的最适温度为 32℃，最适相对湿度为 90%，在上述条件下幼虫期为 21d。在 25℃、相对湿度 70% 的条件下，以豇豆种子为寄主，整个生活周期为 36d。

产卵期可持续 5～20d。1 粒种子上通常着卵 2～4 粒，有时多达 10～20 粒。雌虫平均产卵约 100 粒。卵直接产在豆粒上，或产于田间即将成熟的豆荚上。雌虫喜欢将卵产于光滑的豆粒表面，并牢固地黏附在种皮上。

幼虫发育在 1 粒种子内进行，经历 4 龄。发育的最适温度为 32℃，最适相对湿度为 90%，上述条件下，幼虫期为 21d。

四纹豆象是一个个体变异很大的种，在群体中每一性别的成虫存在着两个型，即飞翔型和非飞翔型。飞翔型的个体十分活泼，能够飞翔；而非飞翔型的个体体色较暗，不能飞。两个型的差别不仅表现在形态上，而且也表现在生理、身体的化学组成、行为等方面。幼虫期虫口密度过高、高温、食物含水量低及光照时间太短或太长均可以诱发飞翔型产生。

**5. 传播途径**

主要通过被害种子的调运进行远距离传播。近距离借成虫飞翔传播。

**6. 检疫方法**

参考巴西豆象。一般先用放大镜检查豆粒上有无虫卵及小黑点（蛀入孔）。被害豆粒也可借 X 光检验豆粒内有无幼虫、蛹或成虫。若发现可疑豆粒则应取样剖解，标出各虫态标本，再在实验室作进一步检查，除在解剖镜下观察有关特征外，还必须将成虫雄性和雌性生殖器做成玻片标本，以便作出结论性检验鉴定。

**7. 检疫处理及防治方法**

检疫处理参考巴西豆象和菜豆象有关章节。加强进口农产品的检验检疫，一经发现即行严格处理。采用溴甲烷、氰酸气、氯化苦等熏蒸剂熏蒸处理，温度 21℃以上，溴甲烷用药 30g/m³；温度 10～20℃用 30～35g/m³，均密闭 48h。对邮件和旅客所携带的少量豆类可采用真空高温或真空熏蒸处理。


附表 4-2　常见豆象种成虫检索表

1. 除臀板之外，腹部还有 1 节背板不被鞘翅遮盖；足细长 ……………………………… 2

　　腹末仅臀板不被鞘翅遮盖；足较粗壮 …………………………………………………… 3

2. 鞘翅褐色 ……………………………………………… 柠条豆象 *kytorhinus immixtus*

　　鞘翅黑色 ………………………………………………… 苦参豆象 *Kytorhinus senilis*

3. 后足腿节极粗壮，其宽度明显大于后足基节之长，腿节腹面的纵脊上有一列小齿，胫节显著弯曲

　　……………………………………………………………………………………………… 4

　　后足不如上述 …………………………………………………………………………… 5

4. 前胸背板具暗色纵纹 ………………………………… 胸纹粗腿豆象 *Caryedon lineatonota*

　　前胸背板无暗色纵纹 ………………………………………… 花生豆象 *Caryedon serratus*

5. 后足胫节有 2 根端距 …………………………………………………………………… 6

　　后足胫节无端距 ………………………………………………………………………… 7

6. 鞘翅第 10 行纹向后仅伸达翅中部；后足胫节端距红褐色 ………… 巴西豆象 *Zabrotes subfasciatus*

　　鞘翅第 10 行纹向后伸达近翅端；后足胫节距黑色 ………… 牵牛豆象 *Spermophagus sericeus*

7. 前胸背板两侧近中央处各有 1 齿突 …………………………………………………… 8

　　前胸背板两侧无齿突 …………………………………………………………………… 10

8. 后足胫节端的内侧齿不长于或稍长于其他端齿；前胸背板侧缘齿发达，齿尖后指向；臀板上的黑

斑明显 ························································· 豌豆象 *Bruchus pisorum*

后足胫节端的内侧齿显著长于其他端齿 ·································· 9

9. 臀板上的2个黑斑明显；鞘翅上的毛长而密，遮盖体表结构 ········· 黑斑豆象 *Bruchus dentipes*

臀板上的2个黑斑不明显；鞘翅上的毛疏而短，不遮盖体表结构 ····· 蚕豆象 *Bruchus rufimanus*

10. 后足腿节内缘脊的近端部有3个齿（少数情况下有4个齿） ·················· 11

后足腿节不如上述 ··············································· 12

11. 鞘翅表皮大部黑色，仅端缘红褐色；为害菜豆、红豆等 ··········· 菜豆象 *Acanthoscelides obtectus*

鞘翅表皮大部红褐色，仅在翅的侧缘、基部及近翅缝处黑色；仅为害紫穗槐种子·················

··········································· 紫穗槐豆象 *Acanthoscelides pallidipennis*

12. 前胸背板基部中央有1对瘤状突；后足腿节腹面内缘脊及外缘脊的近端部各有1齿突 ········· 13

胸背板无上述瘤状突；后足腿节腹面的构造不如上述 ·················· 15

13. 后足腿节腹面的内侧齿远短于外侧齿；前胸背板表皮红褐色 ····· 鹰嘴豆象 *Callosobruchus analis*

后足腿节腹面的内侧齿与外侧齿约等长；前胸背板表皮色暗 ·················· 14

14. 腹部第2~5腹板两侧有浓密的白色毛，雄虫触角栉齿状 ······· 绿豆象 *Callosobruchus chinensis*

腹部第2~5腹板两侧无浓密的白色毛，雄虫触角锯齿状 ····· 四纹豆象 *Callosobruchus maculatus*

15. 后足腿节腹面内缘脊及外缘脊上均无齿；雄虫腹部第1腹板中有1个光亮的镜状圆盘 ·········

················································· 腹镜沟股豆象 *Sulcobruchus discus*

后足腿节腹面内缘脊上有一小齿，外缘脊上无齿 ·················· 16

16. 体长大于4mm；前胸背板凹凸不平，后侧角的内侧凹陷；为害皂荚种子 ·········

··············································· 皂荚豆象 *Bruchidius dorsalis*

体长小于4mm；前胸背板不如上述 ·················· 17

17. 前胸背板顶区有2个淡色圆斑；臀板长而倾斜，端部近圆形；为害合欢种子 ·········

················································· 合欢豆象 *Bruchidius terrenus*

前胸背板无上述淡色斑；雌虫臀板的纵隆起多少明显，端部呈瘤突状；为害甘草种子 ·········

··············································· 臀瘤豆象 *Bruchidius tuberculicauda*

# 第三节　检疫性小蠹虫类

小蠹虫属鞘翅目 Coleoptera，小蠹科 Scolytidae，体小或微小，圆柱形。头窄于前胸，后部被前胸背板覆盖。触角短，锤状。前胸背板约占体长的1/3以上，前端收狭。足胫节有齿，跗节伪4节。鞘翅到达或超过腹末。全世界已知小蠹虫种类6000余种。

小蠹虫是为害森林和木材的主要害虫，据估计，森林和木材受小蠹虫为害造成的损失，约占全部虫害损失的一半，由此可见其危害的严重性。小蠹虫大多数属于森林次生性害虫，为害树势衰弱的树株，加速被害树木的死亡。少数种类为初期性害虫，可以侵害健康树木，如华山松大小蠹 *Dendroctonus armand*。小蠹虫对树木的危害，按其修筑坑道的部位，可分为树皮小蠹类（bark beetle）和蛀干小蠹类（wood boring beetle）两类。前者筑坑于树皮与边材之间，呈平面分布；后者筑坑于木质部中，上下纵横贯穿，呈立体分布。小蠹虫可以为害树株的各个部位，如根小蠹属小蠹入侵根部；绒根小蠹属小蠹入侵主干下部；梢小蠹属小蠹入侵细小枝条；切梢小蠹属小蠹成虫蛀食枝梢；桑梢小蠹 *Cryphalus exignus* 成虫在早春取食芽苞；枣核椰小蠹 *Coccotryps dactyliperda* 为害海枣的果核。小蠹虫的寄主植物很多，常见的针叶、阔叶树种都是其寄主。此外，还可为害果树、桑、茶、橡胶树、椰子、咖啡、蓖麻、玉米、棉花、甘蔗、葫芦、扁豆等多种经济作物。小蠹虫除直接为害外，还可以传播植物病害，如检疫害虫欧洲榆小蠹 *Scolytus multistriatus* 是榆树毁灭性病害榆枯萎病的媒介昆虫。

由此可见，小蠹虫类的危害极其广泛，从活树到木材、从健树到弱树、从整株到枝条、从针叶树到阔叶树、从森林到园林、从乔木到灌木、从木本到草本，无一不受其危害。因此，对其开展检疫和防治是十分重要的。

小蠹虫的食性可分为食草类、食皮类、食木类、食髓类、食种类和食菌类。

小蠹虫主要为两性生殖，少数种类可进行孤雌生殖。在两性生殖中，根据其亲缘关系，可分为异血缘繁殖和同血缘繁殖两类。

小蠹虫入侵树株时，咬穿树皮上的小孔叫侵入孔，入孔后即有较宽阔的穴为交配室，交配后蛀食形成母坑道，由母坑道向外分支为由细渐粗的子坑道，子坑道与母坑道垂直或不垂直，因属种不同而异，但相互保持一定间隔，互不干扰，子坑道端部较大，幼虫发育至老熟后在其内化蛹（又称为蛹室），蛹羽化为成虫后，咬一羽化孔外出，作为下一代的起始。小蠹虫各种不同类型的坑道，在鉴定属、种时有重要的参考价值（图4-19，图4-20）。

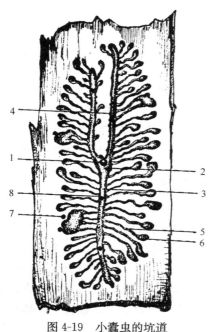

图4-19　小蠹虫的坑道
（北京林学院，1997）

1. 侵入孔；2. 交配室；3. 母坑；4. 卵室；
5. 幼虫坑；6. 蛹室；7. 羽化孔；8. 通气孔

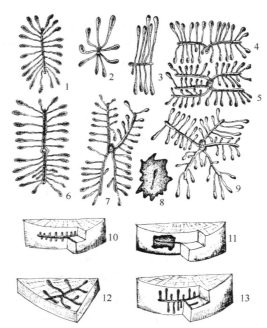

图4-20　小蠹的坑道类型（北京林学院，1979）

1. 单纵坑；2. 加深坑；3. 单横坑；4. 复横坑；5. 星形复横坑；6. 复纵坑；7. 星形复纵坑；8. 皮下共同坑；9. 星形坑；10. 梯形坑；11. 木质部共同坑；12. 水平坑；13. 垂直分枝坑

主要危险性及检疫性小蠹虫有异胫长小蠹（非中国种）*Crossotarsus* spp.、大小蠹（红脂大小蠹 和非中国种）*Dendroctonus* spp.、混点毛小蠹 *Dryocoetes confusus* Swaine、美洲榆小蠹 *Hylurgopinus rufipes*（Eichhoff）、长林小蠹 *Hylurgus ligniperda* Fabricius、咖啡果小蠹 *Hypothenemus hampei*（Ferrari）、齿小蠹（非中国种）*Ips* spp、美柏肤小蠹 *Phloeosinus cupressi* Hopkins、长小蠹（非中国种）*Platypus* spp.、欧洲榆小蠹 *Scolytus multistriatus*（Marsham）、欧洲大榆小蠹 *Scolytus scolytus*（Fabricius）和材小蠹（非中国种）*Xyleborus* spp. 等。

# 一、咖啡果小蠹

## 1. 名称及检疫类别

学名：*Hypothenemus hampei*（Ferrari）

异名：*Stephanoderes hampei* Ferrari

*Stephanoderes coffeae* Hagedorn

*Stephanoderes cooki* Hopkins

*Stephanoderes punctatus* Eggers

*Cryphalus hampei* Ferrari

*Xyleaorus coffeivorus* Van der Weele

*Xyleaorus coffeicola* Campos Novaes

英文名：coffee berry borer，coffee berry beetle

分类地位：鞘翅目 Coleoptera，小蠹科 Scolytidae

检疫害虫类别：进境植物检疫性害虫

## 2. 分布与为害

该虫原产非洲安哥拉，现广泛分布于世界许多咖啡种植国家，已知的有越南、老挝、柬埔寨、泰国、菲律宾、印度尼西亚、印度、斯里兰卡、沙特阿拉伯、利比亚、塞内加尔、几内亚、塞拉利昂、科特迪瓦、加纳、多哥、尼日利亚、喀麦隆、乍得、中非、苏丹、埃塞俄比亚、肯尼亚、乌干达、坦桑尼亚、卢旺达、布隆迪、扎伊尔、刚果、加那利群岛（西属）、圣多美和普林西比、安哥拉、莫桑比克、加蓬、费尔南多波岛、巴布亚新几内亚、新喀里多尼亚、密克罗西亚、马里亚纳群岛、加罗林群岛、社会群岛、塔布提岛、伊里安岛、危地马拉、萨尔瓦多、洪都拉斯、哥斯达黎加、古巴、牙买加、海地、多米尼亚、波多黎各、哥伦比亚、苏里南、秘鲁、巴西等国家和地区。此外，美国的夏威夷和加利福尼亚南部也有报道。

主要寄主为咖啡属植物，如咖啡、大咖啡等的果实和种子，咖啡果小蠹仅能在咖啡属植物上正常生活及产卵。此外，在灰毛豆属 *Tephrosia* spp.、野百合属 *Crotalaria* spp.、距瓣豆属 *Centrosema* spp.、云实属 *Caesalpinia* spp. 和银合欢 *Leucaena glauca* 的果荚，菜豆属的种子，酸豆 *Dialium lacourtiana* 和茜草科的一些植物种子中曾经发现。

咖啡果小蠹是咖啡种植区严重危害咖啡生产的害虫，幼果被蛀食后，青果变黑、果实脱落，严重影响产量和品质；为害成熟果实的种子，则直接造成经济损失。被害果常有 1 至数个圆形蛀孔，蛀孔多靠近果实顶部，蛀孔褐色至深褐色，被害种子内有该虫钻蛀的坑道，含不同龄期的幼虫多头。

据报道，该虫的为害在巴西造成的损失可达 60%～80%；在马来西亚咖啡果被害率达 90%，成熟果实被害率达 50%，导致田间减产 26%；在科特迪瓦、扎伊尔、乌干达咖啡果受害率均在 80%左右，可见该虫对咖啡生产造成的危害和损失是相当严重的。

**3. 形态特征**

咖啡果小蠹的形态特征如图 4-21 所示。

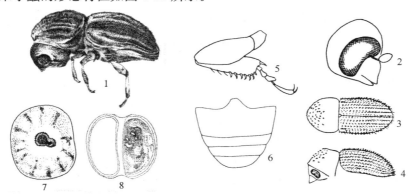

图 4-21　咖啡果小蠹
1. 成虫；2. 头部；3. 背面观；4. 侧面观；5. 前足；6. 腹部；7. 果内幼虫；8. 蛀入孔

（1）成虫。雌成虫体长约 1.6mm，宽约 0.7mm，暗褐色至黑色，有光泽，体呈圆柱形。头小，隐藏于半球形的前胸背板下。眼肾形，缺刻很小。额宽而突出，从复眼水平上方至口上片突起有一条深陷的中纵沟。额面呈细而多皱网状。在口上片突起周围几乎变成颗粒状。上颚三角形，有几个钝齿。下颚片大，约有 10 根硬鬃，在里面形成刺。触角浅棕色，锤状部 3 节。胸部有整齐细小的网状小鳞片。前胸发达，前胸背板长小于宽，强烈弓凸，其前缘中部有 4～6 个小颗粒瘤；背部瘤区中的颗粒瘤数量较少，形状圆钝，背中部颗粒瘤逐渐变弱；一条狭直光平的中隆线跨越全部刻点区，刻点区中生有狭长的鳞片和粗直的刚毛。鞘翅上有 8～9 条纵刻点沟，鞘翅长度为两鞘翅合宽的 1.33倍，为前胸背板长度的 1.76 倍；纵刻点沟宽阔，刻点圆、大而规则，沟间部略凸起，上面的刻点细小，沟间鳞片狭长，排列规则。鞘翅后面下倾弯曲为圆形，覆盖整个臀部。腹部第 1 节长为其他 3 节之和，第 4 节能活动。足浅棕色，前足胫节外缘有 6～7个齿，跗节前 3 节短小，第 4 节细长，第 5 节粗大并等于前 4 节长度之和。雄成虫形态与雌成虫相似，但个体较小，体长 1.15～1.20mm，宽 0.55～0.60mm，腹末端较尖。

（2）卵。长球形，乳白色，稍有光泽，长 0.3～0.6mm。

（3）幼虫。体长约 0.8mm，宽 0.2mm，乳白色，有些透明。头部褐色，无足。体略弯曲，被白色硬毛。

（4）蛹。白色，离蛹型。头部藏于前胸背板之下。前胸背板边缘有 3～10 个彼此分开的乳状突，每个乳状突上着生一根白色刚毛。

**4. 生物学特性**

雌成虫经交配后，在咖啡果实的端部咬食一蛀入孔，蛀入果内产卵，每头雌虫可产卵 30～60 粒，多达 80 余粒，产卵后雌成虫一直留在果内，直至下一代成虫羽化后才钻出。卵期 5～9d。幼虫孵化后在果豆内取食。幼虫期 10～26d，其中雌性幼虫取食约为 19d，雄性幼虫取食约 15d。蛹期 4～9d。从产卵至发育为成虫需 25～35d，在 24.5℃时，平均需 27.5d。雌成虫羽化后仍留在果豆内完成自身的发育，一般 3～4d 后性成熟，交配后离果并蛀入另一未蛀果内产卵。

雌雄比例约为 10：1 或雌虫所占比例更大，这是因为雌虫寿命较雄虫长，雌虫平均寿命可达 15d。雌成虫可飞翔，一般下午 4～6 时；雄成虫不飞翔，一般不离开果实，一头雄成虫可与 30 余头雌成虫交配。由于雌成虫寿命长，可存活到下一咖啡生长季节，并可发生转移为害。据报道，在巴西每年发生 7 代，在乌干达每年发生 8 代。有世代重叠现象，同一时间内，所有虫态都可以同时出现。

咖啡果小蠹的生长发育受海拔高度及湿度影响，该虫在海拔高度较低的咖啡种植区较为普遍，在东非海拔 1500m 以上高度就很少见。在爪哇海拔高度 250～1000m 的地区，咖啡受害相当严重。据对巴西和非洲数国的调查显示，遮光、潮湿的种植园，比干燥、露天的种植园受害程度要严重得多。另外，该虫的为害与咖啡品种有关，如中粒种咖啡 *Coffea canephora* 受害重，而有些品种如高种咖啡 *Coffea excelsa* 和大粒种咖啡 *Coffea liberia* 受害较轻。在果实成熟时，成虫可继续在上面繁殖产卵，直接为害果豆，并常隐藏于落果中。

**5. 传播途径**

随咖啡果、豆、种子及其包装物进行远距离传播。

**6. 检疫方法**

对到达口岸的咖啡豆或其他寄主植物的种子要逐包进行严格检验，根据该虫蛀食果实的习性，查验有无蛀孔的果实，特别注意检查果实顶部有无蛀孔，剖开咖啡豆，检查内部是否带虫。对咖啡豆的外包装物同样逐一进行严格查验，特别注意查验边、角、顶、缝等处，看是否有成虫、幼虫的存在。将查获的虫体送至实验室镜检、鉴定。

我国最早于 1985 年在海口口岸，从巴布亚新几内亚、象牙海岸进境的咖啡种子中截获。

**7. 检疫处理与防治方法**

1）检疫处理

当发现咖啡果小蠹虫情时，被检查批、次咖啡豆应连同包装物一起进行彻底灭虫处理。可使用二硫化碳熏蒸处理，用量为 85mg/0.28m³ 咖啡豆，熏蒸 15h（注意对咖啡豆发芽率有一定影响）；也可以用氯化苦熏蒸，每升咖啡豆用氯化苦 5mg 熏蒸 8h，10mg 熏蒸 4h，15mg 熏蒸 2h，50mg 熏蒸 1h，可消灭咖啡豆内的成虫；用溴甲烷熏蒸在 26.5℃时，40g/m³ 用量熏蒸 2h。利用干燥炉或微波加热处理，温度在 49℃，处理 30min，可消灭果豆内害虫。可根据实际条件，选用安全、彻底的灭虫处理措施。

2）防治方法

在咖啡种植区，加强对该虫的检疫工作，不从疫区引进寄主植物的果实及种子；发现有咖啡果小蠹为害，应及时清除被蛀果和落果，集中进行深埋或烧毁处理。另外，利用自然天敌如肿腿蜂 *Prorps nasuta* 和 *Cephalonomia stephanderis*、小茧蜂 *Heterospilus coffeirola* 和白僵菌 *Beauveria bassiana* Bals 寄生该虫；利用红蝽 *Dindymus rubiginosus* 和蚂蚁类 *Crematogaster* spp. 捕食该虫也有良好的防治效果。

# 二、欧洲榆小蠹

**1. 名称及检疫类别**

学名：*Scolytus multistriatus*（Marsham）

异名：*Ips multistriatus* Marsham

       *Scolytus flaviconis* Chevrolat

       *Scolytus javanus* Chapuis

       *Eccoptogaster orientalis* Eggers

       *Scolytus nodifer* Reitter

       *Eccoptogaster affinis* Eggers

英文名：smaller european elm bark beetle

       small elm bark beetle

分类地位：鞘翅目 Coleoptera，小蠹科 Scolytidae

检疫害虫类别：进境植物检疫性害虫

**2. 分布与为害**

原产于欧洲。现分布于伊朗、丹麦、阿塞拜疆、瑞典、比利时、法国、德国、意大利、荷兰、波兰、俄罗斯、西班牙、葡萄牙、瑞士、土库曼斯坦、英国、乌兹别克、原南斯拉夫、克罗地亚、奥地利、保加利亚、希腊、卢森堡、罗马尼亚、乌克兰、加拿大、美国、澳大利亚、阿尔及利亚、埃及。

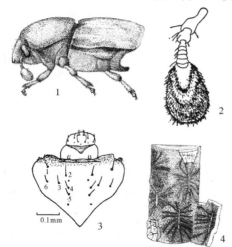

主要为害榆属的山榆、白榆、无毛榆等多种树种，偶见为害杨树、李树、栎树等。该虫是一种边材小蠹，为害树干和主枝的韧皮部，破坏形成层。该虫又是荷兰榆枯萎病菌 *Ceraticystis ulmi* 的传播者，荷兰榆枯萎病是一种毁灭性病害，能引起榆树的大批死亡。欧洲许多地方用于美化街道和公园的榆树几乎遭到毁灭性的打击，故引起许多国家的高度警惕，将榆枯萎病及其传播者欧洲榆小蠹列为重要检疫对象。

图 4-22　欧洲榆小蠹

1. 成虫；2. 触角；3. 幼虫头部；4. 为害状

（2. Metcalf，1962；3. Beaver，1970）

**3. 形态特征**

欧洲榆小蠹的形态特征如图 4-22 所示。

（1）成虫。体长 1.9～3.8mm，长约为宽的 2.3 倍。体红褐色，鞘翅常有光泽。雄虫额稍凹，表面有粗糙的斜皱纹，刻点不清晰，额毛细长稠密。雌虫额明显突起，额毛较稀、短。触角锤状部有明显的角状缝，呈铲状；触角鞭节 7 节。复眼椭圆形。前胸背板方形，表面光亮，刻点较粗，深陷，点距约为刻点直径的 2 倍，光滑无毛。鞘翅刻点沟凹陷中等，沟间略凹陷，刻点呈单行纵向排列。鞘翅后方不呈斜面。腹板 2 前半部中央有向后突起的圆柱形粗直大瘤突。雄虫从腹节 2 起，腹部向鞘翅末端水平延伸，腹节 2～4 侧缘有 1 列齿瘤，雌虫与雄虫基本相同。但雌虫腹板 2～4 后缘的刺瘤突较小，腹板 3、4 后缘中间光平无瘤。前足胫节无端齿，中、后足胫节各有一个端齿。

（2）卵。白色，近球形。

（3）幼虫。老熟幼虫体长 5～6mm，体弯曲、多皱、无足。具 6 对额刚毛，第 2、

3、6额刚毛不排列在一横线上，第2、4额刚毛几乎排列成一直线。上唇毛5对，侧方的3对排列成三角形，前方具中毛2对。

（4）蛹。翅芽弯曲位于腹部之外，体色由白至黑，随蛹期时间增加而颜色加深。

### 4. 生物学特性

每年发生1～3代。以幼虫（少数以成虫或蛹）在被害坑道内越冬。成虫约5月份羽化，第1代成虫飞行期可持续40～50d，最长能飞行5km。每头雌虫可产卵35～140粒；在相对湿度75％和27℃恒温条件下，卵孵化需6d，幼虫期为27～29d，蛹期为7d。越冬后第1代成虫为害健康的树干和枝条，在树皮下构筑坑道，将病菌孢子传入韧皮部。幼虫的子坑道由母坑道始发，呈辐射状。幼虫老熟后在子坑道末端化蛹，成虫在蛹室内羽化后稍停留一段时间咬孔外出，羽化孔圆形，直径约2mm。该虫有滞育性，据原南斯拉夫研究表明，20％的第1代种群和85％的第2代种群发生滞育。

### 5. 传播途径

该虫随寄主木材及包装材进行远距离传播。近距离扩散靠成虫飞行、迁移。

### 6. 检疫方法

对来自疫区的榆木及其制品、包装物进行严格检疫。在现场检疫时，仔细检查该批货物及其包装铺垫材料是否带有树皮，树皮上是否有虫孔、虫粪、活虫、虫残体等，如发现可疑情况，则应剥皮检查，详细记录所观察的症状，将查到的虫体送到实验室镜检、鉴定核准。

我国最早于1974年在青岛口岸从圭亚那进境的木材中截获；1996年在上海口岸从伊朗进境的榆木包装中截获。

### 7. 检疫处理与防治方法

如货物带有该虫，应采取退货或销毁该批货物，或采用溴甲烷或硫酰氟熏蒸，使用剂量为15℃以上，溴甲烷33g/m³、24h，或硫酰氟64g/m³、24h。

## 三、美洲榆小蠹

### 1. 名称与检疫类别

学名：*Hylurgopinus rufipes*（Eichhoff）

异名：*Hylastes rufipes* Eichhoff

        *Hylesinus opaculus* Leconte

        *Hylesinus rufipes* Leconte

英文名：native elm bark beetle

分类地位：鞘翅目 Coleoptera，小蠹科 Scolytidae

检疫害虫类别：进境植物检疫性害虫

### 2. 分布与为害

美洲榆小蠹分布于加拿大（曼尼托巴、新不伦瑞克、安大略、魁北克、萨斯喀彻温）、美国（亚拉巴马、康涅狄格、特拉华、印第安纳、肯塔基、堪萨斯、缅因、明尼苏达、密西西比、马里兰、马萨诸塞、新罕布什尔、新泽西、纽约、北达科他、威斯康星、北卡罗来纳、俄亥俄、宾夕法尼亚、罗德岛、田纳西、弗吉尼亚、佛蒙特、西弗吉尼亚等州）。

寄主植物有榆属 *Ulmus* spp.、木岑属 *Fraxinus* spp.、李属 *Prunus* spp.、椴属 *Tilia* spp.。

美洲榆小蠹是传播榆枯萎病 *Ceratocystis ulmi* 的重要媒介。它在蛀食病树时，体内外带有病原孢子，再蛀食健康树时就把孢子传给健康树，使其致病，美国每年因榆枯萎病而死亡的榆树近万株。无此病原时，美洲榆小蠹的危害性不大，因其主要蛀食生长衰弱或已死亡的榆树。

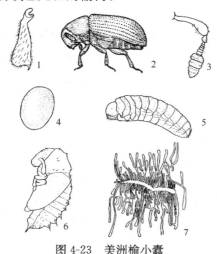

图 4-23　美洲榆小蠹

1. 前足胫节；2. 成虫侧面观；3. 触角；
4. 卵；5. 幼虫；6. 蛹；7. 坑道
（1~6. Kaston，1936；7. Beeker，1993）

**3. 形态特征**

美洲榆小蠹的形态特征如图 4-23 所示。

（1）成虫。体长 2.2~2.5mm，体长为体宽的 2.3 倍。暗褐色，全身被粗壮短毛。头向下，一部分缩进前胸，背面观只能见头的小部分。额顶凸出，口上片突起上方具微弱横刻痕。除缩进前胸背板的部分外，背区、侧区均具精细而不规则的刻点。复眼椭圆形至长卵圆形，顶部稍宽。无单眼，触角柄节基部稍扭曲，鞭节 7 节，第 1 节最长，触角锤部微扁。前胸背板上具稠密刻点，表面平滑具光泽。鞘翅长为宽的 1.5 倍，为前胸背板长的 2 倍。每一鞘翅上具 10 行刻点沟，除第 3 沟间基部 1/2 处的刻点有些愈合外，均呈单纵列。前足胫节前方有长跗节槽，中、后足胫节后方有 1 个槽。胫节顶端有一特殊的隆起，前足胫节较长，在顶端有 1 个距。胫节末端和侧缘延伸形成若干缘齿。

（2）卵。长椭圆形，珍珠白色，长约 0.7mm，宽约 0.4mm。

（3）幼虫。老熟幼虫体长 0.4~4.0mm，乳白色，头部黄色至褐色，无足，体皱，弯曲，近圆柱状。

（4）蛹。长约 3.3mm（包括臀刺），最宽处约 1.5mm，全身体表被有刚毛。

**4. 生物学特性**

以成虫和幼虫在坑道内越冬。当温度达 20℃以上时，越冬成虫于次年 4 月底至 5 月初离开冬眠坑道外出活动。先飞向活榆树，在树皮上取食一段时间后转移到已死但未干枯或濒死的直径 5~10cm 粗的树枝上。侵入孔在树皮鳞片下或裂缝中，直接蛀入形成层中。典型的子坑道为二分叉型，从母坑道向两边横向延伸，母坑道可在树皮内或稍触及边材，长约 3.55cm。卵产在母坑道两边，每头雌虫每天平均产卵 3、4 粒，一个季度只产一批卵。温度在 25℃时，卵历期 5~6d，孵化后的幼虫从母坑道两边呈直角方向钻蛀取食形成子坑道。在夏季，幼虫期平均为 40~50d，幼虫有 5~6 个龄期。幼虫老熟后在子坑道末端筑一蛹室化蛹。蛹期 8~12d。通常 7 月中旬后羽化成虫，羽化高峰在 8 月中旬。成虫羽化后，以生长旺盛的榆树嫩枝为食。成虫羽化后 24h 内即可交配产卵。

**5. 传播途径**

主要靠带树皮的榆属木材传播，近距离传播主要靠成虫的迁飞扩散。

**6. 检疫方法**

对来自疫区的榆属木材，仔细检查所有原木表皮部分有无虫孔和蛀木屑，进而剥皮检查有无成虫、卵、幼虫和蛹，并做好为害症状的记载，把查获的虫体送实验室内进一步鉴定。

我国目前尚无截获记录。

**7. 检疫处理与防治方法**

1）检疫处理

如经鉴定，确认为美洲榆小蠹，则要剥皮集中烧毁，或用化学药剂熏蒸处理；如数量不大，可考虑用高温干燥处理（参考欧洲榆小蠹的检疫处理方法）。

2）防治方法

在疫区，清除长势弱和已死亡的榆树病株和原木并烧毁，消灭其内部的幼虫、蛹或成虫；修剪受侵染的枝条也可以消除榆枯萎病病原。另外，在雌成虫羽化前，用装有引诱剂 multilure 的饵木放在榆属树种林中，可诱杀大部分成虫，从而降低榆枯萎病的危害程度。

# 四、山松大小蠹（中欧山松大小蠹）

**1. 名称及检疫类别**

学名：*Dendroctonus ponderosae* Hopkins

异名：*Dendroctonus monticolae* Hopkins

英文名：mountain pine beetle，black hills beetle

分类地位：鞘翅目 Coleoptera，小蠹科 Scolytidae

检疫害虫类别：进境植物检疫性害虫

**2. 分布与为害**

山松大小蠹分布于北美西海岸，洛基山脉及其以西地区，北自加拿大的不列颠哥伦比亚，南至美国加利福尼亚州。

为害北美山松大小蠹分布区之内的大多数松属树种。

在大发生年份，其为害在松属树种中最为严重，历史记录 1895 年大发生时造成木材损失量达 350 多万立方米。

**3. 形态特征**

山松大小蠹的形态特征如图 4-24 所示。

（1）成虫。体长 3.5～6.8mm，体长为体宽的 2.2 倍。褐色至黑褐色。额中部适度凸起，额突成一整块。口上突基部宽阔，基缘不显，常为若干小段。侧缘较横直，光滑凸瘤并列于口上突的两侧；额毛短而劲直，不很明显。前胸背板长小于宽，约为宽的 0.66 倍；背板上刻点圆形，略深，分布稠密，茸毛也像

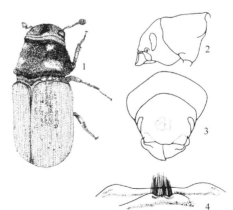

图 4-24　山松大小蠹（殷惠芬，1984）
1. 成虫；2. 雌虫前胸背板侧面；3. 雄虫额面；
4. 口上片与口上突

刻点一样稠密，紧贴体表，有长有短，因部位而异。鞘翅长度为两鞘翅合宽的1.5倍，并为前胸背板长度的2.25倍；刻点沟中刻点圆大；沟间部宽阔而略隆起，其表面坎坷不平，有如细碎石块铺砌状态，表面还有下陷的刻点和凸起的颗粒；鞘翅斜面第1沟间部凸起，第2沟间部下陷，斜面上的刻点沟狭窄而深陷，其中第2和第3间缝的外侧弓曲；鞘翅面上的茸毛刚直松散，长短不一。

（2）卵。白色、长球形。

（3）幼虫。乳白色，无足。额中部有1个粗阔的横向突起，位于额中部之后，而在走向两侧靠近额缝时变高变宽。胸节的腹突上有明显的足垫。

（4）蛹。额部和中足腿节各有1个小端刺。腹部各节背刺和侧刺分布如下：第1节完全无刺；第2、3节各有1对背刺和1对侧刺；第4、5节各有1对背刺、3对侧刺；第6节有1对背刺、1对侧刺；第7节只有1对背刺；第8节无刺；第9节有1对长而明显的侧刺。

**4. 生物学特性**

每年发生1代，以2～3龄幼虫在坑道内越冬。成虫活动期7月中旬至8月下旬，卵期7～10d，幼虫期约300d，蛹期14～28d。雌成虫自树皮缝隙中侵入树株，侵入后坑道先倾斜而后向上，长3～5cm，可作为交配室，然后再沿形成层直向树株上方蛀食，母坑道的长短变化很大，一般在30～50cm。当雌成虫进入树株形成层处，树株开始分泌松脂，此时雄成虫也接踵而至，雌雄配对，交配后雌虫修筑坑道，雄虫排除蛀木屑。母坑道修筑完成后，雄虫便将侵入孔用木屑堵住，以后它将离开坑道另寻其他坑道与其中的雌虫交配，又协助筑坑排屑。卵产于母坑道两侧的龛中，卵龛浅而窄小。子坑道自母坑道一侧垂直伸出，长1～2cm，起初狭窄，后骤然扩大呈不规则形，幼虫最后2～3龄的发育、化蛹、羽化为成虫都在此处进行。

在平常年份，山松大小蠹喜为害某一松树的过熟林木、倾斜树、倒株，甚至采伐后的树干；而在大发生年份则喜为害健旺的树株，凡是松属树种无一幸免。成虫侵入活动时期，在平常年份将持续3～5周，而在大发生年份3～4d即可完成。

**5. 传播途径**

靠已蛀木材远途运输传播，近距离以成虫扩散传播。

**6. 检疫方法**

对来自疫区的松属原木，剥开树皮，在树皮内方、边材上检查有无虫体，通过镜检鉴定是否为山松大小蠹，并结合坑道的形状，一并分析、核定。

目前我国尚无截获山松大小蠹的记录。

**7. 检疫处理与防治方法**

1）检疫处理

进境时，如发现疫区原木带有山松大小蠹，应立即将全部原木剥皮就地烧毁，剥皮后的木材用溴甲烷或硫酰氟熏蒸，在15℃以上温度条件下，使用溴甲烷32g/m³、熏蒸24h，或使用硫酰氟68g/m³、熏蒸24h；也可将剥皮木材用水浸泡1个月以上进行灭虫处理。

2）防治方法

在疫区应随时清除衰弱木、倒木、病木，保持松属树种林区林地卫生，压低其种群数量，控制该虫的危害。

# 五、红脂大小蠹

## 1. 名称及检疫类别

别名：强大小蠹

学名：*Dendroctonus valens* LeConte

英文名：red turpentine beetle

分类地位：鞘翅目 Coleoptera，小蠹科 Scolytidae

检疫害虫类别：进境植物检疫性害虫，森林植物检疫害虫

## 2. 分布与为害

红脂大小蠹在新北区有着广泛的分布，在美洲，从北纬 15°～55′的洪都拉斯、墨西哥到美国的阿拉斯加及加拿大都有分布。1998 年在山西沁水、阳城油松林内首次发现，该虫扩散蔓延迅速，灾情很快波及到周边的河北、河南和陕西省，对华北地区林业生态建设工程构成严重威胁。我国在山西境内北纬 35°12′～39°16′、海拔 600～2000m 的太行山、吕梁山、中条山油松林内有分布，并波及太行山东坡、中条山北坡及山西省西南部黄河沿岸的河北省、河南省、陕西与山西接壤的部分地区。

该虫在北美几乎为害松属 *Pinus*、云杉属 *Picea* 的所有树种，偶尔为害落叶松属 *Larix*、冷杉属 *Abies* 树种，在我国山西危害油松 *P. tabulaeformis*、白皮松 *P. bungeana*，偶见侵害华山松 *P. armandii*、云杉 *Picea meyeri*，但未发现其定居及繁殖。

## 3. 形态特征

红脂大小蠹的形态特征如图 4-25 所示。

（1）成虫。红脂大小蠹是大小蠹属中个体最大的一种。体长 5.3～9.2 mm，体长为体宽的 2.2 倍。成虫呈红褐色，头部额面具不规则小隆起，额区具稀疏黄色毛，头盖缝明显。口上缘片中部凹陷，口上突明显隆起，口上突两侧臂圆鼓凸起，在口上缘片中部凹陷处着生黄色刷状毛。头顶无颗粒状突起，具稀疏刻点。前胸背板的长宽比为 0.7∶1，前胸前缘中央稍呈弧形向内凹陷，并密生细短毛，近前缘处缢缩明显，前胸背板及侧区密布浅刻点，并具黄色毛。鞘翅长宽比为 1.5∶1，与前胸背板的长宽比为 2.2∶1。鞘翅基缘有明显的锯齿突起 12 个左右，鞘翅上具 8 条稍内陷而明显的刻点沟，刻点沟由圆形或卵圆形刻点组成，鞘翅斜面第 1 沟间部基本不凸起，第 2 沟间部不变狭窄也不凹陷。红脂大小蠹与近似种成虫形态比较见表 4-8。

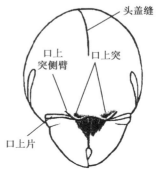

图 4-25　红脂大小蠹成虫前额特征
（殷惠芬，2000）

（2）卵。长 0.9～1.1 mm，宽 0.4～0.5 mm，圆形，乳白色，有光泽。

（3）幼虫。老熟幼虫平均体长 11.8 mm，体白色，头部淡黄色，口器褐黑色。

（4）蛹。体长 6.4～10.5 mm，初为乳白色，渐变为浅黄色、暗红色。

表 4-8　红脂大小蠹、华山松大小蠹和云杉大小蠹成虫的形态比较

| 种类 | 红脂大小蠹 | 华山松大小蠹 | 云杉大小蠹 |
|---|---|---|---|
| 体长/mm | 6.5～9.5 | 4.5～6.5 | 5.7～7.0 |
| 体色 | 红褐色 | 黑褐色 | 黑褐色或黑色 |
| 头部 | 额面不规则隆起,复眼下方至口上片之间有一对侧隆突,口上片边缘隆起,表面平滑有光泽,具稠密黄色毛刷 | 额表面粗糙,呈颗粒状,被有长而竖起的绒毛,粗糙的颗粒汇合成点沟,口上片粗糙,无平滑无点区 | 额面下部突起,顶部有点状凹陷,口上片中部有平滑光亮区,额毛棕红色 |
| 前胸背板 | 前胸背板两侧弱弓形,基部2/3近平行,前缘后方中度缢缩,表面平滑有光泽,刻点非常稠密,但后部刻点稀疏或无 | 前胸背板基部较宽,前端较窄,收缩成缩状,中央有光滑纵线。前缘中央向后凹陷,后缘两侧向前凹入,略呈"S"形 | 前胸背板两侧自基部向端部急剧收缩,背板底面平滑光亮,具大而圆的刻点,背板的绒毛挺拔有力,毛梢共同指向背板中心 |
| 鞘翅 | 鞘翅两侧直伸,后部阔圆形,基缘弓形,生有11、12个中等大小的重叠齿 | 鞘翅基缘有锯齿状突起,两缘平行,背面粗糙,点沟显著,沟间有一列竖立的长绒毛和散生的短绒毛 | 鞘翅具刻点沟,沟间部隆起,上边的刻点突起成粒,在鞘翅斜面上沟间部较平坦,有一列小颗粒 |

**4. 生物学特性**

(1) 世代及越冬。在我国发生区,一般每年1代,占60%～70%,少数3年2代。在山西沁源、太岳山海拔1100～1700m林区,以成虫(占25%)、老熟幼虫(占52.5%)、3龄幼虫(占18.2%)、2龄幼虫(占3.5%)以及少量蛹(占0.8%)在树干基部、主根、侧根的韧皮部越冬。随着海拔的升高,以2～3龄越冬的个体数逐渐减少。除冬季见不到卵外,全年中各虫态均可见到。

(2) 发生及成虫习性。以成虫越冬的个体于4月末开始出孔飞翔,5月中、下旬为飞翔盛期,6月中旬飞翔结束。成虫产卵期始于5月上旬,6月中下旬为产卵盛期,初孵幼虫始见于5月下旬,6月中旬为孵化盛期。幼虫历期75d,7月下旬开始化蛹,8月中旬为化蛹盛期,8月上旬成虫羽化,9月上旬为羽化盛期,羽化成虫大部分在树皮或根皮中直接进入越冬阶段。越冬的老熟幼虫化蛹始见于5月中旬,6月中下旬为化蛹盛期,6月中下旬成虫开始羽化,7月上旬为羽化盛期。以2～3龄越冬的幼虫,化蛹、羽化推迟到9～10月份,到10月份仍可见新羽化的成虫扬飞。成虫于7月上中旬开始产卵,8月中旬为盛期,至9月下旬仍可见到产卵成虫。卵于7月下旬开始孵化,8月中旬为盛期,最终大部分又以老熟幼虫和2～3龄幼虫越冬,少部分在条件适合的情况下化蛹、羽化为成虫越冬。

红脂大小蠹新羽化的成虫并不马上出孔,有20d左右的成熟期。羽化孔3.04～4.04mm,羽化出孔时间一般集中在10～16h。成虫羽化后自羽化孔群集出孔扬飞,寻找合适的寄主。红脂大小蠹属单配偶一雌一雄制家族类型。雌成虫首先寻找寄主,蛀孔侵入。最初侵入树体的先锋个体,往往并不能侵入成功。这些先锋个体不是另寻其他寄主,就是被流出的松脂浸泡致死,但它们所释放的信息素,在随后的几天至十几天内不

断诱来新个体入侵，形成群集为害。雌虫在前蛀食，雄虫在后面排除蛀屑和松脂，以保持空气流通。每株受害树上一般有 3~5 个蛀入孔，多的可达 40 个以上。成虫侵害一般从距地面 1m 以下的树干或裸露的根部蛀入，大多集中在 40cm 以下。随着气候转冷，温度下降，侵入孔也逐渐降低。蛀入孔逐渐降低的特性有利于越冬的成虫、幼虫在冬前蛀食到地下。

成虫侵入树干时，从蛀入孔流出大量松脂，形成漏斗状凝脂，凝脂大小一般为 2.0~6.0cm。初流出的凝脂为红棕色，随着时间的延长颜色逐渐变浅，最后变为灰白色，在漏斗状凝脂中央保留有明显的侵入孔而未被凝脂完全堵塞。健康树木松脂的流出，对成虫的入侵具有抗御作用，有些成虫被黏着或包被致死，有些成虫从入侵孔退出，飞往别的松树。但这些成虫入侵时已将其携带的共生真菌接种在寄主上，使寄主的抗性降低。受害树挥发性萜类化合物含量的明显提高，起着"初级引诱"作用，吸引其他扬飞的成虫定向飞往这些寄主并侵入，最后导致红脂大小蠹集中群居为害，使被害寄主在两年内死亡，而红脂大小蠹的子代从"中心树"向周围扩散为害，呈现出寄主树由单株死亡→小块状几株死亡→大块状几十株死亡的现象。死亡植株逐年增多，从而形成大片健康油松的死亡。

在树干不同的部位和方位成虫蛀入孔有所不同，成虫侵入部位一般在距根基以上 1m 左右的主干上，但常见于近地表处。树干基部高 40cm 以下侵入孔较多，40cm 以上侵入孔逐渐减少，侵入孔分布高度最高可达 2m。成虫侵入后，先向上蛀入一段距离（5.0~7.0cm），以阻断流脂，随后拐弯向下沿树干纵向蛀食。母坑道随后向根部延伸并进入根部，母坑道长 30.0~65.0cm，宽 1.5~2.0cm，坑道内充满棕红色粒状虫粪及木屑混合物。坑道的长短依侵入的时期和该树的健康状况而异。在气候适宜、树木长势良好的情况下，蛀道较长，最长可达 35cm；而在气候转冷、树木长势弱的情况下，蛀道短，仅 4.0~5.0cm。蛀道一般有上下 2 个或 2 个以上虫孔，后蛀的下孔主要用于排出松脂和木屑，以保持空气流通及雄成虫的出孔扬飞。新羽化的成虫从地表层下的蛀道内爬行至地表层上蛀多个羽化孔扬飞，多为群集扬飞。侵入孔的分布方位以西、北方较多，是东、南方的 2~3 倍。挖根调查发现，地下主侧根 50~60cm 深，距树干 2 m 远处尚有各种虫态，地面有成虫的羽化孔。

该虫的侵害可导致其他小蠹虫、吉丁虫、天牛和象甲等的次生为害，加快了寄主的衰弱和死亡。成虫除本身钻蛀造成危害外，其携带的共生致病蓝变真菌的侵染，也使寄主丧失生理流脂的抗性，同时对韧皮部活组织进行致病感染，终止其细胞继续分裂增长，失去寄主对成虫子代的机械抗性，而且幼虫在取食活动中同样携带蓝变真菌，加速其致病菌蔓延发展。在我国山西红脂大小蠹也携带多种真菌。

红脂大小蠹无趋光性及其他趋性，仅对植物或其本身释放的信息素敏感。成虫可向上飞行垂直 250m 的高度，向下飞行垂直 200m 左右的距离。成虫扬飞时，一般在空旷的地方，向上盘旋飞至 6~10m 的高度后找寻方向飞去，且成虫可逆风飞行。红脂大小蠹迁飞距离大体在 20km 左右，飞迁力极强。7~9 月间，越冬代成虫与越冬代幼虫羽化的成虫有同时扬飞的现象，世代重叠严重。

诱捕器所诱红脂大小蠹成虫的全年扬飞，5 月中旬为明显的高峰期，随后 7 月中旬至 8 月上旬有 3 个高峰，8 月下旬到 9 月初又有 1 个小高峰。5 月中旬的高峰期短，成虫数量大，该峰与后面的高峰期时间间隔长，主要是因为这一高峰期为越冬成虫的扬飞，并在条件适合的情况下群集扬飞，且多集中在几天内。而7～9月的扬飞高峰期则延续时间长，连续有多个小高峰。

成虫经取食补充营养后，所蛀坑道已不再流松脂，在雌虫抵达形成层时，形成交配室进行交配，交配时间1～4min不等。一般雌雄成虫交配1次或多次，雄虫交尾后多离去，而雌虫边蛀食边产卵。卵产在母坑道的一侧或两侧，卵包埋在疏松的棕红色虫粪中，散乱或成层排列。每头雌虫产卵量一般为60～157粒，最多223粒。卵期为10～15d。

（3）幼虫习性。幼虫不筑独立的子坑道，群集从母坑道处向周围扩散取食，在干部及主根较粗的部位，形成扇形共同坑道。在较细的侧根部位则环食韧皮部，甚至距树根基3.5m、直径1.5cm的侧根及二级侧根上还有幼虫取食为害，将侧根韧皮部取食殆尽，仅留表皮。幼虫沿主坑道向四周蛀食韧皮部、形成层，致使形成层输导组织切断，树木衰弱直至死亡。这些部位处在不同的土壤深度，最深处距地表0.7m，因土壤中温、湿度的梯度差异，其发育历期相应不同。并且虫态、虫龄随着其距地表深度的差别，明显呈现出从低龄到高龄、从幼虫到成虫的阶梯性分布。幼虫共有4龄，完成发育需60～75d。老熟幼虫在树皮与边材之间蛀成肾形或椭圆形的充满木屑的蛹室，侧根的蛹室主要在木质部，树干的蛹室主要在树皮部分，在木质部边材上有浅刻窝。蛹期7～10d。

红脂大小蠹目前在我国仅为害油松、白皮松、华山松和云杉等，在环境条件适合的情况下，才可能暴发成灾，成为危险性害虫。由于我国北部近几年的"暖冬"气候、夏季的持续干旱少雨，以及其他小蠹虫和食叶害虫的先期侵害，树势衰弱，死亡木、濒死木很多，且许多林地多为油松纯林，7月份的间伐留下了大量伐桩，所有这些为红脂大小蠹的扬飞扩散准备了外部环境条件。油松树势衰弱，或受到伤害后，流出的松脂中具有挥发性的化合物，是诱集成虫群集扬飞的直接原因。红脂大小蠹的发生为害在不同林分结构、不同郁闭度、不同坡向、不同坡位、不同结构及卫生状况的林分，差异较大。

在所发生的各林场，许多混交林的虫口密度很低，有虫不成灾；成灾的林分都是纯林，其中过熟林和成熟林最重，近熟林次之，中幼林最轻。红脂大小蠹属喜光性害虫，郁闭度超过0.7以上、林相整齐生长旺盛的林分，受害很轻或不受害；郁闭度为0.3、0.4时受害最为严重。同一地域阳坡重于阴坡，南坡受害率较高，东、西、北坡受害较轻；同一坡向、相同的郁闭度，坡下重于坡上。成虫侵入孔的方位北部最多，东部最少。

红脂大小蠹属初期性害虫，主要为害30年生以上或胸径10cm以上的健康油松树，以及新鲜伐桩。当数量较少时，主要为害新伐桩、新伐倒木、过火木，一旦数量较大，能迅速入侵胸径≥10cm、树龄在20年以上的健康木。这是由于伐桩、伐倒木、过火木，一方面从伤口流出大量的松脂，其中挥发性萜烯类化学物质对成虫具有极强的引诱力的缘故；另一方面，这些林木的抗性大大减低，因此，被首选入侵定居、繁殖。当种群密度增大、生存空间拥挤，就大量侵入萜烯类化学物质分泌旺盛的健康木。

红脂大小蠹发生树干部的天敌种类较多，根部天敌极少。目前发现的捕食性天敌种类有大斑啄木鸟 Dendrocopos major、大唼腊甲 Rhizophagus grandis、郭公虫

*Thansimus* spp.、蠼螋 *Labidura* spp.、隐翅虫 *Paederus* spp.、阎甲 *Plgadeus* spp.、扁谷盗 *Cryptolestes* spp.、蛇蛉 *Raphidia* spp.、坚甲 *Deretaphrus* spp.、红蚂蚁 *Formica* spp.。病原微生物有白僵菌 *Beauveria* spp.、绿僵菌 *Metarrhizium* spp.。

**5. 传播途径**

随该虫的寄主木材及包装材料进行远距离传播。近距离扩散靠成虫飞行、迁移。

**6. 检疫方法**

对国外进口的和疫区的木材、苗木、木竹藤料、制品和包装铺垫材料，尤其是该虫的寄主植物，要特别注意检查。在现场普遍采用的方法有：①看是否有蛀孔、漏斗状凝脂及蛀屑，根据孔的大小、凝脂的色泽和蛀屑的新鲜与否判断害虫的位置，并进行剥查，看有无成虫、卵、幼虫或蛹；②敲击可疑木材，听是否有空心感，如发现声音异常，则进行剥查；③详细记载观察到的现场症状，并将查获的虫体送实验室鉴定、核准。

**7. 检疫处理与防治方法**

*1）检疫处理*

如发现疫情，应做消毒处理。消毒处理有药剂熏蒸、高温干燥灭虫等方法。药剂熏蒸可采用库房熏蒸、帐幕熏蒸的方法。气温超过 20℃时，用药剂量和处理时间为：溴甲烷 80g/m³，6h 或 30～40g/m³，24h；磷化铝 20g/m³，72h。运载的轮船、火车皮、汽车等也要及时检查并熏蒸处理，对包装材料，应就地烧毁。

*2）防治方法*

（1）药剂防治。主要是在成虫羽化出孔前，用 0.08 mm 厚的塑料薄膜在树干基部包塑料裙，虫孔内投 3～5 片（3.2g/片）磷化铝片或规格为 0.5g 的磷化铝毒丸密闭熏杀；或虫孔注射敌敌畏、氧化乐果原液；成虫羽化期可超低量喷洒 75% 马拉硫磷油剂防治；砍伐受害的濒死、枯死树，而后采用磷化铝片密闭熏杀、虫孔塞磷化铝毒丸，防效均可达 95% 以上，能有效控制红脂大小蠹的种群数量。在用磷化铝片密闭熏杀后，要及时去除塑料薄膜，以避免对树干的伤害。

（2）地面的防治。方法是在树冠下主侧根的方位，距树干约 50cm 处，用铁钎打约 15cm 深的孔，每孔投入 1、2 片磷化铝片，然后用土填实。每株树打 3、4 个孔，上面覆盖塑料薄膜，周围用土压住。或在地面撒毒土，上面覆盖塑料薄膜，周围用土压住。对伐根的处理用同样的方法。只有树干和地面全面防治才能比较彻底地消灭虫源。对于伐除的带虫木，应及时运出林地，剥皮后用磷化铝片熏蒸，避免虫源的扩散。

（3）加强营林措施。注重适地适树，在造林设计和更新改造时进行科学合理的规划，大力营造混交林、复层林。特别是重点工程造林项目，对混交林的比例要作出硬性规定，否则不予审批立项和投资。要及时清理林内的衰弱木、濒死木，疏伐过密林分，在采伐树木时，尽量避免伤害周围健康树木，保持林内良好的卫生状况。

（4）利用植物引诱剂。美国已使用源于植物的化学或半化学物质合成的植物性引诱剂（主要成分是 α-蒎烯和 β-蒎烯，已有成型产品）监测和诱杀大小蠹。不同的成分及不同的混合比例，对各种大小蠹的引诱作用是不同的。试验证明，β-蒎烯对红脂大小蠹的引诱作用更强一些。山西省森防站从美国购买了这种引诱剂在榆次、沁源等地试验，对红脂大小蠹的引诱效果较好。

（5）砍伐清理受害的枯死木和濒死木。这是降低虫口密度、减轻林分受害非常有效的方法，砍伐的时间应在树木休眠期和成虫羽化前。由于此时红脂大小蠹大部分集中于树干，特别是集中在伐桩的主根和主侧根内，因此处理砍伐下的木材和伐桩就成为控制红脂大小蠹的关键所在。砍伐下的木材一定要运出林地后再进行剥皮或药物熏蒸处理。伐桩采用投放磷化铝塑料薄膜覆盖熏蒸，或用毒土覆盖。

（6）饵木法防治。根据红脂大小蠹喜食新鲜伐桩的特性，在红脂大小蠹发生区，尤其是轻灾区，每 $1\sim2hm^2$ 林地，砍伐 1、2 株健康的油松树，砍伐时伐根高度留足 $20\sim30cm$，引诱红脂大小蠹侵染，集中消灭。还可在砍伐受害树时留下 $1\sim2$ 株枯死树，以招引啄木鸟等天敌。

（7）天敌控制。这是长期控制红脂大小蠹的有效途径，目前国际上应用天敌控制大小蠹比较成功的是比利时，它们利用大唼腊甲 *Rhizophagus grandis* 防治云杉大小蠹，取得了非常好的效果。中国林科院森保所已经从国外引进了大唼腊甲，并在室内繁育成功。在调查中发现扁谷盗、阎甲、郭公虫、隐翅虫、螳螂和红蚂蚁有捕食红脂大小蠹的习性，要保护和利用这些天敌资源种类，并开展人工饲养和野外释放试验，以达到长期控制红脂大小蠹的目的。

附表 4-3　小蠹科检疫性害虫分种检索表

1. 足胫节外缘无齿列，但各有 1 个向内弯曲的端距 ⋯⋯⋯⋯⋯⋯⋯⋯⋯⋯⋯⋯⋯⋯ 2
   足胫节外缘有齿列 ⋯⋯⋯⋯⋯⋯⋯⋯⋯⋯⋯⋯⋯⋯⋯⋯⋯⋯⋯⋯⋯⋯⋯⋯⋯⋯⋯⋯⋯ 3
2. 腹部第 2 腹板前缘中部有一粗直大瘤，圆柱形，第 2、3、4 腹板后缘两侧各有一极小的刺突瘤
   ⋯⋯⋯⋯⋯⋯⋯⋯⋯⋯⋯⋯⋯⋯⋯ 欧洲榆小蠹 *Scolytus multisriatus* （Marsham）
   腹部第 2 腹板光平无瘤；雄虫第 3、4 腹板当中各有一小瘤，第 5 腹板端部有一排长刚毛，呈毛刷状 ⋯⋯⋯⋯⋯⋯⋯⋯⋯⋯⋯⋯⋯⋯⋯⋯ 欧洲大榆小蠹 *Scolytus scolytus* （F.）
3. 头部隐藏于前胸背板下，从背面看不见头部；前胸背板前半部有鳞状瘤区 ⋯⋯⋯⋯⋯ 4
   从背面可见头部；前胸背板平坦，无鳞状瘤区 ⋯⋯⋯⋯⋯⋯⋯⋯⋯⋯⋯⋯⋯⋯⋯⋯⋯ 5
4. 前胸背板强突起，呈弓凸状，前缘中部有 $4\sim6$ 个小颗瘤；背板上的鳞状瘤显著；体表有鳞片；沟间部中鳞片狭长 ⋯⋯⋯⋯⋯⋯⋯⋯ 咖啡果小蠹 *Hypothenemus hampei* （Ferrari）
   前胸背板不强突起，分布有小颗瘤，以背顶为中心，呈同心弧状渐边套叠排列；体表无鳞片只有茸毛 ⋯⋯⋯⋯⋯⋯⋯⋯⋯⋯ 棕榈核小蠹 *Coccotrypes dactyliperda* （Ferrari）
5. 前足基节分离；体表有稠密的鳞片；触角锤状部 3 节 ⋯⋯⋯⋯⋯⋯⋯⋯⋯⋯⋯⋯⋯⋯
   ⋯⋯⋯⋯⋯⋯⋯⋯⋯⋯⋯⋯⋯⋯ 美洲榆小蠹 *Hylurgopinus rufipes* （Eichhoff）
   前足基节相接；体表有短刚毛或鳞片；触角锤状部 4 节，扁饼状 ⋯⋯⋯⋯⋯⋯⋯⋯⋯ 6
6. 额面中部凸起，被中沟分成左右对称的两半，似 2 个对峙的乳房 ⋯⋯⋯⋯⋯⋯⋯⋯⋯
   ⋯⋯⋯⋯⋯⋯⋯⋯⋯⋯⋯⋯ （西部）松大小蠹 *Dendroctonus brevicomis* Leconte
   额面不如上述，额突呈一整块 ⋯⋯⋯⋯⋯⋯ （中欧）山松大小蠹 *Dendroctonus ponderosae* Hopkins
   资料来源：中华人民共和国北京动植物检疫局，1999

# 第四节　检疫性天牛类

天牛隶属于鞘翅目 Coleoptera，多食亚目 Polyphaga，叶甲总科 Chrysomeloidea，天牛科 Cerambycidae。中至大型。触角着生在额瘤上，常 11 节，长于体或较短，能向后置于

背上；复眼肾形并包围触角基部；前胸背板侧缘有侧刺突；鞘翅端缘圆形或凹切；足的胫节有 2 个端距，跗节伪 4 节，爪简单；腹部可见 5 或 6 节；中胸常有发音器。

天牛科昆虫是鞘翅目中很大的一个类群，全世界约 2.5 万种，中国记录已超过 2200 种，根据天牛科分类系统的演变，天牛科可分为 6～9 个亚科。6 个亚科（附表 4-4）包括锯天牛亚科 Prioninae、瘦天牛亚科 Disteniinae、幽天牛亚科 Aseminae、花天牛亚科 Lepturinae、天牛亚科 Cerambycinae、沟胫天牛亚科 Lamiinae。有的学者将天牛科分为 8 个亚科：异天牛亚科 Parandrinae、椎天牛亚科 Spondylinae、狭胸天牛亚科 Philinae、锯天牛亚科 Prioninae、幽天牛亚科 Aseminae、花天牛亚科 Lepturinae、天牛亚科 Cerambycinae、沟胫天牛亚科 Lamiinae。南美的天牛分类学者将天牛科分为 9 个亚科：穴天牛亚科 Bothriospilinae、闪绿天牛亚科 Diorinae、多节天牛亚科 Pleiathrocerinae、栓皮天牛亚科 Cambaiinae、塞天牛亚科 Zelliboriinae、刺鞘天牛亚科 Elytracanthinae、异眼天牛亚科 Heteropsinae、矛天牛亚科 Mausinae 和盾天牛亚科 Oxypeltinae。

> 天牛雌成虫产卵方式主要有两种：一种是雌虫在产卵前先用上颚咬破树皮作产卵刻槽，将卵产在刻槽内；另一种产卵方式为不作产卵刻槽。

天牛是植物的钻蛀性害虫，可为害林、果、桑、茶、棉、麻、药材、花卉、瓜蔓、竹、木建筑材料、家具以及商品包装等。天牛对植物的危害主要以幼虫期最为严重，蛀食树干、枝条及根部等，少数为害草本植物。成虫由于产卵及取食枝叶，有时也能造成一定的损失，但一般不严重。树木内部受到幼虫的蛀食，常常阻碍树木的正常生长，严重时，导致树木迅速枯萎死亡。天牛的成虫和幼虫有时能侵害金属物质。寄生有天牛的木材制成木器后，天牛可以外出为害杂物，引起再次传染。

天牛科昆虫中很多是为害农林作物的主要害虫。杨黄斑星天牛 *Anolophora nobilis* Ganglbauer 是杨属林木的严重害虫，尤其箭杆杨、大官杨、欧美杨、小叶杨等受害率常达 94%～100%。粗鞘双条杉天牛 *Semanotus bifasciatus sinoauster* Gressitt 是危害杉木林的害虫。光肩星天牛 *Anoplophora glabripennis* Motschusky 对杨、柳、榆、槭等林木危害严重，受害株率可达 70%～100%。云斑天牛 *Batocera lineolata* Chevrolat 是杨树和核桃的重要害虫，老树受害更为严重。另外。青杨天牛 *Saperda populnea* Linnaeus、橙斑白条天牛 *Batocera davidis* Deyrolle、蔗根土天牛 *Dorysthenes granulosus* Thomson 等都是重要的危害农林作物的害虫。

有些天牛种类是为害房屋、建筑、家具等的严重害虫。凿点天牛 *Stromatium longicorne* Newman 和家茸天牛 *Trichoferus campestris* Faldermann 都可在家具、房屋、仓库等造成严重为害。

近年来，随着国际贸易来往的增多，一些我国本来没有的检疫性天牛传入我国，如意大利、德国的落叶松断眼天牛 *Tetropium gabrieli* Weise、西班牙的辐射松梗天牛 *Arhopalus syriacus* Reitter、南美的螳足天牛 *Acrocinus longimanus* Linnaeus、马来西亚的切缘裂眼天牛 *Dialeges pauper* Pascoe、榕八星天牛 *Batocera rubus* Linnaeus 等，使天牛类害虫的防治及检疫工作更加迫切。

主要危险性及检疫性天牛有白带长角天牛 *Acanthocinus carinulatus*（Gebler）、辐射松幽天牛 *Arhopalus syriacus* Reitter、白条天牛（非中国种）*Batocera* spp.、刺角沟

额天牛 *Hoplocerambyx spinicornis*（Newman）、家天牛 *Hylotrupes bajulus*（L.）、墨天牛（非中国种）*Monochamus* spp.、楔天牛（非中国种）*Saperda* spp.、断眼天牛（非中国种）*Tetropium* spp.、暗天牛属 *Vesperus* Latreile、锈色粒肩天牛 *Apriona swainsoni*（Hope）、双条杉天牛 *Semanotus bifasciatus*（Motschulsky）、黄斑星天牛 *Anoplophora nobilis* Ganglbauer、黑腹尼虎天牛 *Neoclytus acuminatus*（Fabricius）、按天牛 *Phoracantha semipunctata*（Fabricius）、青杨脊虎天牛 *Xylotrechus rusticus* L. 等。

# 一、白带长角天牛

### 1. 名称与检疫类别

学名：*Acanthocinus carinulatus*（Gebler）

分类地位：鞘翅目 Coleoptera，天牛科 Cerambycidae

检疫害虫类别：进境植物检疫性害虫

### 2. 分布与为害

白带长角天牛在国外分布于日本、欧洲、朝鲜、库页岛等。国内分布于内蒙古北部、黑龙江、吉林、辽宁等省。该天牛主要为害油松、红松、云杉等。

### 3. 形态特征

白带长角天牛的形态特征如图 4-26 所示。

图 4-26　白带长角天牛

（1）成虫。体长 10～14mm，宽 3.5～4.2mm。翅浅黑色或棕红色，白色短体毛形成包含许多白色斑点的白线。翅鞘上的刻点大而稀疏。小盾片半圆形，上下部几乎等宽。前胸背板深棕色，具 6 个黄色圆形斑点，前端 4 个排成一列，另外 2 个排成一列。前额浅黑色或棕红色，复眼黑色，长椭圆形。触角与体长之比，雄虫约为 2.5：1，雌虫约为 1.5：1。触角颜色在深棕色与白色之间改变。腹部黑色，具白色体毛，并分布有黑色圆形斑点。雌虫腹部末端具白色长型产卵器。后足第 1 跗节的长度约与其余跗节长度之和相等；第 3 跗节爪垫黄色，其他为深棕色。

（2）卵。狭长，椭圆形，乳白色，透明，长 1.5～1.7mm，宽 0.5～0.7 mm。

（3）幼虫。成熟幼虫体长 10～13mm，前胸宽约 4mm。体扁平，浅黄色。上唇及前胸背板前部具许多黄色刚毛。胸部及腹部具短而细的黄色刚毛。气门卵圆形，气门片棕黄色，肛门三裂。

（4）蛹。长 10～16mm，体乳白色或浅黄色，触角自胸部至腹部呈椭圆形向后弯曲。将发育成产卵器的部位透明且明显。

### 4. 生物学特性

白带长角天牛在内蒙古阿尔山每年发生 1 代，仅为害落叶松的韧皮部。以幼虫在坑道内越冬。5 月中旬后幼虫开始化蛹，蛹期约为 45d。6 月上旬始见成虫，取食补充营养大约 13d 后开始交配。交配时间一般在 8 点至 18 点，单次交配时间平均约为 18s，成虫一生可进行多次交配。7月上旬开始产卵。6月下旬至7月下旬为成虫盛发期。雌成虫在树皮裂缝内产卵。卵期7~11d，幼虫于7月上旬至8月中旬孵化，孵化盛期为7月上旬至8月上旬。至9月上旬越冬。每头雌虫产卵量为13~45粒，平均32粒。卵孵化率仅为37.8％。有1粒卵的产卵场所占总量的70.5％，有3粒卵占6.8％，22.7％的裂缝内无卵。雌虫产卵后产生分泌物，产卵器变长并伴有颜色的变化。孵化温度为25℃，孵化为幼虫需7~11d。

**5. 传播途径**

主要通过感虫木质材料的调运传播。

**6. 检疫方法**

加强苗木调运中的检疫工作，注意仔细检查有无天牛的卵槽、入侵孔、羽化孔、虫道和活虫体。一旦发现立即处理，严防其向异地扩散传播。严禁未通过检疫的天牛虫害木及制品调运，严禁未经灭虫处理的虫害木运出发生区。

**7. 检疫处理及防治方法**

（1）加强苗木检疫。天牛类昆虫的成虫多不善飞翔，主要是以各种虫态借助寄主植物的调运作远距离传播。因此应人工防治：白带长角天牛产卵刻槽明显，可用小锤子击杀或用拇指使劲按刻槽，捏破虫卵，或撬开刻槽，掏出虫卵和刚孵化的小幼虫。白带长角天牛在树龄大的死落叶松上发生数量较多，所以在这些树上进行人工捕捉白带长角天牛成虫。

（2）生物防治。保护和利用天敌，保护和招引啄木鸟。啄木鸟和天牛是协同进化的两类生物，应保护和利用该鸟对害虫的自然控制力，以取得好的防治效果。人工招引啄木鸟定居。对白带长角天牛等小型天牛可于天牛幼虫期在林间释放管氏肿腿蜂的成蜂，放蜂量与林间天牛幼虫数按3：1掌握。蜂在林间保存繁殖，持续防治效果良好。

（3）化学防治。用化学药剂喷涂枝干，对在韧皮部危害尚未进入木质部的幼龄幼虫防效显著。常用药剂有40％乐果乳油、20％益果乳油、20％蔬果磷乳油、50％辛硫磷乳油、40％氧化乐果乳油、50％来蟆松乳油、25％杀虫咪盐酸盐水剂、90％敌百虫晶体100~200倍；加入少量煤油、食盐或醋效果更好。在成虫出孔盛期，可用2.5％溴氰菊酯或三氟氯氰菊800~1000倍，10％吡虫啉5000倍，喷树干或诱饵树干，或将上述药液喷于包扎树干的编织袋、麻袋片上。对集中连片危害的林木，在天牛成虫羽化始盛期前采用地面常量或超低量喷洒绿色威雷150~250倍液杀灭成虫，其持效期可达40d左右。在产卵和幼虫孵化盛期，在产卵刻槽和幼虫危害处涂菊酯类和柴油或煤油等10倍液。

此外，降低落叶松毛虫的发生率，会减小对落叶松的危害，从而无法为白带长角天牛的暴发提供合适的生境。随着落叶松毛虫发生率的下降，白带长角天牛的生境会逐渐丧失。

# 二、刺角沟额天牛

**1. 名称与检疫类别**

学名：*Hoplocerambyx spinicornis*（Newman）

分类地位：鞘翅目 Coleoptera，天牛科 Cerambycidae

检疫害虫类别：进境植物检疫性害虫

**2. 分布与为害**

我国尚未发现有分布。国外主要分布于东洋区的印度、马来西亚、印尼、新加坡、菲律宾、越南、缅甸、柬埔寨、不丹、巴基斯坦、泰国、尼泊尔、日本等；古北区的阿富汗南部；澳洲区的帕劳群岛。

寄主为多种娑罗双属植物、异翅龙脑香、香坡垒、橡胶、八宝树、石萝摩、柳安等。

刺角沟额天牛是印度最危险的森林害虫，喜欢为害新伐的、风倒的和生长势弱的植株，也能为害任一树龄的健树。幼虫主要蛀害韧皮部，老熟时钻入木质部深达8～15cm，并作蛹室化蛹。在原木表面留下椭圆形蛀洞。幼虫蛀成的隧道甚为宽大，当数量大时，严重影响木材的商品价值。

**3. 形态特征**

刺角沟额天牛的形态特征如图4-27所示。

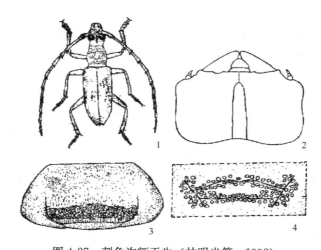

图 4-27　刺角沟额天牛（林明光等，1992）
1. 雄成虫；2. 幼虫头部背面观；3. 幼虫前胸背板；4. 幼虫第3腹节背面步泡突

（1）成虫。体型变化大，长20～65mm，宽5～15mm。头、胸部黑或黑褐色。口器明显前伸，触角第3～9节内缘有尖刺，雄虫触角比体长1/5～1/3，雌虫触角短于体长，复眼深裂，头部额区在两复眼间深陷如沟。前胸背板中央有1处光滑的长椭圆形隆起区，其余部分强烈横皱。鞘翅颜色变化大，从沥青色至浅褐色，鞘翅末端截面呈弧形，翅缝处各生1刺。

（2）幼虫。体大型，成熟幼虫圆筒形，肥硕，乳白色略带黄色，体长可达70～80mm，前胸背板宽为15～18mm。头部背面观长短于宽，两侧在中部处稍凹入，上颚粗壮。前胸背板前缘具黄褐色长方形骨化板，中央有1浅色窄缝，前侧缝也轻度骨化呈浅黄色。腹部第1～7节具步泡突，步泡突由2横沟及两侧的纵向斜沟围成长椭圆形隆起组成的，沟的两侧各具1列表面光滑的瘤状突起，前面1列瘤状突由18～20个组成。

**4. 生物学特性**

室内（温度25℃、平均相对湿度75%）饲养观察表明，此虫每年1代，以老熟幼虫在蛹室内越冬。越冬幼虫 3 月上旬化蛹，蛹期 15～20d。成虫于 3 月下旬开始出现，成虫寿命 20～35d。

另据国外报道，在印度该成虫羽化期可一直延续到 7 月份，雌成虫产卵量大，一生大约可产 6000 粒，喜在新伐的和生长势差的树上产卵，伐倒 2～3 日树皮已干的树干一般不产卵。成虫飞翔能力强，为寻找适合的产卵场所，可作相当长距离飞翔，特别是借助风力更能延长其飞行距离。

**5. 传播途径**

主要通过感虫木质材料的调运传播。

**6. 检疫方法**

对调运的木质材料和木质包装进行仔细检查，具体方法参照白带长角天牛。

**7. 检疫处理及防治方法**

对受该天牛钻蛀为害的原木，分别采取以下措施进行处理。

（1）锯板。由于该天牛幼虫蛀入木质部的隧道深，老熟幼虫具有分泌碳酸钙状物质密封蛹室出口一端使得熏蒸剂难以透入的特性，以及原木受害状易于分辨，因此主要采用锯板的方法进行灭虫处理。

虫害原木与好木分开堆放，并用油漆将受虫害的原木涂上标记、编号，责成货主在规定的日期和指定的锯木厂内，将受害原木锯成 2cm 左右厚的木板，以直接锯死天牛幼虫、蛹，或破坏幼虫化蛹的生态环境。据调查，此处理方法对天牛锯毙率可达 100%。

（2）人工剥除树皮。该天牛幼虫的幼龄期群集在树皮下钻蛀为害，可由货主派工剥净原木上残存的树皮，然后集中烧毁；同时在处理场地喷射杀虫剂。

（3）喷射杀虫剂。对开始有成虫羽化出来的原木，卸完货后在堆放场所用 5% 敌杀死 2000～3000 倍稀释液或 80% 敌敌畏 400～500 倍稀释液进行喷射，可杀死表皮上的天牛成虫。

（4）限制原木销售地区。凡发现带有该危险性天牛的原木均限制其销售地区，不准货主销往靠近林区的各县、市，并要求货主提交销售账单接受监督。

# 三、家　天　牛

**1. 名称与检疫类别**

学名：*Hylotrupes bajulus*（L.）

分类地位：鞘翅目 Coleoptera，天牛科 Cerambycidae

检疫害虫类别：进境植物检疫性害虫

**2. 分布与为害**

家天牛原产于非洲北部的阿特拉斯山脉，现在已扩散传播到世界上大多数国家和地区。国外分布于南非、西非、美国、中东、欧洲、斯堪的纳维亚、冰岛、意大利、阿尔及利亚、埃及、摩洛哥、突尼斯、智利、阿根廷、巴基斯坦、西伯利亚、澳大利亚、新西兰等国家。在我国尚无分布，但中国境内具有广泛的家天牛的寄主及分布环境，且我国吉林、江苏、宁波、山西出入境检验检疫局曾有截获该虫的报道，顾杰等分析中国大陆有 21 个省区 33 个市、县（地区）适合该虫生存，大体分布于 23.22°N～40.59°N，99.09°E～123.32°E 范围内。

寄主植物包括松属、云杉属、冷杉属、黄杉属、栎属、金合欢属、杨属、榛属、桤木属等的植物。

该虫是美国东部、中东和欧洲的重要害虫。取食为害木材及建筑物的木质结构和木质家具，是对干燥软木最具威胁的毁灭性害虫。家天牛的寄主以针叶树为主，并且该虫已逐渐适应了室内环境，可寄生于建筑物的木质结构中，成为建筑物的重要害虫之一。澳大利亚为阻止该虫定殖蔓延，在全国范围内对其进行调查和根除，花费了大量的人力物力，并在绝对安全的条件下，从欧洲引进了 3500 头家天牛，在实验室内进行人工饲养，对该虫进行较详细的研究。因其虫粪很少排出坑道，故被侵染后很难发现。被侵染后的木材及木质结构能被羽化出的成虫再产卵，导致再侵染，彻底将木材和木质结构毁坏。Weidner（1982）认为在汉堡截获的 37 种天牛幼虫中，家天牛是最危险的 3 种天牛之一，其成虫飞行能力较强，可通过飞行在小范围内扩散蔓延。

**3. 形态特征**

家天牛的形态特征如图 4-28 所示。

图 4-28　家天牛

（1）成虫。体长 14～20mm，颜色变异大，从黄褐色至栗色，有的几乎漆黑色，特别是前胸背板更是如此。触角短，不到鞘翅基部的 1/3。前胸横宽，两侧圆弧形，密被长柔毛；具一对对称、光亮、光滑无毛的瘤突。鞘翅扁平，具皱纹，中部之前具一浅色的柔毛带，常呈 4 个明显的斑点。

（2）卵。尖椭圆形，卵壳质薄，表面粗糙，乳白色。

（3）幼虫。成熟幼虫体稍扁平粗壮，头梯形，最宽处位于中部之后。触角褐黄色，第 2 节长为第 3 节的 3 倍，第 3 节圆筒型，长为宽的 2 倍。前胸背板长方形，扁平，被无数细长的刚毛；后半区光滑、光亮，具不规则的皱纹；中裂缝深陷。腿节和胫跗节褐黄色；爪节至少端部 2/3 部分赤褐色。

（4）蛹。黄白色，形似成虫，但稍大。

**4. 生物学特性**

家天牛生活史需 1～5 年。成虫通常在 4 月下旬开始出现，5 月中旬至 6 月上旬达盛期，末期为 7 月中旬至 8 月上旬。成虫不取食，白天躲在阴暗处，晚上 20：00～22：00时活跃，稍有趋光性。羽化当晚可交尾，第 2d 傍晚开始产卵于桉树活立木上木材表面细小的裂纹或蠹虫的孔中，产卵 113～320 粒，成虫寿命 12～26d。卵期 10～15d，如遇热带风暴或多雨、气温较低时卵期较长。幼虫孵化后即蛀入桉树活立木或桉木材中危害，蛀入孔极小，外表无任何痕迹，大约 3～4 个月后可听到咬食响声，虫道迂回曲折，填塞满粉状排泄物，长约 30cm 左右，深 20～40mm，直径 7～10mm，幼虫耐饥性强。幼虫在虫道末端作蛹室，脱皮后即化蛹，蛹期 15～18d。幼龄材比成熟材受害较重，桉木建筑的房屋中以桁条、屋架受害最严重。

家天牛习性较为复杂。幼虫通常栖息在边材中，较少栖息于已风干的针叶林木材的心材中，如电线杆、建筑物的围栏和作框架用的木材等，尤其是屋顶和阁楼用的木材。幼虫侵害通常是从阁楼开始逐渐向下扩展。也有仅为害房屋下层的情况。近年来，这种害虫已经适应了室内环境，但其最初的栖息地在许多地方仍然是林地和森林。

**5. 传播途径**

该虫主要通过受侵染的木质材料（包括原木、方木、木板、木家具以及用于包装、铺垫、支撑、加固货物的木质包装材料）进行远距离传播扩散，也可由成虫的飞行在小范围内自然传播蔓延。

**6. 检疫方法**

对调运的原木、方木、木板、木家具等木质材料和木质包装，仔细检查有无天牛产卵的裂纹或孔、入侵孔、羽化孔、虫道、排泄物和活虫体。注意该虫的蛀入孔极小，容易漏检。

**7. 检疫处理及防治方法**

家天牛防治主要为一般的化学防治。涂刷 3% PCP 柴油和杀虫药剂的混合溶液，或用 5% 硼酚合剂热冷槽法处理桉树木材，均可获得持久的效果。危害桉木家具的，采用浸泡法处理，药剂以 4% 硼砂或 2% 硼酸＋2% 硼砂为宜。也可采用烘干法进一步代替天然干燥，以杀死桉木中原有的虫卵和幼虫。

# 四、青杨脊虎天牛

**1. 名称与检疫类别**

别名：青杨虎天牛

学名：*Xylotrechus rusticus* Linnaeus

分类地位：鞘翅目 Coleoptera，天牛科 Cerambycidae，脊虎天牛属 *Xylotrechus*

检疫害虫类别：进境植物检疫性害虫

**2. 分布与为害**

青杨脊虎天牛在国外分布于伊朗、土耳其、俄罗斯、蒙古、朝鲜、日本和欧洲。在国内分布于辽宁、吉林、黑龙江、内蒙古及上海等地，尤其在黑龙江的齐齐哈尔市、哈尔滨市和绥化市，吉林的长春市、松原市、白城市、白山市和吉林市，辽宁的本溪市危害严重。

青杨脊虎天牛是一种为害多种阔叶树的毁灭性蛀干害虫，主要为害杨树，同时也能为害柳属、桦属、栎属、山毛榉属、椴属和榆属等林木。被害林木轻则影响生长，降低成林、成材比率；重则树木枯梢断头或折干（俗称"风折"），甚至导致树木成片死亡。据调查，一般受害的林木，树木的死亡率在 20% 左右，受害严重的林分，树木的死亡率可达 40% 以上。

**3. 形态特征**

青杨脊虎天牛的形态特征如图 4-29 所示。

（1）成虫。体黑色，长 11～22mm，宽 3.1～6.2mm，头部与前胸色较暗。额具 2 条纵脊，至前

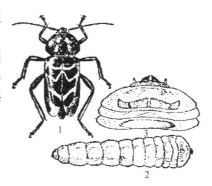

图 4-29　青杨脊虎天牛
1. 成虫；2. 幼虫；3. 幼虫头胸部背面观

端合并略呈倒"V"字形，后头中央至头顶有 1 条纵隆线。额至后头有 2 条平行的黄绒毛纵纹。触角着生处较接近；雄虫触角达到鞘翅基部，雌虫略短，达前胸背板后缘；第 1 节与第 4 节等长，短于第 3 节，末节长显胜于宽；基部 5 节的端部无绒毛。前胸球状隆起，宽略大于长，密布不规则细皱脊；背板具 2 条不完整的淡黄色斑纹。小盾片半圆形；鞘翅两侧近于平行，内外缘末端钝圆；翅面密布细刻点，具淡黄色模糊细波纹 3 或 4 条，在波纹间无显著分散的淡色毛；基部略呈皱脊。体腹面密被淡黄色绒毛。足中等大小，前足基节窝圆形，外方不呈角状；中足基节窝外方向后侧片开放；后足腿节较粗，胫节距 2 个，第 1 跗节长于其余节之和。

（2）卵。乳白色，长卵形，长约 2mm，宽约 0.8mm。

（3）幼虫。黄白色，老熟时长 30~40mm。体生短毛，头淡黄褐色，缩入前胸内。前胸背板上有黄褐色斑纹。腹部除最末节短小外，自第 1 节向后逐渐变窄而伸长。

（4）蛹。黄白色，长 18~32mm。头部下倾于前胸之下，触角由两侧曲卷于腹下。羽化前复眼、附肢及翅芽均变为黑色。

### 4. 生物学特性

该虫在黑龙江省每年发生 1 代，以老龄幼虫在干、枝的木质部越冬。翌年 4 月上旬越冬幼虫开始活动，继续钻蛀为害。4 月下旬在边材上坑道末端蛹室内化蛹。5 月下旬开始羽化为成虫，6 月初为羽化盛期。羽化孔为圆形，直径 4~7cm。成虫很活跃，能做短距离飞行。成虫羽化后即可交尾、产卵。产卵前并不做刻槽，而是直接把产卵器插入到老树皮的裂缝里，产卵其中。一般不在光滑的嫩枝皮上产卵，因而中、老龄树比幼树受害严重，主干比粗枝受害严重，下部比上部受害严重。雌虫产卵成堆，几粒、十几粒、几十粒不等。卵经 10 余天孵化。新孵化幼虫在皮层内群栖为害，并通过产卵孔向外排出很纤细的粪屑。经一周左右，当幼虫已侵入到木质部表层后，虽仍群栖为害，但排泄物已不再排出树干外，均堵塞于坑道中。随着虫体的增长，幼虫继续在木质部表层穿蛀，但逐渐由群栖而分散为害。坑道宽 7~10mm，密布木质部表层，切断了输导组织，使树势明显衰弱。7 月下旬虫体达中龄后，由表层坑道末端向木质部深处钻蛀，坑道互不沟通。蛀入孔为椭圆形，长 10mm，宽 8mm。10 月下旬幼虫开始在蛀道内越冬。此虫只能为害树木的健康部位，凡是已经被害过的干、枝，第 2 年就不会在原部位再重复被害，被害部位虫口密度较大。

青杨脊虎天牛的发生与气温有直接的关系。在黑龙江省，该虫主要发生在年均气温 3℃以上，7 月份平均气温 15℃以上的地区，高于此等温线的哈尔滨、大庆及齐齐哈尔市以南地区发生较重，而低于这个等温线的地区发生较轻或无发生，与黑龙江毗邻的吉林省已有部分地区发生，辽宁省还只是个别地方发生，目前该虫的分布面积占全国杨树栽培面积的 0.19%。在东北地区也属于局部分布，大部分地区尚未传入，而且在其分布区（县、市）内仍有大量的林分未被感染。内蒙古东部地区与东三省毗邻，气候条件与东北地区相近，而且存在着大量的寄主，可能成为该虫的潜在分布区。我国华北、西北地区同样存在着大量的寄主，但温湿度与东北地区存在一定的差异，随着纬度的降低，是否具限制该虫定居的极限温湿度因素还有待研究。

另外，混交林比人工纯林青杨脊虎天牛的危害程度轻。

## 5. 传播途径

青杨脊虎天牛成虫活跃，善于爬行，并能作短距离飞行，但自然传播距离有限。人为运输寄主林木活体、原木、木材等林产品是其远距离传播的主要途径。由于该虫主要在树干内为害，其生存环境受外部影响小，故在未经检疫处理的原木中有较高的生存率。

## 6. 检疫方法

对调运的寄主林木活体、原木、木材等林产品和木质包装，仔细检查有无天牛产卵的裂缝、入侵孔、羽化孔、虫道、粪屑和活虫体。注意该虫产卵前不做产卵刻槽，而是直接把卵产在裂缝里。

## 7. 检疫处理及防治方法

青杨脊虎天牛成虫具有羽化相对集中、沿树干爬行产卵的习性，故成虫期是该害虫防治的最佳时期之一。

（1）法规措施。禁止从发生区调运该虫寄生植物的原木。

（2）帐幕熏蒸。带虫原木可采用帐幕熏蒸的办法进行除害处理。在常温 10℃ 以上条件下，磷化铝（片剂）$12\sim15g/m^3$、溴甲烷或硫酰氟 $20\sim30g/m^3$、氯化苦 $20\sim25g/m^3$，熏蒸 $24\sim48h$。

（3）水浸处理。将带虫原木推入水中，浸泡 30d 以上，至少每周翻动一次。

（4）曝晒处理。在高温季节，把带虫原木剥皮后曝晒 10d 以上，也可将蛀入木质部的幼虫杀死。

附表 4-4　天牛科常见亚科检索表（成虫）

1. 触角着生于额的前端，紧靠上颚基部 ……………………………………………………… 2
   触角着生处较后，离上颚基部较远 ……………………………………………… 4
2. 前胸两侧具边缘，或至少后半部具边缘，通常具齿；前足基节横宽 ………… 锯天牛亚科 Prioninae
   前胸两侧无边缘 …………………………………………………………………………… 3
3. 中足胫节外缘端部具斜沟，体一般瘦长，触角远超过体长；或中足胫节缺斜沟，体较宽，触角短于体长，但下颚须很长，第四节分为二叶；前足基节呈球形突出，鞘翅刻点一般整齐 …………… …………………………………………………………………………… 瘦天牛亚科 Disteniinae
   中足胫节端部无斜沟；前足基部横宽或略呈球形；触角粗短，仅达前胸后缘，或超过鞘翅中部，仅少数雄虫略超过鞘翅末 ………………………………………………… 幽天牛亚科 Aseminae
4. 头伸长，眼后部分显著狭缩呈颈状；前足基部显著突出，圆锥形；中胸背板发音器中央具纵沟 ……………………………………………………………………………… 花天牛亚科 Lepturinae
   头一般不长，眼后不显著狭缩；前足基部不呈圆锥形；中胸背板发音器中央无纵沟 ………… 5
5. 前、中足胫节无斜沟；头部向前倾斜；下颚须端节末端钝圆或平截 ……… 天牛亚科 Cerambycinae
   前足胫节内沿具斜沟，中足胫节一般外沿具斜沟，但有时缺如；头部额与体纵轴近于垂直，口器向下；下颚须端节末端狭圆 ………………………………………… 沟胫天牛亚科 Lamiinae

# 第五节　其他检疫性鞘翅目害虫

在鞘翅目中，除了象甲科、豆象科、小蠹虫科和天牛科外，在叶甲科、皮蠹科、长蠹科、铁甲科、丽金龟科等科中也包含有一些危险性及检疫性害虫，如窄吉丁（非中国种）*Agrilus* spp.、根萤叶甲属 *Diabrotica* Chevrolat.、双钩异翅长蠹 *Heterobostrychus aequalis*（Waterhouse）、马铃薯叶甲 *Leptinotarsa decemlineata*（Say）、谷拟叩甲 *Pharaxonotha kirschi* Reither、日本金龟子 *Popillia japonica* Newman、椰子缢胸叶甲 *Promecotheca cumingi* Baly.、褐拟谷盗 *Tribolium destructor* Uyttenboogaart、大谷蠹 *Prostephanus truncatus*（Horn）、咖啡黑长蠹 *Apate monachus* Fabricius、澳洲蛛甲 *Ptinus tectus* Boieldieu、双棘长蠹（非中国种）*Sinoxylon* spp.、斑皮蠹（非中国种）*Trogoderma* spp.、椰心叶甲 *Brontispa longissima*（Gestro）等。

# 一、马铃薯甲虫

## 1. 名称及检疫类别

别名：马铃薯叶甲

学名：*Leptinotarsa decemlineata*（Say）

异名：*Doryphora decemlineata* Say

　　　*Myocoryna multitaeniata* Stal

　　　*Chrysomela decemlineata* Stal

　　　*Leptinotarsa decemlineata* Kraatz

　　　*L. intermedia* Tower

　　　*L. oblongata* Tower

　　　*L. rubicunda* Tower

英文名：colorado potato beetle

分类地位：鞘翅目 Coleoptera，叶甲科 Chrysomelidae。

检疫害虫类别：为我国进境植物检疫性害虫、全国农业植物检疫性害虫

## 2. 分布与为害

（1）国外。原产于墨西哥北部落基山东麓。最初为害一种叫做 *Solanum rostratum* 的茄科植物。随着美洲大陆的开发，1855 年后此虫开始抛弃原寄主而取食马铃薯。从此由西向东，每年以约 85km 的速度扩散。1874 年扩散到大西洋沿岸地区。1920 年传入欧洲，1935～1940 年间，很快扩散到西欧的比利时、荷兰、瑞士、德国、西班牙、意大利、奥地利等国。1947 年传入匈牙利、捷克斯洛伐克，1949 年到达波兰、罗马尼亚。现报道分布的国家有墨西哥、伊朗、哈萨克斯坦、吉尔吉斯斯坦、格鲁吉亚、土库曼斯坦、塔吉克斯坦、乌兹别克斯坦、亚美尼亚、土耳其、丹麦、瑞典、芬兰、拉脱维亚、立陶宛、俄罗斯、白俄罗斯、乌克兰、摩尔多维亚、波兰、捷克、斯洛伐克、匈牙利、德国、奥地利、瑞士、荷兰、比利时、卢森堡、哥斯达黎加、危地马拉、古巴、阿塞拜疆、保加利亚、英国、法国、西班牙、葡萄牙、意大利、原南斯拉夫、希腊、利比亚、爱沙尼亚、加拿大、美国。另外，已有 38 个国家（欧洲 17 国，亚洲 8 国，非洲 7 国，南美洲 3 国，澳洲 3 国）将其列为检疫性害虫。

（2）国内。1986 年大连口岸从美国进境的小麦中截获，后来防城、南京、宁波、天津、上海、大连、伊犁、连云港等口岸多次截获。现我国新疆伊犁地区已有局部发生。

寄主有马铃薯、茄子、番茄、烟草、颠茄属（*Atropa*）、茄属（*Solanum*）、曼陀罗属（*Datura*）和菲沃斯属的多种植物，其中最喜食马铃薯。

马铃薯甲虫是马铃薯的毁灭性害虫，幼虫和成虫取食马铃薯叶片或顶尖，它通常在马铃薯植株刚开花和形成薯块时大量取食为害。严重时，在薯块开始生长之前，可将叶片吃光，造成绝收。一般造成减产 30％～50％，有时高达 90％以上。在欧洲和地中海一些国家，马铃薯减产约 50％。在美国马里兰州，当每株番茄上马铃薯甲虫由 5 头增加到 10 头时，约减产 67％。在欧洲和北美，茄子也受到严重为害。此外，它还可传播马铃薯褐斑病和环腐病等。

**3. 形态特征**

马铃薯甲虫的形态特征如图 4-30 所示。

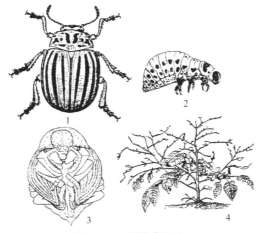

图 4-30  马铃薯甲虫
1. 成虫；2. 幼虫；3. 蛹；4. 为害状

（1）成虫。体长 9.0～11.5mm，宽 6.1～7.6mm。短卵圆形，淡黄色至红褐色，有光泽。头下口式，横宽，背方稍隆起，缩入前胸达眼处。头顶上黑斑多呈三角形。复眼后方有 1 黑斑，但常被前胸背板遮盖。复眼肾形。触角 11 节，第 1 节粗而长，第 2 节很短，第 5、6 节约等长，第 6 节显著宽于第 5 节，末节呈圆锥形。触角基部 6 节黄色，端部 5 节色暗。口器咀嚼式，上唇显著横宽，中央具浅切口，前缘着生刚毛；上颚有 3 个明显的齿；下颚轴节和茎节发达，内外颚叶密生刚毛；下颚须短，4 节，前 3 节向端部膨粗，第 4 节明显细而短，圆柱形，端部平截。

前胸背板隆起，宽约为长的 2 倍（长 1.7～2.6mm，宽 4.7～5.7mm），基缘呈弧形，前缘侧角突出，后缘侧角钝；前胸背板中央具 1 个 U 形斑纹或有 2 条黑色纵纹，每侧有 5 个黑斑（两侧的黑斑多少及大小在个体间有较大差异）；背板中区表面有细小刻点，近侧缘密生粗刻点。小盾片光滑，黄色至近黑色。

鞘翅卵圆形，显著隆起，肩部稍突出，端部稍尖；每个鞘翅有 5 条黑色纵纹，均由翅基部伸至翅端，翅合缝处为黑色，第 1 条黑纹与翅合缝在端部几乎相接，第 2、3 条黑纹在翅端相接，第 4 条与第 3 条间的距离一般小于第 4 条与第 5 条间的距离，第 5 条黑纹与鞘翅侧缘接近；鞘翅刻点粗大，沿条纹排成不规则的刻点行。

胸足短，转节呈三角形，腿节稍粗而侧扁，胫节端部变宽，跗节隐5节（即伪4节），第4节极短，爪的基部无附齿。腹板1～5两侧具黑斑，腹板1～4的中央两侧还有长椭圆形黑斑。

一般雌虫个体较雄虫稍大。雄虫最末腹板比较隆起，具一条纵凹线，雌虫无纵凹线。雄虫外生殖器阳茎呈香蕉形，端部扁平，长为宽的3.5倍。

马铃薯甲的为害，导致了世界农作物史上第一次大规模使用化学农药。由于长期单一使用农药防治，到20世纪中期，该虫已对有机氯农药DDT产生了抗性。目前，马铃薯甲虫对已注册的许多杀虫剂均产生了抗药性，而且对每一种新的杀虫剂，在应用后2～4年内就会产生显著抗药性。

（2）卵。长约1.2～1.8mm，宽约0.7～0.8mm。椭圆形，顶部钝尖，橘黄色至橘红色。

（3）幼虫。共4龄，1龄幼虫体长约2.8mm，头壳宽0.6mm；2龄幼虫体长5.1mm，头壳宽0.9mm；3龄幼虫体长8.3mm，头壳宽1.4mm；4龄幼虫体长约13.9mm，头壳宽约2.3mm。体色1、2龄幼虫暗褐色，3龄开始逐渐变为粉红色或橙黄色。头部黑色发亮，头为下口式；头盖缝短，额缝由头盖缝发出，开始一段相互平行延伸，然后呈钝角状左右分开。头部两侧各有侧单眼6个，分成2组，上方4个，下方2个。触角短，3节。上唇、唇基及额之间由缝分开。头壳上仅着生初生刚毛，刚毛短，每侧顶部刚毛5根。额区呈阔三角形，前缘着生刚毛8根；额上方着生刚毛2根。唇基横宽，着生刚毛6根，呈一横列式；上唇横宽，半圆形，中部凹陷狭而深，其前缘刚毛10根，中区刚毛6根和感觉孔6个。上颚三角形，具端齿5个，其中上部的一个齿小。前胸明显大于中胸和后胸。

1龄幼虫前胸背板骨片全为黑色，随虫龄增加，前胸背板颜色变淡，仅后部为黑色。中胸、后胸及腹部第1节背板中央各有1对横列小黑斑。除最末两个体节外，虫体两侧的气门骨片、上侧骨片暗褐色，腹部的气门骨片呈瘤状突，包围气门。中胸、后胸无气门，气门骨片完整。腹部9节，较胸部显著膨大，中央部分特别膨大，且向上隆起，以后各节急剧缩小，末端尖细。腹部腹面有短刚毛组成的3行小斑点。第8、9腹节背板上各有1个黑色骨化板，其后缘着生粗刚毛。

足黑褐色，基节长，转节呈三角形，并有3根短刚毛；腿节、胫节短；爪大且骨化程度高，基部的附齿近矩形。

（4）蛹。体长9.0～12.0mm，宽6.0～8.0mm，椭圆形，黄色或橘黄色。体侧各有一排黑色小斑点。

**4. 生物学特性**

（1）世代及越冬。在欧洲和美洲，每年发生1～3代，个别地区个别年份多达4代。在原苏联的亚洲部分，大多地区每年发生1代。中国新疆伊犁地区以发生2代为主，局部3代，世代重叠。以成虫在土中6～15cm处越冬。

（2）发生及成虫习性。越冬成虫至翌年春季逐渐上升至土表约1.25cm处，当土温回升到14～15℃时，开始出土活动及取食。经过1～2周后，成虫开始交配、产卵。有的个体交配发生于前一年的秋季，这样的雌体到第2年春季不需再进行交配，经过几天取食即可产卵。成虫产卵于叶背面，产卵成块，每个卵块有卵5～82粒，多数为24～

34 粒。田间每头雌虫平均产卵 400～700 粒，实验室条件下多达 4000 余粒。

成虫在全年不同时期均可发生滞育。滞育形式有 6 种：①冬蛰：8～11 月（3～4 个月），由光周期、气温及寄主营养等季节性变化引起的滞育；②弱休眠：由严寒引起，是冬蛰结束后尚未完全复苏的一种过渡状态，可以抗寒，一直持续到第二年早春；③夏蛰：由高温引起，部分成虫可进入 11～36d 的夏蛰；④夏眠：经过越冬、取食和繁殖的部分个体（约占种群 1/2），可进入 1～10d 的夏眠；⑤滞育：经过 1～2 次越冬和繁殖的成虫，可在 8～9 月进入滞育；⑥多年滞育：部分入土滞育的成虫，可持续滞育 2～3 年。

（3）幼虫习性。同一卵块的卵孵化时间比较一致，幼虫孵出后即开始取食。幼虫 4 龄。老熟幼虫在离被害植株 10～20cm 半径的范围内，入土做蛹室化蛹，仅少数个体爬到 35～45cm 之外处化蛹，化蛹深度多为 2～3cm，最深的达 12cm。

（4）各虫态历期。一般卵 5d，幼虫 15～34d，预蛹 3～15d，蛹 8～24d，成虫平均寿命 1 年。

**5. 发生与环境的关系**

（1）温度、湿度。温度对马铃薯甲虫的发生世代数有影响。1 年中至少有 60d 平均气温在 15℃以上、最冷月份土温为 -8℃以上地区，每年可发生 1 代；低于这些温度条件的地区，则不能生存。1 年内平均气温 15℃以上的天数达到 120d 的地区，每年可发生 2 代；达 140d 以上的地区可发生 3 代。不同种群和虫态的发育起点温度不同，一般为 8～12℃，完成一个世代的有效积温为 360℃·d。温度和湿度影响各虫态发育历期及繁殖。

在恒温条件下，发育最适温度为 25～33℃，35℃以上对其生长发育不利。卵发育的最适温度为 22～25℃，相对湿度 70%～75%。在 30℃及相对湿度 85% 时，卵期 5.5d；在 25℃及相对湿度 60%～75% 时，卵期 5d；在 17℃下，卵期为 9d。幼虫的最低有效发育温度为 11～13℃，最适温度 23～28℃。在 28℃、24℃、18℃和 15℃下幼虫历期分别为 9.2～9.5d、13.5d、24d 和 32d。各龄幼虫食量比率相对恒定，1 龄幼虫占 3%，2 龄幼虫占 5%，3 龄幼虫占 15%，4 龄幼虫食量最大，占 77%。在 22～23.5℃条件下，蛹期 7～8d；25～27℃时蛹期 5.5～6d。适于成虫产卵的最适温度为 23～25℃，相对湿度 60%～75%；温度低于 14℃或高于 26～27℃，相对湿度高于 80% 或低于 40% 均对繁殖不利。温度低于 10～13℃时，成虫停止取食。

低温影响越冬成虫的存活。此虫抗寒力弱，越冬死亡率有时可高达 85% 以上。在 -5～-3℃时，越冬成虫代谢受到破坏；在 -12～-6℃时，成虫很快死亡。由于此虫在土下越冬，地表有大雪覆盖，可减轻冬季低温的不良影响。

（2）光周期。光周期是诱发成虫滞育的重要因素。该虫属长日照滞育型昆虫。临界光周期与该虫所处地理纬度有关，越往北临界光周期越长，北纬 45℃以上地区，临界光周期为 16h；北纬 32℃地区的临界光周期为 12h。

（3）食料。马铃薯甲虫对寄主有明显的选择性，最喜食马铃薯。适宜的食料对幼虫生长发育和繁殖有利。食物的质量对成虫滞育存在一定影响。

（4）天敌。马铃薯甲虫的天敌种类较多，捕食性天敌有草蛉、七星瓢虫、步甲、蝽象等；寄生性天敌有寄生蜂、寄生蝇；昆虫病原微生物有白僵菌、细菌、线虫等。这些天敌对其种群数量有一定控制作用。如在美国，曾引进欧洲捕食性蝽象 *Perillus biocu-*

*latus* (Fabricius)，一头蝽象可捕食 1250 头马铃薯甲虫；由南美哥伦比亚引进的一种卵寄生蜂 *Edovum putleri* Grissell，在马铃薯甲虫卵上的寄生率高达 80%～90%。寄生蝇 *Doryphoropha gadlyphorae* 可寄生于马铃薯甲虫幼虫。

**6. 传播途径**

主要随来自疫区的薯块、水果、蔬菜等寄主植物或其他农产品及其包装和运输工具和土壤，进行远距离传播。

季风对该虫的传播起很大作用。其扩展的方向与季风方向一致，成虫可被大风吹到 150～350km 之外。在欧洲，该虫大发生季节多刮西风，因此，马铃薯甲虫向东扩展迅速。在原苏联，该虫每年向东部扩展的速度，在 20 世纪 60 年代平均为 120km，70 年代为 130～170km。

气流和水流也有助于该虫的扩展。据记载，成虫可被气流带到 170km 之外，成虫飞行中有时坠落海里，当被重新抛上岸后部分个体仍然成活。

**7. 检疫方法**

按照中华人民共和国出入境检验检疫行业标准（SN/T1178—2003），对来自疫区的薯块、水果、蔬菜、种子、苗木、包装材料、集装箱及运输工具进行现场检验；对来自疫区的入境旅客，严格检查其携带物。

（1）现场抽样方法。采用随机方法进行抽样。抽查件数按货物总件数的 0.5%～5% 抽查。10 件以下的（含 10 件）全部检查；500 件以下的抽查 13～15 件；501～1000 件抽查 16～20 件；1001～3000 件抽查 21～30 件；3001 件以上，每增加 500 件抽查件数增加一件（散装货物以 100kg 比照一件计算）。对来自疫区的茄科等植物的种子、苗木及其产品，若发现可疑疫情，可增加检查件数，每批抽查宜多于 50 件（批量少于 50 件的则全部检查）。

（2）检查方法。过筛检查。对易筛货物，如植物种子、干果、坚果、谷物、豆类、油料、花生仁等，可过筛检查货物中是否带有幼虫和成虫。

目测法检查。对运输工具、集装箱、包装物、填充物、铺垫材料、薯块、蔬菜、水果、动物产品等可采用肉眼检查，特别是缝隙等隐蔽处。

（3）标本鉴定。将检查收集的成虫、幼虫、蛹、卵及蜕皮壳，带回室内借助双目扩大境进行鉴定，或培养为成虫后进行鉴定。

**8. 检疫处理与防治方法**

1）检疫处理

严格检疫，杜绝传入。禁止从马铃薯甲虫发生地区调运块茎和繁殖材料，对来自疫区的水果、蔬菜、粮食、原木、动物产品以及各种包装材料、运输工具等都要进行严格检疫。

一旦发现有疫情货物，可采用熏蒸剂熏蒸处理。对马铃薯块茎，在 25℃下，用溴甲烷或二硫化碳 16mg/L，密闭熏蒸 4h；在 15～25℃范围内，每降低 5℃时，用药量应相应增加 4mg/L，可彻底杀死成虫。若要杀死蛹，温度应在 25℃以上。

2）防治方法

（1）农业防治。包括轮作倒茬，深翻土壤，适时早播栽培，种植晚作早熟品种，培育抗虫品种及收获前对马铃薯植株去顶等方法。

（2）化学防治。可用80％敌百虫可湿性粉剂（0.8～1.5kg/hm²）、20％亚胺硫磷乳油（4～10kg/hm²）、速灭杀丁或氯氰菊酯防治，有较好效果。

（3）生物防治。保护自然天敌。利用白僵菌可有效防治该虫的低龄幼虫；利用捕食性蝽象 *Perillus bioculatus*（Fabricius）、卵寄生蜂 *Edovum putleri* Grissell 等进行防治。

# 二、谷斑皮蠹

**1. 名称及检疫类别**

别名：谷铿节虫、卡巴甲虫、砖虫、谷鲞虫、椰子干核甲虫

学名：*Trogoderma granarium* Everts

异名：*Trogoderma quinquefasciata* Leesberg

   *T. khapra* Arrow

   *T. afrum* Priesner

英文名：khapra beetle

分类地位：鞘翅目 Coleoptera，皮蠹科 Dermestidae

检疫害虫类别：为我国进境植物检疫性害虫

**2. 分布与为害**

原产于印度、斯里兰卡、马来西亚。现报道分布的国家如下：亚洲地区有印度、斯里兰卡、马来西亚、新加坡、泰国、菲律宾、巴基斯坦、越南、缅甸、日本、朝鲜、塞浦路斯、伊拉克、叙利亚、伊朗、土耳其、阿富汗、以色列、孟加拉国、黎巴嫩、印度尼西亚，非洲地区有埃及、苏丹、尼日利亚、津巴布韦、马里、塞内加尔、尼日尔、摩洛哥、毛里求斯、突尼斯、阿尔及利亚、坦桑尼亚、肯尼亚、索马里、乌干达、南非、几内亚、毛里塔尼亚、冈比亚、安哥拉、莫桑比克、利比亚、塞拉利昂，欧洲地区包括荷兰、原苏联、丹麦、德国、英国、法国、意大利、西班牙、捷克、芬兰、瑞典、葡萄牙，美洲有美国、墨西哥、牙买加。

谷斑皮蠹的幼虫，严重为害多种植物产品，如小麦、大麦、燕麦、黑麦、稻谷、玉米、高粱、大米、面粉、麦芽、花生仁、花生饼、干果、坚果、豆类、椰枣、棉籽等；也取食多种动物性产品，如鱼粉、奶粉、蚕茧、血干、皮毛、丝

> 此虫是为害严重和难以防治的一大害虫。感染了此虫的货轮，经过反复的清洁卫生和药剂防治都难以根治。据报道，国外为了彻底根除此虫，曾不惜烧毁整个仓库，但在断墙残壁的砖缝内仍存留有活的幼虫。

绸等。幼虫对粮食造成的损失一般为 5％～30％，严重时达 75％。1953 年在美国加州某些粮库暴发成灾，一个存放 3700t 大麦的仓库，在 1.25m 深的粮层内幼虫数多于粮粒数；在该州谷斑皮蠹造成的损失达农产品的 10％，价值 2.2 亿美元。从 1955 年 2 月开始，在美国 36 个州进行了历时 5 年的国内疫情调查，共发现侵染点 455 个，侵染仓库的总体积达 1 亿 4 千多万立方英尺，耗资 900 万美元才完成了谷斑皮蠹的根除计划。

**3. 形态特征**

谷斑皮蠹的形态特征如图 4-31 所示。

（1）成虫。体长 1.8～3.0mm，宽 0.9～1.7mm，长椭圆形，体色红褐、暗褐或黑褐色。密生细毛。头及前胸背板暗褐色至黑色。复眼内缘略凸。触角 11 节，棒形，黄

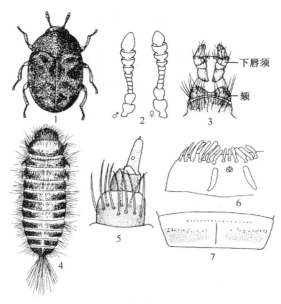

图 4-31　谷斑皮蠹

1. 成虫；2. 触角；3. 下唇；4. 幼虫；5. 幼虫触角；6. 幼虫上内唇；7. 幼虫第 8 腹节背板

（1～3. Hinton，1945；4～7. 中华人民共和国动植物检疫局、农业部检疫实验所，1997）

褐色。雄虫触角棒 3～5 节，末节长圆锥形，其长度约为第 9、10 两节长度的总和；雌虫触角棒 3～4 节，末节圆锥形，长略大于宽，端部钝圆。触角窝宽而深，触角窝的后缘隆线特别退化，雄虫的约消失全长的 1/3，雌虫的约消失全长的 2/3。颏的前缘中部具有深凹，两侧钝圆，凹处高度不及颏最大高度的 1/2。前胸背板近基部中央及两侧有不明显的黄色或灰白色毛斑。鞘翅为红褐色或黑褐色，上面有黄白色毛形成的极不清晰的亚基带环、亚中带和亚端带，腹面被褐色毛。

雌虫一般大于雄虫。雄性外生殖器的第 1 围阳茎节（即第 8 腹节），背片骨化均匀，前端刚毛向中间成簇，第 9 腹节背板两侧着生刚毛 3～4 根。雌虫交配囊内的成对骨片很小，长 0.2mm，宽 0.01mm，上面的齿稀少。

（2）卵。长 0.7～0.8mm，宽约 0.3mm。长筒形而稍弯，一端钝圆，另一端较尖，并着生一些小刺及刺状突起。刺突的基部粗，端部细。卵初产时乳白色，后变为淡黄色。

（3）幼虫。老熟幼虫体长 4～6.7mm，宽 1.4～1.6mm。纺锤形，向后稍细，背部隆起，背面乳白色至黄褐色或红褐色。触角 3 节，第 1、2 节约等长，第 1 节周围除外侧 1/4 外均着生刚毛。内唇前缘刚毛鳞片状，每侧有侧刚毛 12～14 根排成一列，中刚毛 4 根，外侧 2 根细长。内唇棒细长，向后伸达中刚毛后方。内唇棒前端之间有感觉环 1 个，长有 4 个乳状突。胸足 3 对，短小，每足连爪共 5 节。腹部 9 节，末节小形，第 8 腹节背板无前脊沟。体上密生长短刚毛。刚毛有两类：一类为芒刚毛，短而硬，周围有许多细刺；另一类为分节的箭刚毛，细长形，其箭头一节的长度约为其后方 4 个小节的总长。头、胸、腹部背面均着生芒刚毛。第 1 腹节端背片最前端的芒刚毛不超过前脊沟。箭刚毛多着生在各腹节背板后侧区，在腹末几节背板最集中，并形成浓密的暗褐色毛簇。

（4）蛹。雌蛹长约 5.0mm，雄蛹长约 3.5mm。扁圆锥形，黄白色。体上着生少数细毛。蛹留在末龄幼虫未曾脱下的蜕内，从裂口可见蛹的胸部、腹部前端。

**4. 生物学特性**

（1）世代及越冬。谷斑皮蠹的发生代数不同地区有所不同。日本东京附近每年 1 代，印度每年 4 代。在东南亚，每年发生 4～5 代。以幼虫在仓库缝隙内越冬。

（2）发生及成虫习性。在东南亚，4～10 月为繁殖为害期。成虫羽化后 2～3d 开始交配产卵。在 30℃ 温度下，每头雌虫平均产卵 65 粒，最多可产 126 粒。成虫不能飞行，它必须依靠人为的力量进行传播。成虫一般不取食为害，也不饮水。

（3）幼虫习性。一般为 4 或 5 龄。幼虫多集中于粮堆顶部取食，3 龄后喜钻入缝隙中群居。4 龄前幼虫取食破损的粮粒或在粮粒外蛀食，4 龄后幼虫可蛀食完整粮粒。幼虫通常先取食种子胚部，然后取食胚乳，种皮被咬成不规则的形状。幼虫非常贪食，并有粉碎食物的特性，除吃去一部分粮食外，更多的是将其咬成碎屑。1 头雌幼虫每天消耗 0.14～0.77mg 的食物，为雄幼虫的 2 倍。谷斑皮蠹耐干性、耐热性、耐寒性和耐饥性都很强。它在粮食含水量只有 2% 的条件下仍能正常生长发育和繁殖。一般仓库害虫最高发育温度为 39.5～41℃，而谷斑皮蠹为 40～45℃，在 51℃ 及相对湿度 75% 条件下，仍有 5% 的个体能存活。它的最低发育温度为 10℃，在 -10℃ 下处理 25h，1～4 龄幼虫死亡率仅为 25%～50%，在 -21℃ 下处理 4h 才完全死亡。幼虫如因食物缺乏而钻入缝隙内以后，可存活 3 年。滞育的幼虫可存活 8 年。它的抗药性也很强。

（4）各虫态发育历期。一般情况下卵 3～26d，幼虫 26～87d，蛹 2～23d，成虫寿命 3～19d。

**5. 发生与环境的关系**

（1）温度、湿度。它的最适发育温度为 32～36℃。在不同温度及相对湿度下其世代历期有明显差别。完成 1 个世代，在 34～35℃ 下需要 25～29d；在 30℃ 下需要 39～45d；在 21℃ 下需要 220～310d。温度、湿度对虫龄及各虫态历期、孵化率等有显著影响。如在不适宜条件下，幼虫虫龄可增至 10～15 龄。在 35℃、相对湿度 73% 时，幼虫历期仅 17d，温度升高或降低时，幼虫期延长。谷斑皮蠹适宜于发生在热而干燥的地区。在平均温度有 4 个月超过 20℃ 的地区，它就可能发生；在平均温度有 6 个月超过 20℃ 的地区就可能大发生。我国有 2 个特别危险区，第一个特别危险区包括了新疆自治区的大部分，该区每年有 4 个月平均气温在 20℃ 以上，其间的气候干燥，相对湿度为 28%～40%；第二个特别危险区包括广东、江西、云南、福建、贵州、江西部分地区及台湾，每年超过 6 个月平均温度在 20℃ 以上。

（2）食料。谷斑皮蠹幼虫的食性很杂，且有一定选择性。它可取食植物性和动物性产品，特别喜食动物性产品和富含淀粉及油脂的植物性产品。食物对幼虫生长发育有显著影响。取食小麦、玉米、椰子、花生仁、全麦粉、燕麦、糠时，幼虫历期 1～2.5 个月；而取食糖、巧克力时，则长达 6～12 个月。

（3）天敌。国外已发现一种病原原生动物——斑皮蠹裂簇虫 *Mattesia trogoderma*，可寄生数种斑皮蠹。

**6. 传播途径**

谷斑皮蠹成虫虽有翅，但不能飞翔，主要随货物、填充物、包装材料和运输工具传播；也可随寄主的邮寄及从疫区进境旅客的携带物传播。

**7. 检疫方法**

按照中华人民共和国国家标准（GB/T18087—2000）对来自疫区的有关植物材料、包装材料及运载工具进行现场检验。对来自疫区旅客的携带物有针对性地进行检查。

1）现场抽样方法

在现场用随机方法进行抽样。抽查件数按货物总件数的 0.5%～5% 抽查。500 件以下抽查 3～5 件；501～1000 件抽查 6～10 件；1001～3000 件抽查 11～20 件；3001 件以上，每增加 500 件抽查件数增加 1 件（散装货物以 100kg 比照 1 件计算）。

当检查易筛货物时，从每件货物内均匀抽取 1～3kg 物品过筛，将 1% 的混合样（不足 1kg 按 1kg 取样）和筛下物带回室内检查；当检查非粮食货物时，视情况确定取样数量；散装货物以 100kg 比照 1 件计算。

2）检查方法

（1）过筛检查。对谷物、豆类、油料、花生仁、干果、坚果等，采用过筛检查。对花生仁、花生饼等传带可能性大的物品应重点检查。

（2）肉眼检查。对包装物、填充物、铺垫材料、集装箱、运输工具、动物产品等，应采用肉眼检查。特别是麻袋的缝隙处，棉花包的皱褶、边、角、缝隙处，纸盒夹缝等隐蔽场所，运输工具、集装箱、仓库等的角落和地板缝。

（3）诱集检查。利用谷斑皮蠹的性外激素 14-甲基-8-十六碳烯醛（顺反式结构按一定比例混合），或聚集激素（油酸乙酯 44.2%，棕榈酸乙酯 34.8%，亚麻酸乙酯14.6%，硬脂酸乙酯 6%，油酸甲酯 0.4%）放入诱捕器内，将诱捕器放在港口、码头、集装箱内、仓库走道口、货物装卸处等，进行监测。也可将性引诱剂与聚集激素结合应用。

（4）饲养检查。将采回的样品放入 32～35℃，相对湿度 70% 的培养箱内饲养观察。

3）标本鉴定

将收集的成虫、幼虫、蛹、卵及蜕，分别保存于相关溶液中，对照谷斑皮蠹各虫态形态特征进行鉴定。

**8. 检疫处理与防治方法**

1）检疫处理

严格执行检疫条例，杜绝谷斑皮蠹传入。

（1）化学熏蒸。常用熏蒸剂有溴甲烷和磷化氢。在 25℃，溴甲烷用药量为 80g/m³，熏蒸 48h；10℃ 时，用药量应为 25℃ 的 3 倍。磷化氢用量为 10g/m³，密闭 4d以上。

（2）高温处理。在 52℃ 下处理 1.5h，或 60℃ 下处理 20min，可杀灭各虫态。

2）防治方法

（1）清洁卫生防治。

（2）用磷化氢熏蒸货物。

（3）化学保护剂处理。可用防虫磷 20mg/kg 或 70% 杀螟松 10mg/kg 拌粮。

（4）性引诱剂诱杀。利用谷斑皮蠹性外激素诱捕器诱杀成虫。

（5）高温处理。

（6）生物防治。用$35\mu g$的性引诱剂，用乙烷稀释到$10mL$，装在蜡纸做的小盘内，并加入$0.8mg$的裂簇虫孢子粉（含孢子$2.3\times10^6$个/mg），制成孢子性诱盘，在仓内诱集斑皮蠹雄成虫，感染裂簇虫的雄成虫通过交配，又可感染雌成虫，从而抑制其种群。

# 三、双钩异翅长蠹

## 1. 名称及检疫类别
别名：细长蠹虫

学名：*Heterobostrychus aequalis*（Waterhouse）

异名：*Bostrichus aequalis* Waterhouse

   *B. uncipensis* Lesne

   *B. aequqlis* Lefrog

英文名：kapok borer，oriental wood borer

分类地位：鞘翅目 Coleoptera，长蠹科 Bostrichidae

检疫害虫类别：进境植物检疫性害虫，全国森林植物检疫性害虫

## 2. 分布与为害
国外分布包括：印度、印度尼西亚、马来西亚、日本、越南、缅甸、泰国、斯里兰卡、菲律宾、越南、以色列、马达加斯加、巴巴多斯、新几内亚、古巴、美国、苏里南。

国内分布包括：云南省红河哈尼族彝族自治州（金平苗族瑶族傣族自治县）、思茅地区（景东彝族自治县）、西双版纳傣族自治州（景洪市），广东省的深圳市、佛山市，海南省的三亚市、儋州市、琼海市、屯昌县、琼中黎族苗族自治县，台湾，香港。

寄主有白格、黑格、黄桐、华楹、橡胶树、琼楠、木棉、橄榄、柳安、苹婆、乳香、翅果麻、合欢、厚皮树、银合欢、洋椿、黄檀、龙竹、龙脑香、嘉榄、桑、紫檀、柚木、芒果、榆绿木、榄仁树、翻白叶、利藤、温武汝、楠榜、巴丹、道以治、大磷创等木材、竹材、藤及其制品。也能为害衰弱树和树木的枝条。

该虫是热带、亚热带地区常见的重要钻蛀性害虫，以成虫、幼虫钻蛀孔道，蛀食寄主的木质部。钻蛀时不断向外排出蛀屑。凡受害寄主外表虫孔密布，仅剩纸样外表，内部蛀道相互交叉，严重时几乎全被蛀成粉状，极易折断。此虫的为害严重影响寄主材质，甚至使其完全丧失使用价值。如1988年深圳发展中心大厦因该虫钻蛀玻璃胶而使高级建筑玻璃面临掉落的危险。同年东莞市藤厂因该虫严重为害，约20%的库存藤料外表虫孔密布，内部几乎都是蛀粉。自1980年以来，我国许多口岸多次从进口的木材、木质模具、木质包装箱上截获此虫，为害率达86%。

## 3. 形态特征
双钩异翅长蠹的形态特征如图4-32所示。

（1）成虫。体长$6\sim15mm$，宽$2.1\sim3mm$。圆筒形，赤褐色。头部黑色，具细粒状突起，头背中央有一条纵脊线。触角10节，柄节粗壮，鞭节6节，锤状部3节，其长度超过触角全长的1/2，端节椭圆形。上唇很短，前缘密生金黄色长毛。前胸背板前缘呈弧状凹入，前缘角有一较大的齿状突起，与之相连的还有5、6个锯齿状突起；背板前半部密布粒状突起，后缘角成直角。小盾片四边形，微隆起，光滑无毛。鞘翅刻点近圆而深凹，排列成行，刻点沟间光滑无毛。鞘翅两侧缘自基缘向后几乎平行延伸，至

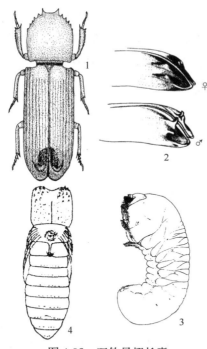

图 4-32　双钩异翅长蠹
1. 成虫；2. 鞘翅；3. 幼虫；4. 蛹
（2. 张生芳等，1998；3. Woodruff，1967；
4. 陈志麟，1990）

翅后 1/4 处急剧收缩。雄虫鞘翅斜面两侧有 2 对钩状突起，上面的 1 对较大，向上并向中线弯曲，呈尖钩状；下面 1 对较小，位于鞘翅边缘，无尖钩。雌虫鞘翅斜面仅有稍隆起的瘤粒，无尖钩。

（2）幼虫。体长 8.5～15.0mm，宽 3.5～4.0mm。体肥胖，12 节，体壁皱褶，乳白色。头部大部分被前胸背板覆盖，背面中央有一条白色线，前额密生黄褐色短绒毛。上颚坚硬。体向腹面弯曲，胸部特别粗大，中部略小，后端比中部稍大；胸部背中央具一条白色而略下陷的中线，中线后端较大，其轮廓形似一支钉。胸部侧面中间有一个浅黄白色的骨化片，长 1.5～1.8mm，斜向，其下方具一个椭圆形的气门，黄褐色。腹部侧下缘具短绒毛，各节两侧中间均有黄褐色椭圆形气门。

（3）蛹。体长 7.0～15.0mm。初化蛹时体乳白色，后变为浅黄色。触角可见柄节、鞭节 6 节和锤状部 3 节。复眼暗褐色或黑色。前胸背板前缘凹入，两侧密布锯齿状突起。中胸背板具一瘤突，后胸背板中央有一纵向凹入，后缘具一束浅褐色毛。鞘翅斜面的 1 对突起明显。腹部各节后缘中部有一列浅褐色毛，第 6 节的毛列呈倒 V 形。

**4. 生物学特性**

（1）世代及越冬。在热带和亚热带地区每年 2～3 代。以老熟幼虫或成虫在寄主内越冬。

（2）发生及成虫习性。越冬幼虫于次年 3 月中、下旬化蛹，蛹期 9～12d，3 月下旬至 4 月下旬为羽化盛期。第 1 代成虫于 6 月下旬至 7 月上旬开始出现，第 2 代成虫于 10 月上、中旬开始出现。第 2 代部分幼虫期延长，以老熟幼虫越冬，最后一批成虫期延至 3 月中、下旬，与第 3 代（越冬代）成虫期重叠。第 3 代幼虫于 10 月上旬进入越冬，至第二年 3 月中旬化蛹，下旬羽化，其中，部分越冬幼虫延至 4～5 月化蛹，越冬代成虫期和第 1 代重叠。成虫寿命一般为 2 个月，越冬代成虫寿命长达 5 个月。世代重叠严重，全年都可见到成虫和幼虫，冬季也有成虫活动。

成虫羽化后 2～3d 开始在木材表面蛀食，形成浅窝或虫孔，有粉状物排出。成虫白天常躲藏在木材或木竹藤制品形成的缝隙中，夜间活动，具弱趋光性，飞行能力较强。成虫钻蛀性强，当环境不适宜时，可蛀穿尼龙薄膜、玻璃胶、木板等。蛀孔由树皮到边材，其蛀道长度不等。在蛀食伐倒木、新剥原木、木制品或藤料时，常将蛀屑排出蛀道。雌成虫喜欢在危害材料的缝隙、孔洞中产卵或咬一个不规则的产卵窝，产卵其中，卵散产。

（3）幼虫习性。幼虫钻蛀为害，蛀道大多沿木材纵向伸展，弯曲并互相交错。蛀道的横截面圆形，直径约为 6mm，长达 30cm，蛀入深度可达 5～7cm，其中充满粉状的排泄物，幼虫老熟后在蛀道末端化蛹。

**5. 传播途径**

主要以各虫态随木竹藤料、制品、包装铺垫材料及运输工具进行远距离传播。近距离靠成虫飞行扩散。

**6. 检疫方法**

1）现场抽样方法

对进境商品进行随机抽样检查。

2）检查方法

（1）目测法。查看木材、藤料及其制品表面是否有蛀孔和蛀屑，根据蛀孔的大小和蛀屑的新鲜与否，判断害虫的位点，并进行剥查。

（2）敲击法。用斧头或锤击打木料，若发出的声音异常，则进行剥查。

（3）韧性判断法。对藤料，可根据其韧性判断，被害藤料的韧性受影响，易折断，可据此发现虫体。

3）标本鉴定

将查获的虫体带回实验室内，对照各虫态形态特征进行鉴定，必要时，请有关专家审核。

**7. 检疫处理与防治方法**

1）检疫处理

（1）熏蒸处理。大批量木材及其制品、集装箱运载的藤料或木质包装箱等可采用溴甲烷、硫酰氟、磷化铝片熏蒸处理。溴甲烷用药量为 80g/m³，熏蒸 6h；磷化铝 20g/m³，熏蒸 72h。用薄膜密闭后要立即投药，以防该虫咬破薄膜漏气而影响熏蒸效果。

（2）硫磺熏蒸处理。少量有虫藤料，可用 45％硫磺熏蒸处理，用药量为 250mg/m³，熏蒸 24h。

（3）水浸木材。木材水浸时间应在 1 个月以上。

2）防治方法

（1）药剂防治。对带有越冬幼虫或卵的苗木，可用 40％氧化乐果乳油或 40％久效磷乳油 50～100 倍液，或 2.5％溴氰菊酯乳油 100～200 倍液喷雾。对携带有 2 或 3 龄幼虫的苗木，可用 2000μg/g 剂量的 4.9％氧化乐果微胶囊剂，或 10g/kg 剂量的 2.5％溴氰菊酯 LD 缓释膏，或 5g/kg 剂量的 2.5％溴氰菊酯 BD 缓释膏点涂坑道表面排粪处。老龄幼虫或蛹期，可将磷化铝片投入虫孔道内，密闭虫孔熏蒸，每孔 0.05g；或用 40％乐果柴油（1∶9）液剂涂虫孔。

（2）烘烤处理。在 93℃条件下烘烤感虫材料 10～20min，可杀死各虫态。

# 四、大 谷 蠹

**1. 名称及检疫类别**

别名：大谷长蠹

学名：*Prostephanus truncatus*（Horn）

异名：*Dinoderus truncatus*（Horn）

　　　*Stephanopachys truncatus*（Horn）

英文名：larger grain borer，greater grain borer

分类地位：鞘翅目 Coleoptera，长蠹科 Bostrichidae

检疫害虫类别：为我国进境植物检疫性害虫

**2. 分布与为害**

原产于美国南部，后扩展到美洲其他地区。20 世纪 80 年代初在非洲立足。已报道的分布国家：美国、墨西哥、危地马拉、萨尔瓦多、洪都拉斯、尼加拉瓜、哥斯达黎加、巴拿马、哥伦比亚、秘鲁、巴西、加拿大、肯尼亚、坦桑尼亚、多哥、贝宁、加纳、尼日利亚、喀麦隆、布隆迪、布基纳法索、几内亚、赞比亚、马拉维、尼日尔、泰国、印度、菲律宾、以色列、伊拉克。

主要寄主有玉米、木薯干、红薯干。还可为害软质小麦、花生、豇豆、可可豆、咖啡豆、扁豆、糙米，木质器具和仓内的木质结构等。

大谷蠹为农户储藏玉米的重要害虫。不论是在田间还是在仓库里，它均能侵害玉米粒和玉米棒。成虫和幼虫均钻蛀为害。成虫能穿透玉米棒的苞叶蛀入籽粒，产生大量的玉米碎屑。在尼加拉瓜，玉米经 6 个月储藏后，因该虫为害的重量损失达 40%；在坦桑尼亚，储藏 3～6 个月的玉米，籽粒被害率达 70%，重量损失达 34%。大谷蠹可把木薯干、红薯干蛀成粉屑。特别是经发酵过的木薯干，质地松软，更适于其钻蛀为害。在非洲，木薯干经 4 个月储存后，重量损失有时高达 70%。

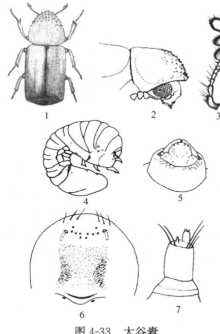

图 4-33　大谷蠹

1. 成虫；2. 头部侧面观；3. 触角；4. 幼虫

5. 幼虫头部；6. 幼虫上内唇；7. 幼虫触角

（2，3. 张生芳等，1998；4. 中华人民共和国动植物检疫局，农业部检疫实验所，1997；

5～7. Spilman，1983）

**3. 形态特征**

大谷蠹的形态特征如图 4-33 所示。

（1）成虫。体长 3～4mm，圆筒形，红褐色至黑褐色，略有光泽。体表密布刻点和稀疏刚毛。头下垂，由背方不可见。触角 10 节，棒 3 节，末节约与第 8、9 节等宽，索节细，上面着生长毛。唇基侧缘明显短于上唇侧缘。前胸背板无侧脊，长宽略相等，两侧缘由基部向端部方向呈弧形狭缩，边缘具细齿；中区的前部有多数小齿列，后部为颗粒区；侧面后半部有一条弧形的齿列，无完整的侧脊。鞘翅上的刻点粗而密，刻点行较整齐，仅在小盾片附近刻点散乱。鞘翅后部陡斜，形成平坦的斜面，斜面四周的圆脊明显，呈圆形包围斜面。后足附节短于胫节。

（2）卵。长约 0.9mm，宽约 0.5mm。椭圆形，初产时为珍珠白色。

（3）幼虫。老熟幼虫体长 4～5mm。身体弯曲呈 C 状。头长大于宽，深缩入前胸，除触角着生处的后方有少数刚毛外，其余部分光裸。触角短，3 节，第 1 节短，狭带状；第 2 节长宽相等，端部着生少数长刚毛，并在端部连结膜上有一个明显的感觉锥；第 3 节短而直，约为第 2 节长的

2/5 或第 2 节宽的 1/4，端部具微毛或感觉器。唇基宽短，前、后缘显著弯曲。上唇大，近圆形，上内唇的近前缘中央两侧各有 3 根长刚毛。近刚毛基部有 3 排前缘感觉器（第 1 排 2 个，相互远离；中排 6~8 个；后排 2 个，彼此靠近）。前缘感觉器的每侧有一个前端弯曲的内唇杆状体；感觉器的后面有大量的向后指的微刺群，构成方形图案，最后方为一大的骨化板。胸足 3 对，第 1~5 腹节背板各有 2 条褶。

（4）蛹。初化蛹时体白色，渐变暗色。上颚多黑色。前胸背板光滑，端半部约着生 18 个瘤突。鞘翅紧贴虫体。腹部多皱纹，无瘤突；背板和腹板侧区具微刺，刺的端部分 2 叉、3 叉或不分叉。

**4. 生物学特性**

大谷蠹主要为害储藏的玉米，但对田间生长的玉米也能为害。在田间，当玉米的含水量降至 40%~50% 时即开始为害。成虫有钻蛀特性，羽化后，立即寻找玉米粒和玉米棒，可以发现几头成虫蛀食一粒玉米。成虫钻入玉米粒后，留下一个整齐的圆形蛀孔。在玉米粒间穿行时，形成大量的粉屑。交配后，雌虫在与主虫道垂直的盲端室内产卵。卵成批产下，一批可达 20 粒左右，上面覆盖碎屑。产卵前期 5~10d，产卵高峰约在产卵后的第 20d，产卵期持续 95~100d。每头雌虫平均产卵约 50 粒。大谷蠹耐干性很强，当玉米的含水量为 10.6%，甚至低到 9% 时，它仍能严重为害。在十分干燥的条件下，大谷蠹仍可发育，这可能是它广为蔓延的原因。

大谷蠹幼虫在温度 22~35℃，相对湿度 50%~80% 的条件下均能发育。温度 32℃、相对湿度 80% 的条件最适于其发育，此条件下从幼虫到成虫仅需 27d；22℃、相对湿度 50% 条件下，最不适宜其发育，从初孵幼虫发育到成虫约需 78d。

不同玉米品种对大谷蠹的感虫性不同，硬粒玉米受害轻。另外，雌虫在玉米棒上的产卵数要比玉米粒上多得多。玉米棒上的籽粒受害比脱粒的籽粒受害重。

在 32℃、相对湿度 80% 条件下，各虫态历期：卵 4.86d，幼虫 25.4d，蛹 5.16d，雌成虫寿命 61.1d，雄成虫寿命 44.7d。完成一代约需 35d。

**5. 传播途径**

主要通过被感染寄主的调运进行远距离传播，也可通过自然扩散扩大分布范围。

**6. 检疫方法**

按照中华人民共和国出入境检验检疫行业标准 SN/T1257—2003 对进境商品进行检疫。有条件的可对种子进行 X 射线检验。

1）现场抽样方法

在现场用随机方法进行抽查。抽查比例为：批量在 5 件以下（含 5 件）的，全部检查；6 件以上、200 件以下按 5%~10% 抽查，最低不少于 5 件；201 件以上、1000 件以下按 2%~5% 抽查，最低不少于 10 件；1001 件以上按 0.2%~2% 抽查，最低不少于 10 件。散装货物以 10kg 比照一件计算。在全面检查的基础上，按每件货物内抽取 1~3kg 物品过筛，将 1% 的混合样（不足 1kg，按 1kg 取样）和筛下物及可疑害虫带回实验室做进一步检查。

2）检查方法

（1）肉眼检查。注意检查货物包装外表、铺垫材料、车船、集装箱四壁、边角缝隙等处，是否有成虫蛀入孔、散落的粉屑、大谷蠹各虫态。

（2）过筛检查。用筛孔为 5mm 的圆孔筛，对抽取的样品以回旋法进行筛选，在筛下物中仔细检查是否有大谷蠹各虫态。

（3）饲养检查。将所取样品的一部分放入培养箱内，在 30～32℃、相对湿度 80％条件下饲养观察。

3）标本鉴定

对未经氢氧化钠溶液处理的幼虫，观察其形状。在显微镜下放大 400～800 倍，观察幼虫触角及上内唇封片。在双目扩大镜下观察成虫的体形、体色、触角、前胸背板和鞘翅斜面等的形态特征。

**7. 检疫处理与防治方法**

1）检疫处理

禁止从疫区调运玉米、木薯干、木材及豆类等。特许调运者，必须严格检疫。若发现可疑疫情，应用磷化铝或溴甲烷进行严格熏蒸处理。

2）防治方法

（1）脱粒储藏。玉米收获后脱粒储藏可减轻大谷蠹为害，也便于药剂防治。

（2）日光曝晒。将玉米棒去苞叶后摊成薄层曝晒。

（3）粮面压盖。玉米入仓后，用草木灰或硅藻土压盖 10cm 厚左右。

（4）防护剂拌粮。用 2.5mg/kg 的二氯苯醚菊酯、10mg/kg 的虫螨磷、10mg/kg 的防虫磷或 8mg/kg 的杀螟松处理脱粒玉米；或用硅藻土与玉米粒混合储存。

（5）物理防治。用剂量为 5～25krad（1rad＝0.01Gy）、50krad 和 100krad 的 γ 射线进行处理时，大谷蠹分别经 24d、16d 和 12d 全部死亡。

# 五、日本金龟子

**1. 名称及检疫类别**

别名：日本金龟、日本甲虫、日本弧金龟、豆金龟

学名：*Popillia japonica* Newman

英文名：Japanese beetle

分类地位：鞘翅目 Coleoptera，丽金龟科 Rutelidae

检疫害虫类别：为我国进境植物检疫害虫

**2. 分布与为害**

原产于日本，1841 年英国 Edward Newman 在伦敦首次报道并命名该虫。大约于 1911～1916 年期间，该虫随苗木由日本传入美国东部。国外曾有报道我国局部地区有日本金龟子分布，但多年来，我国有关专家对国内大部分地区长期调查，可以肯定日本金龟子在中国尚未分布。

报道分布的主要国家有日本、朝鲜、俄罗斯、葡萄牙、加拿大、美国、丹麦、瑞典、捷克、斯洛伐克、德国、奥地利、荷兰、法国、西班牙、保加利亚、阿尔巴尼亚、希腊、原南斯拉夫、摩洛哥、阿尔及利亚、澳大利亚、古巴。

为多食性害虫，已报道近 300 种寄主植物，包括果树、蔬菜、大田作物、园林观赏树种、灌木、藤本植物、花卉及杂草等。主要有葡萄、苹果、草莓、樱桃、梨、桃、李、杏、柿、梅、黑梅、油桃、槭树、杨、柳、榆、石刁柏、栎树、椴、白桦、落叶

松、美国梧桐、蔷薇、樟、栗、黑槐、丁香、接骨木、忍冬、虎杖、柽树、紫藤、连翘、酸模、王叶地锦、玫瑰、榀梓、大丽花、美人蕉、天竺葵、万寿菊、牵牛花、鸢尾、杜鹃、蜀葵、锦葵、向日葵、薄荷、五叶爬山虎、蒲公英、百日草、葎草、车前草、香堇菜、切花、牧草、蕨类、玉米、小麦、裸麦、荞麦、高粱、粟、花生、大豆、小豆、菜豆、豌豆、马铃薯、甘薯、西瓜、甜瓜、蛇葡萄、芦笋、苜蓿等。

该虫主要以幼虫在地下为害，取食植物根部，常引起大面积草坪或蔬菜死亡。在开阔、地势较低的大面积草地、蔬菜地等幼虫为害尤为严重。成虫取食叶片，常将叶片吃光，仅剩叶脉；能取食花，影响植物授粉，使作物减产并使观赏植物失去观赏价值；为害果实，常将果实咬洞、穿孔、蛀道，从而失去经济价值。

在美国，由于气候条件适宜，有大面积的永久性草地和大量适合成虫取食的植物，加上无有效天敌，故该虫迅速传播蔓延，造成严重为害，被美国列为极重要的经济害虫。

**3. 形态特征**

日本金龟子的形态特征如图 4-34 所示。

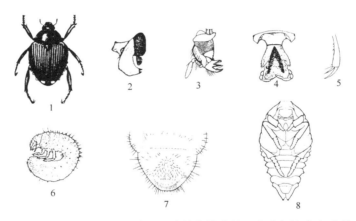

图 4-34　日本金龟子（中华人民共和国动植物检疫局、农业部检疫实验所，1997）
1. 成虫；2. 成虫右上颚背面观；3. 成虫右下颚背面观；4. 下唇背面观；
5. 爪；6. 幼虫；7. 幼虫腹部末端腹面；8. 蛹

（1）成虫。体长 9～15mm，宽 4～7mm。体卵圆形，有金属光泽。头、前胸、足、小盾片墨绿色。头顶常具哑铃形无刻点区。唇基倒簸箕形，强卷，前缘加厚并上翘、前角近 100 度。头顶前至唇基前缘部呈平坦的斜截面；额唇基沟中断或消失；唇基除基中部外各刻点粗密交合成皱刻状；额和唇基中部刻点连续，排列均匀。触角 9 节，棒部 5 节。颊中部纵凹。前胸背板宽大于长，强隆弓，基缘向后方突出，并在小盾片前凹入。小盾片圆三角形，常具不规则刻点。鞘翅黄褐色至赤褐色，鞘翅外、内端缘暗绿色。鞘翅短、扁平、向后收狭，前臀板部分外露；肩疣、端疣发达，具缘膜。鞘翅缝间具 1 对小齿，鞘翅背面有刻点行 6 条，刻点粗密深凹，第 2 行散乱并在近端部 4/5 处消失。

中胸腹突前伸较明显，胸腹部布满白毛。足粗壮，前足胫节端部外侧具 2 个相连大齿，内侧中端具 1 距。近足胫节内侧无刺列，但有 1 个长毛列。腹部第 1～5 节腹板中央两侧中部各具 1 个白色毛斑，不被鞘翅覆盖，臀板隆起，具鳞状横刻纹，臀板基部有

2 个白色毛斑，前臀板具白色刚毛。

雄性外生殖器阳基侧突，端部尖细且下弯，背面马鞍状。

（2）卵。长约 1.5mm，初产时乳白色，圆形，后变为长卵形，颜色加深。

（3）幼虫。体长 18～25mm。白色，呈 C 形弯曲。上颚发达，黑褐色，尾节极膨大，蓝黑色。腹毛区具 2 列短刚毛，每列 6 根。肛门孔横弧形肛裂。

（4）蛹。长 14mm，阔纺锤形，灰白至黄褐色，跗肢活动自如。

**4. 生物学特性**

（1）世代及越冬。每年发生 1 代，寒冷地区 2 年发生 1 代。一般以老熟幼虫（3 龄）在土中 15～20cm 深处越冬。

（2）发生及成虫习性。每年初春，当土壤温度超过 10℃时，越冬幼虫爬至土表约 5cm 深处的植物根部开始取食，3～4 周后发育完全并开始作蛹室化蛹，化蛹 2～3 周后，成虫羽化并飞出地面。成虫羽化出土 1 周后开始交配，雌虫可多次交配，交配后选择肥沃、潮湿、日照充足、pH 低于 5.3 的草地或菜地产卵。产卵前，雌虫先在地上钻出 5～13cm 深的洞，在洞中做产卵室产卵或在植物根节上产卵，每室产卵 3～4 粒，每头雌虫平均产卵 50 粒，最多 133 粒。

成虫喜欢在温暖、阳光充足的植物上取食、聚集、栖息，并具群体迁移性，对水果气味及黄色趋性极强。

（3）幼虫习性。幼虫孵化后，向上爬到地表土壤中取食植物嫩根及腐殖质，一般幼虫在土壤中生活达 12 个月，并不停地取食为害。幼虫共 3 龄。

温度对幼虫生长发育有很大影响，如在 20.6℃下，从卵发育到成虫需要 281d，而在 30℃时仅需 90d。40℃以上高温持续 1h，并伴以高湿度，会导致幼虫、蛹和成虫死亡。夏季少雨或无雨，且天气干热会严重影响幼虫的存活。土壤类型和土壤 pH 影响幼虫活动和为害。幼虫喜欢生活在酸性土壤中，在 pH 为 5.3 的土壤内为害尤为严重，同时幼虫也喜欢生活在有大面积杂草的沙质或壤质土壤中。

（4）各虫态历期。卵 14d，幼虫 136d，蛹 14～21d，成虫寿命 30～45d。从卵发育到成虫约需 281d。

**5. 传播途径**

主要以卵、幼虫、蛹随植物和土壤远距离传播；成虫可随绿色植物、植物产品及其运输工具进行远距离传播。

**6. 检疫方法**

1）现场抽样方法

采用随机抽样法，对绿色植物、绿色植物产品及科研用入境带土植物、土壤及交通运输工具等进行现场抽样检查。

2）监测方法

对境内机场、码头及周围场所，应结合采用诱捕器监测。饵料为 9 份茴香脑加 1 份丁子香粉，效果较好。人工合成的日本金龟子性引诱剂〔Japonilure，(R,Z)-5-(1-癸烯酰基)二氢-2(3H)-呋喃〕、花引诱剂（甲基苯甲酸：丁子香粉：牦牛儿醇为 3∶7∶3）引诱效果极强。

诱捕器（PEG 加日本诱饵）应以每 1.6km² 2 台的比例放置，每两周检查一次，若一个诱捕器48h之内诱捕到1头虫子，则以发现虫子的诱捕器为圆心，半径800m的距离内，将诱捕器密度增加到1.6km²范围50台以上，每周检查1次。下一个2400m半径内的诱捕器密度为1.6km²范围25台。

3）标本鉴定

将抽样检查或诱捕到的害虫带回室内鉴定。

**7. 检疫处理与防治方法**

1）检疫处理

对来自疫区的绿色植物和绿色植物产品、带土植物、土壤、运输工具等严格进行检疫，并严禁土壤、垃圾入境，杜绝日本金龟子传入。

2）防治方法

（1）土壤处理。比较常用的药剂有毒死蜱、二嗪农、丰索磷、异丙胺磷等，其中异丙胺磷防治效果最佳。土壤杀虫剂处理可在春秋季各进行一次。

（2）叶面喷雾。用西维因等化学农药进行叶面喷雾，防治日本金龟子成虫。

（3）生物防治。目前已发现一些寄生蜂、寄生蝇、病原微生物寄生日本金龟子。其中日本金龟子芽孢杆菌 *Bacillus popilliae* Dutky 寄生专化性强，侵染幼虫并在体内进行营养生长从而形成芽孢。芽孢在体外可存活多年，抗逆性强，且使用安全，是防治日本金龟子的较为理想的微生物杀虫剂。

# 六、椰子缢胸叶甲

**1. 名称及检疫类别**

别名：缢胸椰叶甲、椰子潜叶甲、椰子钻心甲、褐翅点线钻心甲

学名：*Promecotheca cumingi* Baly

异名：*P. nuciferae* Maulik

英文名：coconut leaf miner，coconut leaf miner beetle，philippine leaf beetle

分类地位：鞘翅目 Coleoptera，铁甲科 Hispidae

检疫害虫类别：为我国进境植物检疫性害虫

**2. 分布与为害**

已报道的分布国家有菲律宾、马来西亚、斯里兰卡、新加坡、文莱、印度尼西亚。

主要寄主为椰子，还有油棕、王棕、槟榔、亚塔椰子、刺葵等。成虫和幼虫均可为害。成虫咬食叶片，幼虫在叶内潜食。被害叶片卷曲、焦枯、易折断。为害严重时，成虫和幼虫可使光合叶面积减少75%以上，造成落果，产量损失80%。1930年，菲律宾受害面积达10000hm²，椰树1500万株，受影响民众约25万人。为了防治此虫，高潮时日雇员工4000人，前后还有6.5余万义务人员参加。据估计耗资30万美元，共灭虫100多亿头。1972年，马来西亚和斯里兰卡椰树受害面积分别达266.7hm²和693.3hm²。

**3. 形态特征**

椰子缢胸叶甲的形态特征如图4-35所示。

（1）成虫。体长7.5~10mm，宽1.6~2.0mm。体红褐色。头部向前凸出。眼大，卵圆形。触角11节，长达鞘翅之半。前胸背板长大于宽，光洁，前部具微细刻点，中部偏前部位两侧略缢缩，基部横沟深，沟中部向后稍拱。小盾片舌形。鞘翅长形，两侧近平

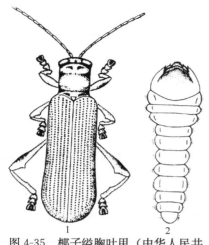

图 4-35　椰子缢胸叶甲（中华人民共和国动植物检疫局、农业部检疫实验所，1997）

1. 成虫；2. 幼虫

行。鞘翅基部 1/3 部分以后有刻点 8 列，不被纵向微脊隔成双列。前、中足短，各足腿节内侧有 1 刺，各足跗节宽平，爪全开式，后足腿节细长。雌虫稍大于雄虫，其腹部末端略大于前端。雄虫腹部前端与末端相等。

（2）卵。长约 1.5mm，宽 1.0mm。椭圆形，形似西瓜籽，棕褐色。

（3）幼虫。老熟幼虫体长 9.5mm，头宽约 1.5mm，奶油色，半圆柱形。背腹面扁平。胴部 11 节，无足，每节两侧有 6 对细毛。前胸背板褐色，骨化片呈三角形；腹部背腹面稍凸起，有光泽。

（4）蛹。体长 7～8mm，宽 1.6mm。橘黄色至黄褐色，被毛。眼黑色，上颚棕褐色。腹部背腹面稍凸起。

**4. 生物学特性**

（1）成虫习性。成虫有晨飞沐浴朝阳的习性，故多发生在居民点周围、路旁、溪边、江河湖畔等开阔向阳地带。成虫飞行缓慢，易被风带到风速较大的开阔地带而降落。成虫对居民点夜幕下的火烛、灯光也有一定的趋性。此外，晴天成虫有围绕树冠群舞的现象，多时每树可达 4000 多头。成虫休息时，伏于叶片背面，触角贴叶前伸，受到干扰不起飞。雌成虫产卵前，先将叶片下表皮咬破成洞，然后将卵单产于洞内，产卵后雌虫用半消化状态的叶肉组织分泌物覆盖洞口。

（2）幼虫习性。幼虫孵化后，直接潜食叶肉组织。在取食过程中，常将粪便等分泌物排于蛀道内两侧，在叶面上透过叶膜可看到。幼虫常退到蛀道的中部位置进行脱皮。幼虫老熟后也在蛀道中部位置化蛹。成虫羽化时，在叶片上表皮咬一半圆形孔钻出。

（3）各虫态历期。卵 10.5～15d，幼虫 30d，蛹 7～13d，成虫寿命 3 个月。

**5. 传播途径**

可随椰子及其他棕榈科植物的种苗、椰果、纤维及其他寄主植物及运输工具等进行远距离传播，也可随风扩散。

**6. 检疫方法**

可按中华人民共和国出入境检验检疫行业标准 SN/T1149—2002 进行检疫。

1）现场抽样

在入境现场，对来自疫区的种苗或植株，按总株数的 5%～20% 进行棋盘式或随机抽样法抽样。成树要逐树进行查验，同时注意对集装箱或装载容器等进行检查。取样数量：50 株以下取 1 份；51～200 株取 2 份；201～1000 株取 3 份；1001～5000 株取 4 份；5001 株以上每增加 5000 株增取 1 份，不足 5000 株的余量计取 1 份样品；每份样品为 5 株。椰子果实、椰壳纤维的抽样可按总件数的 5%～10% 进行棋盘式上、中、下层抽检。

2）检查方法

（1）目测法。查看货物、货物包装、铺垫材料、集装箱、运输工具底面、四周及边角缝隙等。选点观察叶片时，从下而上，逐叶查看，要特别注意下部的老叶，先看叶表面是否有成虫，再观察各小叶是否有"泡状"，若有"泡状"，里面可能有幼虫或蛹。

（2）镜检法。在现场检查中，对怀疑带虫的种苗叶片、果实或椰壳纤维等，可适当抽取样品带回室内进一步检验。用10倍放大镜观察叶表面是否有2～3mm卵圆形囊状鼓包，用镊子将卵取出，在双目扩大镜下观察。

（3）饲养检查。发现有可疑椰子缢胸叶甲卵、幼虫和蛹，可饲养至成虫鉴定。

3）标本鉴定

对采集和饲养的害虫标本，对照椰子缢胸叶甲形态特征进行鉴定。

**7. 检疫处理与防治方法**

1）检疫处理

对进口椰子缢胸叶甲的寄主植物，特别是来自疫区的棕榈科植物种苗、椰子果实及椰壳纤维，必须进行严格检疫。凡从疫区进口椰果，必须剥除椰果外皮层。若发现疫情应进行熏蒸处理。

2）防治方法

若有发生，可人工割除被害叶片烧毁。在被害区域边缘椰叶上喷洒石灰水，以与健康区域相隔离。喷洒肥皂水使虫体气门堵塞窒息而亡。产自新加坡的卵寄生蜂 *Achrysocharis promecothecae* 和幼虫寄生蜂 *Dimmockia javanica* 以及产自斐济的幼虫-蛹跨期寄生蜂 *Pediobius parvulus*，对该虫有良好控制效果。

# 七、椰 心 叶 甲

**1. 名称及检疫类别**

别名：椰棕扁叶甲、椰子刚毛叶甲、红胸叶虫

学名：*Brontispa longissima*（Gestro）

异名：*Oxycephala longipennis* Gestro

　　　*Brontispa froggatti* Sharp

　　　*B. javana* Weise

　　　*B. selebensis* Gestro

　　　*B. castanea* Lea

　　　*B. simmondsi* Maulik

　　　*B. reicherti* Uhm

英文名：coconut leaf beetle，coconut hispid，

　　　　palm heart leafminer，palm leaf beetle

分类地位：鞘翅目 Coleoptera，铁甲科 Hispidae

检疫害虫类别：为我国进境植物检疫性害虫、全国农业植物检疫性害虫、全国森林植物检疫性害虫

**2. 分布与为害**

已报道的分布国家：印度尼西亚、马来西亚、巴布亚新几内亚、新喀里多巴亚、澳大利亚、所罗门群岛、萨摩亚群岛、新赫布里底群岛、俾斯麦群岛、社会群岛、塔希提岛、法属波利尼西亚、瓦努阿图，以及中国（台湾、香港、海南）。

寄主为棕榈科许多重要经济林木，包括椰子、大王椰子、西谷椰子、亚里山大椰子、华盛顿椰子、油椰、梭椰、棕榈、槟榔、雪棕、假槟榔、王棕、鱼尾葵、刺葵、山

葵、蒲葵、散尾葵、省藤、卡喷特木等，其中椰子是最重要的寄主。

成虫和幼虫为害心叶，在未展开的卷叶内或卷叶间取食叶肉，沿叶脉形成窄条食痕，被害叶伸展后，呈现大型褐色坏死条斑。叶片严重受害后，可表现枯萎、破碎、折枝或仅留叶脉。通常幼树和不健康树更易受害。幼树受害后，移栽难成活；成年树受害后期往往枝叶部分枯萎，顶冠变为褐色，甚至枯死。1975 年我国台湾发现此虫，1976年受害椰苗约 4000 株，1978 年达 4 万余株，局部地区已遭受严重为害。

### 3. 形态特征

椰心叶甲的形态特征如图 4-36 所示。

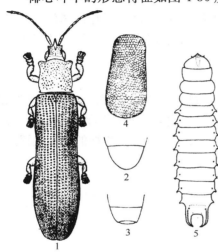

图 4-36　椰心叶甲（Maulik，1938）
1. 成虫；2. 雌腹末；3. 雄腹末；4. 卵；
5. 幼虫

（1）成虫。体长 8～10mm，狭长扁平。头顶前方的触角间突长超过柄节长的 1/2，由基部向端部渐尖，不平截。触角粗线状，11 节，黄褐色，顶端 4 节色深，柄节长为宽的 2 倍。前胸背板红褐色，长宽相当，明显宽于头部，有粗而不规则刻点，刻点多超过 100 个。鞘翅基部的 1/4 表面红黄色，其余部分蓝黑色。鞘翅刻点大多数窄于横向间距，刻点间区除两侧和末梢外较平坦。足红黄色，短而粗壮。

（2）卵。长 1.5mm，宽 1.0mm，椭圆形，褐色。卵的上表面有蜂窝状扁平突起，下表面无此特征。

（3）幼虫。老熟幼虫体扁平，乳白色至白色。头部隆起，两侧圆。前胸和各腹节两侧有 1 对刺状突起，腹部末端有 1 对钳状突起，突起基部有 1 对气门开口。

（4）蛹。与幼虫相似，但个体稍粗，有翅芽和足；腹末仍保留 1 对钳状突起，但突起基部的气门开口消失。

### 4. 生物学特性

（1）世代及成虫习性。每年发生 3～6 代。成虫行动迟缓，除早晚外多不飞行，白天触角前伸，伏在叶片上取食。雌成虫将卵产在紧包的心叶内或心叶间，每次产卵 1～4 粒，单产或多粒卵排成纵列。前期约 32d，每头雌虫平均产卵 117 粒。幼虫 4～5 龄，孵化后即在未展开的心叶间取食为害。成虫、幼虫均可造成严重为害。

（2）各虫态期期。卵 4～5d，幼虫 30d，蛹 4～7d，成虫寿命 2～4 个月。

### 5. 传播途径

各虫态随种苗、幼树或其他载体远距离传播，也可因成虫飞行扩大分布范围。

### 6. 检疫方法

对进境棕榈科植物种苗、运载工具及国内苗圃进行认真检验。若有可疑虫卵、幼虫或蛹，应饲养到成虫进行鉴定。

### 7. 检疫处理与防治方法

1）检疫处理

在港口实施严格的检疫检验，一旦发现该虫，进境种苗应予以烧毁。

2）防治方法

（1）割叶烧毁。在发生范围不大情况下，应将种苗烧毁或割除被害叶烧毁。

（2）药剂防治。可采用敌百虫、西维因等杀虫剂，心叶未展开时用药液灌心，心叶展开时进行喷雾，叶完全抽出后可不必喷药。

（3）生物防治。利用当地天敌或引进天敌，特别是寄虫蜂类，如卵跳小蜂、啮小蜂、赤眼蜂，以及捕食性天敌黄猄蚁等，对该虫种群数量有一定的控制作用。此外，应注意选育抗虫品种。

附表 4-5　斑皮蠹属 *Trogoderma* 种检索表

1. 雄虫触角棒 3～5 节，雌虫触角棒 3～4 节；鞘翅上的花斑不清晰；颏的前缘两侧圆，中部深凹，最凹处颏的高度小于颏最大高度的 1/2；雌虫交配囊骨片极小，长约 0.2mm ················
   ···················································· 谷斑皮蠹 *Trogoderma granarium*

   雄虫触角棒一般多于 5 节，雌虫触角棒 4～5 节；鞘翅花斑清晰；颏的形状不如上述 ·········· 2

2. 鞘翅亚基带与亚中带间有淡色傍中线相连；雄虫第 9 腹节两后缘角强烈突出，呈角状 ·············
   ···················································· 云南斑皮蠹 *Trogoderma yunnaeunsis*

   鞘翅亚基带与亚中带间无淡色傍中线相连；雄虫第 9 腹节两后缘角突出不明显 ·········· 3

3. 鞘翅表皮黑色，无淡色花斑，鞘翅上的花斑仅由淡色毛显示········· 黑斑皮蠹 *Trogoderma glabrum*

   鞘翅表皮有淡色花斑，在淡色花斑上着生淡色毛·········································· 4

4. 雄虫第 10 腹节背板端部两侧各有一长毛束；雌虫交配囊骨片弯曲近直角 ·············
   ···················································· 条斑皮蠹 *Trogoderma teukton*

   不如上述 ································································· 5

5. 雄虫第 10 腹节背板端缘显著隆起近三角形；触角棒显著粗，雄虫触角末节短，长为其宽的 1.2 倍
   ···················································· 粗角斑皮蠹 *Trogoderma laticorne*

   雄虫第 10 腹节背板端缘不显著隆起；触角棒不如此粗，雄虫触角末节长为其宽的 2 倍 ·········
   ···················································· 花斑皮蠹 *Trogoderma variablie*

资料来源：张生芳等，1998

附表 4-6　长蠹科种检索表

1. 后足跗节短于胫节；前胸背板前方圆形或尖隆，稀少平截 ··································· 2

   后足跗节长于或等于胫节；前胸背板前方平截或凹缘 ······························· 5

2. 唇基两侧与上唇等长或长于上唇；前胸背板侧缘后半部有一列小齿；触角末节等于或稍宽于其前一节；鞘翅斜面有缘脊 ····································· 大谷蠹 *Prostephanus truncatus*

   唇基两侧明显短于上唇；前胸背板侧缘后半部有 1 条脊 ····························· 3

3. 触角第 2 节与第 1 节略等长；鞘翅上的毛弓曲；前胸背板中区后半部具扁平颗瘤；小盾片方形 ···
   ···················································· 谷蠹 *Rhyzopertha dominica*

   触角第 2 节短于第 1 节；鞘翅上的毛直；前胸背板中区后半部具刻点；小盾片横宽 ·········· 4

4. 触角 10 节；前胸背板基部中央有 1 对深凹窝 ······················· 竹蠹 *Dinoderus minutus*

   触角 11 节，前胸背板基部中央的 1 对凹窝极浅 ····················· 日本竹蠹 *Dinoderus japonicus*

5. 腹部的基节间突呈薄片状 ················································· 6

   腹部的基节间突呈 T 形或三角形 ··········································· 8

6. 触角棒的前 2 节宽，三角形；雌虫额区无直立毛；鞘翅前缘呈波状，斜面布粗大刻点；触角 9 节
   ···················································· 电缆斜坡长蠹 *Xylopsocus capucinus*

　　触角棒的前 2 节长形；雌虫额区着生直立毛 ·················· 7
7. 鞘翅端缘呈波状，斜面的侧缘脊不与鞘翅的侧缘脊相接 ········· 黄足长棒长蠹 *Xylothrips flavipes*
　　鞘翅端缘不呈波状，斜面的侧缘脊不与鞘翅的侧缘脊相接 ·········· 红艳长蠹 *Xylothrips religiosus*
8. 后足基节窝在第 1 可见腹板上无完整的缘线；前胸背板前缘截形，前角无钩形角状突；鞘翅红色
　　·················· 槲长蠹 *Bostrichus capucinus*
　　后足基节窝在第 1 可见腹板上有完整的缘线 ·················· 9
9. 上颚十分宽短，端部平截；触角棒扇形或棒节极横宽 ·················· 10
　　上颚向端部方向多少变细；触角棒非扇形，棒节不极横宽 ·················· 11
10. 亚缘脊由翅端向前延伸且向上弯曲，形成斜面侧缘脊的一部分 ········· 双棘长蠹 *Sinoxylon anale*
　　亚缘脊在斜面处不上弯，不形成斜面缘脊的一部分；鞘翅斜面的 2 个棘状突末端钝，内侧相互平
　　行 ·················· 日本双棘长蠹 *Sinoxylon japonicum*
11. 前胸背板在前缘之后无横凹陷，前缘明显凹入，两前缘角呈钩状上翘；鞘翅斜面每侧有 2 个明显
　　的背状突 ·················· 大竹蠹 *Bostrychopsis parallela*
　　前胸背板在前缘之后有横凹陷 ·················· 12
12. 雄虫鞘翅斜面的上 1 对突强大，向上向内弯，下 1 对突较小，雌虫斜面的 2 对突微隆起 ·········
　　·················· 双钩异翅长蠹 *Heterobostrychus aequalis*
　　雄虫鞘翅斜面仅具 1 对内弯的强钩状突，雌虫仅具 1 对较短的瘤突·········
　　·················· 二突异翅长蠹 *Heterobostrychus hamatipennis*

资料来源：张生芳等，1998

# 复习思考题

1. 简述象甲的经济和检疫重要性。
2. 区别稻水象甲和近缘种 *L. simplex* 成虫。
3. 区别稻水象甲和稻象甲。
4. 区别墨西哥棉铃象和近缘种 *A. hunteri*、野棉铃象成虫。
5. 简述稻水象甲的传播途径。
6. 说明稻水象甲在我国的分布及发生规律。
7. 说明墨西哥棉铃象在世界的分布及生物学特性。
8. 小蠹虫对树木的为害，按其修筑坑道的部位，分为哪两种类型？
9. 举例说明，何种小蠹除对树木直接为害外，还可传播危险性植物病原菌？
10. 小蠹虫的食性可以分为哪几类？
11. 小蠹虫的检疫处理有哪些方法？
12. 咖啡果小蠹成虫前胸背板有何重要鉴别特征？如何进行检疫处理？
13. 欧洲榆小蠹如何传播榆树枯萎病菌？如何在进境口岸对其进行检验？
14. 欧洲榆小蠹与近似种欧洲大榆小蠹，其成虫腹部特征有何区别？
15. 美洲榆小蠹与欧洲榆小蠹的坑道类型有何区别？
16. 如何鉴别（中欧）山松大小蠹？它是否属于次生性的为害？
17. 红脂大小蠹成虫和幼虫各有哪些主要生活习性？
18. 为发现马铃薯甲虫，如何进行现场抽样？
19. 如何识别马铃薯甲虫成虫？
20. 马铃薯甲虫的检疫处理有哪些方法？
21. 谷斑皮蠹是如何传播的？
22. 检查发现谷斑蠹有哪些方法？

23. 谷斑皮蠹的检疫处理有哪些方法？

24. 双钩异翅长蠹成虫鞘翅有何重要特征？

25. 如何识别日本金龟子成虫？

26. 如何识别椰子缢胸叶甲成虫？

27. 椰子缢胸叶甲的检验方法如何？

28. 大谷蠹有哪些重要生物学特性？

29. 如何对大谷蠹进行检验与鉴定？

30. 为发现检疫性天牛，如何对调运木材进行检验？

31. 鉴定下列检疫性天牛成虫：白带长角天牛、刺角沟额天牛、家天牛、青杨脊虎天牛。

32. 简述绿豆象、四纹豆象、鹰嘴豆象的形态特征异同。

33. 简述绿豆象、四纹豆象、菜豆象、灰豆象、巴西豆象卵的形状与产卵特点的差异。

34. 简述豆象科害虫常用的检验检疫方法。

35. 菜豆象成虫有哪些显著特征？

36. 简述豆象科害虫常用的检疫处理方法。

# 第五章　检疫性双翅目害虫

**内容提要：** 本章分检疫性实蝇类、瘿蚊类、斑潜蝇类共三节。每节首先概括介绍该类检疫性害虫的分类地位、经济重要性、危险性种类，然后对每类中主要检疫性害虫的分布与为害、传播途径、形态特征、生物学特性、检疫方法、检疫处理与防治方法进行了详细的阐述。重点突出了各种检疫性害虫的形态鉴定特征、检疫方法与检疫处理。

## 第一节　检疫性实蝇类

实蝇属双翅目 Diptera，实蝇科 Tephritidae（Trypetidae）。实蝇科成虫体小至中型，头大，有细颈。复眼大，常有绿色闪光。单眼有或无。中胸发达，胸部有鬃。翅阔，有褐色或黄色斑纹。休息时翅常展开并扇动。C 脉在 Sc 末端外折断，Sc 脉在亚端部几乎呈直角折向前缘。

全世界已知实蝇种类约 500 属，4500 余种，中国约 400 余种，分属于实蝇亚科 Trypetinae、寡毛实蝇亚科 Dacinae、Myopitinae 亚科、Oedaspidinae 亚科、花翅实蝇亚科 Tephritinae 及蜡实蝇亚科 Ceratitinae 等。据汪兴鉴（1995）报道，果蔬类有害实蝇的类群达 15 属、22 亚属、150 余种，而危险性或对果蔬作物构成潜在威胁的重要害虫约占有害种类的 1/3，计 50 余种，全部包含于下列 5 属，即果实蝇属 *Bactrocera* Macquart、寡鬃实蝇属 *Dacus* Fabricius（狭义）、小条实蝇属 *Ceratitis* Macleay、按实蝇属 *Anastrepha* Schiner 及绕实蝇属 *Rhagoletis* Loew 的 14 个亚属内。这些重要害虫在上述 5 属中所占比重不尽相同，其中，果实蝇属拥有 31 种（分隶于 9 亚属），寡鬃实蝇属有 3 种（分隶于 2 亚属），小条实蝇属有 6 种（分隶于 4 亚属），按实蝇属有 7 种，绕实蝇属有 5 种。实蝇类害虫分布于温带、亚热带和热带地区，许多种类为农作物重要害虫，其中为害果实的种类尤为重要，诸如地中海实蝇、苹果实蝇、樱桃实蝇等都是举世闻名的害虫。

实蝇是植食性昆虫，幼虫均为潜食性，可为害植物各部，从根、茎、叶、花至果实。大多数种类以幼虫为害植物的果实。成虫产卵于果实的皮下，卵孵化后，幼虫在果实中蛀食，使果实腐烂，失去经济价值，从而给水果和蔬菜生产造成重大损失。

> 实蝇成虫和幼虫的生活习性完全不同，成虫营自由生活；而幼虫在果实内蛀食，幼虫老熟后大多脱果落地，有的弹跳落地，入土化蛹。

实蝇的寄主范围很广，涉及水果类植物 24 科 42 属、蔬菜类植物 4 科 16 属（野生寄主植物未包括在内），几乎人类能够食用的果实，实蝇都可为害。常见的柑橘、橙、柚、苹果、梨、桃、杏、石榴、柠檬、樱桃、咖啡、柿、枇杷、龙眼、荔枝、芒果、香蕉、葡萄和可可等都是其寄主，为害果实和花。此外，还可为害番茄、辣椒和茄子等。如小条实蝇属的地中海实蝇和果实蝇属的橘小实蝇有近 300 多种寄主植物。但是，不同的实蝇害虫类群，其寄主范围的宽窄差异明显。寡鬃实蝇属的寄主限于蔬菜类，共计 3 科 11 属，以葫芦科 Cucurbitaceae 为主；此外，还偏喜萝摩科 Asclepiadaceae 和夹竹桃树 Apocynaeae 的荚果。绕实蝇属的寄主范围较窄，包括水果类植物 4 科 5 属、蔬菜类 1 科 2 属。果实蝇属、小条实蝇属和按实蝇属是实蝇科中果蔬类寄主范围最广、危害性最大的三个类群。其中，水果类寄主植物分别为 21 科 37 属、19 科 35 属、19 科 33 属，蔬菜类寄主植物分别为 4 科 16 属、2 科 5 属、4 科 11 属。

实蝇易随果蔬、花卉传播蔓延，造成的经济损失巨大，世界各国都十分重视实蝇检疫，一旦发现传入，往往不惜任何代价予以扑灭。例如，美国大陆曾多次发现地中海实蝇侵入，每次都耗费巨资予以彻底扑灭。

我国幅员辽阔，中、南部盛产品种繁多的经济果蔬作物，加上暖温带、亚热带和热带性气候等优越的自然条件，很适宜于实蝇的生长和繁育。一旦危险性重大实蝇害虫入侵、定居成功，就有随时暴发流行的可能。因此，严格检查措施、防止重要检疫性实蝇传入我国，对于保护果蔬类经济作物不受外来虫害的侵袭，避免造成巨大经济损失和难以根治的恶果，保证我国农业生产和国民经济的持续发展等，都具重大的理论和现实意义。

实蝇中有许多危险性及检疫性害虫，目前，世界各国实施检疫的实蝇种类，将近 20 种（属）。其中，地中海实蝇、寡毛实蝇属（如橘小实蝇）、蜜橘大实蝇、苹果实蝇、多种按实蝇、昆士兰实蝇如 *Bactrocera tryoni*（Froggatt）、瓜实蝇 *B. cucurbitae*（Coquillett）、辣椒实蝇 *B. latifrons*（Hendel）等都是较重要的种类。2007 年列入我国进境植物检疫性害虫的有按实蝇属 *Anastrepha* Schiner、果实蝇属 *Bactrocera* Macquart、欧非枣实蝇 *Carpomya incompleta*（Becker）、小条实蝇属 *Ceratitis* Macleay、寡鬃实蝇属（非中国种）*Dacus* spp.、绕实蝇属（非中国种）*Rhagoletis* spp.、枣实蝇 *Carpomya vesuviana* Costa、橘实锤腹实蝇 *Monacrostichus citricola* Bezzi.、甜瓜迷实蝇 *Myiopardalis pardalina*（Bigot）、番木瓜长尾实蝇 *Toxotrypana curvicauda* Gerstaecker 等。

# 一、地中海实蝇

## 1. 名称及检疫类别

学名：*Ceratitis capitata*（Wiededmann）

异名：*Ceratitis citriperda* MacLeay；

*Ceratitis hispanica* De Breme；

*Pardalaspis asparagi* Bezzi；

*Tephritis capitata* Wiedemann

英文名：Mediterranean fruit fly, Medfly.

分类地位：双翅目 Diptera，实蝇科 Tephritidae

检疫害虫类别：进境植物检疫性害虫

## 2. 分布与为害

地中海实蝇原产西非热带雨林，后传遍西非和北非。1842 年传入西班牙，以后在地中海沿岸各国迅速蔓延。现在除远东、东南亚和北美大陆以外，几乎遍布热带、亚热带地区。已知传入的国家或地区有俄罗斯、乌克兰、匈牙利、德国、奥地利、瑞士、荷兰、比利时、卢森堡、法国、西班牙、葡萄牙、意大利、马耳他、原南斯拉夫、阿尔巴尼亚、希腊、埃及、利比亚、突尼斯、阿尔及利亚、摩洛哥、塞内加尔、布基纳法索、马里、佛得角、几内亚、塞拉里昂、科特迪瓦、利比里亚、加那利群岛、马德拉群岛、亚速尔群岛、加纳、多哥、贝宁、尼日尔、尼日利亚、喀麦隆、苏丹、埃塞俄比亚、肯尼亚、乌干达、坦桑尼亚、卢旺达、扎伊尔、布隆迪、刚果、加蓬、圣多美和普林西比、安哥拉、赞比亚、马拉维、莫桑比克、马达加斯加、毛里求斯、塞舌尔、津巴布韦、留尼旺、博茨瓦纳、南非、圣赫勒拿岛、斯威士兰、澳大利亚、马利亚纳群岛、新西兰、美国、百慕大群岛、墨西哥、危地马拉、伯利兹、萨尔瓦多、洪都拉斯、尼加拉瓜、哥斯达黎加、巴拿马、牙买加、哥伦比亚、委内瑞拉、巴西、厄瓜多尔、秘鲁、智利、阿根廷、巴拉圭、印度、叙利亚、伊朗、黎巴嫩、沙特阿拉伯、巴勒斯坦、约旦、以色列、塞浦路斯等。该虫虽已发现 150 年之久，但至今仍继续传入新区，依然是重要的检疫对象。

地中海实蝇曾于 1929 年、1956 年、1966 年、1975 年和 1979 年多次侵入美国大陆，虽经紧急防治都被根除，但于 1980 年再次侵入加州，美国联邦政府同州政府立即采取一系列果断措施，经过 2 年零 3 个月的努力，耗费 1 亿多美元，才彻底扑灭。我国也曾两次在旅检中截获该虫，均立即予以销毁。

已知有 235 种水果、蔬菜和坚果被记录为寄主植物，最主要的有柑橘、橙、柚、苹果、梨、桃、李、杏、石榴、番石榴、柠檬、樱桃、咖啡、柿、枇杷、龙眼、荔枝、芒果、香蕉、无花果、葡萄和可可等植物，为害果实和花。番茄、辣椒和茄子果实带虫，但田间发生较少。

成虫在果皮上刺孔产卵，每孔有卵数粒，幼虫孵化后钻入果肉为害，一个果实内常有多条幼虫，最多的有 100 余条。除直接食害果肉外，地中海实蝇为害还导致细菌和真菌侵入，常使果实腐烂，失去食用价值。严重时幼虫常把果肉吃光，带有幼虫和卵的果实，品质也大大降低。

该虫的繁殖能力非常强，据理论推算，一头地中海实蝇雌虫经三代繁殖可达 215 亿头，时间仅需 60d。该虫的飞行距离 3212km，若此虫一旦传入我国，经两年的时间繁殖和扩散，就可迅速在我国果林中分布。

近一个半世纪以来，此虫已随果蔬等传播到六大洲的 80 多个国家和地区，成为世界性果蔬大害虫。我国曾将其公布为一类进口植物检疫性害虫，对其检疫极其严格。如 1980 年，当美国大陆发现地中海实蝇时，1981 年我国国务院立即转发颁布《关于严防地中海实蝇传入国内的紧急报告》。其中规定"禁止美国生产的水果、蔬菜（仅限番茄、茄子、辣椒等）进口，入境检查发现带有水果、蔬菜者，由口岸检验检疫人员没收销毁处理"。

**3. 形态特征**

地中海实蝇的形态特征如图 5-1 所示。

（1）成虫。体长 4～5mm，翅长 4.5mm。头顶和额黄色，单眼三角区黑褐色，复眼深红色具闪光。触角 3 节，1、2 节红褐色，第 3 节黄色，触角芒黑色。雄虫上额眶鬃第 1 对不发达，第 2 对着生于突起的额上（触角外侧），端部扩大为扁阔的匙形薄片，银灰色，其上有纵向条纹，被称为额附器，雌虫第 2 对上额眶鬃仅比其他 3 对额眶鬃粗，但不变形。胸部背面有光泽，底色为乳白色至黄色，镶有黑色特殊斑纹。背面有黑

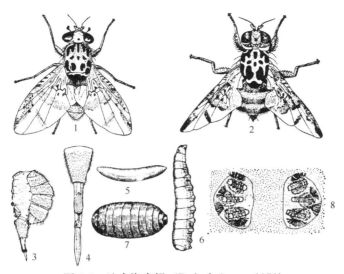

图 5-1　地中海实蝇（Bodenheimer，1951）

1. 雄成虫；2. 雌成虫；3，4. 雌虫产卵管侧面和背面观；5. 卵；6. 幼虫；7. 蛹；
8. 成长幼虫的后气门

亮区域和黄白色斑纹，黑亮区以外为黄白色斑纹。黑亮区域包括两肩胛间的横带、2 个较大的前缘角、中胸前缘具一纵斑、位于中部横列的 3 个小圆斑、其下的 2 个大圆斑和 2 个较大的后缘角。小盾片为黑色，近基部有一波形黄色横带。胸鬃有背中鬃 2 对和背侧鬃 2 对，前翅上鬃 2 对，后翅上鬃 1 对，肩鬃和沟前鬃各 1 对。翅透明，翅宽短，有黄、褐及黑色斑区形成的带纹，基部布满形状不规则的黄褐或淡黑色斑，中部有一条宽红黄色中横带，自亚缘室延伸到臀脉附近的翅缘，带的边缘为褐色。前缘带与此带同色，延伸到翅端，其上有暗斑，此外，还有 1 个斜褐色带穿过中肘横脉，直到翅的后缘。翅前缘及基部为深灰色。足红褐色，前足腿节侧毛为黑色（♂）或黄色（♀），后足胫节有一排较长的黄毛。

腹部心形，浅黄色或橙红色，着生黑色刚毛，第 2 与第 4 背板后缘各有一条银灰色横带。雌产卵器针状，红黄色，短而扁平，平时缩入第 5 腹节。

简易辨别：地中海实蝇成虫翅及中胸背板上的特殊花纹极易辨别，胸部背面黑色有光泽，间有黄白色斑纹，翅透明，有橙黄色或褐色斑纹和断续的横带，中部横带位于前缘和外缘之间，外侧横带从外缘延伸但不达前缘，翅的前缘及基部为深灰色。

（2）卵。长 0.9～1.1mm，宽 0.2～0.3mm。纺锤形，略弯曲。白色至浅黄色，有光泽。前端有瘤状卵孔区。

（3）幼虫。第 3 龄成熟幼虫长 7.0～10.0mm，宽 1.5～2.0mm，粗壮。乳白色至浅黄色或淡红色，通常随体内所含食物而异。虫体 11 节，第 1 节前缘、第 1 节和第 2 节间、第 2 节和第 3 节间以及臀叶周围的小刺形成环带。腹部每节腹面的纺锤区有小刺。前气门有指突 7～12 个，排成单列。腹部末节着生小乳突两对，位于后气门的背侧方，在后气门的腹侧方向有一对明显的脊状中突，脊状突的腹面有两对小乳突。后气门板有 3 裂孔。

(4) 蛹。长 4.0~4.3mm，宽 2.1~2.4mm，长椭圆形或长筒形，头部一端稍尖。黄褐色至黑褐色。两前气门间凸起，两后气门间凸起并有一条黄色带。

近缘种识别：与地中海实蝇近缘且相似的种类有分布于肯尼亚的 *Ceratitis caetrata* Munro（1949）；分布于毛里求斯、留尼旺和塞舌尔，为害鳄梨、杨桃、番石榴、番樱桃、枣、枇杷、芒果、桃、石榴、橘、番茄和辣椒等的 *C. catoirii* Guerin Meneville（1843）；分布于马达加斯加的 *C. malgassa* Munro。*C. malgassa* 每年造成柑橘损失达 50%～70%，桃和李损失更大，它的寄主很可能与 *C. catoirii* 类似。它们与地中海实蝇的区别见附表 5-1。

**4. 生物学特性**

(1) 世代及越冬。各发生地区每年发生 2~16 代。冬季平均气温高于 12℃ 地区可终年活动，低于 12℃ 地区以蛹或成虫越冬。

(2) 成虫习性。成虫自土壤中羽化出来后，作为补充营养，多在附近取食植物渗出液、蚜虫、蚧分泌的蜜露、动物分泌物、细菌、果汁等，性成熟后飞向有果实的树丛交配。成虫具趋光性，也具较强的飞翔力，一般可飞行 10m，最远的可达 37.04km。成虫喜在成熟的果皮上产卵，每次产 2~6 粒，日产卵最多 40 粒，每头雌虫产卵 200~500 粒，最多可达 1000 粒。雌虫产卵时将产卵器刺入果皮内，刺开一空腔，即在其中产卵，一个果实上可能有多个卵腔，被产卵处起初症状不明显，随后可见其周围有褪色痕迹。雌虫喜在树冠顶部和密植果园的外围产卵。

(3) 幼虫习性。幼虫孵化后立即侵入果实内，在果瓤中发育，一果内有高达 100 头的记录，甚至引起细菌等的感染，造成落果，整个果实腐烂。幼虫具有强烈的负趋光性，老熟幼虫脱果外出，入土 5~15cm 深化蛹，如脱果时见到光线，即不断爬行，后身体弯曲而跳跃至土中。也有的幼虫在其他保护物下，甚至能暴露在箱子及包装物的外面化蛹的。

(4) 各虫态历期。成虫补充营养 4~5d，产卵前期 8d 左右，寿命 1~3 个月，最长的可达 7 个月，在适宜的食物、温度和水分等条件下，有的成虫可存活 1 年以上。成虫生命力很强，在 2~3℃ 时，停止取食经 3~4d 才死亡，气温在 13℃ 时可存活 37~60d。卵期 2~3d。幼虫 3 龄，在 24.4~26.1℃ 时历期 6~10d，其发育历期因温度、寄主以及品种的不同而异，在 10℃ 以下或 36℃ 以上则停止发育。蛹期在 24.4~26.1℃ 时为 6~13d。一代历期一般 30~40d。

**5. 发生与环境关系**

(1) 气候条件。地中海实蝇在较寒冷地区，以蛹或成虫越冬，但在常年有果实的温暖地方，可以终年活动。产卵前期受温度和日照时数影响很大。卵的发育、孵化受温度和湿度影响很大，卵在低湿（相对湿度为 30%、温度为 25℃）条件下，孵化率只有 8%，保持 12h 后就不再孵化。地中海实蝇幼虫发育最适温 24~30℃，发育起点温度为 12℃，完成一代的有效积温为 622℃·d。如果温度在 16~32℃，相对湿度在 75%～85%，终年有可用的寄主果实，则可以连续发育下去。若因为气候寒冷，没有连续可用的寄主果实，则可以幼虫、蛹或成虫越冬，蛹对不适的环境条件抵抗力较强。

(2) 食料。地中海实蝇危害多种柑橘类及落叶果树，此外还有许多栽培或野生植物的果实，幼虫孵化后钻入果肉为害和发育，果实表面单位面积油胞腺的多少和果皮厚度及其结构，常是影响寄主受害程度的重要因素。果皮油胞腺多，破裂后放出的芳香油可使幼虫死亡；果皮厚，阻力较大，幼虫入果困难，寄主受害较轻。

（3）天敌。地中海实蝇的天敌已知有三种茧蜂：*Opiusizu humilis* Silv.、*Diachasma tryoni*（Cam.）和 *Diachasma fullawayi* Sily。啮小蜂 *Tetrastiehus gitfardianus* Silv. 在夏威夷有较高的寄生率，可引种应用。

**6. 传播途径**

以卵、幼虫、蛹和成虫随水果、蔬菜等农产品及其包装物、交通工具等远距离传播，还可为苗木所带的泥土所传播。

**7. 检疫方法**

禁止从有地中海实蝇分布的国家和地区进口水果、番茄、茄子和辣椒。必须进口的需办特许审批并认真做好进口检疫。进境旅客不得携带水果、蔬菜入境，如有发现，立即处理。国际航班、国际航运和国际列车人员不得将水果、蔬菜带离飞机、轮船和列车。烂果、果核、果皮要妥善处理，不准乱丢。

地中海实蝇主要以幼虫和卵随寄主植物的果实传播。幼虫和蛹也可以随农产品包装物及苗木等所带的泥土传播。因此对于从疫区进口的果品和苗木等必须进行严格检疫，除检查成批的货物外，对旅客随身携带的果品也要注意检疫。如 1993 年 8 月，广州动植物检疫局首次从入境旅客携带的物品中截获地中海实蝇，在国内引起轰动。首都机场口岸自 1996 年起，也曾多次截获地中海实蝇。因此，为防止地中海实蝇传入国内，要严禁从疫区各国进口果蔬等有关植物及其繁殖材料，对疫区来的其他物品的包装物实行严格的检疫，并对疫区各国进行产地检疫，以防地中海实蝇随果蔬调运而传播蔓延。对于特许进口或调出疫区的果蔬等植物，必须严格检疫，并彻底消毒处理。在进口货物的停放场地、仓库等场所进行地中海实蝇监测。

地中海实蝇是我国公布的《中华人民共和国进境植物检疫危险性病、虫、杂草名录》中规定的危险害虫，并且是中罗、中南、中匈、中朝、中俄（中方提出）植检植保双边协定规定的检疫性害虫，应严格施行检疫。《中华人民共和国进境植物检疫禁止进境物名录》中规定禁止自疫区引进水果、茄子、辣椒、番茄及各种果实，因科研等特殊需要引进，必须事先申请特许审批，否则不准入境。

对批准入境的批量果蔬，应观察表面有无火山口状突起包围的产卵孔，有无手按有松软感觉的水渍状斑块或黑化的斑块，剖视有无幼虫。番茄受害果皮上刺孔周围变成绿色，桃上产卵孔处会流出胶状果汁。枇杷受害果实即使成熟变黄，但刺孔周围仍为绿色。甜橙、梨、苹果果实被害部分变硬，颜色发暗，且凹陷下去。柑橘上产卵孔周围呈火山喷口状突起。

用于地中海实蝇的诱集和监测的诱剂，有混有杀虫剂的蛋白质碳水化合物 apilure、ceralure、medlure、myverol、siglure 和 trimedlure，以前者和后者最好。目前常用的诱捕器有 Jackson 和 Steiner 两种。

**8. 检疫处理与防治方法**

1）检疫处理

采用水浸法检验果实，将果实切成片放入温水中（室温），约经 1h，幼虫便从果肉中爬出沉到底部，然后捞出仔细鉴定并处理。

（1）低温处理。处理的温度和时间为0℃以下10d，0.6℃以下11d，1.0℃以下12d，1.7℃以下14d，2.2℃以下15d。

（2）溴甲烷熏蒸结合低温处理。在21℃以上，溴甲烷用量为32g/m³，熏蒸2～3h后再在0.5～8.3℃的低温条件下处理4～11d。

（3）二溴乙烷常压或减压熏蒸。杏、柑橘和菠萝果实也可用二溴乙烷常压或减压熏蒸（有些国家禁止用二溴乙烷熏蒸水果），方法如表5-1。

表5-1　二溴乙烷熏蒸处理方法

| 温度/℃ | 空气压力/kPa | 用药量/(g/m³) | 熏蒸时间/h | 果实 |
| --- | --- | --- | --- | --- |
| 16～21 | 101.32（常压） | 12～16 | 2 | 杏，柑橘 |
| 19～25 | 67.73（减压） | 10 | 2 | 杏，柑橘 |
| 16～18 | 67.73（减压） | 12 | 2 | 杏，柑橘 |
| 21以上 | 101.32（常压） | 8 | 2 | 菠萝 |

资料来源：商鸿生，1997

（4）蒸气处理。用热蒸气将水果中心处加热到44.4℃，保持8.75h后，立即冷却。柑橘、柚、芒果等水果中心处加热到43.3℃后保持6h或4h。

（5）用引诱剂毒饵进行诱杀。引诱剂有trimedlure（2-氯-6-甲基-1-羧酸叔丁酯）、medlure（2-氯-6-甲基-1-羧酸异丁酯）、sighlre（6-甲基-3-环己烯-1-羧酸异丁酯）等，第一种最好。在这些引诱剂中加入0.5%的敌敌畏或1%的二溴磷即成引诱剂毒饵。在港口、机场、车站等附近的果园和绿篱等定期诱集可发现该虫的入侵情况。如无引诱剂也可用成熟的柑橘、苹果、梨、桃、葡萄等果实来诱集。

2）防治方法

（1）切断害虫的循环过程。疫区要尽量避免各种果树混栽，尽量摘光树上的被害果，捡净落果，有助于切断害虫的循环过程。

> 为了防止地中海实蝇随寄主植物传入我国，在进境植物检疫时，需正确掌握地中海实蝇的检疫鉴定方法，为此，我国农业部于2000年4月提出了地中海实蝇检疫鉴定方法中华人民共和国国家标准（GB/T18084—2000），并由国家质量技术监督局发布，且于当年10月1日起实施。因此，在开展地中海实蝇检疫鉴定时，请参照这一标准执行。

（2）用杀虫剂防治。在寄主植物上喷布引诱剂毒饵。饵剂配方为：水解蛋白（酵母蛋白）1kg加25%可湿性马拉硫磷粉剂3kg，再加清水600～700kg混合均匀，在害虫较活跃时，每1～2周喷1次。树冠下的土壤喷布触杀剂可杀死入土幼虫和羽化出土的成虫。

（3）用γ射线或化学不育剂（Tepa，Metepa）处理雄蝇，具有不育效应，美国、墨西哥和日本应用此技术获得了成功。

（4）天敌防治。见地中海实蝇的发生与环境关系。

# 二、橘 小 实 蝇

**1. 名称及检疫类别**

别名：柑橘小实蝇、东方果实蝇、芒果大实蝇、黄苍蝇、果蛆

学名：*Bactrocera dorsalis*（Hendel）

异名：*Dacus dorsalis* Hendel；

　　　*Musca ferruginea* Fabricius；

　　　*Bactrocera conformis* Doleschall；

　　　*Chaetodacus ferrugineus* var. *okinawanus* Shiraki；

　　　*Strumeta dorsalis okinawana*（Shiraki）

英文名：oriental fruit fly

分类地位：双翅目 Diptera，实蝇科 Tephritidae

检疫害虫类别：进境植物检疫性害虫，全国农业植物检疫性害虫

**2. 分布与为害**

原产日本九州、琉球群岛和我国台湾。我国于 1911 年在台湾首次发现，1937 年谢蕴贞报道大陆有该虫记录。该虫随果品贸易和被旅客携带入境的机会极多，目前，已扩散到北美洲、大洋洲和亚洲许多国家和地区，在南北纬 20°～30°，冬季气温 20℃以上地区为害最重，但也有传入温带地区的可能。已知分布的国家有日本（奄美大岛、冲绳岛、久米岛、石垣岛、西表岛、小笠原群岛）、越南、老挝、柬埔寨、缅甸、泰国、马来西亚、新加坡、菲律宾、印度尼西亚、尼泊尔、锡金、不丹、孟加拉国、印度、斯里兰卡、巴基斯坦、密克罗尼西亚、马里亚纳群岛和夏威夷群岛、中国（江苏、湖南、福建、广东、海南、广西、四川、贵州、云南、台湾）等。

据记载，其寄主多达 250 种，包括栽培果蔬类作物及野生植物。主要有橄榄、樱桃、番石榴、草莓、芒果、桃、杨桃、香蕉、苹果、香果、番荔枝、西洋梨、洋李、刺果、甜橙、酸橙、柑橘、柠檬、柚、香橼、杏、枇杷、黑枣、柿、红果仔、酸枣、蒲桃、马六甲蒲桃、葡萄、鳄梨、安石榴、无花果、九里香、胡桃、黄皮、榴莲、咖啡、榄仁树、桃榄、番茄、辣椒、番木瓜、茄子、西瓜、西番莲等。

成虫产卵于寄主果皮下，幼虫孵化后钻入果肉为害和发育，近成熟的果实被害处果皮变褐、软化，甚至腐烂；有的果实被害处凹陷，发育受阻，果实易受碰伤及易遭其他病虫侵入；晚期侵入的不造成落果，但采收后在运输和贮藏期，受害果易变质。被害轻者，果品等级下降，重者果肉变味腐烂，不能食用。

橘小实蝇是一种重要的检疫性果蔬害虫，可为害番石榴、芒果等 46 个科 250 多种果树、蔬菜和花卉，是一种毁灭性害虫，给果蔬业、花卉业带来严重的经济损失，所以世界上许多国家和地区把它列为重要的危险性检疫对象。Drew 等证实了橘小实蝇是由 52 个姐妹种组成的复合种。20 世纪 40 年代末期，该虫在夏威夷连年发生，柑橘类等果品几乎百分之百受害。近年来，该虫在我国华南地区种群数量不断上升，已影响到水果、蔬菜产区的生产，成为制约该地区果蔬生产持续稳定发展的因素之一。

**3. 形态特征**

橘小实蝇的形态特征如图 5-2 所示。

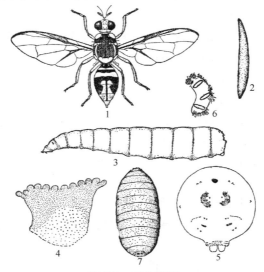

图 5-2　橘小实蝇

1. 成虫；2. 卵；3. 幼虫；4. 幼虫前气门；5. 幼虫腹部末节；
6. 幼虫后气门；7. 蛹

(1. 刘秀琼, 1966；2, 6, 7. 农业部植物检疫实验室, 1957；
3~5. Peterson, 1955)

（1）成虫。体长 6~8mm，翅长 5~7mm。头黄褐色，中颜板下部具 1 对圆形黑色斑点。复眼边缘黄色。触角 3 节。头额鬃 3 对，后头鬃每侧 4~8 根成列。胸部黑色，肩胛、背侧胛、中胸侧板、后胸侧板大斑点和小盾片均为黄色。胸鬃有肩板鬃 2 对，背侧鬃 2 对，前翅上鬃 1 对，后翅上鬃 2 对，小盾前鬃 1 对，小盾鬃 1 对，中侧鬃 1 对。足大部黄色，中足胫节端部有一赤褐色的距。后足胫节通常为褐色至黑色。翅透明、脉黄色，翅前缘带褐色，伸至翅尖，较狭窄，其宽度不超出 $R_{2+3}$ 脉。臀条褐色，不达后缘。腹部卵圆形，棕黄至锈褐色。第 1、2 节背板愈合，第 3 腹节背板前缘有一条深色横带，第 3~5 节具一狭窄的黑色纵带，第 5 节上具亮斑 1 对。雄虫第 3 背板具栉毛，雄虫阳茎细长，弧形。雌虫产卵管基节棕黄色，其长度略短于第 5 背板，端部略圆，针突长 1.4~1.6mm，末端尖锐，具亚端刚毛长、短各 2 对。

成虫简易识别特征：体中形，暗褐色。中胸背板黑色，有一对黄色的缝后侧色条。小盾片黄色，具端鬃一对。翅具烟褐色而窄的前缘带，其宽度不超过 $R_{2+3}$ 脉端部。腹部红褐色，在第 3 背板前缘有一条黑褐色的横带，第 3~5 背板中央有一条烟褐色到黑褐色的纵带，共同组成 T 形斑。

（2）卵。长 1.0mm，宽 0.1mm。菱形，乳白色，表面光亮。一端稍尖，另一端钝圆。

（3）幼虫。老熟幼虫体长平均 10.0~11.0mm，黄白色，蛆式，前端小而尖，后端宽圆，口钩黑色。前气门呈小环，有 10~13 个指突；后气门板一对，新月形，其上有 3 个椭圆形裂孔，末节周缘有乳突 6 对。幼虫期 3 龄，1 龄幼虫体长 1.55~3.92mm，2

龄体长 2.78～4.30mm，3 龄体长 7.12～11.00mm。

（4）蛹。长 4.4～5.5mm，宽 1.8～2.2mm。椭圆形，初化蛹时浅黄色，后逐步变至红褐色。第二节上可见前气门残留暗点，末节后气门稍收缩。

近缘种：橘小实蝇属实蝇科果实蝇属，该属的多种检疫实蝇分布在印度洋、太平洋区域以及非洲东部一些地区，主要为害柑橘类、仁果类与核果类。该属已知约有 350 多个种，其中 18 个橘小实蝇近缘种中，9 个分布在东南亚，9 个分布在太平洋地区。

**4. 生物学特性**

（1）世代及越冬。橘小实蝇每年发生 3～5 代，无严格的越冬过程，各代相互重叠，世代发生不整齐，同时同地各种虫态并存。台湾每年发生 7～8 代，无明显的冬眠现象；华南地区 3～5 代，以蛹越冬，各代发生不整齐；在云南瑞丽，橘小实蝇每年可发生6 代。

（2）发生及成虫习性。橘小实蝇成虫全天均可羽化，但以上午 08：00～10：00 时羽化最盛。成虫的扩散能力较强，雄虫能飞 6.5～8.0km，并能横跨两岛之间（相距14.5km）的海面。应用飞行磨系统在实验室条件下测试，初步发现其最远可飞行 46.5km。

成虫羽化后，雌虫以产卵管刺伤寄主果实（或自然受伤果实），吸取分泌出的蜜露和一些植物分泌的花蜜。成虫多喜在上午天气较凉爽阶段进行取食。中午或下午通常只是在叶丛中、树干枝条上活动、停息。然而在实验室里，成虫却可整天取食，即使在夜间，只要有光照，取食也不停止。

雌雄成虫羽化后 11～13d 性成熟，才开始交尾。交尾时间一般在傍晚 19：00～21：00时或更晚，每次交尾时间 3～4h，有的甚至长达 10h。雌虫可多次交尾，仅交尾1 次的雌虫可持续产卵达 27d 之久，其产卵量及平均日产卵量均不及多次交尾者多，而且所产卵的孵化率有随产卵日数增加而逐渐下降的趋势，交配过的雌虫更偏好与同一雄虫交配。

雌虫交尾后 2～3d 便可开始产下可育卵，橘小实蝇雌虫一般在白天产卵。在实验室里，产卵时间大多在下午 16：00～17：00 时。在田间则上午也见成虫产卵。据观察，橘小实蝇产卵于果皮与果肉之间，一般喜欢寻找新的伤口、裂缝等处产卵，不喜欢在已有幼虫为害的果上产卵。在室内找不到适宜产卵的寄主时，甚至可在表面光滑的培育皿上产卵。一头雌虫在寄主果实上，一般每次产卵 1～10 粒，但在同一天内，可反复多次多处产卵，也可连续数日产卵或间歇一至数日再行产卵。成虫日产卵 1～40 粒或更多，平均每头雌虫产卵 400～1800 粒。日产卵量的分布受雌虫个体大小的影响，个体大的种群雌虫日产卵量的分布为凸形曲线，个体小的种群雌虫日产卵量的分布为凹形曲线。

橘小实蝇产卵于果皮和果肉内，第 1d 所产卵的孵化率最低为 77.6%，第 7d 为90.33%，第 14d 为 80.33%，第 21d 为 79.33%。卵孵化率在第 10d 前后最高，随后逐渐下降。卵的孵化率还受温度和湿度的影响。埋于寄主组织中的卵孵化率高、发育快，裸露或非湿润状态下的卵发育迟缓，孵化率低。有人野外采集受害果于室内饲养羽化的橘小实蝇成虫 534 头，其中雌虫 285 头，占 53.37%，雌雄比为 1∶0.87。

（3）幼虫习性。橘小实蝇幼虫孵出后便潜入瓜果果肉取食为害、生长发育，幼虫较活跃。自孵化后数秒钟便开始活动,昼夜不停地取食为害。幼虫一般不会从一个寄主果实转移到另一个寄主果实,除非果实之间紧贴。1、2龄幼虫不会弹跳,第3龄老熟幼虫会从果中弹跳到土表,找适当地点化蛹,跳跃距离可达15~25cm,高度可达10~15cm,并可连续跳跃多次。老熟幼虫脱离受害果实,弹跳落地,钻入泥土中或土、石块、枯枝落叶的缝隙中化蛹。如无法找到合适的环境,也可以直接裸露化蛹;有些来不及脱离或无法脱离受害果的个体,也能在受害果里化蛹。3龄幼虫食量最大,为害最烈。当食物缺乏或食物变质时,1、2龄幼虫的死亡率大大增加,3龄幼虫则可提前化蛹或龄期延长,且造成蛹成活率低、体形变小或羽化成畸形的成虫。

(4)各虫态历期。橘小实蝇成虫产卵前期最短2~5d,最长3~4个月,成虫寿命较长,在野外能活4个月,在夏威夷海拔较高处可存活1年多。在22℃及相对湿度80%的条件下,橘小实蝇的产卵前期为52~53d;而在25~26℃下,其产卵前期缩短为9~12d。

卵期平均1~6d,幼虫期7~20d,前蛹期12~18d,蛹期8~20d,最长的44d。在日平均温度25~30℃时,卵期1.2~1.8d,幼虫期8d,蛹期8~11d,成虫期27~75d,室内饲养越冬代成虫在提供充足的寄主果实橙、芒果等食物时,最长寿命可达330d。各代成虫的产卵期也较长。

**5. 发生与环境关系**

(1)温度、湿度。温度对橘小实蝇的生长发育和种群动态有重要影响。橘小实蝇各虫态适宜发育的平均气温在14℃以上,气温高于34℃或低于15℃均对其发育不利,适合于橘小实蝇正常发育的最适温度范围为25~30℃。温度在21℃以上时有利于成虫性成熟。在16℃和32℃时,雌虫寿命分别为133.5d和27.5d,雄虫寿命分别为116.8d和23.1d。橘小实蝇卵、幼虫和蛹的发育起点温度分别为12.19℃、5.24℃和10.5℃,有效积温分别为19.9、156.7和157.8℃·d,整个世代的发育起点温度为12.19℃,完成整个生活史所需的有效积温为334.4℃·d。

在广州市郊,橘小实蝇全年活动,8月底至9月初为成虫发生盛期。10月以后,由于气温下降,发生量迅速减少。

冬季成虫在较温暖的天气仍会活动、取食,获取补充营养,在缺乏食物时成虫不能安全越冬。卵、幼虫、蛹在越冬期间即使有食物也会因低温而死亡。成虫约在12月下旬停止产卵,翌年4月中下旬又开始产卵繁殖。

在自然界中,湿度影响也较大,在饱和湿度、微湿、干燥时,卵的孵化率分别为83%、50%和3%。

(2)土壤含水量。土壤的含水量影响化蛹的深度和蛹的存活率。土壤含水量较高时幼虫入土快,预蛹期短。在干沙土中,97.2%的幼虫化蛹深度为0~5.5mm;在湿沙土中,95.5%的幼虫化蛹深度为0~27.5mm。干沙土中的蛹死亡率比湿沙土中的高50%。将老熟幼虫分别放在30cm、20cm、10cm、5cm和0cm深度的土壤里试验,成虫的羽化率分别为0、20%、65%、45%和30%,说明将被害果埋在30cm以上深度的土壤中较为合适。土壤含水量低于40%或高于80%时,老熟幼虫入土慢,死亡率高。

(3)雨水。一般在雨量充沛时,雌虫的产卵量较多,种群增长快。在旱季,雌虫的产卵量降低,种群受到压制,羽化的成虫无法在土壤中挣扎出来,且无法充分展翅,以至新羽化的成虫死亡率极度增加。干旱会造成蛹体的暂时性发育迟缓甚至休眠，而一旦雨水充足即可大量羽化。

（4）食料。有人经室内饲养观察和田间为害调查发现，橘小实蝇成虫在产卵、取食、为害程序等对 12 种寄主的嗜好程度顺序如下：番石榴、洋桃、芒果、番荔枝、番橄榄、黄皮果、枇杷、人心果、莲雾、油梨、橙、柑橘，其中产于番橄榄上的卵不能正常孵化或幼虫无法存活，因番橄榄被产卵后易于落果。

成虫的寿命与食料和环境有关。成虫在没有食物和水的情况下，能存活 3d，如仅提供水，则可存活 5d。

（5）天敌。据报道，蚂蚁能捕食裸露的实蝇老熟幼虫、蛹和刚羽化的成虫。隐翅虫、步行虫能捕食落土果中的实蝇幼虫。实蝇茧蜂，跳小蜂等寄生性天敌对橘小实蝇种群有一定控制作用。

**6. 传播途径**

以卵和幼虫随被害果实、蛹随水果包装物携带及运输远距离传播。

**7. 检疫方法**

检验时应仔细鉴别被害状，被害果有如下特征：①果面有芝麻大的孔洞，挑开后有幼虫弹跳出来；②果面有水浸状斑，用手挤压，内部有空虚感，挑开后可见幼虫；③被害部分常与炭疽病斑相连；④果柄周围有孔洞，挤压后果皮出现皱缩，挑开后有虫，检出的幼虫用 75%乙醇杀死，放入幼虫浸渍液，然后镜检鉴定。

**8. 检疫处理与防治方法**

1）检疫处理

橘小实蝇可参照地中海实蝇的处理方法进行处理。另据报道（蒋小龙等，2002），用溴甲烷熏蒸芒果，在 29℃用药 35g/m³ 处理 3h 或用药 30g/m³ 处理 3.5h 能 100%杀死果内实蝇幼虫，对品质无影响；地下热水 46℃处理芒果 60min，能 100%杀死实蝇幼虫，对品质无影响；用 1kGy $^{60}$Co 辐射实蝇成虫和 1.5kGy 处理幼虫和卵，死亡率为100%，但辐射对小瓜品质有轻度伤害。微波炉内处理 50s 能 100%杀死南瓜内的实蝇幼虫，但对品质有轻度影响。

2）防治方法

（1）综合防治策略。根据橘小实蝇的生活史与生物学特性，以农业防治为基础，物理防治与化学防治相结合，尤其以食物引诱剂（水解蛋白等）和化学合成引诱剂配合应用，通过控制田间种群数量，能达到保果的目的。

（2）农业防治。包括合理布局作物品种、轮作、调整播植期、清洁田园及改善田间小气候等。如根据橘小实蝇嗜好水果和蔬菜作物的特性，将嗜好作物与非嗜好作物或非寄主植物合理布局，以及轮作或不连片种植嗜好作物，均可有效地减轻橘小实蝇的为害。清洁田园也是一项消灭虫源有效的措施，及时摘除被害果和收捡成熟的落地果，集中深埋或沤肥，防止幼虫入土化蛹。冬、春翻耕果园土壤，可减少和杀死土中过冬的幼虫、预蛹和蛹。成片种植单一果树品种，在柑橘园内和附近不种番茄、苦瓜、芒果、桃、番石榴、番荔枝和梨等蔬菜、果树，以切断该虫的食物链。选用种植抗性品种和成熟期较晚的品种，可使果蔬成熟期避开橘小实蝇高发期。

（3）物理防治。张格成（2000）用$^{60}$Co γ 射线 0.3～1.9kGy 照射果实，处理后实蝇幼虫多数不能化蛹，或化蛹但不能羽化为成虫，处理后的疫区果实可以调入保护区销售。在田间虫口密度低时或虫口即将上升前释放不育雄虫，虫口密度高峰期及果实受害期诱杀雄虫，两种方法结合起来，可使虫口大大降低。

林岳生（2000）采用酵素蛋白 0.5kg＋25％马拉硫磷可湿性粉剂 1kg，加水 30～40kg，配成诱剂，可诱杀成虫于产卵前；用 97％甲基丁香酚（ME）浸甘蔗纤维块悬挂可诱杀雄蝇。在成虫羽化高峰至产卵前期，采用性诱剂灭雄技术和毒饵喷雾技术相结合的措施可大量诱杀成虫。在幼果期，实蝇成虫未产卵前，进行套袋可防止成虫产卵为害。

（4）生物防治。日本和中国台湾利用释放不育雄虫和诱杀雄虫（减雄技术）的方法来根除橘小实蝇，取得了成功。蚂蚁能捕食裸露的实蝇老熟幼虫、蛹和刚羽化的成虫。隐翅虫、步行虫能捕食落土果中的实蝇幼虫。目前已发现多种橘小实蝇的幼虫寄生蜂，如实蝇茧蜂、跳小蜂、黄金小蜂等，国外一些地区已进行一些释放研究，有一定的效果。生物防治目前应当主要致力于保护和助长橘小实蝇自然寄生蜂等天敌，以充分发挥其自然控制作用，一方面是搞好天敌资源的调查工作，另一方面是通过使用选择性农药进行保护，同时在室内条件下对优势天敌尤其是寄生蜂进行大量繁殖和应用，进而推进天敌产业化。

（5）化学防治。化学药剂由于杀虫速度快，目前在橘小实蝇防治决策中仍不可缺少，常用的方法是直接施用化学药剂，并辅以性诱剂或红糖等。用 40％氧化乐果、50％杀螟松、80％的敌敌畏或 50％辛硫磷 1000 倍液喷雾，同时用性信息素进行诱杀，可压低成虫数量，达到较好的保果效果。

# 三、苹 果 实 蝇

**1. 名称及检疫类别**

别名：苹绕实蝇

学名：*Rhagoletis pomonella*（Walsh）

异名：*Trypeta pomonella* Walsh

         *Rhagoletis pomonella* Snow

         *Rhagoletis zephyria* Snow

英文名：apple maggot

分类地位：双翅目 Diptera，实蝇科 Tephritidae

检疫害虫类别：进境植物检疫性害虫

**2. 分布与为害**

苹果实蝇原产于美国，是寒温带水果的重要害虫，是加拿大东南部和美国东北部毁灭性的水果害虫之一。目前此虫分布于美国、加拿大和墨西哥。在美国，分布范围南到佛罗里达北部和得克萨斯东部，西到俄勒冈、华盛顿。墨西哥则发生于中部高原地带。

苹果实蝇是寡食性害虫，目前已知的寄主主要为害蔷薇科植物，如苹果类、山楂类、酸樱桃、甜樱桃、杏、桃、李、梨、*Prunus angustifolia*、山荆子、枸子、玫瑰、*Aronia arbutifolia* 和 *A. melanocarpa* 等，其中苹果受害最严重。

成虫刺破果皮产卵，产卵孔周围表皮褪色，形成色斑并出现凹陷。幼虫孵化后蛀食果肉，造成褐色的弯曲虫道，受害果变形，表面凸凹不平，常常提前落果。早熟薄皮品种受害严重，果实常常腐烂，晚熟品种果实虽不腐烂，但虫道周围形成软木状愈伤组织，果实成熟时露出虫道，降低了商品价值。苹果实蝇在北美造成的危害仅次于苹果蠹蛾，可为害未成熟或成熟的水果，如果产卵于未成熟的水果，产卵孔周围的果肉常不能继续生长，逐渐凹陷，在果皮表面成为凹形斑，严重时整个果畸形。幼虫如在成熟的果肉筑道取食，被害组织留下褐色痕迹，若多头幼虫一起取食，内部果肉组织可被毁掉或腐烂，严重时落果。

由于此虫为害严重，而且幼虫能随受害的水果传播，所以它在植物检疫上有十分重要的地位，目前很多国家，包括我国已把它列为检疫对象，我们必须严防此虫传入。

### 3. 形态特征

苹果实蝇的形态特征如图 5-3 所示。

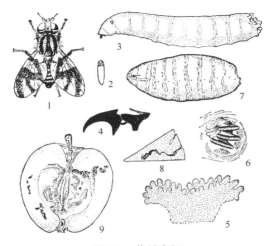

图 5-3　苹果实蝇

1. 成虫；2. 卵；3. 幼虫；4. 幼虫口钩；5. 幼虫气门；6. 3 龄幼虫后气门；
7. 蛹；8. 苹果切面（示幼虫及卵）；9. 被害苹果切面
（4、5. Peterson，1953；1～3，6～9. Snodgrass，1924）

（1）成虫。雌虫体长 5.0mm，雄虫 4.5mm，翅展 12.0mm。全体黑色有光泽。头部背面浅褐色，腹面柠檬黄色。复眼绿色有蓝褐色闪光，复眼后缘白色，额鬃黑色，触角 3 节，橘红色，触角芒 2 节。胸部黑色，中胸背板侧缘从肩胛至翅基有黄白色条纹，背板中部有灰色纵纹 4 条，外侧的较长，在前端合并。小盾片白色，基部和两侧黑色，表面隆起。前足最短，中足最长，各足腿节和胫节等长，腿节中部色深，端部变浅，胫节蓝色，跗节基部蓝色，端部黑色。翅透明，有 4 条明显的黑色斜形带，第 1 条在后缘和第 2 条合并，而第 2～4 条又在翅的前缘中部合并，因而在翅的中部没有横贯全翅的透明区，翅面透明部分有白毛，斜带部分有黑毛。腹部黑色，有白色横带纹，雌虫 4 条，雄虫 3 条。雌虫腹部可见 7 节，第 3 节最宽，第 7 节骤然缩窄。产卵管不用时缩入第 7 腹节，伸出时呈尖角状，褐色，腹面有沟。雄虫腹部可见 5 节，第 6、7 节缩入第 5 节之下。

（2）卵。长 0.8～1.0mm，宽 0.2～0.3mm。椭圆形，前端具雕刻纹。半透明，乳白色，两端微黄色，稍微透明，一端呈结节状且比另一端色深，呈结节状的一端微呈网状纹。

（3）幼虫。老熟幼虫体长 7.0～8.0mm，近白色，蛆形，1 龄幼虫口勾下侧有明显的"爪"状突起，2 龄突起变小，3 龄突起消失。1 龄幼虫无前气门，2 龄和 3 龄幼虫前气门扇形，前缘有 17～23 个小而简单的指突，排成不规则的 2～3 行。1 龄幼虫后气门为圆形的二裂孔，周围有细毛 4 丛，2 龄裂孔为椭圆形，内缘各具 6～8 个齿，周围细毛 4 丛，3 龄裂孔细长，齿和细毛分枝更多。在末节后气门腹侧部分，有 1 对明显的突起。

（4）蛹。体长 4.0～5.0mm，宽 1.5～2.0mm，初化蛹时呈乳白色，随后变为黄褐色，最后呈褐色。椭圆形。前端稍窄，后端近圆形。头部和第一胸节收缩，前气门突向前和外倾，近似一对小耳状物。残留幼虫期的前气门和后气门痕迹，在前端前气门之下有 1 条线缝向后延伸至第 1 腹节，与该节环形线缝相接，从后胸至腹末各节两侧都有 1 个小气门，共 9 对，后气门与幼虫期一样明显，但颜色更深。

（5）近缘种。苹果实蝇的近缘种包括 *R. hagoletis cornivora* Bush.、*R. mendax* Curran 和 *R. zephyria* Snow 在内的"pomonella 种团"，它们的共同特征是：翅透明，有 4 条明显的黑色斜形带，第 1 条在后缘和第 2 条合并，而第 2～4 条又在翅的前缘中部合并，因而在翅的中部没有横贯全翅的透明区。这是该 4 种 pomonella 种团区别于绕实蝇属内其他类的鉴定特征。这四种的外部形态差别很小，仅在翅长、翅带宽长、产卵器形状和雄性生殖器形状等方面略有不同。区分它们相当困难，只是前足腿节后面有 1 个黑斑可用以区别同地发生的 *R. mendax* 和 *R. cornivora* 两种。苹果实蝇的鉴定主要根据成虫翅上的带纹和寄主进行。幼虫和蛹应饲养到成虫。根据成虫翅上带纹特征可以认定是否属于 pomonella 种团，而根据寄主等可以认定是否是苹果实蝇。其余 3 种 *Rhagoletis* 属实蝇的分布与寄主为（陈乃中，1995）：①*R. zephyria* Snow，分布于美国明尼苏达以西的地区和加拿大东南部，寄主为忍冬科的毛核木属 *Symphoricarpas*，18 种，主产北美，浆果状的核果；②*R. mendax* Curran，分布于美国威斯康星和田纳西以东地区及加拿大的邻近地区，寄主为越橘科的乌饭树属 *Vaccinium*，约 300 种，产北温带，有些种类可食，有些供观赏，浆果；③*R. hagoletis cornivora* Bush.，分布于美国马萨诸塞、佛罗里达和加拿大安大略。寄主为杜鹃花科的 *Gaylussaciu* 属，山茱萸科的枳木属 *Cornus* spp. 60 种，产北温带，大多供观赏，核果。

**4. 生物学特性**

（1）世代及越冬。该虫在北美每年发生 1 代，在美国南部部分个体可发生第 2 代，老熟幼虫入土 3～5d 后开始化蛹，以蛹在土壤中越冬，大部分蛹一直保持休眠状态至第二年夏天。

（2）成虫习性。成虫通常于 6 月羽化，羽化期一般可持续 1 个月，有的长达 2 个月。在北方，部分围蛹可隔年羽化。成虫取食寄主表面水滴，雌虫在寄主果实表面刺孔产卵，将卵产于苹果等果皮下果内，单产（1 孔 1 卵），每头雌虫产 400 余粒。据资料记载，成虫羽化 10d 后开始交配、产卵。产卵前期 8～10d，卵期 5～10d。

（3）幼虫习性。孵化后幼虫钻入果肉为害，即在果实内取食，蛀成不规则的褐色隧道。幼虫期，早熟果 15d，晚熟果 20～25d，幼虫老熟脱果，在土壤中化蛹。青幼果内幼虫发育缓慢，通常在果实脱落后，幼虫才能完成发育，受害果常提前脱落，果实落地后，幼虫方迅速生长成熟，老熟幼虫离开受害果落地，钻入地下 5～7cm 深处化蛹。

温度高，羽化早，降雨量影响不明显。

### 5. 传播途径

该虫主要以卵或幼虫随寄主被害果实远距离传播，有时蛹也可随被害果的包装物或寄主植物根部所带土壤，成虫也可随交通工具远距离传播，脱果幼虫也可随包装物及运输工具传播。

### 6. 检疫方法

苹果实蝇是我国公布的《中华人民共和国进境植物检疫危险性病、虫、杂草名录》中规定的危险性实蝇，并且是中俄（俄方提出）植检植保双边协定规定的检疫性害虫，应严格施行检疫。禁止从疫区进口有关的水果或蔬菜，另外对旅客携带的原产于疫区的水果必须进行严格检疫。特别要剖检其内部是否有幼虫存在，对已受害或可疑的水果应立即销毁。

用诱捕的方法在港口和机场进行监测。据报道，内渗 50% 乙酸铵溶液的人工苹果、红色黏球（直径 8cm）和 *pherocon* AM 诱捕器对苹果实蝇很有效。对来自疫区的水果，检查包装箱内有无脱果幼虫与蛹，将带有被害症状（如产卵白斑、变形和腐烂）的果实切开检查有无幼虫。来自疫区的苗木，尤其是苹果、山楂等，对其根部所带土壤也应严格检查是否带蛹，幼虫和蛹都应饲养到成虫鉴定。苹果实蝇的鉴定主要是根据寄主和成虫翅上带纹特征进行。根据翅上带纹可以认定是否属于 "*pomonella* 种团"，根据寄主等可以认定是否是苹果实蝇。

> 为了防止苹果实蝇随寄主植物传入我国，在进境植物检疫时，需正确掌握苹果实蝇的检疫鉴定方法，为此，我国国家认证认可监督委员会于 2004 年 6 月提出了苹果实蝇检疫鉴定方法中华人民共和国出入境检验检疫行业标准（SN/T1383—2004），并由国家质量监督检验检疫总局发布，从当年 12 月 1 日起实施。因此，在开展苹果实蝇检疫鉴定时，应执行这一标准。

### 7. 检疫处理与防治方法

参照地中海实蝇和橘小实蝇的方法。

另外，将虫果在 0℃ 条件下冷藏 5～40d，可杀死幼虫。美国处理方法是在 −2.2～−0.6℃ 条件下冷藏 42d。

## 四、柑橘大实蝇

### 1. 名称及检疫类别

别名：橘大实蝇，橘蛆

学名：*Bactrocera citri*（Chen）

异名：*Tetradacus minax*（Enderlein）

      *Mellesis citri* Chen

      *Tetradacus tsuneonis citri*（Chen）

*Callatra minax* (Enderlein)

英文名：Chinese citrus fly

分类地位：双翅目 Diptera，实蝇科 Tephritidae

检疫害虫类别：全国农业植物检疫性实蝇，出境植物检疫性害虫，中俄植检植保双边协定中，俄方提出的检疫性害虫

## 2. 分布与为害

该虫首先发现于我国四川江津，现已传播到湖北、湖南、贵州、云南、广西和陕西省，国外尚未见有分布的报道。

寄主仅限于柑橘类，包括甜橙、金橘、红橘、柚子、柠檬、酸橙、佛手、枸橼、温州蜜橘、葡萄柚、弹金橘等。

成虫在果实表面产卵，产卵处呈乳头状突起，中央凹入，变黄褐色或黑褐色，具白色放射状裂口，9～10 月在被害处附近出现黄色变色斑，未熟先黄，黄中带红，与健果很易区别。幼虫在果内穿食瓤瓣，果实提前脱落，被害果易腐烂，严重的完全丧失了食用价值。四川江津县 1984 年甜橙瓤瓣被害率为 55.95%，红橘为 41.43%，平均每头幼虫为害 0.7 个瓤瓣。该虫还可为害种仁，把胚和子叶蛀食一空，只剩下内、外种皮，江津 1984 年甜橙种子被害率为 58.37%，红橘为 56.52%，平均每头幼虫为害种子分别为 0.89 粒和 0.55 粒。上述两种寄主平均每果分别有幼虫 8.01 头和 5.07 头。新中国成立以后，由于多年连续防治，并组织联防和严格检疫，已控制其蔓延。近年来，由于柑橘栽培面积急剧增加，个别地区检疫不严，又有回升的趋势。因此，还需继续不断地努力，严格检疫和实行联防。

## 3. 形态特征

柑橘大实蝇的形态特征如图 5-4 所示。

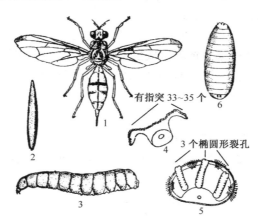

有指突 33～35 个

3 个椭圆形裂孔

图 5-4  柑橘大实蝇

1. 成虫；2. 卵；3. 幼虫；4. 前气门；5. 后气门；6. 蛹

（1）成虫。体长 12.0～14.0mm，翅展 21.0～25.0mm，黄褐色。复眼肾形，亮绿色，单眼三角区黑色。触角 3 节，末节扁平膨大，深褐色，触角芒基部黄色端部黑色，触角芒与触角等长。额面具近圆形黑色颜斑 2 个，复眼下有黑褐色小斑 1 个。额上方具顶鬃 2 对，上侧额鬃 1 对，下侧额鬃 2 对。胸部背面正中有赤褐色"人"字形大斑 1

个，大斑两侧有黄色带状纵斑各 1 条。沟后有 3 个黄色纵条，两侧的 1 对呈弧形，向后伸至内后翅上鬃基部，中间的 1 条较短，介于"人"字形纹叉内。肩胛及其后 1 短条、背侧板、中侧板后部 2/3、腹侧板上部的半圆形斑、侧背片及小盾片除基缘外均呈黄色。胸部有鬃 6 对（黑色），即肩板鬃 1 对，后翅上鬃 2 对，前、后背侧鬃各 1 对，小盾鬃 1 对。翅透明，前缘区浅黄色，具 1 条淡棕黄色条纹，其宽度自前缘脉至 $R_{2+3}$ 脉，翅痣和翅端斑点呈棕色，肘室区棕黄色。足黄色，腿节末端以后色较深，跗节 5 节，端节深裂为 2 瓣。腹部黄色至黄褐色，第 1 背板扁方形，宽略大于长，第 3 背板基部有 1 黑色横带，与腹背中央从基部伸达腹端的 1 黑色纵纹交成十字形，第 4 背板基部也有黑横带，色较浅，中部间断，第 2～4 背板侧缘颜色也较深。

雄虫腹部可见 6 节，1～5 节背面中央有 1 条黑色纵纹，该纹与第 3 腹节前缘的 1 个宽横带交叉成"十"字纹。雄虫第 3 背板两侧后缘具栉毛，第 5 腹板后缘向内洼陷的深度达此腹板长的 1/3，侧尾叶的 1 对端叶几退化。雄虫腹部第 5 节有 1 对长且呈 S 形的钩状器。雌虫腹部可见 5 节，雌虫产卵管圆锥形，长约 6.5mm，末端尖锐。雌虫产卵器基节呈瓶状，其长度约等于第 2～5 背板的长度之和，与腹部等长。

（2）卵。长 1.4mm，宽 0.3mm，长椭圆形，一端尖，另一端钝圆，中央稍弯曲，乳白色。

（3）幼虫。老熟幼虫长约 15mm，白色，蛆式。前气门扇形，有指突 33～35 个，排成 1 行。后气门显著骨化，有 3 个椭圆形裂孔，周缘有 4～5 丛细毛群。

（4）蛹。体长 8.0～10.0mm，宽 4.0～4.2mm，椭圆形，黄褐色至淡褐色，可见前气门乳头状突起。

近缘种：柑橘大实蝇与蜜橘大实蝇各虫态形态很相似，成虫和幼虫的主要区别见表 5-2 和图 5-6。

**4. 生物学特性**

（1）世代及越冬。柑橘大实蝇在四川、贵州、湖北等地每年发生 1 代，一般以蛹在土表下 20～60mm 处越冬。柑橘大实蝇在贵州发生期比四川稍早。少数发育较迟的幼虫可随果实运输，在果内越冬，到翌年 1～2 月老熟后脱果。蛹可在包装物、铺垫物上越冬，翌年羽化。

（2）成虫习性。在湖北宜都市，越冬蛹于 5 月上旬开始羽化，持续到 8 月中旬还可见成虫，羽化盛期在 5 月下旬至 6 月上旬，6 月中旬至 7 月中旬为交尾产卵期，8～9 月先后孵化为幼虫，9 月下旬至 11 月中旬幼虫老熟，随落果入土化蛹，少数幼虫随果实运输传入外地。在四川，柑橘大实蝇越冬蛹于翌年 4 月下旬开始羽化，4 月底到 5 月上中旬为羽化盛期，晴天羽化数较多。气温 22℃、土湿 10% 的条件最适羽化，久雨久晴或土壤过湿或过干，均不利于羽化。成虫活动期可持续到 9 月底。成虫产卵期在 6 月中旬至 7 月上旬。成虫产卵后 5～10d 死亡，成虫历期 45～50d，卵期约 30d。7 月中下旬幼虫开始孵化，8 月底至 9 月上旬为孵化盛期，幼虫发生期在 8 月上中旬至 9 月上中旬。10 月中下旬被害果大量脱落，虫果落地数日后，幼虫即脱果入土化蛹越冬。

在贵州沿河，5 月下旬为羽化盛期，羽化最适温度为 22℃左右。成虫在晴天羽化较多，阴天较少，雨后天晴，天气闷热，则羽化最多。刚羽化出来的成虫不能飞翔，多在地面或树干枝叶上爬行，逐渐具有飞翔能力后再开始飞行，飞到树丛中取食蚜蚧分泌物、蜜露等，喜栖息在阴凉场所或枝叶茂密的树冠上，取食蚜虫或蚧虫的蜜露以及露水，活动适温为 20～30℃。新羽化的成虫 1 周内不取食，一般 20d 后才飞至果园交配，一般在晴天下午交配，交配后半月才开始产卵。不同种类的柑橘着卵部位不同，在广柑上多产在果脐与果腰间，在红橘上多产于果脐部，在柚子上多产于果蒂部。成虫刺孔产卵，每孔产卵数粒，每头雌虫产卵 50～150 粒。果面的产卵孔多为 1 个，每个产卵孔最多产卵可达 35 粒。成虫多在树的下面部分的果实上产卵，在离地面 20 cm 内的果实上产卵的最多，在 40 cm 以上的果实上产卵较少。

（3）幼虫习性。幼虫 3 龄，均在果内为害。幼虫孵出后即逐渐取食果瓤，一果内幼虫数曾有 81 头的报道。幼虫老熟后随果实落地，脱果入土化蛹，化蛹深度一般为 3～10cm。该虫一般在日照较短的阴山果园发生较重。有少数幼虫留在果实内，且多藏在种子里，酸橙种子内即发现有橘大实蝇的老熟幼虫和蛹。

蛹最适发育温度为 20～25℃、在－5～0℃下存活期为 6～18d，蛹在 30℃以上不羽化，30～35℃下 5～8d 死亡，蛹对土壤的最适含水量要求为 15%～20%。

**5. 传播途径**

主要以幼虫随柑橘类果实的携带、运输远距离传播。越冬蛹也可随带土苗木进行传播。

**6. 检疫方法**

用食物诱饵或性诱剂监测。柑橘类果实进出境时，根据产卵为害状识别虫果，可疑者剖检有无幼虫；有的产卵孔周围乳状突起，中央凹陷，有灰白色木栓化裂纹，有的并无乳状突，仅有 1 微小黑点。疫区果园苗木不外调，防止土壤带蛹传播。

**7. 检疫处理与防治方法**

1）检疫处理

来自疫区的寄主果实，要根据被害状况仔细检查，发现可疑要进行剖检。幼虫可根据前后气门鉴定。为了防止蛹随带土苗木传播，从疫区调出的寄主苗木也要严格检疫。

2）防治方法

（1）冬春翻挖果园树盘，消灭入土虫蛹。及时采摘受害果实和拾起落果，处理方法可参照橘小实蝇。

（2）药剂防治。参照橘小实蝇的方法。

（3）毒饵诱杀。用水解蛋白毒饵（水解蛋白 4 份与马拉硫磷 1 份，加适量水均匀混合）在成虫发生期喷施 2 次，效果很好。

# 五、蜜柑大实蝇

**1. 名称及检疫类别**

别名：蜜橘大实蝇、日本蜜橘大实蝇

学名：*Bactrocera tsuneonis*（Miyake）

异名：*Dacus ferrugineus* Kuwana

　　　*Dacus*（*Tetradacus*）*tsuneonis* Miyake

　　　*Tetradacus tsuneonis* Shiraki

英文名：Japanese orange fly，citrus fruitfly，Japanese citrus fly

分类地位：双翅目 Diptera，实蝇科 Tephritidae

检疫害虫类别：进境植物检疫性害虫，全国农业植物检疫性害虫

**2. 分布与为害**

此虫原产于日本九州。分布日本（九州、奄美大岛、琉球群岛）、越南、中国（台湾、广西、贵州、四川）。

寄主仅限于柑橘类，包括金柑、金橘、酸橙、甜橙、柑、红橘、温州蜜柑和乳橘等。

成虫在寄主果实表面刺圆形或椭圆形针头状小孔产卵，产后不久卵孔变黑褐色小点，小点扩大并木栓化。幼虫取食瓤瓣，致使果实干瘪失水，提早变黄脱落。据报道，日本蜜橘受害严重，日本九州仅大分一个县发生面积就达 1000 万公顷，一般受害率为 40%～50%，严重的达 60% 以上。

据夏忠敏（1998）在贵州 4 个县（市）22 个乡（镇），面积为 6080hm² 的调查，蜜柑大实蝇发生面积为 71.3hm²，全部零星发生。又据遵义地区 680hm² 的调查，蜜柑大实蝇发生面积 10hm²，损失率 0.15%。

**3. 形态特征**

蜜柑大实蝇的形态特征如图 5-5 所示。

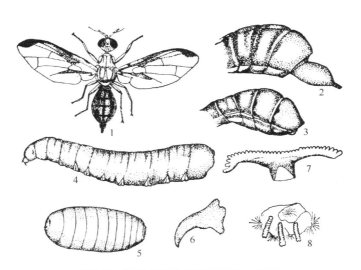

图 5-5　蜜柑大实蝇（深井胜海，1953）

1. 成虫；2. 雌虫腹部；3. 雄虫腹部；4. 幼虫；5. 蛹；6. 三龄幼虫口钩；

7. 三龄幼虫前气门；8. 三龄幼虫后气门

（1）成虫。体长 10.0～12.0mm，体色偏红。头部黄褐色，单眼三角区黑色，颜面斑棱形或长椭圆形，黑色。触角黄褐色，触角芒暗褐色，其基部近黄色，具 1 对上侧额鬃和 2 对下侧额鬃，内、外顶鬃各 1 对。中胸背板红褐色，背面中央有"人"形的褐色纵纹，肩胛和背侧板胛以及中胸侧板条均为黄色；中胸侧板条宽，几乎伸抵肩胛的后缘；侧后缝色条始于中胸缝并终于后翅上鬃之后，呈内弧形弯曲，具中

缝后色条。小盾片黄色。胸部的鬃序如下：小盾端鬃 1 对，无小盾前鬃，后翅上鬃 2 对，前翅上鬃 2 对（有时 1 对，或有时 1 侧 1 根，而另 1 侧 2 根），中侧板鬃缺，背侧鬃 2 对（前、后各 1 对），肩板鬃 2 对（内对常较外对弱小）。翅膜质透明，前缘带宽，与 $R_{4+5}$ 脉汇合，并在翅端 $R_{4+5}$ 脉的下方和 $M_{1+2}$ 脉之间略扩展；此外，在 $R_{2+3}$ 脉与 $R_{4+5}$ 脉之间的暗褐色前缘带上有 1 个空白透明长形条；无臀条。足近红褐色，胫节色较深。腹部黄褐至红褐色，背面具 1 条暗褐色到黑色中纵带，自腹基部延伸到腹部末端或在末端之前终止；第 3 腹节背板前缘有 1 条暗褐色到黑色横带，与上述中纵带相交呈"＋"字形；第 4 和第 5 节背板两侧各有 1 对暗褐色到黑色短带；雌虫第 6 节背板隐于第 5 节的下方，第 7～9 节组成产卵器（第 7 节为基节，形如瓶状，暗褐色；第 8 节为中节，具锉区；第 9 节为产卵管节，端部呈 3 叶状，具端前刚毛 4 对）。产卵器的基节长度约为腹部 1～5 节长之和的 1/2，其后端狭小部分短于第 5 腹节，受精囊细长、螺旋形。雄虫第 3 腹节背板具栉毛，第 5 腹板后缘略凹，阳茎端暗褐色，其上透明的蘑菇状物端半部密生透明小刺。雌虫体长 10.1～12.0mm，雄虫体长 9.9～11.0mm。

（2）卵。长 1.3～1.6mm。白色，椭圆形，略弯曲，一端稍尖，另一端圆钝，上有 2 个小突起。

（3）幼虫。幼虫共 3 龄。1 龄幼虫体长 1.25～3.50mm。口钩小形，长 0.04～0.07mm。前气门尚未发现，后气门很小，由 2 片气门板组成，裂孔马蹄形。气门板周围有气门毛 4 丛。2 龄幼虫体长 3.4～8.0mm。口钩发达，黑色，长 0.16～0.17mm，气门具气门裂 3 个，气门毛 5 丛。3 龄幼虫体长 5.0～15.5mm。口钩发达，黑色，长 0.21～0.38mm，前气门丁字形，外缘呈直线状，略弯曲，有指突 33～35 个。体节 2～4 节前端有小刺带，腹面仅 2、3 节有刺带。后气门具气门裂 3 个，气门毛 5 丛。

（4）蛹。体长 8.0～10.0mm，椭圆形，淡黄色到黄褐色。

近缘种：蜜柑大实蝇与柑橘大实蝇各虫态形态很相似，成虫和幼虫的主要区别见表 5-2 和图 5-6。

表 5-2　蜜柑大实蝇与柑橘大实蝇成虫和幼虫的主要区别

| 虫态 | 蜜柑大实蝇 | 柑橘大实蝇 |
| --- | --- | --- |
| 成虫 | 1. 体型稍小，体色偏红，体长 10.0～12.0mm<br>2. 颜斑长椭圆形，未充满触角沟端部内侧<br>3. 肩板鬃 2 对（中间的 1 对较小），前翅上鬃 1 对，胸鬃共 8 对<br>4. 产卵管基节长度为腹部长的一半<br>5. 雄虫腹节 3 两侧有栉毛 7、8 根 | 1. 体型稍大，体长 12.0～14.0mm<br>2. 颜斑近圆形，充满触角沟端部内侧<br>3. 肩板鬃 1 对，无前翅上鬃，胸鬃共 6 对<br>4. 产卵管基节长度等于腹部长度<br>5. 雄虫腹节 3 两侧有栉毛 8～10 根 |
| 幼虫 | 1. 背面第 2～4 节前端有 1 小刺带<br>2. 腹面 2、3 节有小刺带 | 1. 背面仅 2、3 节有小刺带<br>2. 腹面仅第 2 节有小刺带 |

资料来源：商鸿生，1997

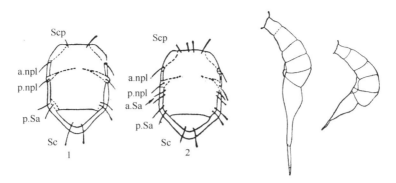

图 5-6　柑橘大实蝇与蜜柑大实蝇成虫特征比较（陈世骧等，1955）

1. 柑橘大实蝇胸部背面（示鬃序）；2. 蜜柑大实蝇胸部背面（示鬃序）；3. 柑橘大实蝇腹部侧面

（示产卵管长度）；4. 蜜柑大实蝇腹部侧面（示产卵管长度）

Scp. 肩板鬃；a. Sa. 前翅上鬃；p. Sa. 后翅上鬃；a. npl. 前背侧鬃；p. npl. 后背侧鬃；Sc. 小盾鬃

**4. 生物学特性**

（1）世代及越冬。每年发生 1 代，蜜柑大实蝇在日本九州以蛹在土壤中越冬，个别的也能在被害果中越冬。

（2）发生及成虫习性。在日本九州，幼虫 10 月上旬脱果入土 3～6cm 化蛹，10 月下旬至 12 月中旬为化蛹盛期，蛹期很长，在贮藏库内平均 241d。成虫 6 月上旬开始羽化，我国广西发生情况与日本相似，只是成虫羽化较早，一般 4 月中下旬开始，盛期为 5 月上中旬。成虫羽化集中于雨后晴天，9～13 时羽化的占 90％以上，一直可拖延至 8 月初。成虫栖息于叶背，取食花蜜和水滴，产卵多集中于果实腰部。成虫刺孔产卵于果皮下或果瓤里，被产卵的果实，着卵处有褐色周缘。一般果皮较薄，产卵量较多，通常 1 孔 1 粒，少数可达 6 粒不等，每头雌虫的产卵数可达 30～40 粒，卵期 20～30d。成虫寿命一般 40～50d。

（3）幼虫习性。幼虫为害柑橘果实，蛀食果肉，有时也侵害种子。当幼虫发育到 3 龄期时，被害果实的大部分已遭破坏，严重受害的果实，通常在收获前则出现落果而导致减产。幼虫有时也食害种仁，但果实一般不腐烂，最多使瓤瓣变白干缩，每果有虫 1、2 头，最多 6 头，幼虫脱果后 1～3d 化蛹，化蛹

为了防止蜜柑大实蝇随寄主植物传入我国，在进境植物检疫时，需正确掌握蜜柑大实蝇的检疫鉴定方法，为此，我国国家认证认可监督委员会于 2004 年 6 月提出了蜜柑大实蝇检疫鉴定方法中华人民共和国出入境检验检疫行业标准（SN/T1384—2004），并由国家质量监督检验检疫总局发布，从当年 12 月 1 日起实施。因此，在开展蜜柑大实蝇检疫鉴定时，请参照这一标准执行。

率很高。缺少阳光，荫蔽度大的橘园发生重，果实被害率可达 49.2％；反之则轻，果实被害率一般只有 0.3％～4.7％。幼虫食害瓤瓣，早期侵入果实的为害重。幼虫 3 龄，幼虫期 40～60d。3 龄幼虫有弹跳的习性，老熟幼虫随被害果落地入土化蛹，蛹期 200d 以上。土中蛹的密度与地势和土质有关，在平地橘园，蛹集中于树冠投影范围内，树冠范围以外的稀少，坡地橘园以坡的下方为多，疏松土壤蛹的密度大。

**5. 传播途径**

主要以幼虫随被害果，有时也能随被害的种子，从一地传到另一地。卵也可随果实传播。蛹则可随果实的包装物或结果寄主树木所附土壤传播。

**6. 检疫方法**

对从疫区输入的柑橘果实及其包装箱或其他容器进行严格的检疫，首先从外表观察果实是否有此虫感染，然后剖果检查是否有幼虫或卵存在，检查包装的碎屑物中是否有蛹存在。由于越冬蛹有随带土的植株转运他处的可能性，因此在清除所附土壤的过程中，要注意检查是否有蛹蜕。

**7. 检疫处理与防治方法**

严格施行检疫。参照柑橘大实蝇的方法进行检疫处理。

日本采用吐酒石（tartar emetie）诱饵（配料为：吐酒石 8g，白糖 40g，水 1.8L 均匀混合，用在 2.59km² 面积上），防虫效果很好，不污染环境，可保护天敌。

# 六、墨西哥按实蝇

**1. 名称及检疫类别**

学名：*Anastrepha ludens*（Loew）

异名：*Acrotoxa ludens* Loew

*Trypeta ludens*（Loew）

英文名：Mexican fruit fly，Mexican orange worm，Mexican orange maggot

分类地位：双翅目 Diptera，实蝇科 Tephritidae

检疫害虫类别：进境植物检疫性害虫

**2. 分布与为害**

分布于美国（得克萨斯、亚利桑那、加利福尼亚）、墨西哥、危地马拉、萨尔瓦多、哥斯达黎加、洪都拉斯、贝利兹。

墨西哥按实蝇为柑橘、芒果和桃的害虫。为害的寄主有柚、甜橙、柑橘、葡萄柚、枸橼、芒果、南美番荔枝、番荔枝、牛心果、榅桲、石榴、苹果、桃、无花果、番木瓜、柿、枇杷、鸡蛋果、鳄梨、杏、番石榴、洋梨、西班牙李、蒲桃、番茄、辣椒、香肉果、黄梨木、南瓜、胡桃、量天尺、南美稔、树番茄、芭蕉、槟榔青、仙人掌、西番莲、樱桃、桃榄、得克萨斯柿等。

产卵于果皮下，其产卵刻点在成熟果子上常消失，有时可见流出的汁液或褪色斑。幼虫取食果肉，偶尔也取食未成熟种子。危地马拉低地墨西哥按实蝇可使橙子损失 70%～80%。

**3. 形态特征**

墨西哥按实蝇的形态特征如图 5-7 所示。

（1）成虫。虫体中型，黄褐色。中胸背板长 2.8～3.6mm，无暗色斑，具 3 条黄色纵条纹。肩胛及后端变宽的细长中带以及小盾片淡黄色；通常在盾间缝中间部位有 1 个模糊的褐色斑点；中胸背板橙色；后胸背板黄褐色，后小盾片两侧黑色，通常后胸背板两侧也是黑色。胸鬃黑褐色，毛被黄褐色，有腹侧鬃，有时很纤细。翅长 6.6～9.0mm，色带浅黄褐色；前缘带和"S"带相汇于 $R_{4+5}$ 脉上或相隔很近；"V"带与

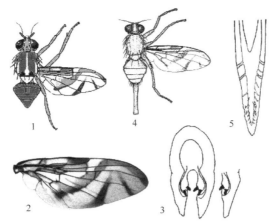

图 5-7 墨西哥按实蝇 （Carrol et al.，2002）

1. 雄成虫背面观；2. 雄成虫右翅；3. 雄虫抱器；4. 雌成虫背面观；
5. 雌成虫产卵管的针突末端

"S"带分离或狭窄相连，"V"带前端颜色通常很浅。雌虫腹末端产卵器鞘长3.4～4.7mm，渐尖至端1/3，端1/3略为宽扁；气门距基0.85～1.35mm。锉器上有5～7排中等大小的钩状物，产卵器长3.3～4.7mm，中等粗，梢部较长、渐尖，端半部分有少量圆齿。雄虫背针中等长，略粗，端尖，抱器长约0.37mm，基部粗，端部扁平。

（2）幼虫。3龄幼虫长5.8～11.1mm。白色，口脊（颊缝）11～17条（其他两种按实蝇通常为8或9条），前气门有排列不规则指突12～21个。胸节和腹节有背刺。在后气门上下的尾部吐丝突排列成2排而不是1排。后气门第1和第4突丛有枝7～13条，端梢15～18条。臀板二分式。

**4. 生物学特性**

每年1～12代，无滞育现象。成虫可活数月，条件允许可连续发育，也可以成虫越冬。经10个月不活动期后仍能产卵。成虫羽化后取食汁液，每头雌虫可产卵数百粒。幼虫在果实内为害10d至6个星期，老熟后脱果在土中化蛹。发育起点温度9.7℃。20℃时蛹期32d，22℃时21d。

**5. 传播途径**

以卵和幼虫随被害果携带及运输传播。

**6. 检疫方法**

观察水果有无被害状，剖果找虫。将幼虫等饲养为成虫以备鉴定。

**7. 检疫处理与防治方法**

1）检疫处理

芒果和柚可用氯溴乙烷熏蒸，20.5～23.3℃情况下，柚7～17g/m³，芒果8.3～17g/m³。芒果也可用蒸气热处理，开始8h自室温升至43.3℃，再保持4～6h，可达99.99％的死亡率。冷处理0.6℃以下18d，1.1℃以下20 d，1.7℃以下22d。

2）防治方法

化学防治药剂有阿维菌素（avermectin B₁）等。

# 七、西印度按实蝇

## 1. 名称及检疫类别
学名：*Anastrepha obliqua*（Macquart）

异名：*Acrotoxa obliqua*（Macquart）

*Anastrepha fraterculus* var. *mombinpraeoptans* Seín

*A. mombinpraeoptans* Sein

*A. trinidadensis* Greene

*Tephritis obliqua* Macquart

*Trypeta obliqua*（Macquart）

英文名：west Indian fruit fly，antillean fruit fly

分类地位：双翅目 Diptera，实蝇科 Tephritidae

检疫害虫类别：进境植物检疫性害虫

## 2. 分布与为害
分布于美国（得克萨斯、佛罗里达）、百慕大、墨西哥、危地马拉、伯利兹、萨尔瓦多、洪都拉斯、哥斯达黎加、巴拿马、古巴、牙买加、海地、西印度及邻近群岛（巴哈马、百慕大、多米尼加共和国、波多黎各、瓜德罗普岛、多米尼加联邦、马提尼克岛、特立尼达和多巴哥）、哥伦比亚、委内瑞拉、厄瓜多尔、秘鲁、巴西、阿根廷、圣卢西、尼维斯。

寄主植物有扁桃、番荔枝、南美番荔枝、牛心果、洋桃、番木瓜、柚、葡萄柚、甜橙、酸橙、柿、枇杷、苏里南樱桃、无花果、日本金橘、苹果、山楂、芒果、大果西番莲、杏、桃、李、番石榴、石榴、洋梨、蒲桃、猪李、加耶檬果、葡萄、腰果、小果、咖啡、红果仔、黄果木、菜豆、槟榔青、黄花夹竹桃、海檀木等。

幼虫孵出后直接在果实内取食，毁坏果肉，甚至造成腐烂或落果。

## 3. 形态特征
西印度按实蝇的形态特征如图 5-8 所示。

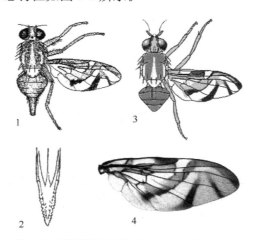

图 5-8　西印度按实蝇（Carrol et al.，2002）

1. 雌成虫背面观；2. 雌成虫产卵管之针突末端；3. 雄成虫背面观；4. 雄成虫翅面

（1）成虫。虫体中型，黄褐色。中胸背板长 2.6～3.3mm，橘黄色，具 3 黄色条，中纵条在中胸背板前缘伸抵小盾前鬃；小盾片黄色；后小盾片为橙色；中背片侧色常暗。侧板黄褐色，位于背侧片下方伸至翅基的一带和后胸侧板色较浅。后胸背板橘黄色，两侧通常稍黑。胸鬃黑褐色，毛被主要为黑褐色，仅胸中带毛被淡黄色。翅长 5.7～7.5mm，色带黄褐色，前缘带和"S"带相汇于 $R_{4+5}$ 脉上，$R_{4+5}$ 脉几乎直；"V"带完整，但"V"带的顶端有时略分离，此带通常与"S"带相连，且相连较宽阔。雌虫腹末端产卵器鞘长 1.6～1.9mm，宽 0.12～0.14 mm；产卵器长 1.4～1.7mm，中等粗，基部明显加宽，梢部很短，渐尖，端 2/3 或更长的边上有锐齿。雄背针突细长；抱器长约 0.35mm，基粗端扁平，末端圆；齿在偏基的中间部位。

（2）幼虫。3 龄幼虫长 7.5～9.0mm。口脊 7～10 条，脊短，沿后缘有不规则的齿。前气门指突 9～16 个。腹节无背刺，后气门第 1 和第 4 突丛平均有枝 14～17 条；端梢 24～37 条。后气门上下的尾部吐丝突排列成 1 排。臀板整式，突起，有明显的龟裂纹，无沟。

西印度按实蝇和南美按实蝇两种很难区分，标本应由专家鉴定。

**4. 生物学特性**

每年 6～7 代。无滞育现象。卵单产，且一般产于成熟的绿色果子中。芒果有些品种果实很小时也会被害。幼虫夏季 10～13d，冬季稍长，蛹期与幼虫期相当。

**5. 传播途径**

以卵和幼虫随被害果携带及调运传播。

**6. 检疫方法**

剖果寻找幼虫，饲养为成虫以备鉴定。

**7. 检疫处理与防治方法**

46℃热水处理卵和幼虫 1.1h，其死亡率可达 99.99％。

# 八、南美按实蝇

**1. 名称及检疫类别**

学名：*Anastrepha fraterculus*（Wiedemann）

异名：*Acrotoxa fraterculus*（Wiedemann）

*Anastrepha braziliensis*（Wiedemann）

*A. peruviana* Townsend

*A. soluta* Bezzi

*Anthomyia frutalis* Weyenburgh

*Dacus fraterculus* Wiedemann

*Tephritis mellea* Walker

*Trepeta argus* Walker

*T. fraterculus*（Wiedemann）

*T. unicolor* Loew

英文名：south American fruit fly

分类地位：双翅目 Diptera，实蝇科 Tephritidae

检疫害虫类别：进境植物检疫性害虫

**2. 分布与为害**

分布于伯利兹、美国（得克萨斯）、墨西哥、危地马拉、巴拿马、特立尼达和多巴哥、西印度群岛、哥伦比亚、委内瑞拉、圭亚那、苏里南、厄瓜多尔、秘鲁、巴西、玻利维亚、智利、阿根廷、乌拉圭。

寄主植物有安第斯山核桃、安第斯浆果、人心果、柑橘类、楹梓、枇杷、山香圆、芒果、番樱桃、桃、番石榴、安石榴、洋梨、葡萄、咖啡、可可、红果仔、南美稔、金虎尾、叶下珠、桃榄、悬钩子、猪李、洋桃、柿、无花果、南美磐荔枝、英格利核桃、费约果、日本金橘、草莓、苹果、山楂、鸡蛋果、鳄梨、杏、李、石榴、蒲桃、锡兰莓、鹅莓、番茄、茄、海檀木、槟榔青等，需要确证的寄主有香橼 *Citrus medica* 和李 *Prunas domestica*。

幼虫孵出后通常取食果肉，但也偶尔取食未成熟种子。果表皮产卵刻点常消失，有时能见到汁液和褪色斑。在南美许多地区是栽培果树的重要害虫。墨西哥类型不为害柑橘类。

**3. 形态特征**

南美按实蝇的形态特征如图 5-9 所示。

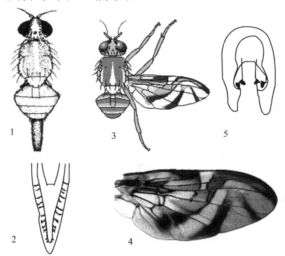

图 5-9 南美按实蝇

1. 雌成虫头、胸、腹背面观；2. 雌成虫产卵管的针突末端；3. 雄成虫背面观；

4. 雄虫右翅面；5. 雄虫抱器

（1. 汪兴鉴，1997；2～4. Carrol et al.，2002）

（1）成虫。虫体小型，长约 12.0mm（不包括产卵器），黄褐色。中胸背板长 2.75～3.30mm，黄褐色，无暗褐色斑，具 3 黄色条，中纵条在中胸背板后半部逐渐变宽。小盾片黄色。侧板黄色或黄褐色。后胸背板和后小盾片两侧黑色。胸鬃黄褐色至黑色；毛被黄褐色。腹侧鬃纤细。翅长 4.4～7.2mm，色带橘黄色或褐色。前缘带与"S"带相接，"V"带顶部完整，与"S"带相连接，但翅的斑纹偶有变异（如有的前缘带与"S"带不连；墨西哥类型"V"带与"S"带相连）；$R_{4+5}$ 脉几乎直，M 脉端部略弯。雌虫腹末端产卵器鞘长 1.65～2.10mm，粗端部渐细；锉器上有 4～5 排钩状物；产卵器长 1.6～1.8mm，较粗，基部加宽，其梢部长 0.25～0.27mm，有齿部分之前缢缩，齿钝圆，着生于产卵器末端一半左右长度上。雄腹背针突细长，抱器长约 0.35mm，基部中等粗大，端部明显扁平，较窄、钝；齿位于偏基的中间部位。

（2）幼虫。3 龄幼虫长 8.0～9.5mm。口脊 7～10 条，脊列短，沿后缘有不规则的齿。前气门指突 14～18 个。腹节无背刺；后气门裂缘高度骨化且暗褐色，约 3 倍长于宽，第 1 和第 4 突丛平均有枝 11 条以上；后气门上下的尾部吐丝突排列成 1 排。臀板整式或二分式。

**4. 生物学特性**

每年 6～7 代。世代数随季节而有变化，无滞育现象。在秘鲁，一般每头雌虫一次产卵 1 粒，每果可产卵达 50 粒，数量与果子的成熟度和品种有关。成虫可存活约 1 个月。卵期夏季 3d，冬季 6d；幼虫夏季 15～20d，冬季 20～25d；蛹期有时可达 12～18 个月。老熟幼虫土中化蛹。南美按实蝇各虫态发育的适宜温度为 15～30℃。当温度达到 35℃时，各虫态均不能完成发育。卵的发育起点温度为 9.2℃，所需有效积温为 52.2℃·d；幼虫发育起点温度和有效积温分别是 10.3℃和 161.4℃·d；蛹的发育起点温度和有效积温分别是 10.8℃和 227.7℃·d；整个生命周期发育起点温度为 10.8℃，有效积温为 430.6℃·d。南美按实蝇在 25℃下的产卵前期为 7d，平均每头雌虫产卵量为 408 粒。当温度为 20℃和 30℃时，平均产卵量均有所下降。南美按实蝇最适发育的相对湿度为 60%～80%。蛹在 17.9% 的土壤含水条件下羽化率最高。

**5. 传播途径**

以卵和幼虫随被害果传播。2003 年 4 月，上海口岸从韩国入境航班的旅客携带的新鲜柿子中截获多头南美按实蝇，可能是旅客携带水果由韩国转机而带入的。

**6. 检疫方法**

用诱捕器诱捕监测。应仔细检查来自疫区的水果有无被害状，剖果寻找幼虫。将幼虫饲养为成虫以备鉴定。

**7. 检疫处理与防治方法**

被害果可深埋至 46cm 以下土内。冷冻处理，在 0℃和 72%～88% 相对湿度条件下，卵经 4d、幼虫 7d、蛹 8d、成虫 3d，死亡率可达 100%。46℃热水处理芒果中的幼虫 1.2h，死亡率可达 99.99%。二溴乙烷处理芒果，21℃时，药剂用量 16g/m³，处理时间为 2h。

# 九、加勒比按实蝇

**1. 名称及检疫类别**

学名：*Anastrepha suspensa*（Loew）

异名：*Acrotoxa suspensa*（Loew）

　　　*Anastrepha longimacula* Greene

　　　*A. unipuncta* Sein

　　　*Trypeta suspensa* Loew

英文名：Caribbean fruit fly，Greater antillean fruit fly

分类地位：双翅目 Diptera，实蝇科 Tephritidae

检疫害虫类别：进境植物检疫性害虫

**2. 分布与为害**

分布于美国（佛罗里达州南部）、墨西哥、古巴、牙买加、海地、多米尼加共和国、伊斯帕尼奥拉岛、大安的列斯群岛、波多黎各、巴哈马群岛、海地。

寄主植物有番石榴、苏里南樱桃、桃、蒲桃、番荔枝、牛心果、洋桃、番木瓜、九里香、柠檬、莱檬、葡萄柚、柚、枸橼、柑橘、甜橙、黄皮、海葡萄、柿、锡兰莓、枇杷、巴西番樱桃、无花果、金橘、月橘、荔枝、苹果、芒果、鳄梨、杏、油桃、石榴、洋梨、沙梨、海枣、椰枣、猪李、西班牙李、牙买加樱桃、多香果、辣椒、番茄、苦瓜、文定果、重阳木、香肉果、刺篱木、藤黄、槟榔青等。

幼虫仅为害成熟或过熟果实，毁坏果肉，影响品质。

**3. 形态特征**

加勒比按实蝇的形态特征如图 5-10 所示。

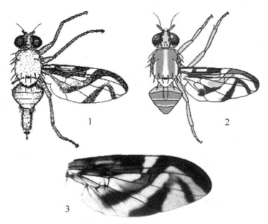

图 5-10　加勒比按实蝇（Carrol et al.，2002）
1. 雌成虫背面观；2. 雄成虫背面观；3. 雌成虫右翅

（1）成虫。小型，黄褐色。中胸背板长 2.28～2.86mm，黄褐色。中胸背板无暗褐色斑，但在背板与小盾片之间缝上有一明显的黑色斑横跨。肩胛及后端加宽的中带、自横缝至小盾片的侧带和小盾片色较浅；侧板黄褐色，背侧片下方的带和后胸侧板的大部分颜色较浅；后胸背板整个黄褐色或两侧变黑，前面的黑色区域最宽。胸鬃黑褐色至黑色；毛被黄褐色。腹侧鬃通常发达。翅长 4.9～6.7mm，色带黄褐色至褐色；"S"形带发达，前缘带和"S"带在 $R_{4+5}$ 脉处相连或相隔很近；"V"带完整，与"S"带分离。一些雄虫 m 室略带棕色。雌虫腹末端产卵器鞘长 1.6～1.9mm，粗，端渐尖。锉器短钩 5、6 排。产卵器长 1.45～1.60mm，粗，基宽，输卵管以外的梢部略为缢缩，齿圆，着生于梢部的端 2/3 部分。雄抱器长约 0.3mm，基中等粗，端扁平，窄，但末端圆；齿大致在中间部位。

（2）幼虫。3 龄幼虫长 7.5～9.0mm。口脊具 8～11 条钝圆的齿列，齿列短且间距宽。前气门指突 9～14 个。胸部第 3 节有背刺，腹节无。后气门裂长约 3 倍于宽，有高度骨化、暗褐色的缘，第 1 和第 4 突丛平均有枝 7 条以上，端梢 15 条以上，臀板整式。

**4. 生物学特性**

卵单产，2～3d 后孵出，幼虫取食期 10～14d，与蛹期相当。卵低于 12℃不孵化，成虫低于这个温度不羽化。在冬季则各虫态历期延长，无滞育现象。

**5. 传播途径**

以卵和幼虫随被害果携带、调运传播。

**6. 检疫方法**

剖果寻找幼虫，并饲养为成虫以备鉴定。

**7. 检疫处理与防治方法**

1）检疫处理

溴甲烷处理受害葡萄柚，在 21～24℃情况下，40g/m³ 处理 2h，然后 15.6℃放置 21d；或 32g/m³ 处理 2h，然后 10℃放置 21d；或 24g/m³ 2h，然后 7.2℃下 21d；或 32g/m³ 2h，然后 7.2℃下 17d，杀虫效果达 100%。受害芒果 51.67℃热空气处理 90min，幼虫 100%死亡；43.3～43.7℃蒸气热处理 4 h，幼虫死亡率 99.9%。46.1～46.7℃热水处理受害芒果 44.3min，杀虫效果 99.99%。经 γ 射线处理被害柚，接着 1.1℃下冷藏 5 d，杀虫效果为 99.99%。

2）防治方法

清洁果园，将落果深埋；释放寄生物；药剂喷雾，如乐果和倍硫磷等。

# 十、葫芦寡鬃实蝇

**1. 名称及检疫类别**

学名：*Dacus bivittatus*（Bigot）

异名：*Leptoxys bivittatus* Bigot

  *D. pectoralis* Walker

  *D. armatus* var. *hulstaerti* Collart

  *D. cucumarius* Sack

  *D. bipartitus* Graham

  *D. rubiginosus* Hendel

  *Tridacus pectoralis*（Walker）

英文名：pumpkin fly, greater pumpkin fly, two spotted pumpkin fly

分类地位：双翅目 Diptera，实蝇科 Tephritidae

检疫害虫类别：进境植物检疫性害虫

**2. 分布与为害**

限于非洲，如塞内加尔、塞拉利昂、尼日利亚、喀麦隆、肯尼亚、乌干达、坦桑尼亚、扎伊尔、马拉维、莫桑比克、津巴布韦、南非。此外，撒哈拉以南的其他所有国家均可能有分布。

寄主植物有葫芦、西葫芦、黄瓜、苦瓜、丝瓜、笋瓜、南瓜、佛手瓜、甜瓜、非洲角瓜、番木瓜、西番莲、番茄、咖啡及多种野生葫芦科植物。

本种原产于非洲热带地区，是葫芦科植物的害虫。在热带雨林区，对瓜类蔬菜的危害尤为严重。成虫产卵于瓜果中。幼虫潜居果实内食害直至发育成熟。

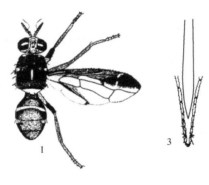

图 5-11　葫芦寡鬃实蝇

1. 雄成虫背面观；2. 雄成虫右翅；

3. 雌成虫产卵器末端

（1、3. White，1992；

2. Carrol et al.，2002）

### 3. 形态特征

葫芦寡鬃实蝇的形态特征如图 5-11 所示。

成虫的中颜板具 1 对黑色斑点。中胸盾片棕黄色至红褐色，横缝后具 3 个黄色纵条，居中的一条呈梭形，两侧的 1 对极其狭窄，自前向后逐渐细尖，其后端达前翅上鬃之后水平。肩胛前端 1/4 和背侧胛为黄色；肩胛后部 3/4 呈深棕黄色或红褐色。小盾片黄色，基部有一红褐色狭带。足大部棕黄色至红褐色，腿节基部及第 1 分跗节为黄色。上侧额鬃 1 对，下侧额鬃 2 对；肩板鬃、背侧鬃和后翅上鬃各 2 对；中侧鬃、前翅上鬃和小盾鬃各 1 对，小盾前鬃缺如。翅前缘带极其宽阔，褐色，其基半段达 $R_{4+5}$ 脉，端半段扩至 $r_5$ 室的上半部；r-m 横脉上罩盖一褐色短带；臀条褐色，伸至后缘。腹部完全为黄褐色至红褐色，雄虫第 3 背板具栉毛；雌虫产卵管的针突长 2.5～2.9mm，末端尖锐，具亚端毛 3 对。

### 4. 生物学特性

引诱酮对该虫雄成虫具引诱作用。

### 5. 传播途径

以卵和幼虫随寄主果实携带及运输传播。

### 6. 检疫方法

对来自害虫发生区的葫芦科、茄科及西番莲属等蔬菜进行严格的检验。采用引诱酮（Cue lure）诱集。

### 7. 检疫处理与防治方法

检疫处理可参考其他实蝇。在害虫发生季节，瓜菜园内采取灭雄或水解蛋白毒饵喷雾技术进行虫害的防治。

## 十一、埃塞俄比亚寡鬃实蝇

### 1. 名称及检疫类别

学名：*Dacus ciliatus* Loew

异名：*D. ciliatus*（Loew）

　　　*D. appoxanthus* var. *decolor* Bezzi

　　　*D. brevistylus* Bezzi

　　　*D. insistens* Curran

　　　*D. sigmoides* Coquillett

　　　*Leptoxyda ciliatus*（Loew）

　　　*Tridacus mallyi* Munro

英文名：Ethiopian fruit fly，lesser pumpkin fly，cucurbit fly

分类地位：双翅目 Diptera，实蝇科 Tephritidae

检疫害虫类别：进境植物检疫性害虫

**2. 分布与为害**

埃塞俄比亚寡鬃实蝇原产于非洲热带或亚热带地区，最早发现于埃塞俄比亚的厄立特里亚。现分布国家有孟加拉国、印度、斯里兰卡、巴基斯坦、伊朗、沙特阿拉伯、也门、埃及、塞内加尔、几内亚、塞拉利昂、加纳、贝宁、尼日利亚、喀麦隆、乍得、苏丹、埃塞俄比亚、索马里、肯尼亚、乌干达、坦桑尼亚、扎伊尔、安哥拉、赞比亚、莫桑比克、莱索托、马达加斯加、毛里求斯、留尼旺、津巴布韦、博茨瓦纳、纳米比亚、南非。

为害多种瓜类和蔬菜作物。寄主植物有甜瓜、南瓜、黄瓜、苦瓜、西葫芦、西瓜、葫芦、棱角丝瓜、瓜叶栝楼、越瓜 *Cucumis melo*、佛手瓜、辣椒、番茄、菜豆、咖啡、黄葵、非洲角黄瓜、胶苦瓜、蛇瓜及多种野生葫芦科植物。成虫产卵于寄主果实中，幼虫潜居果内食害。

**3. 形态特征**

埃塞俄比亚寡鬃实蝇的形态特征如图 5-12 所示。

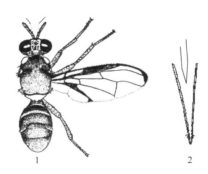

图 5-12　埃塞俄比亚寡鬃实蝇（White，1992）
1. 雄成虫；2. 雌成虫产卵器末端

（1）成虫。体长 6.0～7.0 mm、翅长 4.4～6.0mm。中颜板具黑色斑点 1 对。中胸盾片全部黄褐色或棕黄色，缝后无黄色纵条。肩胛、背侧胛黄色。小盾片黄色，基部有一条深棕黄色狭带。足黄色。头、胸鬃均较弱短；上侧额鬃 1 对，下侧额鬃 2 对；肩板鬃、背侧鬃和后翅上鬃各 2 对；中侧鬃、小盾鬃各 1 对；前翅上鬃和小盾前鬃均缺如。翅斑褐色；前缘带在 $r_1$ 室内骤然变窄，并于翅端部明显变宽；臀条较狭窄，伸至后缘；$A_1+CuA_2$ 脉段周围被微刺。腹部全部黄褐色或棕黄色；雄虫第 3 背板具栉毛；雌虫产卵管的针突细而尖，长约 1.5～1.6mm，具 3 对亚端刚毛，彼此大小相似。

（2）幼虫。3 龄体长 9.0～10.5mm。蛆形，口脊 12 或 13 条。前气门指状突 14～16 个。后气门裂长约 3.5～4.0 倍于宽；气门毛每边 4 丛，每丛 4～19 根，其长度不足后气门裂的 1/2，部分毛于端部分枝。肛叶 1 对，较小。

**4. 生物学特性**

在印度南部的热带及暖亚热带气候条件下，每年发生 6 代，成虫全年可以活动，而北部温带区每年发生的代数相应减少。以蛹越冬。翌年 4 月成虫开始羽化，羽化时间集中在上午。产卵前期约 4d；9～10 月份，卵期 2～4d，每个产卵孔内有卵 3～8 粒；幼虫期 4～6d；蛹期 6～8d，但在冬季蛹期将延长。本种老熟幼虫的化蛹习性与瓜实蝇 *Bactrocera*（*Zeugodacus*）*cucurbitae* 不同，多数幼虫留在寄主果实内化蛹，仅部分脱果入土表下 3～5cm 深处化蛹。引诱酮对该雄成虫无引诱作用，其他引诱剂如甲基丁香酚或甲基-4-羟基苯甲酸酯等，也均无诱集效果。

**5. 传播途径**

卵、幼虫和蛹均可随寄主果实携带、调运传播。

**6. 检疫方法**

对来自害虫发生区的葫芦科、茄科和豆科植物实施严格的检疫措施。

**7. 检疫处理与防治方法**

禁止从疫区输入未经产地检疫或灭虫处理的葫芦科植物的果实。在害虫盛发季节，菜园内喷洒水解蛋白毒饵诱杀成虫。及时清除虫、落果及菜园附近的野生葫芦科寄主，对于抑制虫害的发生和提高防治效果，可以起到一定的作用。

# 十二、西瓜寡鬃实蝇

**1. 名称及检疫类别**

学名：*Dacus vertebratus* Bezzi

异名：*D. vertebratus* var. *marginalis* Bezzi

　　　*D. marginalis* Bezzi

　　　*D. vertebratus*（Bezzi）

　　　*D. mimeticus* Collart

英文名：jointed pumpkin fly，melon fly

分类地位：双翅目 Diptera，实蝇科 Tephritidae

检疫害虫类别：进境植物检疫性害虫

**2. 分布与为害**

此虫原产于非洲热带或温暖的亚热带地区。现分布国家有沙特阿拉伯、也门、塞内加尔、冈比亚、利比里亚、加纳、尼日利亚、埃塞俄比亚、肯尼亚、坦桑尼亚、安哥拉、赞比亚、马拉维、马达加斯加、津巴布韦、博茨瓦纳、纳米比亚、南非。

该虫的寄主植物有葫芦类作物、西瓜、甜瓜、黄瓜、南瓜、西番莲及多种野生葫芦科植物，尤其对西瓜的为害最烈。成虫产卵于寄主的果实中，幼虫潜居果内食害。

**3. 形态特征**

西瓜寡鬃实蝇的形态特征如图 5-13 所示。

（1）成虫。体长 7.5～8.5 mm，翅长 4.8～5.5mm。中颜板黄色，具黑色斑点 1 对。中胸盾片几乎全部黄褐色，缝后无黄色纵条。肩胛、背侧胛、横缝前每侧的 1 个小斑和小盾片全为黄色。足黄色，腿节端部和胫节呈深棕黄色。头、胸鬃均较弱短，其鬃序与埃塞俄比亚寡鬃实蝇 *Dacus*（*Didacus*）*ciliatus* 相同，上侧额鬃 1 对；下侧额鬃 2 对；小盾鬃 1 对；前翅上鬃和小盾前鬃均缺如。翅斑褐色，前缘带狭短，其末端略加宽，终止于翅尖之前；臀条狭窄，$A_1 + CuA_2$ 脉段周围被微刺；基前缘室和前缘室完全透明，二者的长度之和接近翅长之半。腹部黄褐色，第 3～5 背板的中央一般具深棕黄色至淡褐色狭纵条，两侧部色泽较深。雄虫第 3 背板具栉毛；雌虫产卵管的针突长

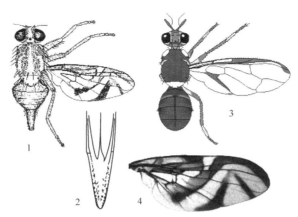

图 5-13　西瓜寡鬃实蝇 （Carrol et al.，2002）
1. 雌成虫；2. 雌成虫产卵管的针突末端；3. 雄成虫；4. 雄成虫右翅

1.7～1.8mm，末端细尖，具亚端刚毛 3 对。

（2）幼虫。蛆形，3 龄体长 11.0～12.5mm。口脊 13～16 条。第 1～3 胸节的前部具小微刺带。前气门指状突 17～19 个。后气门裂长约 4 倍于宽；气门毛短，其长度不足后裂的 1/2，部分毛于端部分枝，每边各 4 丛，每丛 4～18 根。肛叶 1 对，隆突。

本种与非洲葫芦实蝇 *D. frontalis* Becker 近似，但本种各足腿节基部一半为黄色。

**4. 生物学特性**

专性引诱剂（如甲基-4-羟基苯甲酸酯或乙基-4-羟基苯甲酸酯）对本雄成虫有引诱作用；其他引诱剂则无诱集效果。

**5. 传播途径**

以卵和幼虫随寄主果实传播。

**6. 检疫方法**

切实做好瓜类入境前的检验工作。利用专一性引诱剂（Vertlure）监测。

**7. 检疫处理与防治方法**

禁止从疫区进口未经产地检疫或灭虫处理的葫芦科果实。在害虫发生季节，菜园内采取水解蛋白毒饵喷雾或使用专性引诱剂诱杀成虫的方法进行防除。及时清除园内虫、落果以及周围的野生葫芦科寄主，以减少害虫发生数量，提高防治效果。

# 十三、昆士兰果实蝇

**1. 名称及检疫类别**

学名：*Bactrocera tryoni* （Froggatt）

异名：*Chaetodacus tryoni* （Froggatt）

　　　*Dacus ferrugineus tryoni* （Froggatt）

　　　*Dacus tryoni* （Froggatt）

　　　*Strumeta tryoni* （Froggatt）

　　　*Tephritis tryoni* （Froggatt）

英文名：Queensland fruit fly

分类地位：双翅目 Diptera，实蝇科 Tephritidae

检疫害虫类别：进境植物检疫性害虫

## 2. 分布与为害

分布于澳大利亚（昆士兰东北部、新南威尔士东部、维多利亚的最东端）。

在栽培和野生植物（25 科植物）中的寄主植物范围很广，主要有苹果、杏、咖啡、鳄梨、黑桑、洋桃、腰果、无花果、番石榴、番荔枝、葡萄柚、袋鼠茄 *Solanum laciniatum*、芒果、李、木瓜、油桃、辣椒、番茄和枇杷等。实际上所有果树和灌木性果树都是其潜在的寄主。

成虫产卵于寄主的果实中，幼虫潜居果内食害。

## 3. 形态特征

昆士兰实蝇的形态特征如图 5-14 所示。

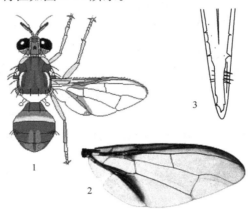

图 5-14　昆士兰实蝇

1. 雄成虫；2. 雄成虫右翅；3. 雌成虫产卵器末端

(1，2.Carrol et al.，2002；3.White，1992)

成虫的面部在每一触角中有一黑斑；盾片侧面具黄色斑纹，盾片和腹部主要是红棕色；后胸背板突叶、背侧板和侧刚毛黄色。小盾片全为灰色，偶尔有 1 条窄的黑线横跨基部。后前胸背板突叶黄色，与侧刚毛的颜色一样。翅缘边从翅基部到翅端部有 1 条明显的色带；色带窄，通常不延伸到 $R_{2+3}$ 脉的下面；叉脉 r-m 和 dm-cu 上无斑纹。腹部第 2～5 腹背板的颜色从主要是红棕色并带有 1 个"T"型黑斑到主要为黑色不等。后前胸背板的突叶上无刚毛（有时具有小毛或柔毛）；盾片具前上盾片刚毛和前小盾片中刚毛；小盾片无突叶，仅具 2 支缘刚毛（1 对顶刚毛）。翅长 5～7mm。至少在翅室 bc 和翅室 c 的顶端覆盖有微小的刺，仅基部无这种小刺。

雄虫腹部第 3 节背板每侧有一排刚毛（栉）。

本种与澳西北实蝇 *B. acqilonis* 相似，但本种中胸背板黑色；腹部背板第 2～5 节具 1 条黑色中纵条，第 3 节有 1 条黑色横带。

## 4. 生物学特性

成虫全年都可发生。卵产于寄主果实表皮的下面。卵期 1～3d，幼虫期 4～35d（21℃下，10～31d）。老熟幼虫在寄主植物下面的土壤中化蛹；化蛹 1～2 周后羽化为成虫，只有成虫能较好地在低温下存活，正常的存活阈值是 7℃，但在冬季可降到 2℃。

### 5. 传播途径

以卵和幼虫随果实运输远距离传播，成虫也能飞行扩散。

### 6. 检疫方法

从昆士兰实蝇发生的国家来的水果必须检疫，检查被害状，可疑果实应作剖果检查以寻找幼虫。被害果实上有产卵点的痕迹。糖分含量高的果实（如桃），会分泌出糖液，在产卵处凝结。从有实蝇发生的国家运输带根的寄主植物应不带土，或土壤应经杀蛹处理。这些植物不能带有果实，带有果实的植物严格禁止进口。利用引诱剂 Cuelure 监测。

### 7. 检疫处理与防治方法

1）检疫处理

果实在运输途中要冷藏处理（即在 0℃ 条件下处理 13d 或 0.6℃ 条件下处理 14d），或对有些果实采用蒸气热处理（即 43～44℃ 条件下保持 6～9h）；或热水处理。用溴甲烷熏蒸一些特定的果实，效果不理想，并且能伤害许多果实和降低果皮的活性。发现实蝇后，将落果和被害果实集中并销毁是重要的防治措施。

2）防治方法

雄虫对性诱剂有反应的实蝇可连续用诱捕器诱杀。用马拉硫磷与水解蛋白胨制成毒饵喷洒防治对天敌的影响小，比整园喷药更具优越性。

附表 5-1  地中海实蝇近缘种检索表

1（4）翅端有 2 条横带；雄额眶鬃板（附器）黑色

2（3）额眶鬃板菱形，着生此板的茎不到此板的 2 倍长；小盾片基部黄白色带波状 …… *C. capitata*

3（2）额眶鬃板近圆，着生它的茎长度数倍于它，小盾片基部黄色带有 2 个后伸尖端 … *C. caetrata*

4（1）翅端有 3 条横带；额眶鬃板近椭圆形，白色至淡黄色

5（6）中胸盾片黑中带不与后面的成对大黑斑相连；额眶鬃板长宽相当 ………………… *C. catoirii*

6（5）中胸盾片黑中带与后面的成对大黑斑相连；额眶鬃板长大于宽 ……………… *C. malgassa*

资料来源：国家质量监督检验检疫总局信息中心，2005

附表 5-2  实蝇科各亚科成虫鉴定检索表

1. 单眼鬃、背中鬃、沟前鬃、下前侧片鬃缺如；通常无肩鬃 ………………………… 寡毛实蝇亚科 Dacinae

   上述各鬃从不同时缺如 ………………………………………………………………………… 2

2. 基肘室横闭、R$_{4+5}$脉光裸、上额眶鬃 1 对、背中鬃 1 对 ……………………………… Myopitinae

   基肘室延伸接近臀脉的端点或 R$_{4+5}$脉上被毛、或上额眶鬃 1 对以上、或背中鬃 1 对以上 ……… 3

3. 小盾片侧面观显著隆起，常具黑色光泽；翅具横条纹，通常最少有 1 条透明的连续的横条从前缘至后缘穿过翅中区；靠近翅基绝无一些小的、不规则形的斑点 ………………………… Oedaspidinae

   小盾片扁平或近圆形；除小条实蝇属 *Ceratitis* 靠近翅基有一些小而不规则形的窥点外，色泽多样
   ……………………………………………………………………………………………… 4

4. 眼后鬃细长、尖锐、黑色（如体躯和头部其他的鬃为黄色，则眼后鬃也为黄色）；翅常具条纹、常无网状纹；基肘室后端的延长部分，常长于延长部分基部的宽度；背中鬃通常位于通过翅上鬃的横线之前或其后 ………………………………………………………………… 实蝇亚科 Trypetinae

   眼后鬃全部乳白色、膨大或掺杂细长、尖锐的暗色鬃，翅斑常为网状，尽管可能有条纹或条纹与网纹二者相兼存在；基肘室后端的延长部分，常稍长于延长部分基部的宽度；背中鬃通常靠近横

缝，但如较靠近翅上鬃，则决不位于通过翅上鬃的横线之后 ·············· 花翅实蝇亚科 Tephritinae

资料来源：理查德 H. 福特，1986

附表 5-3　11 个重要果蔬有害实蝇属成虫鉴定检索表

1. 臀室窄，其宽度通常为基中室的一半 ··················································································· 2

   臀室宽，其宽度明显超过基中室的一半，且通常约与基中室等宽 ································· 3

2. 腹背板愈合，各节间至多有光滑横线 ········································································ *Dacus*

   腹各背板分离 ································································································· *Bactrocera*

3. $M_{1+2}$ 脉在中室部分的端 1/4 前弯，故中室端宽是其基 3/4 部分宽的 2 倍 ··················

   ································································································· *Monacrostichus citricola*

   不同于上述，且小盾片有鬃 2 对 ································································· 4

4. 盾片无背中鬃；雌产卵器鞘长于翅，侧面观中部上弯 ······· *Toxotrypana curvicauda*

   盾片有背中鬃；雌产卵器鞘直，通常短于翅 ··············································· 5

5. $M_{1+2}$ 脉端部前弯，不与 C 脉相交成角 ········································ *Anastrepha*

   $M_{1+2}$ 脉端部与 C 脉相交成角 ································································· 6

6. 臀室尾部长，通常达 Cu+1A 脉长的 1/2，Cu 脉与 1A 脉相交前凸起；有端前带，除 *Ceratitia catoirii* 外，均与其他翅带分离；翅基上有许多细碎不规则形状斑；$R_{4+5}$ 脉背面小鬃至少伸达 r-m 横脉。小盾片隆起，有黄色区域。头部下额眶鬃 2 对 ········· *Ceratitia* 和 *Trirhithromyia cyanescens*

   臀室尾部短，不超过 Cu+1A 脉长的 1/5，尾部的 Cu 脉段直。小盾片通常平坦，否则 $R_{4+5}$ 脉背面小鬃仅限于基部。头部下额眶鬃 3~4 ··············································· 7

7. 头部上额眶鬃 1 对；触角第 3 节端圆；盾片无前翅上鬃；后胸上侧板有不同于一般毛被的浅色长毛列 ··················································································· *Epochra canadensis*

   头部上额眶鬃 2 对；除 *Rhagoletis* 属部分种类，触角第 3 节前端部位有角状突；盾片有前翅上鬃；后胸上侧板无上述毛列 ································································· 8

8. 盾片背中鬃着生于后翅上鬃间连线附近，$R_{4+5}$ 脉背面小鬃至少伸达 r-m 横脉 ··· *Zonosemata electa*

   盾片背中鬃着生于前翅上鬃间连线附近；$R_{4+5}$ 脉背面无小鬃，至多有时生于脉基部 ··········· 9

9. 单眼鬃很小，为前后单眼距离一半长 ································································· *Carpomia*

   单眼鬃粗长，其长短和粗细与上额眶鬃相当 ······················································· 10

10. 小盾片黄，在中部和各鬃基部有大黑斑块；盾片后面和两侧区域黄，也有大黑斑块。颊高为复眼的 1/3 ·················································································· *Myiopardalis pardalina*

    小盾片全为黄色，若有黑斑，也限于基部与两侧区域；盾片无黄色和黑色斑块。颊高不及复眼的 1/4 ·································································································· *Rhagoletis*

资料来源：陈乃中，1998

附表 5-4　5 个危险性果蔬类有害实蝇属的鉴定检索表

1（4）触角显长于额；第 3 节长至少 3 倍于宽；角芒裸。鬃序退化不全、缺少单眼鬃、单眼后鬃、肩鬃、沟前鬃、背中鬃和腹侧鬃。翅上 3 条径脉（$R_1$、$R_{2+3}$ 和 $R_{4+5}$）极为接近；翅斑较简，代表型仅包括前缘带和臀斑各 1 条；后肘室（cup）的后端角狭长、至少为 A1+CuA2 脉段长度的 1.5 倍。腹部第 5 背板具腺斑 1 对。

2（3）腹部各背板（除第 1、2 合背板外）彼此分离；侧面观，节间缝处可见前、后背板骨片依次重叠交盖 ·································································· 果实蝇属 *Bactrocera* Macquart

3（2）腹部各背板相互愈合；侧面观，无前、后背板骨片依次重叠交盖现象 ··········· 寡鬃实蝇属 *Dacus* Fabricius

4（1）触角显短于额；第3节长2.0～2.5倍于宽；角芒短毛型。鬃序完全，若单眼鬃退化或缺如，则其他鬃全部存在。翅上3条径脉（$R_1$、$R_{2+3}$和$R_{4+5}$）之间保持相当距离；翅斑形式与上述不同；后肘室（cup）的后端角较宽短，其长度显短于A1＋CuA2脉段。腹部背板无腺斑。

5（6）单眼鬃退化呈细毛状，甚至缺如；背中鬃位置极后，约与后翅上鬃处于同一水平。翅斑黄色，具S形带或V形带；M脉端段强烈向前弯曲，其末端与$R_{4+5}$脉接近；r-m位于中室（dm）的中点之后。雌虫产卵管基节极长，等于或超过整个腹部的长度 ·········································································· 按实蝇属 *Anastrepha* Schiner

6（5）单眼鬃存在、发达；背中鬃位置较前、约与前翅上鬃处于同一水平。翅斑黄色或褐色，无S形带或V形带；M脉端段与$R_{4+5}$脉平行，不向上弯曲；r-m位于中室（dm）的中点。雌虫产卵管基节较短，其长度至多达腹长的1/2。

7（8）触角第3节末端圆钝。小盾片背面明显膨鼓，末端3个黑色斑点或端部的1/2～2/3完全黑色。翅较短阔，翅斑大部黄色，基部散布多个暗褐至黑色斑点或不规则的小条斑；CuA2脉强烈屈曲 ······························ 小条实蝇属 *Ceratitis* Macleay

8（7）触角第3节背末端呈尖刺状突起。小盾片背面平坦，末端无黑色斑点。翅较狭长，翅斑褐色，基部无暗褐或黑色斑点和小条斑；CuA2脉不强烈屈曲 ············· 绕实蝇属 *Rhagoletis* Loew

资料来源：汪兴鉴，1995

附表5-5　按实蝇近似种识别检索表

A. 重要按实蝇害虫的成虫分种检索表

1. 翅斑为非典型的按实蝇型，后端横带缺如，故V形带也同时不存在 ································· 2
   翅斑为典型的按实蝇型，后端横带存在，并与端前横带连接而成V形带 ······················· 3

2. 中胸盾片大部黄褐色，具1对沿背中鬃伸展的褐色宽纵条和3个黄色条纹。翅前缘带长而阔，自翅基直达翅端，占据整个前缘区，故$R_1$脉末端后无三角形透明斑，$r_3$室端部也无透明区。腹部黄褐色，无深色斑纹；产卵管基节的长度约等于整个腹长的1.5倍；针突狭长，其长度达5.2～6.2mm，末端边缘不呈锯齿状。体、翅长9～11mm ····················· 瓜按实蝇 *Anastrepha grandis*
   中胸盾片大部褐色或黑褐色，具3个黄色纵条。翅前缘带短而窄，$R_1$脉末端后有1个三角形透明斑，$r_3$室大部透明。腹部褐色，中间有1个明显的T形黄色区；产卵管基节接近或略短于腹长；针突较短，其长度等于2.8～3.7mm，末端边缘呈锯齿状；外翻膜的基部背面具一丛骨化的齿。体、翅长6.6～9.0mm ························· 山榄按实蝇 *Anastrepha serpentina*

3. 中胸盾片具1个U形褐色至黑色斑纹，其两臂于横缝处间断；腹部背板两侧具褐色纵纹或完全黄褐至红褐色。翅V形带与S形带彼此分离。产卵管基节的长度约与腹长相等；针突的长度等于2.0～2.3mm，末端边缘光滑而不呈锯齿状。体、翅长5.7～7.7mm ························································· 中美按实蝇 *Anastrepha striata*
   中胸盾片黄色或黄褐色，无深色U形斑纹；腹部完全黄色或黄褐色。产卵管针突的末端边缘呈锯齿状 ······················································································· 4

4. 中胸背板于小盾沟的中部有1个深褐色斑点。翅S形带的端臂较宽，其末端几乎接触或伸至M脉。产卵管基节的长度约与腹长相等；针突很短，其长度为1.4～1.6mm。体、翅长4.9～6.7mm ························································· 加勒比按实蝇 *Anastrepha suspensa*
   中胸背板完全黄色或黄褐色，无深色斑点。翅S形带的端臂末端不达M脉 ················· 5

5. 后小盾片全部黄褐色，无深色斑纹；中背片（中胸后背片）两侧褐色。翅V形带一般与S形带连接。产卵管基节的长度接近或等于腹长；针突很短，其长度等于1.3～1.6mm。体、翅长5.7～7.5mm ········································· 西印度按实蝇 *Anastrepha obliqua*
   后小盾片两侧有褐色斑纹；中背片（中胸后背片）两侧有或无褐色斑纹。翅V形带一般与S形带

分离 ⋯⋯⋯⋯⋯⋯⋯⋯⋯⋯⋯⋯⋯⋯⋯⋯⋯⋯⋯⋯⋯⋯⋯⋯⋯⋯⋯⋯⋯⋯⋯⋯⋯⋯⋯⋯⋯⋯⋯⋯⋯⋯ 6

6. 中背片几全黄褐色，两侧无褐色斑纹，小盾片两侧褐色。翅 S 形带通过沿 $R_{4+5}$ 脉延伸的 1 个极狭窄的黄褐色斑与基前缘带连接。产卵管基节的长度达整个腹长的 1.5 倍；针突的长度等于 3.3～4.7mm。体、翅长 6.5～9.0mm ⋯⋯⋯⋯⋯⋯⋯⋯⋯ 墨西哥按实蝇 *Anastrepha ludens*

中背片和后小盾片两侧均呈褐色。翅 S 形带通过一宽阔的黄褐色斑与基前缘带连接。产卵管基节的长度大致与腹长相等；针突的长度为 1.4～1.7mm。体、翅长 4.4～7.2mm ⋯⋯⋯⋯⋯⋯⋯⋯⋯⋯⋯⋯⋯⋯⋯⋯⋯⋯⋯⋯⋯⋯⋯ 南美按实蝇 *Anastrepha fraterculus*

### B. 重要按实蝇害虫的幼虫分种检索表

1. 幼虫前气门指状突多达 28～37 个；后气门毛背、腹丛各有毛 11～22 根。体长 6.6～7.0mm（幼虫期潜居于瓜类果实中食害、发育） ⋯⋯⋯⋯⋯⋯⋯⋯⋯ 瓜按实蝇 *Anastrepha grandis*

幼虫前气门指状突 25 个以下（幼虫期主要潜居于水果类果实中食害、发育） ⋯⋯⋯⋯ 2

2. 幼虫口感器和口前叶均具粗壮的小刺；前气门指状突 14～18 个；后气门毛背、腹丛各具毛 14～20 根。体长 7.0～9.0mm ⋯⋯⋯⋯⋯⋯⋯⋯⋯⋯⋯⋯ 中美按实蝇 *Anastrepha striata*

幼虫口感器和口前叶均无粗状的小刺 ⋯⋯⋯⋯⋯⋯⋯⋯⋯⋯⋯⋯⋯⋯⋯⋯⋯⋯⋯⋯ 3

3. 肛叶中间深洼成槽或完全分割成二裂片状 ⋯⋯⋯⋯⋯⋯⋯⋯⋯⋯⋯⋯⋯⋯⋯⋯⋯⋯ 4

肛叶表面无槽或无二裂状 ⋯⋯⋯⋯⋯⋯⋯⋯⋯⋯⋯⋯⋯⋯⋯⋯⋯⋯⋯⋯⋯⋯⋯⋯⋯ 6

4. 后气门毛背、腹丛各有毛 6～9 根，口脊 8～12 条，前气门指状突 13～18。体长 7.5～9.0mm ⋯⋯⋯⋯⋯⋯⋯⋯⋯⋯⋯⋯⋯⋯⋯⋯⋯⋯⋯⋯⋯⋯ 山榄按实蝇 *Anastrepha serpentina*

后气门毛背、腹丛一般具毛 9 根以上，如若少于 9 根，则口脊 11～17 条 ⋯⋯⋯⋯⋯ 5

5. 口脊 7～10 条；后气门毛较长，背、腹丛各有毛 12～16 根；前气门指状突 14～18 个。体长 8.0～9.5mm ⋯⋯⋯⋯⋯⋯⋯⋯⋯⋯⋯⋯⋯⋯⋯⋯⋯ 南美按实蝇 *Anastrepha fraterculus*

口脊 11～17 条；后气门毛较短，背、腹丛各有毛 6～13 根；前气门指状突 12～21 个。体长 5.8～11.1mm ⋯⋯⋯⋯⋯⋯⋯⋯⋯⋯⋯⋯⋯⋯⋯⋯⋯⋯ 墨西哥按实蝇 *Anastrepha ludens*

6. 肛叶表面有明显的龟裂状深刻纹；后气门毛背、腹丛各有毛 10～16 根；前气门指状突 12～16 个。体长 7.5～9.0mm ⋯⋯⋯⋯⋯⋯⋯⋯⋯⋯⋯ 西印度按实蝇 *Anastrepha obliqua*

肛叶表面无龟裂状刻纹；后气门毛背、腹丛各有毛 9～16 根；前气门指状突 9～15 个。体长 7.5～9.0mm ⋯⋯⋯⋯⋯⋯⋯⋯⋯⋯⋯⋯⋯⋯⋯⋯ 加勒比按实蝇 *Anastrepha suspensa*

上述幼虫检索表中所列的特征，需借助性能较好的高倍光学显微镜进行观察。某些微细构造只有在扫描电镜下方能清晰可见。

资料来源：汪兴鉴，1997


附表 5-6 寡鬃实蝇属重要害虫分种检索表

1. 前翅上鬃存在；肩胛后部 3/4 呈深棕黄至红褐色；中胸盾片后缝具 3 个黄色条纹：居中的 1 条呈梭形；两侧的 1 对自前向后逐渐变窄，终止于前翅上鬃略后水平。翅前缘带长而阔，自翅基直达翅端，基半段的宽度达 $R_{4+5}$ 脉；端半部扩至 $r_5$ 室前半部；r-m 横脉上罩盖 1 条褐色短带。产卵管针长 2.5～2.9mm，末端尖锐，具亚端刚毛 3 对。体、翅长 6.4～8.5mm ⋯⋯⋯⋯⋯⋯⋯⋯⋯⋯⋯⋯⋯⋯⋯⋯⋯⋯⋯⋯⋯⋯⋯⋯⋯⋯ 葫芦寡鬃实蝇 *Dacus bivittatus*

前翅上鬃缺如；肩胛完全黄色；中胸盾片缝后无黄色条纹。翅前缘带短而窄，自亚前缘室（Sc 室）伸至翅端，基半部的宽度仅至 $R_{2+3}$ 脉；端半部自 $R_{2+3}$ 脉末端后明显变窄；r-m 横脉上无褐色短带 ⋯⋯⋯⋯⋯⋯⋯⋯⋯⋯⋯⋯⋯⋯⋯⋯⋯⋯⋯⋯⋯⋯⋯⋯⋯⋯⋯⋯⋯⋯⋯⋯⋯⋯⋯⋯ 2

2. 翅前缘带伸达翅尖之后。腹部黄褐或棕黄色，无深色纵条纹。产卵管针突长 1.5～1.6mm，末端尖锐，具亚端小刚毛 3 对。体、翅长 4.4～6.0mm（幼虫前气门指突 14～16 个）⋯⋯⋯⋯⋯⋯⋯⋯⋯⋯⋯⋯⋯⋯⋯⋯⋯⋯⋯⋯⋯ 埃塞俄比亚寡鬃实蝇 *D. (Didacus) ciliatus*

翅前缘带伸至翅尖之前，终止于 $R_{4+5}$ 脉稍后。腹部黄褐色，第3～5背板的中央常有1条深棕黄至褐色纵条。产卵管针突长 1.7～1.8mm，末端尖锐，具亚端小刚毛3对。体、翅长 4.8～7.5mm（幼虫前气门指状突 17～19 个） ·················· 西瓜寡鬃实蝇 D.（Didacus）vertebratus

资料来源：汪兴鉴，1995

# 第二节　检疫性瘿蚊类

瘿蚊类属双翅目 Diptera，瘿蚊科 Cecidomyiidae。全世界已知种类约 4490 种，我国记录近 60 种。

瘿蚊的成虫外形像蚊而小，身体纤细，有细长的足。触角细长，念珠状，10～36节，有明显的毛，雄的常有环状毛。复眼发达或左右愈合成一个，无单眼。喙短或长，下颚须 1～4 节。前翅阔，有毛或鳞，只有 3～5 条纵脉，Rs 不分支，横脉不明显，基部只有一个基室。足基节短，胫节无距，具中垫和爪垫，爪简单或有齿。腹部 8 节，伪产卵器短或极长，能伸缩。

幼虫体纺锤形或后端较钝，共 13 节，头很退化，有触角，老熟幼虫中胸腹板上通常有 1 个 "Y" 形剑骨片，具齿或分为两瓣，是弹跳器官，它的存在是瘿蚊科幼虫的识别特征，而其形状则是鉴别种的依据。气门小，9 或 10 对，位于前胸、腹部 1～8 节或臀节上。

瘿蚊主要为两性生殖，少数种类可进行孤雌生殖。成虫不取食或食花蜜、腐烂有机质。对灯光趋性不强，喜早晚活动，常产卵于未开花的颖壳内或花蕾上。幼虫食性变异大。植食性种类为害植物的各个部位，特别是禾本科、菊科、芸香科和杨柳科的一些植物易受害。很多种类能造成虫瘿，故有 "瘿蚊" 的名称。幼虫老熟时入土潜伏，生活在植物上的多在阴雨天弹跳入地，都喜欢湿润的土壤。有的幼虫有隔年羽化的现象，即当环境不适合时，可以长期潜伏下来，等到合适的年份再上升到地表层化蛹、羽化。幼虫入土前和化蛹前的两场雨水是瘿蚊发生的有利条件。

瘿蚊是为害农作物的重要害虫，重要的种类有黑森瘿蚊 Mayetiola destructor (Say)、高粱瘿蚊 Contarinia sorghicola（Coquillett）、麦红吸浆虫 Sitodiplosis mosellana Gehin、麦黄吸浆虫 Contarinia tritici Kirby、稻瘿蚊 Pachydiplosis oryzae Wood Mason 等。黑森瘿蚊主要为害栽培麦类，世界各产麦国对此虫都十分重视，认为是瘿蚊科中为害小麦最重要的一种。幼虫潜藏在茎秆基部的叶鞘内侧吸吮汁液，受害茎秆脆弱倒伏，籽粒空瘪，产量降低。我国于 1980 年在新疆首次发现。高粱瘿蚊是栽培高粱上最重要的和分布最广的害虫。成虫产卵于花穗内，幼虫取食造成瘪粒，严重时半数以上的小穗不能结实，对产量影响极大。高粱瘿蚊现已传播到世界许多国家，我国尚未发现。麦红吸浆虫和麦黄吸浆虫均以幼虫潜伏在大麦、小麦的颖壳内吸食正在灌浆的麦粒汁液，造成瘪粒、空壳，大发生年份全田毁灭，颗粒无收。稻瘿蚊是南方水稻的重要害虫之一，幼虫吸食水稻生长点汁液，致使受害稻苗基部膨大，随后心叶停止生长且由叶鞘部伸长形成淡绿色中空的葱管，葱管向外伸形成 "标葱"。水稻从秧苗到幼穗形成期均可受害，受害重的几乎都形成 "标葱" 或扭曲不能结实。

危险性及检疫性瘿蚊有高粱瘿蚊 Contarinia sorghicola（Coquillett）、苹果瘿蚊

*Dasineura mali*（kieffer）、黑森瘿蚊 *Mayetiola destructor*（Say）。

# 一、黑森瘿蚊

## 1. 名称及检疫类别

别名：黑森麦秆蝇、小麦瘿蚊、黑森蝇

学名：*Mayetiola destructor*（Say）

异名：*Cecidomyia destructor*（Say）

　　　*Phytophaga destructor*（Say）

英文名：hessian fly

分类地位：双翅目 Diptera，瘿蚊科 Cecidomyiidae

检疫害虫类别：为我国进境植物检疫性害虫；中俄、中匈、中朝、中南植检植保双边协定规定的检疫性害虫

## 2. 分布与为害

（1）国外。黑森瘿蚊原产地为幼发拉底河流域（伊拉克）。哈萨克斯坦、塞浦路斯、伊拉克、以色列、土耳其、保加利亚、丹麦、德国、匈牙利、荷兰、罗马尼亚、英国、西班牙、瑞士、原苏联、乌克兰、俄罗斯、拉脱维亚、奥地利、芬兰、法国、希腊、波兰、挪威、瑞典、意大利、葡萄牙、原南斯拉夫、西非、北非、摩洛哥、突尼斯、阿尔及利亚、加拿大、美国、新西兰、伊朗、黎巴嫩、巴勒斯坦。

（2）国内。中国的新疆北部。

小麦、大麦、黑麦、冰草属植物、匍匐龙牙草以及其他的牧草和杂草均是其寄主植物。黑森瘿蚊对 3 种栽培麦类的为害以小麦最重，大麦次之，黑麦最轻。在新疆仅见为害小麦。

黑森瘿蚊对冬小麦、春小麦都能造成严重为害，幼虫潜藏在茎秆基部的叶鞘内侧吸吮汁液。小麦在不同生长期受害，被害状不同。拔节前受害，植株严重矮化，受害麦叶比未受害叶短宽而直立，叶片厚而脆，叶色加深呈墨绿色，受害植株因不能拔节而匍匐地面，心叶逐渐变黄甚至无法抽出，严重时分蘖枯黄，甚至整株死亡。小麦拔节后，由于幼虫侵害节下的茎，阻碍营养向顶端输送，影响麦穗发育，籽粒空瘪，千粒重减少，产量降低。受害茎秆脆弱倒伏，严重田块折秆率可达 50%～70%，产量损失达 70%～90%，甚至颗粒无收。

美国在 1890～1935 年间，密西西比河以东各州多次大发生，局部受灾年年都有，年损失在数百万美元以上。我国于 1980 年在新疆首次发现，当年伊犁州发生面积 9410 多公顷，博尔塔拉州重灾田 5333 hm²，翻耕改种超过 200 hm²。1981 年，博尔塔拉州发生面积将近 30000hm²，占小麦播种面积的 78.9%，翻种超过 600hm²，产量损失 700 万千克。某兵团农场，春季田间受害率为 21.4%，麦收前麦秆折倒率为 55.6%，不但产量降低，还不便机械收割。据初步测算，冬麦单株有虫 1～6 头，减产 45.6%～76.7%；春麦单株有虫 1～6 头，减产 64.6%～83.8%。

目前我国发生地区仅限于新疆伊犁州和博尔塔拉州，但其适生区却很广，从北纬30°到 60°，即从我国长江流域到黑龙江漠河均在适生范围内，这一区域是我国主要的产麦区，黑森瘿蚊一旦传开，后果严重。

**3. 形态特征**

黑森瘿蚊的形态特征如图 5-15 所示。

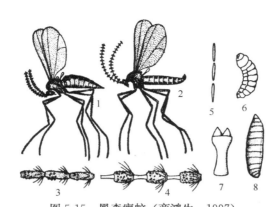

图 5-15 黑森瘿蚊（商鸿生，1997）

1. 雌成虫；2. 雄成虫；3. 雌虫触角；4. 雄虫触角；5. 卵；6. 幼虫；
7. 幼虫剑骨片；8. 围蛹

（1）成虫。似小蚊子，身体灰黑色。雌成虫体长 2.5～4.0mm，雄虫体长 2.0～3.0mm。头部前端扁，后端大部分被眼所占据。触角黄褐色，位于额部中间，基部互相接触，18～19 节，长度超过体长的 1/3，每两节之间被透明的柄（触角间柄）分开，雌虫触角的柄短于节，雄虫的柄与节等长。触角每节被覆微小针突，轮生长毛。下颚须4 节，黄色，第 1 节最短，第 2 节球形，第 3 节相当长，第 4 节圆柱形较细，但长于前1 节的 1/3。胸部黑色，背面有 2 条明显的纵纹。平衡棒长，暗灰色。足极细长且脆弱，跗节 5 节，第 1 节很短，第 2 节等于末 3 节之和。翅脉简单，亚缘脉很短，几乎跟缘脉合并，径脉很发达，纵贯翅的全部，第 3 纵脉从近后端分成两叉。雌虫腹部肥大，红褐色。雄虫腹部纤细，几乎为黑色，末端略带淡红色。雌虫的产卵器由 3 节组成。雄虫外生殖器上生殖板很短，深深地凹入，有少数刻点，当从上面看时，被下生殖板和阳具鞘远远超过。尾铗的端节长近于宽的 4 倍，爪着生于末端。

（2）卵。长 0.4～0.5mm，宽为长的 1/6，长圆柱形。初产时透明，有红斑点，后变红褐色。

（3）幼虫。老熟幼虫体长 3.5～5.0mm。初孵幼虫红褐色，后为乳白色半透明状，纺锤形，背部中央具 1 条半透明的绿色条带。老熟幼虫白色至绿色，呈不对称的菱形，表面光滑无毛，中胸腹板有 1 个"Y"形剑骨片，节间纹和气孔均不明显。

（4）蛹。长 4.0～5.9 mm，为围蛹，外裹幼虫蜕皮硬化而成的蛹壳，栗褐色，略扁似亚麻籽，前端小而钝圆，后端稍大有凹缘。

**4. 生物学特性**

（1）世代及越冬。黑森瘿蚊每年最多可发生 6 代。法国发生 6 代；美国堪萨斯州发生 5 代；欧洲大部分发生 3 代；加拿大、原苏联和美国加州发生 1 代。我国新疆一般可发生 4 代，但夏季高温干旱则蛹不羽化，1 年只发生 2 个完整世代，即春季为害世代和秋季为害世代。如夏季低温高湿，则对发生有利。

以老熟幼虫在俗称"亚麻籽"的褐色围蛹内越冬。越冬虫体常潜伏在自生小麦或早播小麦下部茎秆与叶鞘之间或麦株叶下，有时也潜伏在田间残留的根茬内。"亚麻籽"阶段的幼虫已停止取食，静止不动。

（2）发生及成虫习性。翌年3月中下旬，当小麦开始生长时，幼虫在围蛹内化蛹。4月上旬开始羽化，中下旬为羽化盛期，这代幼虫主要为害冬麦春苗；第2代幼虫为害期因寄主老化，以后又进入夏季高温干旱季节，大部分幼虫进入滞育，危害性不大；而第3代幼虫为害秋苗比较严重。

成虫多在夜间羽化，体柔弱，不取食，飞翔力不强。温暖天气则在田间飞行、交配，在食料寄主3km范围内可见到大量成虫，适宜的风速则可把成虫吹带数千米之远，遇大风天气则紧贴在叶片上或群集于植株基部。成虫寿命短，一般2～3d。成虫交尾在上午8～11h进行，一生可交尾数次，交尾后3～4h即可产卵，1～2d可将卵产完。每头雌虫一生产卵40～400粒，平均285粒，春季世代稍少。卵多产于小麦嫩叶正面脉沟内，密集成行，一行有2～15粒，头尾相接，状若小麦条锈病病斑。卵一般在下午5时至早晨8时孵化，视温度而定。

（3）幼虫习性。幼虫孵化后随即沿叶脉沟爬到叶鞘内吸食为害而不再移动，绝不钻入茎内。卵期3～12d，幼虫期春季和夏季2～3周，秋季4～6周。在不利的环境条件下，幼虫可滞育25年之久。围蛹历期因温度不同而差异较大，短的几天，最长可达5个月。围蛹具抗干燥和抗碾压能力。在气候和食料条件较适宜情况下，一代历期约45d。

**5. 发生与环境关系**

黑森瘿蚊的发生和为害程度与温湿度、寄主品种和生育状况关系密切。一般春季高温多雨会造成严重为害，秋季干旱则为害较轻。低温、低湿、大风及大雨可使初孵幼虫大量死亡。叶片多毛、分蘖力强、叶鞘紧密、组织坚硬的品种抗性强，受害较轻。

黑森瘿蚊的天敌很多，据我国新疆伊犁等地调查，寄生蜂有5种，蜘蛛多种，还有草蛉、蚂蚁等。其中麦瘿蚊黑卵蜂田间卵寄生率有时可达80％以上；金小蜂跨期寄生于幼虫至围蛹阶段，田间寄生率可达20％；黄褐新圆蛛、草间小黑蛛能大量捕食成虫；普通草蛉幼虫每头1h可食卵200多粒。

**6. 传播途径**

黑森瘿蚊主要借带有围蛹的麦秆和寄主植物制成的包装铺垫材料进行远距离传播。少量围蛹也可混入麦种而被携带。此外，观赏用的禾本科植物如鹅冠草上也可能带虫传播。成虫也可随风扩散蔓延数十千米距离。

**7. 检疫方法**

根据黑森瘿蚊的形态特征、传播途径和生活习性，对来自疫区的麦类作物种子及用麦秆等禾本科植物做包装的材料进行严格检查。重点剥查寄主植物根部30cm以下第1～4节的节间叶鞘内，检查其中是否有幼虫及围蛹。调运小麦种子时，应严格过筛检查，看有无围蛹。将可疑虫体在室内进行鉴定。鉴定幼虫死活时，可参照 Kirk（1980；1988）介绍的方法，将幼虫浸入二硝基苯饱和溶液内5～6h（在18～20℃温度下）或3h（30℃下），然后取出幼虫用滤纸吸干多余溶液，再放入浓氨水中浸泡10～15min，活虫呈现红色，死虫变为褐色，30min后，死、活幼虫均呈现褐色。

**8. 检疫处理及防治方法**

1) 检疫处理

对国外进口的麦类和其他寄主填充物、铺垫物、包装物要进行严格检查。对国内疫区要严加封锁，禁止麦秆和其他寄主植物制品外运，必须外运的需做熏蒸灭虫处理。

2) 防治方法

（1）农业防治。按《小麦种子产地检疫规程》进行产地检疫，发现虫株立即拔除，集中销毁。调整播种期，根据当地黑森瘿蚊成虫的发生期和气候情况，春麦顶凌播种，冬麦适当晚播，以减轻为害。小麦收获后，及时将麦茬深翻入土，消灭麦茬中的幼虫和围蛹。及时清除田间的自生麦苗和寄主杂草，以减少虫源。推广种植抗虫、避虫、耐虫的小麦品种。小麦品种间的抗虫性有明显差异，凡叶片多毛、分蘖力和再生力强、发育快、叶鞘紧裹、茎秆坚实的抗虫，成虫产卵量少或卵孵化率低，或幼虫不易侵入，或幼虫发育不良，故受害轻，损失小。新疆已发现 10 多个抗虫品种，可推广使用。

（2）药剂防治。对发生面积不太大的田块，可进行土壤处理和药剂拌种（用 75% 3911 乳油以种子重的 0.3%～0.6% 的药量拌种，堆闷 12h 后播种，防效可达 90%），以保护麦苗。在大面积发生为害时，可于成虫羽化高峰期和产卵期进行喷雾、喷粉，把幼虫消灭在入侵叶鞘前，一般每隔 4～7d 喷 1 次，共喷药 2 次，可明显降低为害程度。

（3）保护利用天敌。

# 二、高 粱 瘿 蚊

**1. 名称及检疫类别**

学名：*Contarinia sorghicola*（Coquillett）

异名：*Diplosis sorghicola* Coguillett

　　　*C. andropogonis* Felt.

　　　*C. palposa* Blanchard

　　　*C. caudata* Felt.

英文名：sorghum midge

分类地位：双翅目 Diptera，瘿蚊科 Cecidomyiidae

检疫害虫类别：为我国进境植物检疫性害虫

**2. 分布与为害**

印度、印度尼西亚、巴基斯坦、日本、缅甸、斯里兰卡、菲律宾、泰国、也门、法国、意大利、原苏联、安提瓜、巴巴多斯、厄瓜多尔、多米尼加、圣萨尔瓦多、尼加拉瓜、危地马拉、洪都拉斯、格林纳达、牙买加、马提尼克岛、库拉索岛、维尔京群岛、蒙特塞拉特、波多黎各、圣基茨、圣卢西亚、圣文森特、特立尼达和多巴哥、弗吉利亚岛、贝宁、布基纳法索、马里、埃塞俄比亚、加纳、马拉维、冈比亚、毛里求斯、肯尼亚、尼日利亚、尼日尔、塞拉利昂、塞舌尔、索马里、苏丹、南非、西非、坦桑尼亚、扎伊尔、多哥、乌干达、津巴布韦、赞比亚、墨西哥、美国、加拿大、阿根廷、巴西、哥伦比亚、乌拉圭、委内瑞拉、澳大利亚、新喀里多尼亚、斐济。

寄主主要是栽培和野生的高粱属植物，如高粱、甜高粱、假高粱（约翰生草）、帚高粱、苏丹草，其他寄主有 *Sorghum saccharatum*、*S. dochna*、*S. caudatum*、*S. bicol-*

or、*S. durra*、*S. puineense*、*S. arundinaceum*、*S. verticilliforum*、*Andropogon gaya-nus*、*Dichanthium sericeum*、*Triodia flava*、*Eriochloa* spp.、*Bothriochloa* spp. 。

高粱瘿蚊是栽培高粱最重要的害虫之一,对高粱生产造成很大威胁。成虫产卵于正在抽穗开花的寄主植物的内稃和颖壳之内。幼虫孵化后即取食正在发育的幼胚汁液,造成瘪粒,严重时半数以上小穗不能结实,影响产量和质量。在高粱1个小穗中只要有1头幼虫存在,就可使籽实干瘪。大量发生时,小穗里可有8~10头幼虫,每个穗头常达千头,致使全穗发红干枯。高粱瘿蚊在美国为害很严重,常年损失20%,严重年份颗粒无收;苏丹损失率为25%;西印度群岛某些地区严重时损失率可达50%;在东非地区损失率约为25%~50%;在加纳一般早开花的品种损失率为20%,迟开花的品种损失率可达80%。

**3. 形态特征**

高粱瘿蚊的形态特征如图5-16所示。

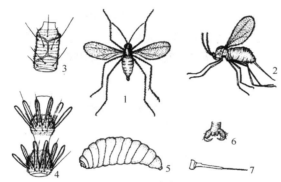

图5-16　高粱瘿蚊(商鸿生,1997)
1. 雄成虫; 2. 雌成虫; 3. 雌虫触角节; 4. 雄虫触角节; 5. 幼虫;
6. 雄虫外生殖器; 7. 雌虫产卵器

(1)成虫。体长约2mm,雌虫略大于雄虫。全体黄褐色至红色。头小,复眼黑色,连接成拱形。下颚须4节,偶尔第2节愈合而减为3节。触角丝状,淡褐色,14节。雄虫触角与体等长,每节具一环丝,鞭节每节中间缢缩,似2节;第5节基柄的长度为其宽度的1.5倍,端节基部膨大近球形。雌虫触角长度仅为体长之半,第5节最短,粗壮,似圆柱形,末节末端缢缩,其上散生长毛和整齐的短毛,节上也有环丝排列。胸部橘红色,中胸背板中央、横贯侧板的斑点及腹板膨大部分均为黑色。翅灰色透明,稀生细毛,后缘毛较长,沿翅脉生有鳞片。纵脉共4条。前缘脉淡褐色;第2纵脉几乎平直,终止于翅的端部下方,第3纵脉约在外端1/3处分2叉。足细长,基节不延伸,跗节共5节,第1跗节显著短于第2跗节。爪细长,高度弯曲,略长于爪垫。腹部可见11节,除末节外,每节散生不成轮的鬃。雌虫产卵器细长,其长度(当完全伸出时)长于体长,端部具有1对细长瓣状物,其长度为其宽度的5倍。雄虫外生殖器的背片和腹片中间皆深裂为两叶,背片较宽,凹缘宽而呈三角形,叶阔圆。

(2)卵。长0.15mm,长纺锤形,淡粉红色或黄色,柔软,基部有1小短柄。

(3)幼虫。老熟幼虫体长1.5mm,近圆筒形,两端微尖。初孵灰白色,后渐变为粉红色。末次蜕皮后剑骨才显现出来。化蛹时体为橘红色。

（4）蛹。称围蛹，形似亚麻籽。初期深红色，近羽化时头部及附肢变为黑色。

**4. 生物学特性**

（1）世代及越冬。高粱瘿蚊在各地因气候的差异发生规律有所不同。在美国得克萨斯州和加利福尼亚州平均 14d 完成 1 代，每年可发生 13 代。在肯尼亚西部 1 代需 23d 左右。以休眠的幼虫在寄主的小穗颖壳内做薄茧越冬。

（2）发生及成虫习性。春暖时，大部分越冬幼虫化蛹、羽化。化蛹期很不整齐，有一部分休眠的幼虫可以连续休眠 2~3 年。4 月中旬，当约翰生草 *Sorghum halepense* Pers. 、苏丹草 *S. sudanense* Stapf 等野生寄主开花时，首批羽化的成虫就在其上产卵，繁殖第 1 代。当栽培的高粱进入开花盛期，正值越冬幼虫大量化蛹并羽化，加上野生寄主上的第 1 代成虫，一起飞集至高粱上产卵繁殖，然后一代接一代加害高粱，只要有寄主植物的穗头，就能连续繁殖，直至 11~12 月寄主枯死，才进入冬季休眠。

成虫多在早晨羽化，先羽化的雄虫聚集在高粱花穗上等待雌虫羽化后前来交配。雌虫交配后即产卵于高粱小穗的颖壳内。产卵多在晴天的上午 9~11 时，阴天则几乎全天都可产卵。每头雌虫在同一小穗内仅产卵 1 粒，别的雌虫可继续在其上产卵。通常一粒种子内可有幼虫 8~10 头。每头雌虫产卵 28~124 粒。雌虫寿命仅 1d。但因羽化不整齐，产卵期可持续 10d 左右。卵期约 2d，最短 42~60h，低温下可达 4d。

（3）幼虫习性。幼虫孵化后钻入子房，取食幼胚，使之变黑枯萎，不结实。一粒种子内只要有 1 头幼虫就会变瘪。幼虫期 9~11d。环境不适（如干旱）时，一部分休眠幼虫可连续休眠 2~3 年。休眠幼虫具有较强的适应能力。蛹期 2~6d，7~8 月上旬和秋末茧抗干旱和寒冷的能力很强。

寄生性的啮小蜂 *Tetrastichus* sp. 和旋小蜂 *Eupelmus popa* Girault. 及捕食性的火蚁 *Solenopsis geminata* F. 对高粱瘿蚊有控制作用。

**5. 传播途径**

高粱瘿蚊主要以休眠的幼虫随寄主种子或穗头调运远距离传播。

**6. 检疫方法**

对来自疫区或产地不明的寄主植物种子和穗头，均要严格检验，发现虫茧、空壳、破损种子要立即取虫鉴定。对特许进口的应仔细逐粒剖检。有条件可进行 X 光透查（被害粒模糊不清，休眠幼虫清晰可见）。种子量大时可用淘水法检查，漂浮在水面的可能为带虫种子，再进行剖检。

**7. 检疫处理及防治方法**

1）检疫处理

严禁从发生高粱瘿蚊的国家和地区进口寄主种子、未脱粒穗头及受过感染的包装物。发现疫情立即除害处理，可选用溴甲烷、磷化铝或二硫化碳进行熏蒸。

2）防治方法

如选用花期一致的品种；栽培田远离早高粱、帚高粱、约翰生草等感染地；春季翻耕野生寄主消灭越冬虫源；收获脱粒后烧毁残秆；选育抗虫品种（颖壳构造紧密坚硬者可阻碍雌虫产卵）等。

成虫发生盛期或高粱露头时可喷洒西维因、吡虫啉等药剂。

利用天敌进行生物防治。

附表 5-7　瘿蚊科检疫性害虫分种检索表

1. 触角 18～19 节，鞭节圆柱形，雄虫常有柄；雌虫腹部红褐色，产卵管光滑。幼虫潜藏在麦类茎秆基部的叶鞘内侧吸吮汁液 ······················· 黑森瘿蚊 Mayetiola destructor（Say）
　触角 14 节，雄虫鞭节呈双结；翅透明；前缘脉不被鳞片 ···························· 2
2. 体姜黄色，翅带紫色闪光；雌虫产卵器末端呈针状；幼虫吸食麦类籽粒汁液 ········· ····················· 麦黄吸浆虫 Contarinia tritici Kirby
　体红褐色，翅灰色；雌虫产卵器末端分成两瓣；幼虫吸食高粱属籽粒汁液 ············ ····················· 高粱瘿蚊 Contarinia sorghicola（Coquillett）

# 第三节　检疫性斑潜蝇类

斑潜蝇属双翅目 Diptera，潜蝇科 Agromyzidae，斑潜蝇属 Liriomyza。该科的主要特征是：体微小至小型，黑色或黄色。后顶鬃分开，有髭；前缘脉有一个折断处，Sc脉退化或与 R 脉合并。M 脉间有 2 闭室，其后有一个小臀室。斑潜蝇是潜蝇科中最大的类群之一，全世界已知 300 多种，大部分分布在北半球温带地区。在 10 种多食性斑潜蝇中，番茄斑潜蝇 Liriomyza bryoninae Kaltenbach、线斑潜蝇 L. strigata Meigen 和蚕豆斑潜蝇 L. xanthocera Czerny 主要分布于欧洲和欧亚大陆；三叶草斑潜蝇 L. trifolii（Burgess）世界分布；原产于南北美洲的美洲斑潜蝇 L. sativae Blanchard 和拉美斑潜蝇 L. huidobrensis Blanchard 已成为世界广布种；斯氏斑潜蝇 L. schmidti Aldrich 分布于哥斯达黎加、美国；木防已斑潜蝇 L. cocculi Frick 仅限于夏威夷。

我国除有美洲斑潜蝇、拉美斑潜蝇、番茄斑潜蝇分布外，还有葱斑潜蝇 L. chinensis Kato、白菜斑潜蝇 L. brassicae Riley、豌豆斑潜蝇 L. congesta Becker 和蔬菜斑潜蝇 Liriomyza sp. 较为常见；蒿斑潜蝇 L. artemisicola Meijere、菊斑潜蝇 L. compositella、凯氏斑潜蝇 L. katoi Sasakawa、黄斑潜蝇 L. lutea Meigen、小斑潜蝇 L. pusilla Meigen、微小斑潜蝇 L. subpusilla Malloch、牡荆斑潜蝇 L. viticola Sasakawa、苦苣斑潜蝇 L. sonchi Hendel 和黄顶斑潜蝇 L. yasumatsui Sasakawa 零星分布，我国台湾省有三叶草斑潜蝇分布。

斑潜蝇属中绝大部分是单食性种或寡食性种，只有少数是能取食不同科属植物的多食性种，其中包括几种农业上的危险性害虫，以潜食叶片和叶柄为害植物。随着各种化学杀虫剂在世界上的广泛使用，一些多食性斑潜蝇种类已由原来次要害虫，上升为主要害虫，严重为害蔬菜、花卉。美洲斑潜蝇 1995 年在我国海南首次发现后，现已遍布全国，每年造成数十亿元的损失，给我国的花卉业造成严重影响。

欧洲和地中海地区植物保护组织（EPPO）将美洲斑潜蝇、拉美斑潜蝇列为 A₁ 名单的检疫害虫；将三叶草斑潜蝇列为 A₂ 名单的检疫害虫。最近，已有 40 多个国家将美洲斑潜蝇列为最危险的一类检疫性害虫。我国于 1995 年曾将美洲斑潜蝇列为全国植物检疫性有害生物，拉美斑潜蝇列为省级植物检疫性有害生物。

2007 年三叶斑潜蝇 Liriomyza trifolii（Burgess）已列为我国进境植物检疫性害虫。

# 三叶斑潜蝇

**1. 名称及检疫类别**

别名：三叶草斑潜蝇

学名：*Liriomyza trifolii*（Burgess）

英文名：American serpentine leaf miner，chrysanthemum leaf miner

分类地位：双翅目 Diptera，潜蝇科 Agromyzidae

检疫害虫类别：进境植物检疫性害虫和全国农业植物检疫性害虫

**2. 分布与为害**

原产地北美洲，现在美洲、欧洲、亚洲和非洲都有分布，我国周边发现疫情的国家和地区有日本、韩国、印度。20 世纪 80 年代末侵入我国台湾省，而大陆尚未有报道。

该虫寄主范围记载的包括 25 个科的植物，尤喜食菊科植物，次为豆科、茄科、葫芦科、石竹科、锦葵科、十字花科等。重要的寄主有紫苑属 *Aster* spp.、甜菜根、鬼针草属 *Bidens* spp.、甘蓝、辣椒、旱芹、中国甘蓝、菊花、棉花、黄瓜、大丽花属 *Dahlia* spp.、石竹属 *Dianthus* spp.、大蒜、扶朗花属 *Gerbera* spp.、石头花属 *Gypsophila* spp.、香豌豆属 *Lathyrus* spp.、韭菜、莴苣、苜蓿、大豌豆、甜瓜、洋葱、豌豆、多花菜豆 *Phaseolus coccineus*、金甲豆 *P. lunatus*、菜豆等。

三叶斑潜蝇是观赏植物及农作物的重要害虫之一。该虫以幼虫潜入寄主叶片和叶梗引起危害。幼虫为害叶片时，取食正面叶肉，虫道不沿叶脉呈不规则线状伸展，虫道端部不明显变宽，虫道终端无一半圆形切口作为老熟幼虫化蛹脱出口。被害植株因叶绿素细胞损害，其光合作用的能力大为下降。其危害可造成受害植株的叶片脱落，花和果实形成疮疤，严重时可导致植株枯死。除直接为害外，还可传播植物病毒病。据统计，1980 年三叶斑潜蝇在美国暴发，芹菜业的损失达 900 万美元；1981～1985 年，加利福尼亚州因此虫危害，导致菊花业损失达 9300 万美元。在艾奥瓦每公顷洋葱上的潜蝇幼虫达 150 万头。该虫也曾造成土耳其温室中的石竹大量受害。

2006 年 2 月广东省出入境检验检疫局在中山市坦洲镇对出口蔬菜种植基地进行疫情调查时，发现了三叶斑潜蝇。该虫已对当地 2 个菜场约 1000 余亩（1 亩＝667m²）蔬菜造成危害，其中以芹菜受害最重，被害株率几乎达到 100％。因此应对三叶斑潜蝇的检疫引起高度重视。

**3. 形态特征**

三叶斑潜蝇的形态特征如图 5-17 所示。

（1）成虫。成虫小，黑灰色，身体粗壮，雌虫较雄虫稍大，雌虫体长 2.3mm，雄虫 1.6mm。头顶和额区黄色，眼眶全部黄色，额宽为眼宽的 2/3 倍。头鬃褐色，头顶内、外鬃着生处黄色，具 2 根等长的上眶鬃及 2 根较短小的下眶鬃，眼眶毛稀疏且向后倾。触角 3 节，均黄色，第 3 节圆形，触角芒淡褐色。背板两后侧角靠近小盾片处黄色，小盾片黄色，具缘鬃 4 根。中胸侧板下缘黑色，腹侧片大部分黑色，仅上缘黄色。腹部可见 7 节，各节背板黑褐色，第 2 节背前缘及中央

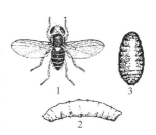

图 5-17 三叶斑潜蝇
1. 成虫；2. 幼虫；3. 蛹

常呈黄色，3～4 背板中央也常为黄色，形成背板中央不连续的黄色中带纹。

（2）卵。长 0.2～0.3mm，宽 0.10～0.15mm，卵圆形，白色略透明，将孵化时卵色呈浅黄色。

（3）幼虫。共 3 龄，初孵幼虫体长 0.5mm，老熟幼虫体长 3mm，初孵无色略透明。渐变淡黄色。末龄幼虫为橙黄色。幼虫（和蛹）有 1 对后胸气门，形态如三面锥体。每个后胸气门有 2 个孔，有 1 个孔位于三面锥体的顶端。

（4）蛹。1.3～2.3mm，宽 0.5～0.75mm，卵形，腹部稍扁平长。蛹体颜色变化很大，从浅橙黄色到金棕色。初蛹呈橘黄色，后期蛹色变深。后气门突出，与幼虫相似。

三叶斑潜蝇与近似种的区别见表 5-3。

表 5-3　四种重要斑潜蝇主要特征比较

| | 美洲斑潜蝇 | 拉美斑潜蝇 | 番茄斑潜蝇 | 三叶草斑潜蝇 |
|---|---|---|---|---|
| 成虫 | 内顶鬃着生在黄色区，外顶鬃着生在黄色或黄黑交界处，中胸背板亮黑色有光泽；中胸侧板有不规则褐色斑；翅 $M_{3+4}$ 脉末段为次末段的 3～4 倍；阳茎端长壶状；前足色淡，后足色暗，基节、腿节黄色，胫、跗节褐色；体长 1.3～2.3mm | 内、外顶鬃均着生在黑色区，中胸侧板有灰黑色斑；翅 $M_{3+4}$ 脉末段为次末段的 1.5～2 倍；阳茎端双鱼形；足基部黄色，腿节有黑斑，胫、跗节很暗；体长 1.3～2.3mm | 内、外顶鬃均着生在黄色区，中胸侧板有褐色条纹；翅 $M_{3+4}$ 脉末段为次末段的 2～2.5 倍；阳茎端双卵形；三足色相同，足基部、腿节黄色，有线褐斑；胫、跗节稍暗；体长 2mm 左右 | 内、外顶鬃均着生在黄色区，中胸背板灰黑粉状；中胸侧板全部黄色；翅 $M_{3+4}$ 脉末段为次末段的 3 倍；阳茎端短壶状；足基部、腿节黄色，有灰褐条纹，胫、跗节淡褐；体长 1.3～2.3mm |
| 卵大小 | （0.2～0.3）mm×（0.1～0.5）mm | 0.28mm×0.15mm | 0.23mm×0.15mm | （0.2～0.3）mm×（0.1～0.15）mm |
| 幼虫 | 淡黄至金黄 | 黄色 | 淡黄色，老熟幼虫前半部金黄色 | 淡黄至金黄 |
| 幼虫、蛹后气门形态 | 三叉状 | 6～7 个气门孔 | 扇形、7～12 个气门孔 | 三叉状、3 个气门孔 |
| 化蛹习性 | 叶片外或土表化蛹 | 虫道终端化蛹 | 叶片上、下表皮或土表化蛹 | 叶片外或土表化蛹 |
| 潜道 | 叶片上表皮出现典型蛇形虫道，终端扩大，排泄物呈虚线状 | 虫道沿叶脉伸展，虫道粗宽，常呈块状，并可出现在叶片的下表皮 | 虫道在上表皮，不规则线状伸展，终端可明显变宽，虫道较宽，在叶面表皮隐约可见 | 虫道在上表皮呈不规则线状伸展，终端不明显变宽 |

### 4. 生物学特性

在欧洲北部不能越冬。

一天之中成虫羽化多在上午，雄虫羽化一般比雌虫早。羽化 24h 后交配，一次交配足以使所产的卵可育。雌虫产卵器在叶面上做出刻点，产生的伤口用作取食或产卵的位点。取食造成的刻点肉眼清晰可见。三叶草斑潜蝇做出的刻点大约 15% 含有可见卵。

雄虫不能在叶面上造出刻点，但见到有的雄虫在雌虫做出的刻点上取食。雄虫和雌虫都能从花上取食花蜜，并都能取食稀释的蜂蜜（实验室结果）。雌成虫将卵产于叶表下。产卵的数量依温度和寄主而异。每头雌虫在旱芹上产卵量，15℃时为25粒，30℃时约为400粒。

**5. 传播途径**

成虫飞翔能力有限，远距离传播以随寄主植物的调运为主要途径。其中以带虫叶片做远距离传播为主，茎和蔓等植物残体夹带传播次之。瓶插菊花足以使该虫完成生活周期，鲜切花可能是一种更危险的传播途径，应该引起注意。

**6. 检疫方法**

斑潜蝇检验分为产地检验检疫、市场检验检疫和调运检验检疫。可根据植物检疫操作规程进行抽样。

应加强对来自疫区的花卉调运检疫，密切注意当地花卉植物（特别是鲜切花）是否发生相似为害状。主要根据斑潜蝇的为害状、成虫形态特征、幼虫和蛹的后气门突的形态和气门数来鉴定。成虫内、外顶鬃着生区域，中胸背板颜色，中胸侧板有无褐色斑，翅 $M_{3+4}$ 脉末段长度为次末段长度的几倍为主要鉴定特征，更准确的鉴定还需解剖雄性外生殖器。必要时，可用酶染色凝胶电泳区分不同生活阶段的不同斑潜蝇种类。还可根据三叶草斑潜蝇成虫的趋黄色特性，采用黄胶板进行产地监测，如发现异常情况，应立即进行隔离检疫，严防传播。

**7. 检疫处理与防治方法**

1）检疫处理

加强产地检疫和调运检疫。斑潜蝇发生区的蔬菜瓜果及其包装铺垫物调运时，要求不得带有有虫叶、蔓，最好做检疫处理后方可调运。三叶草斑潜蝇发生区的花卉也不得带有有虫叶，土壤不得带有虫蛹。一旦发现三叶斑潜蝇，应立即逐级上报，并迅即销毁携带该害虫的植物。

（1）低温储藏。根据斑潜蝇卵、幼虫和预蛹对低温的敏感性，将植株放在 0～1.1℃下储藏 1～10 周，可以冻死大部分卵、幼虫和预蛹。

（2）冷冻结合熏蒸处理。将寄主材料在 1～2℃下冷冻 2d（视寄主而定，可以不冷冻），然后在 15℃下用溴甲烷熏蒸，其剂量为 6.75～13.5g/m³，CT 值（熏蒸时间与浓度的乘积）>54g·h/m³ 时，可杀死寄主上的卵、幼虫。

（3）熏蒸处理。用 $CO_2$ 和溴甲烷混合熏蒸效果好。

此外还可采用冷冻、γ 辐射等方法进行处理。

2）防治方法

（1）农业防治。作物品种合理布局，推广间作套种斑潜蝇非寄主植物或非嗜食作物苦瓜、葱、蒜等。菜区可根据斑潜蝇嗜食明显的特性，因地制宜进行轮作。

（2）植株修整。人工摘除所有带虫叶片。做好田间管理，恶化害虫的生存条件，如收获后的蔬菜残余植株及叶片要及时清理烧毁，适时灌溉等，减少或消灭虫源。

（3）物理防治。插黄牌挂黄条诱杀成虫。利用成虫的趋黄习性，用塑料板、条正反涂上黄色油漆，再涂上一层机油或粘虫胶，做成黄牌或黄条，插或挂于蔬菜地周围或中央。或用灭蝇纸诱杀成虫。在成虫始盛期至盛末期，每亩设置 15 个诱杀点，每个点放置 1 张诱蝇纸诱杀成虫，3～4d 更换 1 次。

（4）化学防治。掌握好用药时间，一般在低龄幼虫时期防治效果较好。在任何作物上查到 1 片叶上有 5 头幼虫或在苗期 2～4 片叶时进行喷药防治。防治成虫一般在早晨晨露未干前，防治幼虫一般在上午 8 时半至 11 时前施药防治。在斑潜蝇发生高峰期，有条件的地方可发动当地干部群众统一适时喷药，并注意轮换用药。

选用高效、低毒、低残留的化学农药喷雾。目前有效的药剂有：52.2％农地乐乳油 1000 倍；1％灭虫灵乳油 2500～3000 倍；0.3％阿维菌素乳油 1500～2000 倍；阿苏可湿性粉剂 1000～1500 倍；73％潜克（灭蝇胺）可湿性粉剂 2500～3000 倍。上述药剂间隔期一般均为 10～14d。还可选用 48％乐斯本乳油 1000 倍；40％速凯乳油 1000 倍；40％乐果乳油 1000 倍；2.5％功夫菊脂 3000 倍；20％杀灭菊脂乳油 1500 倍。

药剂处理土壤。种植前，可用一些残效期较短的农药如 3％米乐尔颗粒剂进行土壤处理，安全期过后再种植蔬菜。

附表 5-8　近似种检索表

为了区别检疫性斑潜蝇与其他常见斑潜蝇种类，经初步检索后需核对前节所述其他特征，再观察雄虫外生殖器和幼虫后气门，即可确定虫种，如有不符之处，则需查更多的已知种来比较鉴定。用这一检索表所作的鉴定须经分类专家肯定。

斑潜蝇属 *Liriomyza* 常见种分类检索表

1. 中胸背板在靠近小盾片处具黄斑 ················································· 2
   中胸背板在小盾片前无黄斑 ···················································· 3
2. r-m 横脉位于中室中部或稍外方；眼后眶上方黑色 ·········· 黄斑潜蝇 *L. lutea* (Meigen)
   r-m 横脉位于中室靠近翅基部处；眼后眶全部黄色 ········· 微小斑潜蝇 *L. subpusilla* (Malloch)
3. 小盾片全部黑色 ····························································· 4
   小盾片大部分黄色，至少背面中央如此 ········································ 5
4. 触角第 3 节背端端部突出，形成一锐角 ···················· 葱斑潜蝇 *L. chinensis* (Kato)
   触角第 3 节末端圆钝 ·································· 牡荆斑潜蝇 *L. viticola* (Sasakawa)
5. 触角第 3 节端部棕褐色 ······················································ 6
   触角第 3 节黄色 ····························································· 7
6. 中胸背板无光泽；$m_{3+4}$ 脉末段为次末段长度的 3.5 倍 ············ 蒿斑潜蝇 *L. artemisicolade* Meijere
   中胸背板黑色光亮；$m_{3+4}$ 脉末段为次末段长度的 2.5～3 倍 ············ 凯氏斑潜蝇 *L. katoi* Sasakawa
7. 中毛 2 列；顶鬃着生处黄色；下眶鬃 2 根 ············· 豌豆斑潜蝇 *L. congesta* (Becker)
   中毛 4 列 ································································· 8
8. 头部外顶鬃着生处暗黑色 ···················································· 9
   外顶鬃和内顶鬃着生处均为黄色 ·············································· 11
9. 内顶鬃着生处黄色；侧额黄色；$m_{3+4}$ 脉末段为次末段长度的 2 倍 ···············
   ································································ 紫菀斑潜蝇 *L. arterivora* Sasakawa
   内顶鬃着生于黄色和黑色区域交界处 ········································· 10
10. $m_{3+4}$ 脉末段为次末段长度的 1.5～2 倍 ·············· 拉美斑潜蝇 *L. huidobrensis* Blanchard
    $m_{3+4}$ 脉末段为次末段长度的 2.5～3 倍 ····································· 12
11. 中胸背板大部分黑色，仅上方 1/3 为黄色 ·················· 白菜斑潜蝇 *L. brassicae* (Riley)
    中胸背板大部分黄色，仅靠近下方和前缘具不规则的暗褐色斑纹 ··················

............................................................ 美洲斑潜蝇 *L. sativae* Blanchard

12. 中胸背板灰黑色，明显具粉被 …………………………… 三叶草斑潜蝇 *L. trifolii* (Brugess)
    中胸背板黑色光亮 ……………………………………………………………………… 13
13. m$_{3+4}$脉末段为次末段长的 2.5 倍，中胸背板下缘靠近前面 1/2 处有 1 条黑色纵斑 ………………
    …………………………………………………… 番茄斑潜蝇 *L. bryoniae* (Kaltenbach)
    m$_{3+4}$脉末段为次末段长度的 3 倍或更长 ………………………………………………… 14
14. 眼后眶上方黑色；m$_{3+4}$脉末段为次末段长度的 3 倍…………… 小斑潜蝇 *L. pusilla* (Meigen)
    眼后眶全黄色；m$_{3+4}$脉末段为次末段长度的 3.5 倍 ………… 黄顶斑潜蝇 *L. yasumatsui* Sasakawa
资料来源：杨龙龙，1995

# 复习思考题

1. 为什么说检疫性实蝇对农业生产所造成的经济损失是巨大的？
2. 实蝇科昆虫在形态方面与其他双翅目昆虫相比，有哪些主要特点？
3. 寡鬃实蝇属、绕实蝇属、果实蝇属、小条实蝇属和按实蝇属在寄主范围方面各有何特点？
4. 为防止地中海实蝇传入国内，我国农业部曾于 1981 年 11 月 30 日发出了有关通告，其主要内容有哪些？
5. 目前对实蝇进行检疫杀虫处理主要有哪些方法？
6. 苹果实蝇的近缘种有哪些，它们有何共同特征？
7. 我国哪些地区有橘小实蝇分布，如何防治橘小实蝇？
8. 如何从形态上区别柑橘大实蝇和蜜柑大实蝇，在分布区和为害习性方面二者有何异同点？
9. 如何处理带有地中海实蝇的果实？
10. 我国为哪些检疫性实蝇的检疫鉴定方法制定了国家标准或行业标准，有何重要意义？
11. 鉴别按实蝇和寡毛实蝇种类（包括成虫和幼虫）通常依据哪些主要形态特征？
12. 根据按实蝇和寡毛实蝇的地理分布和生物学特性，举例说明如何有效防止这两类检疫性害虫传入我国。
13. 试述黑森瘿蚊的为害特点。
14. 如何区别黑森瘿蚊和高粱瘿蚊成虫？
15. 防治黑森瘿蚊有哪些有效措施？
16. 试论述高粱瘿蚊在检疫上的重要性。
17. 三叶斑潜蝇的检疫控制方法有哪些？

# 第六章　检疫性同翅目害虫

**内容提要：**本章主要介绍同翅目的蚜虫和介壳虫两类检疫性害虫。分别概述了蚜虫和介壳虫的分类地位、经济重要性、危险性种类和检疫害虫种类。选择葡萄根瘤蚜、苹果绵蚜、松突圆蚧和枣大球蚧5种重要检疫性害虫，分别介绍了其分布与为害、形态特征、生物学特性、传播途径、检疫方法、检疫处理与防治方法等。

## 第一节　检疫性蚜虫类

蚜虫属同翅目 Homoptera，胸喙亚目 Sternorrhyncha。在该亚目的5个总科中，蚜虫涉及球蚜总科 Adelgoidea 和蚜总科 Aphidoidea 共2个总科。全世界已知蚜虫4000余种，我国记载1000余种，分属于球蚜科 Adelgidae、根瘤蚜科 Phylloxeridae、瘿绵蚜科 Pemphigidae、扁蚜科 Hormaphididae、平翅绵蚜科 Phloeomyzidae、群蚜科 Thelaxidae、矿蚜科 Mindaridae、毛管蚜科 Greenideidae、短痣蚜科 Anoeciidae、大蚜科 Lachnidae、蚜科 Aphididae、斑蚜科 Callaphididae 和毛蚜科 Chaitophoridae 共13个科。

> 蚜虫是昆虫中形态多样性最复杂的类群之一。每个种至少有无翅孤雌蚜和有翅孤雌蚜两个型，全周期的种类则有干母、干雌、有翅孤雌蚜、无翅孤雌蚜、雌性母、雄性母或性母、雌性蚜和雄蚜等5、6个型，有些种类的一个或多数型又有多态现象。

目前我国规定的检疫性蚜虫主要属于根瘤蚜科、瘿绵蚜科等科。根瘤蚜科的主要特征是：体小型，体表无或有蜡粉；触角3节，无翅蚜及幼蚜触角只有1个感觉孔，有翅蚜触角有2个纵长感觉孔；无腹管，尾片半月形；孤雌蚜及性蚜均卵生，多营同寄主全周期生活，有时营异寄主全周期生活。瘿绵蚜科的主要特征是：体表多有蜡粉或蜡丝；触角5、6节；腹管退化呈小孔状、短圆锥状或缺；尾片宽半月形；大多营异寄主全周期或不全周期生活。

蚜虫是农林植物的重要害虫，可造成植物变形、生长缓慢或停滞，严重时导致植株死亡，影响经济植物的产量和品质。但由于蚜虫个体较小，为害初期植株被害不明显或受天敌和其他不利因素的控制，蚜虫对植物的为害常被人们忽视。

多数蚜虫喜欢取食植物的嫩叶、嫩梢，有些蚜虫则为害老叶、茎、枝、树干和根部。取食时以刺吸式口器刺入植物组织吸取汁液，造成植株养分和水分大量损失，引起植株营养恶化，根、茎、叶、蕾、花生长停滞或延迟，植物组织提前老化、早衰，最终造成产量降低或品质下降。蚜虫唾液中含有某些氨基酸或植物生长激素，为害后可引起被害部位出现斑点、缩叶、卷叶、虫瘿、肿瘤等。通常蚜虫发生时种群密度一般较大，其排泄的蜜露可盖满植株表面，在植株表面出现油浸状或黑浊状斑点、斑块，不仅影响呼吸和光合作用，而且易引起霉菌孳生，诱发霉污病，此外，蚜虫可传带100余种植物病毒，对植物造成间接为害。

主要危险性及检疫性蚜虫有梨矮蚜 *Aphanostigma piri* (Cholodkovsky)，葡萄根瘤

蚜 *Viteus vitifoliae*（Fitch），苹果绵蚜 *Eriosoma lanigerum*（Hausman）等。

# 一、葡萄根瘤蚜

**1. 名称及检疫类别**

学名：*Viteus vitifoliae*（Fitch）

异名：*Pemphigus vitifoliae*（Fitch）

*Phylloxera vitifolliae*（Fitch）

*Phylloxera vastatrix* Planchon

英文名：grape phylloxera，vine aphid

分类地位：同翅目 Homoptera，根瘤蚜科 Phylloxeridae

检疫害虫类别：进境植物检疫性害虫和全国农业植物检疫性害虫。

**2. 分布与为害**

葡萄根瘤蚜原产于北美东部，1858～1862 年传入欧洲，1880 年传入俄罗斯。目前已分布于 6 大洲近 40 个国家，主要有朝鲜、日本、叙利亚、黎巴嫩、约旦、以色列、塞浦路斯、土耳其、俄罗斯、波兰、捷克、匈牙利、德国、奥地利、瑞士、法国、西班牙、葡萄牙、意大利、马耳他、原南斯拉夫、罗马尼亚、保加利亚、希腊、突尼斯、阿尔及利亚、摩洛哥、南非、澳大利亚、新西兰、加拿大、美国、墨西哥、哥伦比亚、秘鲁、巴西、阿根廷等。1892 年葡萄根瘤蚜由法国传入我国，在我国的台湾、辽宁、山东、陕西等省的局部地区曾有发生为害，目前多数地区已经根除。

葡萄根瘤蚜为单食性害虫，仅为害葡萄属 *Vitis* 植物。在原产地寄生于野生葡萄上，因野生葡萄抗虫性较强，一般为害不明显。

葡萄根瘤蚜刺吸为害葡萄的叶片和根部，以为害根部为主。叶片被害后在背面形成粒状的虫瘿，称为"叶瘿型"，妨碍光合作用，严重时叶片萎缩，影响植株生长。根部被害后逐渐形成较大的瘤状突起，称"根瘤型"，其中须根被害后端部膨大，形成菱形的瘤状结，蚜虫多集中在凹陷处；侧根和大根被害后，形成关节形的肿瘤，蚜虫多集中在肿瘤的缝隙处。雨季根瘤常发生腐烂，皮层裂开脱落，维管束被破坏，影响根对养分、水分的吸收和运输，使树势衰弱，叶片变小变黄，甚至落叶，影响产量，严重时全株死亡。不同葡萄品种的受害部位不同，欧洲系葡萄品种主要是根部受害，美洲系葡萄品种根部和叶部均可受害。

葡萄根瘤蚜是葡萄上一种毁灭性的害虫。1860 年传入法国后，在二十多年内共毁灭葡萄园约 100 万公顷，曾给欧洲葡萄生产造成毁灭性灾害。20 世纪 80 年代末期，新西兰马尔堡地区由于种植未进行嫁接的葡萄，根瘤蚜为害造成葡萄大面积绝产。

**3. 形态特征**

葡萄根瘤蚜的形态特征如图 6-1 所示。

（1）干母。体长 1.0～1.3mm，体黄绿色。体表多毛，有细微沟纹。触角第 3 节长度大于第 1 与第 2 节之和。无翅，孤雌卵生。

（2）无翅孤雌成蚜。有根瘤型和叶瘿型 2 种。根瘤型体卵圆形，长 1.2～1.5mm，宽 0.8～0.9mm；活体鲜黄色至污黄色，有时淡黄绿色，各体节背面有灰黑色瘤，其中头部 4 个，各胸节 6 个，各腹节 4 个。我国山东烟台的玻片标本体淡色至褐色，体表及腹面有明显的暗色鳞形至菱形纹隆起，体缘有圆形微突起，胸、腹部各节背面有一横行黑色大瘤状突起。体毛短小，不明显。头顶弧形，喙粗大，伸达后足基节。复眼红色，由 3 个小眼面组成。触角黑色，3 节，短粗，上有瓦纹，第 3 节最长，基部顶端有 1 个圆形或椭圆形感觉圈，末端有刺毛 3 或 4 根。气门 6 对，圆形。中胸腹岔两臂分离。足黑色。无腹管。尾片末端圆形，有毛 6～12 根。尾板圆形，有毛 9～14 根。

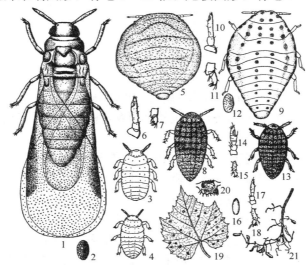

图 6-1　葡萄根瘤蚜
1. 有翅性母；2. 有性卵；3. 雌性蚜；4. 雄性蚜
叶瘿型孤雌蚜：5. 成蚜；6. 成蚜触角；7. 成蚜第 3 对足端部；8. 若蚜
根瘤型孤雌蚜：9. 成蚜；10. 成蚜触角；11. 成蚜足端部；12. 无性卵；13. 若蚜；
14. 若蚜触角；15. 若蚜足端部
干母：16. 越冬卵；17. 若蚜触角；18. 若蚜足端部
为害状：19. 叶片上的虫瘿；20. 叶瘿横切面；21. 根部上的根瘤

叶瘿型体背无黑色瘤，体表有细微凹凸皱纹，背部隆起近圆形，触角末端有刺毛 5 根，其他特征与根瘤型相似。

（3）有翅孤雌成蚜。体长椭圆形，长 0.9mm，宽 0.5mm。体橙黄色，胸部红褐色。复眼由许多小眼组成，单眼 3 个。触角 3 节，第 3 节上有 2 个感觉圈，基部 1 个扁圆形，端部 1 个扁长圆形。翅 2 对，前翅前缘的翅痣长形，有中脉、肘脉和臀脉 3 根斜脉，其中肘脉 1 与 2 共柄；后翅仅有径分脉，无斜脉。

（4）有翅性母。体长 1.0～1.2mm，体橙黄色。中胸深褐色，触角和足黑色。复眼和单眼明显。触角第 3 节极长，上有 2 个卵圆形感觉圈。

（5）雌性蚜。体长 0.4mm，宽 0.2mm，体黄褐色。喙退化。触角 3 节，第 3 节长度约为前 2 节之和的 2 倍，端部有 1 个圆形感觉圈。无翅。足跗节 1 节。

（6）雄性蚜。体长 0.3mm，宽 0.1mm，黄褐色。喙退化。无翅。外生殖器乳头状，突出于腹部末端。

（7）卵。卵有多种类型。无翅孤雌蚜所产的卵长 0.3mm，宽 0.2mm，长椭圆形，其中根瘤型所产的卵初为淡黄色，后渐变暗黄色；叶瘿型所产的卵较根瘤型色浅而明亮。有翅孤雌蚜所产的卵有大卵和小卵两种，大卵为雌卵，长 0.4～0.5mm，宽

0.2mm；小卵为雄卵，长 0.3mm，宽 0.1mm，淡黄至黄色，有光泽。性雌蚜所产的卵为越冬卵，长 0.3mm，宽 0.1mm，深绿色。

（8）若蚜。共 4 龄，初孵若蚜淡黄色，后变为黄色，胸部淡黄色。眼、触角、喙及足与各型的成蚜相似，其中根瘤型若蚜 2 龄时可见明显的黑色背瘤，有翅若蚜 3 龄时体侧可见灰黑色翅芽。

**4. 生物学特性**

葡萄根瘤蚜的生活史有全周期和不全周期两种类型。在美洲系葡萄品种上具有完整的生活史循环，根瘤型和叶瘿型可同时发生，在欧洲系品种上只有根瘤型。年发生代数因地而异，根瘤型每年 5～8 代，以若蚜在葡萄根际越冬，间或以有性雌蚜产卵越冬；叶瘿型每年 7～8 代，以卵和若蚜在葡萄枝蔓上或根际越冬。

我国山东烟台发生的为根瘤型。每年 7～8 代，以各龄若蚜在 1cm 以下土层中或两年生以上的粗根叉及缝隙处越冬。次年 4 月开始活动，5 月上旬无翅成蚜产第 1 代卵，5 月中旬至 6 月底和 9 月上旬至 9 月底发生数量最多。7 月进入雨季，被害根开始腐烂，蚜虫沿根和土壤缝隙迁移到土壤表层的须根上取食为害，形成大量菱角形或鸟头状根瘤。冬季，根瘤蚜在原为害部位越冬。

根瘤蚜全年主要营孤雌产卵繁殖，全周期型的根瘤蚜也仅在秋末才进行两性生殖。两性生殖时，一般 7 月上旬可见有翅若蚜，9 月下旬至 10 月为发生盛期，有翅成蚜在美洲野生葡萄上产大小不同的未受精卵，其中大卵孵化为雌蚜，小卵孵化为雄蚜，雌雄交配后产卵越冬；翌年春季越冬卵孵出的若蚜在葡萄叶片上为害，形成虫瘿；第 2 代以后，叶瘿型蚜转入土中为害根系，形成根瘤型蚜。每只雌虫产卵量 100～150 粒，在我国烟台 7～8 月每雌产卵 39～86 粒。若蚜期 12～18d，成蚜寿命 14～26d。

葡萄根瘤蚜对外界环境的适应性较强。越冬卵和若蚜较耐寒，致死低温为－14～－13℃。春季土壤温度上升到 13℃时，越冬蚜开始活动取食。高温、干旱有利于其繁殖为害，4～10 月平均降雨量 100～200mm，适宜其繁殖为害；7～8 月降雨过多，蚜虫集中于表土层须根上取食，不利于繁殖。

土壤条件对根瘤蚜的发生为害也有一定的影响，土壤疏松、物理性状好、团粒结构好，利于蚜虫迁移和繁殖，发生为害严重。反之，砂质土壤不利于根瘤蚜迁移扩散，在砂土地栽培葡萄则不发生或很少发生。

寄主是决定葡萄根瘤蚜生活史类型的关键。在美洲野生葡萄、美洲系葡萄品种或用美洲系葡萄作砧木的欧洲系葡萄品种上具有完整的生活史循环，而在欧洲系品种上生活史周期不完整，只有根瘤型，无叶瘿型。研究表明，叶瘿型可以直接转变成根瘤型，但根瘤型绝不能直接转变成叶瘿型。此外，葡萄品种间的抗蚜性差异很大，在生产上可以选用抗蚜性较强的品种。

**5. 传播途径**

主要随带根的葡萄苗木调运而传播。在生活史完整的地区，越冬卵也可随扦插枝条传播。此外，也能随包装物传播。

**6. 检疫方法**

苗木、插条和砧木，尤其是带根的葡萄苗是根瘤蚜远距离传播的主要途径。因此，在葡萄根瘤蚜发生地区，严禁葡萄苗木、插条等外运；在其他地区引进葡萄苗木、插条时，要严格按照我国出入境检验检疫行业标准（SN/T1366—2004）检查苗木、插条及其运载工具和包装物。检查时要注意苗木的叶片上有无虫瘿，根部尤其是须根上有无根瘤，根部皮缝和其他缝隙有无虫卵。在进行田间检查时，若发现树势明显衰弱，提前黄叶、落叶，产量下降，或整株枯死的可疑被害株，要小心挖去主根附近的泥土，露出须根，检查根部有无根瘤和蚜虫，特别要注意须根上有无菱形或鸟头状的根瘤。

**7. 检疫处理与防治方法**

1）检疫处理

需要从疫区或可疑地区调运葡萄苗木、插条、砧木，或发现可疑材料时，须严格进行检疫处理。处理方法有多种，可用 50%辛硫磷乳油 1500 倍液浸泡 1min，一般每捆枝条 10～20 根；或用 80%敌敌畏乳油 1500～2000 倍液浸沾 2、3 次；或用 45℃热水浸泡 20min；也可用溴甲烷密闭熏蒸处理，用药量为 30.5g/m³，在 26℃时密闭 3h。

2）防治方法

（1）培育抗蚜品种。可选用抗蚜、优质、高产的品种杂交选育抗蚜品种，也可选用抗根瘤蚜的砧木，如自由、更津 1 号、5A 等。

（2）培育无虫苗木。选择不利于根瘤蚜繁殖发生的砂质土壤作苗圃或建葡萄园。

（3）药剂处理土壤。对有根瘤蚜发生的葡萄园或苗圃，可用 50%辛硫磷乳油 500mL 拌细土 50kg 制成毒土，按 25kg/667m² 的毒土量，于下午 3～4 时施药后翻入土内；也可用六氯丁二烯处理土壤。药剂淋灌也是防治根瘤蚜的有效方法，常用的药剂有二硫化碳、50%辛硫磷乳油、50%抗蚜威乳油等。用二硫化碳灌注时，先按 8～9 个/m² 的密度在葡萄茎周围 25cm 范围内打深 10～15cm 的孔，春季每孔注入 6～8g 药液，夏季 4～6g 药液，在花期和采收期不能使用，以免产生药害。

# 二、苹果绵蚜

**1. 名称及检疫类别**

学名：*Eriosoma lanigerum*（Hausmann）

异名：*Aphis lanigerum* Hausmann

　　　*Aphis lanata* Salishury

　　　*Coccus mali* Bingley

　　　*Eriosoma mali* Leach

　　　*Myzoxylus mali* Blot

　　　*Eriosoma pyri* Westwood

英文名：woolly apple aphid

分类地位：同翅目 Homoptera，瘿绵蚜科 Pemphigidae

检疫害虫类别：进境植物检疫性害虫和全国农业植物检疫性害虫。

**2. 分布与为害**

苹果绵蚜原产于北美洲东部。现已扩散到 6 大洲 70 多个国家和地区的苹果产区，包括朝鲜、日本、缅甸、尼泊尔、孟加拉国、印度、斯里兰卡、巴基斯坦、伊朗、沙特阿拉伯、伊拉克、叙利亚、黎巴嫩、约旦、以色列、塞浦路斯、土耳其、丹麦、瑞典、芬兰、俄罗斯、波兰、捷克、匈牙利、德国、奥地利、瑞士、荷兰、比利时、英国、爱尔兰、法国、西班牙、葡萄牙、意大利、马耳他、原南斯拉夫、罗马尼亚、保加利亚、阿尔巴尼亚、希腊、埃及、利比亚、突尼斯、阿尔及利亚、摩洛哥、埃塞俄比亚、肯尼亚、安哥拉、马达加斯加、津巴布韦、南非、澳大利亚、新西兰、加拿大、美国、墨西哥、哥伦比亚、委内瑞拉、厄瓜多尔、秘鲁、巴西、玻利维亚、智利、阿根廷和乌拉圭。我国 1914 年传入山东和辽宁；1926 年由日本传入大连，后又传至天津；1930 年由美国传入云南昆明；西藏则由印度传入；近年来随着苹果栽培面积的扩大和大规模调运苗木、接穗，已经扩散蔓延到山东、天津、河北、陕西、河南、辽宁、江苏、云南、西藏等地。

苹果绵蚜寄主、较多，涉及苹果属 Malus、梨属 Pyrus、山楂属 Crataegus、花揪属 Sorbus、李属 Prunus、桑属 Morus、榆属 Ulmaceae 等多种植物。在国内主要为害苹果，也为害海棠、沙果、花红、山荆子等；在原产地还为害洋梨、山楂、花揪、美国榆等。

苹果绵蚜以成、若蚜群集于果树枝干的病虫伤口和剪锯口、老皮裂缝、新梢叶腋、短果枝、果柄、果实的梗洼和萼洼以及地下的根部刺吸为害，以为害背光处的枝干和根部为主。树干和枝条被害初期形成平滑而圆的瘤状突起，此后肿瘤增大破裂成深浅、大小不同的伤口，更适宜绵蚜继续加害，不仅影响养分输送，还会导致其他害虫和苹果腐烂病的发生。侧根被害后形成肿瘤，不能再生新的须根，并逐渐腐烂。叶柄被害后变成黑褐色，提前脱落。果实被害后发育不良，特别是近几年随着套袋技术的应用，绵蚜进入袋内为害果实，严重影响果品质量。果苗被害后，容易引起死亡。幼树被害后，枝条发育不良，结果期推迟。成树被害后，树势衰弱，花芽分化减少，产量降低，结果寿命缩短。苹果绵蚜发生严重时，枝干上盖满白色蜡毛，造成枝干枯死，树体抗寒、抗旱能力下降，遇严寒或干旱时整株死亡。

**3. 形态特征**

苹果绵蚜的形态特征如图 6-2 所示。

(1) 干母。体纺锤形，长 1.4～1.6mm。头部狭小，胸部稍宽，腹部肥大，全体深灰绿色，上覆一层白色蜡毛。

(2) 无翅孤雌成蚜。体卵圆形，长 1.7～2.1mm，宽 0.9～1.3mm。活体黄褐色至红褐色，头部、复眼暗红色。体表光滑，背面有大量白色长蜡毛。玻片标本淡色，头部顶端稍骨化，无斑纹，触角、足、尾片和生殖板灰黑色，腹管黑色。体背有 4 条明显的纵列蜡腺，呈花瓣形，由 5～15 个蜡孔组成蜡片。喙粗，长达后足基节。复眼由 3 个小眼组成。触角粗短，有微瓦纹，共 6 节，各节有短毛 2～4 根；第 3 节最长；第 5 节与第 6 节等长，上各生有 1 个感觉圈。中胸腹岔两臂分离。足短粗，光滑少毛。腹部肥大，腹管稍隆起，呈半圆形裂口，位于第 5、6 腹节的蜡孔之间，围绕腹管有短毛11～16 根。尾片馒头状，上有微刺突瓦纹和 1 对短刚毛。尾板末端圆形，有短刚毛38～48 根。生殖板骨化，有毛 12～16 根。

(3) 有翅孤雌成蚜。体椭圆形，长 1.8～2.3mm，宽 0.9～1.0mm，翅展 5.5～6.5mm。活体头、胸部黑色，腹部橄榄绿色，全身被白粉，腹部有白色长蜡丝。玻片标本头、胸部黑色，腹部淡色，触角、各足节、腹管、尾片、尾板均为黑色。喙不达后足基节。触角 6 节，上有小刺突横纹，第 1、2 节短粗；第 3 节最长，约等于或稍长于

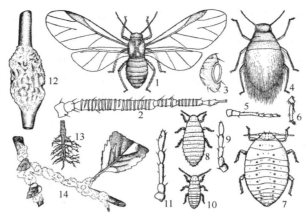

图 6-2　苹果绵蚜

有翅孤雌蚜：1. 成蚜；2. 触角；3. 腹管

无翅孤雌蚜：4. 成蚜；5. 触角；6. 足；7. 成蚜（去掉腊毛）

性蚜：8. 雌性蚜；9. 雌性蚜触角；10. 雄性蚜；11. 雄蚜触角

为害状：12. 枝干上的瘤状突起；13. 根部的根瘤；14. 苹果枝被害

（1～3，4，7，12～14. 农业部植物检疫实验室，1957）

末端 3 节之和，上有短毛 7～10 根，其余各节 3～4 根；第 5、6 节上的原生感觉圈呈圆形；次生感觉圈环状，第 1 节有 17～24 个，第 4、5 节各有 3～5 个，第 6 节有 1、2 个。翅 2 对，前翅翅脉 7 根，中脉分 2 岔，翅脉及翅痣棕色；后翅翅脉 3 根，中脉与肘脉分离。第 1～7 腹节有深色的中、侧、缘小蜡片，第 8 节有 1 对中蜡片；腹部背毛稍长于腹面毛。节间斑不明显。腹管半环形，黑色，环基部稍骨化，有短毛 11～15 根。尾片与无翅孤雌成蚜相似。

（4）雌性蚜。体长 0.6～1.0mm。黄绿色或淡黄褐色。口器退化，触角 5 节。腹部红褐色，稍被绵状蜡粉；各节中央隆起，有明显沟痕。

（5）雄性蚜。体长 0.6～0.7mm。黄绿色。全体覆盖白色蜡粉。

（6）卵。椭圆形，长约 0.5mm。初产时橙黄色，后变为褐色。表面光滑，被白色蜡粉。较大一端有精孔突出。

（7）若蚜。共 4 龄。成长若蚜体长 1.4～1.8mm，赤褐色。喙长超过腹部。触角 5 节。蜡毛稀少。高龄有翅若蚜翅芽黑色。

**4. 生物学特性**

苹果绵蚜的生活史有全周期和不全周期两种类型。全周期型仅出现于北美洲有美国榆的地区，以卵在第一寄主美国榆的粗皮裂缝内越冬，翌年早春越冬卵孵化为干母，孤雌繁殖 2～3 代后，于春末产生有翅蚜迁飞到苹果等第二寄主上进行孤雌生殖，至秋末冬初再产生有翅蚜，迁回到美国榆上产生性蚜，雌雄交配后产卵越冬。在欧洲和亚洲因缺少美国榆，其生活史为不全周期型，年发生代数因地而异，欧洲 12～15 代，日本和朝鲜 10～13 代；我国辽宁 13～14 代，山东 17～18 代，华北地区 15～17 代，河北 10～19 代，河南 14～20 代，昆明 23～26 代，西藏 12 代左右。该虫以 1、2 龄若蚜在树干、枝条的伤疤、粗皮裂缝、剪锯口、地下浅层根部或残留的蜡质绵毛下越冬。

翌年 3 月底至 4 月中旬气温回升至 8℃ 左右时，越冬若蚜在越冬部位开始活动取食。当气温达到11℃左右时，成蚜开始孤雌生殖，所产若蚜爬行迁移寻找适宜场所，如剪锯口、愈合伤口、嫩梢、叶腋、嫩芽、果梗、果萼、果洼及地下根部或露出地表的根际等处，固定下来吸取树液，一般不再迁移。5～7月份为繁殖为害盛期，严重时可布满全树，在伤疤边缘形成白环，枝梢、叶腋处形成棉絮状白团，寄主皮层肿胀成瘤并开裂。有翅蚜全年有两次发生高峰，第一次在5月下旬至6月下旬，数量较少，仅在蚜群密度较大的地方发生；第二次在8月底至10月中旬，发生量较大。11月中旬平均气温降至7℃时，进入越冬状态。

在不全周期型地区，苹果绵蚜营孤雌生殖。单雌产仔量受温度影响较大，最多172头，最少仅3～8头。1龄若蚜爬行扩散能力较强，大发生时可迅速布满全树枝梢，也可被风雨吹落地面，扩散到根蘖等处。绵蚜种群在春季和夏季均呈"蚜块群"分布，多以一头或几头雌蚜及其后代聚集在一起为害。若蚜2龄后开始刺吸固定，不再转移，成蚜则有转移产仔的习性。在全周期型地区，秋季有翅蚜产生性蚜，每雌产仔4头，最多7、8头。性蚜一般不取食，若蚜7～8d内蜕皮4次后变为成蚜，交配后雌蚜产1粒卵即死亡。世代历期与温度密切相关，最长34.37d，最短9.65d。

温度是影响发生程度的重要气候条件。生长发育和繁殖的适宜温度为22～25℃，低于22℃或高于25℃时，若蚜发育减缓，成蚜产仔量大幅度减少。全世代发育起点温度为13.42℃，有效积温为186.98℃·d；1～4龄若蚜的发育起点温度分别为13.42℃、9.45℃、6.57℃和5.34℃，有效积温分别为56.71℃·d、38.49℃·d、44.37℃·d和55.45℃·d。高温、高湿是限制其发生为害的主要气候因子，7～8月间气温达25℃以上，降雨较多，会造成虫口密度急剧下降。

苹果品种和苹果树生长状况是决定苹果绵蚜发生程度的重要食物因素。祝光、花皮、黄魁、红玉、大国光、红香蕉等品种上发生较重，而金帅、小国光、青香蕉、红富士等发生较轻。在土层薄和沙土地苹果园，或管理粗放、修剪不当、树龄较大、通风透光较差、苹果腐烂病等病虫害发生严重的苹果园，苹果树势一般较弱，树体伤口较多，适于绵蚜发生为害，且往往发生为害严重。

苹果绵蚜的天敌较多。其中寄生性天敌主要是苹果绵蚜蚜小蜂 *Aphelinus mali* (Haldeman)，在7～9月份的寄生率可达70%以上，是造成种群数量急剧减少的重要自然因素之一。捕食性天敌主要有七星瓢虫、二双斑唇瓢虫、异色瓢虫、黑条长瓢虫、黄缘小巧瓢虫、六斑月瓢虫、白条菌瓢虫、多异瓢虫、十一星瓢虫、大草蛉、黑带食蚜蝇、土纹食蚜蝇、三条突额食蚜蝇、灰背羽毛食蚜蝇等。

**5. 传播途径**

主要随苗木、接穗、果实及其包装物、果箱、果筐等的调运进行远距离传播。近距离扩散蔓延则靠有翅蚜迁飞或剪枝、疏花疏果等农事操作及农具的串用。若蚜的爬行能力较弱，仅能爬行6m左右。

**6. 检疫方法**

以产地检疫为主。在苹果绵蚜发生盛期，当出现大量虫体和白絮状物时，调查芽接处、嫩梢基部、嫩芽、叶腋、伤口愈合处、粗皮裂缝、顶芽、卷叶害虫的为害部位和其他有缝隙的隐蔽处以及根部等，检验果实时应注意梗洼和萼洼。对于调运的苗木、接穗和果实进行检验时，除注意上述部位外，对其包装纸、果箱和果筐等也需检验。详细记载现场症状，并将查获的蚜虫用毛笔刷入75%的酒精小瓶内，密封后送实验室进行鉴定、核准。

**7. 检疫处理与防治方法**

1）*处理方法*

确需从疫区调运苹果、山荆子等苗木、接穗或发现可疑材料时，须严格进行检疫处理，并经隔离试种，检查无虫后再行栽植。可用80%敌敌畏乳油1000～1500倍浸泡2～3min，或用40%氧化乐果乳油2000倍液浸泡10min。也可熏蒸处理，溴甲烷用药量为24g/m³，熏蒸3h；80%敌敌畏乳油用药量为0.01mL/m³，20～28℃密封24h。

2）*防治方法*

（1）人工防治。在苹果树休眠期结合修剪，刮除树缝、树洞、病虫伤疤边缘等处的绵蚜，剪掉受害枝条上的绵蚜群落，集中处理。刮除后若涂抹40%氧化乐果乳油或50%久效磷乳油10～20倍液，防治效果更好。

（2）喷药防治。在苹果树开花前和落花后全树喷洒杀虫剂。常用的药剂有10%吡虫啉乳油1000倍、95%机油乳剂150倍、10%氯氰菊酯乳油3000～4000倍、50%抗蚜威可湿性粉剂1000倍液、40%氧化乐果乳油1000～2000倍、48%乐斯本乳油2000倍、50%倍硫磷乳油1000～2000倍、50%辛硫磷乳油1000～2000倍液、40%马拉硫磷乳油1000～2000倍等。

（3）药剂灌根。在苹果树开花前，扒开根颈部周围50～100cm内的土壤，露出侧根，每株灌药液5～10kg，然后盖土。常用的药剂有50%辛硫磷乳油1000倍、50%抗蚜威乳油2000倍、48%乐斯本乳油1000～1500倍等。

（4）保护天敌。苹果绵蚜的天敌种类很多，如苹果绵蚜蚜小蜂、七星瓢虫、异色瓢虫、黄色瓢虫、草蛉等。其中以苹果绵蚜蚜小蜂的控制能力最强，应注意保护利用。

附表6-1 绵蚜近似种检索表

1. 触角第3节感觉圈17～18个；生殖板上有毛12～16根。在苹果背光的枝干或嫩枝上为害 ……………… 苹果绵蚜 *Eriosoma lanigerum*

   触角第3节感觉圈的数量多于20个；生殖板上毛的数量多于20个 …………… 2

2. 触角第3节感觉圈22～24个，第3节长度短于后足腿节，第4节短于第5节；生殖板上有毛20～22根。在榆树叶片上的拳头状伪虫瘿中为害 …………… 榆绵蚜 *Eriosoma dilanuginosum*

   触角第3节感觉圈24～34个，第3节长度等于或长于后足腿节，第4节长于第5节；生殖板上有毛24～30根。为害与榆绵蚜相似 …………… 榆梨绵蚜 *Eriosoma lanuginosum*

## 第二节 检疫性介壳虫类

介壳虫又称蚧类，属同翅目Homoptera，蚧总科Coccoidea。周尧教授将蚧类列为蚧亚目Coccomorpha，分旌蚧总科Ortheziodea、蚧总科Coccoidea、粉蚧总科Pseudococcoidea和盾蚧总科Diaspoidea四个总科、17科。一般认为，全世界已知蚧虫种类6000余种，分属于19个科（附表6-2）。

蚧类为典型的雌雄异形，雌成虫有极其重要的分类价值，绝大多数情形是专门以雌成虫的特征来建立分类系统的。雄成虫和若虫虽在正常分类上也有用处，但其发生时间很短，稀少或有季节性，有的种类完全没有雄虫，或雄虫很少有特殊特征，使介壳虫的分类必须以雌成虫为主，只有当雌成虫的比较特征不够时，才必须有若虫形态的记载。

雄虫只有 1 对前翅，脉纹只 1 条，2 分叉；无口器；触角 7～10 节；跗节仅 1 节，爪 1 个，跗节和爪上常有冠球毛。雌成虫无翅；口器发达，触角和足常常退化；通常被有蜡粉、蜡块或介壳等保护物；卵产在虫体下或保护物内；若虫和雌成虫多固定在寄主植物上。

雌成虫虫体大小变化很大：最小的盾蚧不超过 0.5mm，最大的是非洲的巨绵蚧 *Aspidioproctus maximus* Newstead，长达 40.0mm，我国的最大种类是草履蚧 *Drosicha contrahens* Walker 和铁刀木鳖甲蚧 *Micrococcus assamensis* Rao，体长分别达 10.0mm 和 20.0mm。多数种类的虫体大小为 0.5～2.5mm。

该虫身体的形状一般为卵形、长卵形、梨形或圆形，扁平或隆起成半球形或圆球形，有的不规则或不对称。雌虫幼虫型，身体有的裸露，皮肤有弹性或变硬，有的披有或薄或厚的蜡粉，有的被有坚硬的蜡块或虫胶等附属物，有的覆盖有圆形、卵形或长形丝质或蜡质的介壳。对于形成介壳的，其介壳的种类和形状，可作为介壳虫分类的特征。圆球形的种类受精后常因卵巢的发育，身体明显增大；有的种类相反，在产卵后身体皱缩而显著缩小。

蚧总科所有种类都是植食性的，所以都是植物害虫。其中不少种类为害森林植物、观赏植物、果树以及粮、棉、油、蔬菜等农作物，有些种类能够造成严重的灾害。蚧类中也有少数种类为重要的资源昆虫，如白蜡虫 *Ericerus pela*（Chav.）、紫胶虫 *Lacci-fer lacca*（Kern）等。

介壳虫经过大量繁殖，虫体可布满植物枝叶，即使是高大的果树、林木，受到它们不断的为害，也难免憔悴枯萎，最后甚至死亡。并且由于其食性广泛，辗转传播，造成巨大的经济损失。一般介壳虫种类，都为害植物的地上部分，主干、大枝、小枝、叶及叶柄、果柄或果实都可能被介壳虫布满。但也有一些种类，专为害根、须根、块茎或块根等地下部分。

> 介壳虫类是同翅目中，也可以说是整个昆虫中最奇特的类群。雌雄异型，雄虫口器完全退化，不取食，后翅退化成平衡棒；雌虫无翅、无产卵器。若虫只第 1 龄时能够爬行。以雌虫和若虫为害植物。雌虫无蛹期，雄虫有蛹期。

介壳虫的为害，主要由它们的刺吸式口器终生插入植物组织内，大量吸食植物汁液，而且还由于它们的口针很长，为了取食更多的汁液，将口针尽量插入植物组织深处，因而破坏植物的组织，使组织退色、死亡；又由于其所分泌唾液的影响，使局部组织畸形或形成瘤瘿；有的还传播植物的病毒病害。当介壳虫大量发生时，常密被枝叶上，其介壳或所分泌的蜡质等物质覆盖植物的表面，严重影响植物的呼吸和光合作用。介壳虫中的有些种类，还能排泄"蜜露"，导致植物发生严重的黑霉病。

我国已记载的介壳虫种类中有 160 多种为重要的农业害虫，特别严重的有 60 多种。

介壳虫对果树的为害尤为突出。如寄生于柑橘的介壳虫种类达 95 种之多，其中最危险的有吹绵蚧 *Icerya purchasi* Maskell，它是世界著名的毁灭性害虫，1886 年在美国加利福尼亚州为害，造成了当地柑橘和柠檬的全部毁园。建国初期，湖南南岳的一些柑橘园曾因此虫成灾，而全部砍伐，更新经营。为害苹果和梨的介壳虫有 70 多种，特别

严重的是梨圆蚧 *Quadraspidiotus perniciosus* (Comstock)、梨长白蚧 *Leucaspis japonica* Cokerell 和康粉蚧 *Pseudococcus comslocki* (Knwana)，常毗邻重叠满布全株植物枝干的表面，也侵害叶和果实，使果树濒于死亡，果实变形或龟裂脱落；二、三年生果苗一经侵害，几乎没有不枯死的。

危害森林树木的介壳虫种类也很多，如松树的松突圆蚧 *Hemiberlesia pitysophila* Takagi、日本松干蚧 *Matsucoccus matsumurae* (Kuwana) 和湿地松粉蚧 *Oracella acuta* (Lobdell) Ferris 等，近年来在我国各地造成了严重为害。

庭园观赏植物上的介壳虫，发生特别严重的有玫瑰的月季白轮蚧 *Aulacaspis rosaram* Borshs、山茶的柑橘并盾蚧 *Pinnaspis aspidistrae* (Signoret)、苏铁的苏铁牡蛎蚧 *Lepidosaphes cycadicola* Kuwana 等。

由此可见，介壳虫的为害极其广泛，从草本植物到木本植物、从果园到森林、从森林到公园、从农田到菜园，无一不受其为害。因此，对其开展检疫和防治是十分重要的。

2007 年新公布的《中华人民共和国进境植物检疫性有害生物名录》中包括了 19 种蚧类：松唐盾蚧 *Carulaspis juniperi* (Bouchè)、香蕉肾盾蚧 *Aonidiella comperei* Mckenzie、无花果蜡蚧 *Ceroplastes rusci* (L.)、松针盾蚧 *Chionaspis pinifoliae* (Fitch)、新菠萝灰粉蚧 *Dysmicoccus neobrevipes* Beardsley、香蕉灰粉蚧 *Dysmicoccus grassi* Leonari、桃白圆盾蚧 *Epidiaspis leperii* (Signoret)、枣大球蚧 *Eulecanium gigantea* (Shinji)、松突圆蚧 *Hemiberlesia pitysophila* Takagi、黑丝盾蚧 *Ischnaspis longirostris* (Signoret)、灰白片盾蚧 *Parlatoria crypta* Mckenzie、芒果蛎蚧 *Lepidosaphes tapleyi* Williams、东京蛎蚧 *Lepidosaphes tokionis* (Kuwana)、榆蛎蚧 *Lepidosaphes ulmi* (L.)、南洋臀纹粉蚧 *Planococcus lilacius* Cockerell、大洋臀纹粉蚧 *Planococcus minor* (Maskell)、霍氏长盾蚧 *Mercetaspis halli* (Green)、七角星蜡蚧 *Vinsonia stellifera* (Westwood)、刺盾蚧 *Selenaspidus articulatus* Morgan 等。

# 一、松 突 圆 蚧

## 1. 名称及检疫类别

别名：松栉盾蚧

学名：*Hemiberlesia pitysophila* Takagi

英文名：pine scale

分类地位：同翅目 Homiptera，盾蚧科 Diaspididae

检疫害虫类别：为我国进境植物检疫性害虫，我国林业检疫性害虫，中俄植检植保双边协定规定的检疫性害虫。

## 2. 分布与为害

原分布于日本（冲绳诸岛、先岛群岛）、中国台湾，20 世纪 70 年代在香港、澳门有大面积发生。1982 年 5 月在毗邻澳门的广东省珠海市马尾松林内首次发现，随后该虫以半弧形辐射状向内地蔓延扩散，目前已蔓延至广东省的 60 多个县（市）。

主要寄主为马尾松、湿地松、日本黑松、加勒比松、展松、卵果松、短叶松、卡锡松、晚松、光松、列果沙松、南亚松等十多种松树。

以若虫和雌成虫为害。主要在叶鞘内为害，其次在针叶上为害，使针叶枯黄，被害处变色、发黑、干缩或腐烂，不能结实，树势衰退，以至造成大面积枯死。

**3. 形态特征**

松突圆蚧的形态特征如图6-3所示。

（1）雌成虫。体略呈宽梨形，淡黄色。体长0.7～1.1 mm。腹末端臀板宽而近似半圆形。腹部第2～4腹节侧缘常明显向外突出。体壁除臀板外均为膜质。在口器下方常有鳞状颗粒分布，或有的个体此颗粒不甚明显。臀叶2对，中臀叶大，其末端钝圆，两侧有缺刻。中臀叶的两叶多为平行状伸出，两叶间的距离约为臀叶宽度的1/3；第2对臀叶很小，但高度硬化，呈小齿状斜向内伸出，其大小远小于中臀叶；第3对臀叶完全缺如。臀棘细长如刺，其顶端除中臀叶间的臀棘外，均可见有小分叉或小分枝；臀棘的形状，在不同个体间存在有变异，其顶端有略呈缨状者；臀棘的分布通常在两中臀叶间，有2根，此2根臀棘细而短，其长度不超过中臀叶。在中臀叶与第2对臀叶间具2根臀棘，第2对臀叶与第3对臀叶间具3根臀棘，再向上常有很小的3根臀棘分布。臀板上的背管腺细长，中臀叶间的背管腺明显越过肛门，其他背管腺在臀板两侧排成简单的3条纵列，通常在中臀叶与第2对臀叶间也就是在第7、8腹节间有2、3根背管腺，此2、3根背管腺被第2对厚皮锤所包。臀板前腹节体缘有较短的背管腺分布，通常在胸部、基部腹节各2、3个，以后2个腹节各2～4个。在前胸气门前

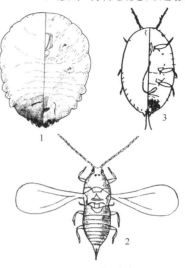

图6-3 松突圆蚧
1. 雌成虫；2. 雄成虫；3. 初孵若虫
（1. 中华人民共和国动植物检疫局，农业部检疫实验所，1997；2，3. 林业部野生动植物保护司，林业部森林病虫害防治总站，1996）

方，前、后胸气门间，后胸气门后方，臀前腹节的亚中区，第2～4腹节的边缘突出部以及臀板上侧角均有小管腺分布。触角略呈瘤状或丘状，具1根长毛。在胸气门附近可见有颗粒状皮斑。肛门略呈圆形，其直径近似中臀叶长度，距中臀叶基部的距离约略似其直径。无阴门周腺。介壳常为白色。

（2）雄成虫。虫体小，橘黄色。体长约0.8 mm。触角20节，每节均生有数根细毛。单眼2对。胸足3对，正常发育。翅1对，前翅展翅约1.1mm，膜质，具2条翅脉，后翅退化成为平衡棒，棒端有刚毛1根。腹部末端交尾器稍有弯曲。

（3）初孵若虫。体呈长卵形，眼1对灰色，位于头前端，靠近触角。触角4节，基部3节较短，顶端节最长。口器发达。足3对，具正常节数，转节具1根长毛，跗冠毛和爪冠毛各1对，体缘生有1列刚毛。背面从中胸到腹部末端的体缘分布有管状腺。臀叶发达，外侧有缺刻，第2对臀叶很小，中臀叶间生有长、短刚毛各1对。

**4. 生物学特性**

在广东南部每年发生5代，世代重叠，无明显的越冬期。各世代雌蚧完成1代的历期分别为52.9～62.5d，47.5～50.2d，46.3～46.7d，49.4～51.0d，114.0～118.3d。初孵若虫出现4个高峰期，分别为3月中旬至4月中旬，6月初至6月中旬，7月底至8

月上旬，9月底至11月中旬。

松突圆蚧的卵期短暂，多数卵在雌虫体内即发育成熟，产卵和孵化几乎同时进行，少数卵还可以在体内孵化后直接产出体外。

初孵若虫一般先在介壳内滞留一段时间，待环境适宜时再从母体介壳边缘的裂缝爬出。出壳时先露出头部，触角不断摆动，继而露出体躯。出壳时间，以 $10\sim14h$ 为最多，如遇闷热天气，出壳高峰提前到 8h 左右，阴晦天气则延至 $15\sim16h$，雨天一般不出壳。冬季气温较低时，林间仍有少量若虫出壳。光照对各代若虫的孵化出壳无明显的影响。新出壳的若虫很活跃，常沿针叶来回爬动，寻找合适的寄生场所。经 $1\sim2h$ 后即把口针插入针叶内固定吸食，$5\sim19h$ 开始泌蜡。蜡丝首先缠盖住体缘，然后逐渐延至背面中央，经 $20\sim32h$ 可封盖全身。此时，除边缘外，蜡被尚薄而透明，可见到黄色的虫体。再经 $1\sim2d$ 蜡被增厚变白，形成圆形介壳。固定在叶鞘内的多发育为雌虫，而固定在叶鞘外针叶上及球果上的多发育为雄虫。

雄成虫羽化后一般在介壳内蛰伏 $1\sim3d$，出壳时，尾端先从介壳较低的一端露出，继而整个身躯退出介壳，而且翅呈 180° 倒折，覆盖住头部，出壳后经数分钟，翅恢复正常状态。刚羽化的雄虫十分活跃，爬动或飞翔，寻找合适的雌蚧，然后腹部朝下弯曲，从雌蚧介壳缝中插入交尾器，进行交尾。雄虫可多次交尾，交尾后数小时即死亡。雌成虫交尾后 $10\sim15d$ 开始产卵。各代雌蚧产卵期一般为 $1\sim3$ 个月，产卵量以越冬代（第 5 代）和第 1 代最多，$64\sim78$ 粒；$8\sim9$ 月第 3 代产卵量最少，约 39 粒。雌成虫在树木砍伐后日晒 10d 的枝叶中存活率可达 70%，冬季存活时间较夏季长。雌雄蚧比例一般为 $1.5:1\sim2.0:1$，一年中季节不同性比也略有不同。

主要寄生在针叶基部，剥开叶鞘可见虫体寄生，其次寄生在新抽出的嫩鞘基部、新鲜球果的果鳞上，以及新长出的针叶下部。寄生叶鞘基部的多为雌性蚧，而散居针叶、嫩梢和球果果鳞上的多为雄性蚧。被寄生部位发黑或褐色，干枯或软烂，是被害状的微观显著特征。严重受害的松林宏观特征是林木针叶颜色发黄，落叶较多，新梢短而少，濒于枯死。

松突圆蚧的天敌种类很多，如红点唇瓢虫 *Chilocorus kuwanae*、整胸寡节瓢虫 *Telsimia emarginata*、细缘唇瓢虫 *Chilocorus circumdatus*、台毛艳瓢虫 *Pharoscymnus taoi*、六斑月瓢虫 *Menochilus sexmaculata*、细纹裸瓢虫 *Bothrocalvia albolineata*、隐斑瓢虫 *Harmonia yedoensis*、八斑绢草蛉 *Ancylopteryx octopunctata*、牯岭草蛉 *Chrysopa kulingensis*、圆果大赤螨 *Anystis baccarum*、尼氏钝绥螨 *Amblyseius nicholsi*、草钝绥螨 *Amblyseius herbicolus*、纽氏钝绥螨 *Amblyseius newsami*、日本方头甲 *Cybocephalus nipponicus*、黄胫长鬃蓟马 *Karnyothrips flavipes*、捕虱管蓟马 *Aleurodothrips fasciapennis*、盾蚧丽蚜小蜂 *Encarsia citrina*、爱友丽蚜小蜂 *Encarsia amicula*、黄蚜小蜂 *Aphytis* sp.、梨圆蚧扑虱蚜小蜂 *Prospaltella perniciosi* 等。

1986～1988 年广东省从日本成功引进了松突圆蚧花角蚜小蜂 *Coccobius azumai*，对松突圆蚧起到很好的控制作用。

**5. 传播途径**

在初孵幼虫未进入固定阶段时，能随气流、风雨、流水、动物和人类的生产活动进行传播，特别是随活苗木和新伐枝叶进行人为传播。我国港澳地区主要是由台湾、日本等地输入带虫的圣诞树（松树）造成的。

**6. 检疫方法**

在检疫过程中可采取直观检验和室内检验相结合的方法随机取样，验证样品是否被松突圆蚧寄生。根据以下特征进行直观检验：寄生部位为松针、嫩梢的基部，新鲜球果的鳞片间以及新生针叶的中、上部；被害松树、苗木、盆景针叶枯黄，卷曲或脱落；被害部位变色，发黑、缢缩或腐烂。在直观检验的基础上，采取样品，用解剖针剥去蚧壳，在解剖镜下参照形态特征部分的描述进行鉴定。

**7. 检疫处理与防治方法**

1）检疫处理

对疫区的马尾松、湿地松、黑松、加勒比松等松属植物的枝条、针叶和球果，应严格禁止外运，一律就地做薪炭材使用或药剂处理。木材调运要剥皮。当发现松突圆蚧虫情时，对有虫苗木应进行彻底灭虫处理。可使用 56% 磷化铝片进行熏蒸，用药量为 $6.6 \mathrm{g/m^3}$，时间为 $1.5 \sim 2\mathrm{d}$。可根据实际条件，选用安全、彻底的灭虫处理措施。

2）防治方法

营造阔叶林隔离林带，可有效阻止此虫的自然扩散。

（1）土壤处理。在幼树根部沟施 5% 异丙磷颗粒剂，用药量为 $60\mathrm{kg/hm^2}$。

（2）喷药防治。对疫区的各类松类苗木、盆景、圣诞树等特殊用苗，一般不准调出。必须调出时应严格实行检疫，取样要多，观察要仔细。一旦发现松突圆蚧，用松脂柴油乳剂（0 号柴油：松脂：碳酸钠 = 22.2：38.9：5.6）3～4 倍稀释液、40% 久效磷乳油 800～1000 倍液均匀喷洒或销毁处理。

对该蚧虫为害的松林应适当进行修枝剪伐，保持冠高比为 2：5，侧枝保留 6 轮以上，以降低虫口密度，增强树势。

采用林间小片繁殖松突圆蚧花角蚜小蜂（*Coccobius azumai*）种蜂，人工挂放或用飞机撒施就地繁育的种蜂枝条的办法放蜂。

# 二、松 针 盾 蚧

**1. 名称及检疫类别**

学名：*Chionaspis pinifoliae*（Fitch）

英文名：pine needle scale

分类地位：同翅目 Homoptera，盾蚧科 Diaspididae

检疫害虫类别：为我国进境植物检疫性害虫。

**2. 分布与为害**

松针盾蚧分布在北美地区，包括美国爱达荷、蒙大拿等州和加拿大。中国目前尚未有分布。

寄主以松属植物为主，特别是欧洲山松（中欧山松）、美加红松（多脂松）、小干松（扭松）、西黄松（美国黄松）、欧洲赤松和欧洲黑松（南欧黑松）等松属植物，此外还可在雪松属、红豆杉属、榧树属（红豆杉科）、云杉属、冷杉属、道格拉斯冷杉、铁杉上发生危害。

树木被松针盾蚧感染后，由于汁液被吸食，针叶变成黄褐色。从远处看，树叶呈霜状或银色，圣诞树等观赏植物由于覆盖了白色的蜡状成虫和它们的分泌液而导致观赏性变差。随着侵染时间的延长，枝叶枯萎，严重的可导致全株死亡。新栽树特别易受该虫的侵害，一年就可以使该虫达到暴发的数量。

**3. 形态特征**

松针盾蚧的形态特征如图 6-4 所示。

（1）成虫。松针盾蚧白色，在寄主针叶上形成白色、牡蛎壳状的蜡质棉絮状覆盖物，在较小的一端有 1 个黄色至橘黄色的蜕。雌蚧一般长 3～4mm；雄蚧长约 1mm，比雌虫柔软，雄蚧沿白色部分有 3 条纵嵴。

（2）卵。成熟的卵粉红色、紫红色至红褐色，椭圆形。

（3）若虫。新孵若虫红褐色，有黑色的眼斑。

**4. 生物学特性**

在北美地区的南方一般每年发生 2 代，北方以及高海拔地区发生 1 代。主要以深红色的卵在雌虫的介壳下越冬，也有极少数雌虫可越冬并在春季继续产卵。

卵的孵化与海拔和季节温度有关。越冬卵正常孵化的时间在 4 月底至 5 月中旬。春季温度高时，越冬卵可在 4 月底就开始孵化；春季温度低时，越冬卵要到 6 月才开始孵化。如果整个春季温度持续低温，则越冬卵的孵化期将会持续 1 个月以上。至 6～7 月，第 1 代成虫形成介壳并开始产第 2 代卵。夏季产的卵在 7 月底孵化，若虫在 8 月中成熟。第 2 代的发生期为 7～9 月。第 2 代成虫在 10 月上中旬成熟并产卵。卵孵化要持续 2～3 周时间。第 2 代若虫主要定居在当季长出的针叶上。

图 6-4　松针盾蚧
（周明华等，2004）

卵在 5 月上中旬孵化成小而扁的若虫，颜色类似卵的玫瑰紫色，有的和小蚜虫相似，称作爬虫。这是松针盾蚧整个生活史中唯一的活动期。这些粉红色的爬虫在新枝条上找到适合的位置开始吸食汁液，位置较低的枝条上数目一般较多。爬虫非常笨拙，经常被风吹下树或吹到附近的树上。一旦找到合适的位置，爬虫就插入口针，并开始形成介壳。几周后，发育为成虫。雄虫的蛹期约 1 周。雌虫在产卵前，继续在介壳下生长约 3 周。在交配后，雌虫会继续生长数周直至在介壳下产卵。每头雌虫平均产卵 40 枚。

松针盾蚧在寄主的针叶上定殖，6～7 月份时常在枝上排成 1 排（图 6-4）。定殖后，一般不移动位置直到 7 月初发育为成虫时为止。雄成虫羽化后爬行寻找雌虫交配，雄虫的数量较少。可进行孤雌生殖。

天敌主要有具痣唇瓢虫 *Chilocorus stigma*（Say）、暗色瓢虫 *Rhizobius ventralis*（Erichson）、瓢虫 *Coccidophilus atronitens* 以及寄生蜂等。

**5. 传播途径**

松针盾蚧主要通过原木和种苗调运等人为方式进行远距离传播。近距离主要通过若虫进行传播。

**6. 检疫方法**

参照其他检疫性蚧类。

**7. 检疫处理与防治方法**

1) 检疫处理

参照松突圆蚧的方法处理。

2) 防治方法

在若虫期可喷洒马拉硫磷、西维因、二嗪农、乙酰甲胺磷和毒死蜱等杀虫剂或氢化油进行化学防治。

# 三、枣大球蚧

**1. 名称及检疫类别**

学名：*Eulecanium gigantea*（Shinji）

异名：*Lecanium gigantea* Shinji

　　　*Eulecanium diminudtum* Borchssenius

英文名：gigantic globular scale

分类地位：同翅目 Homoptera，蜡蚧科 Coccidae

检疫害虫类别：为我国进境植物检疫性害虫；我国森林植物检疫性害虫。

**2. 分布与为害**

该虫分布于日本、原苏联、远东地区。国内分布于新疆、内蒙古、宁夏、青海、甘肃、陕西、山西、辽宁、河南、河北、山东、江苏、安徽等。

主要寄主有枣属、核桃属、苹果属、梨属、李属、巴旦杏、文冠果、刺槐、杨属、榆属、槭属、槐树、蔷薇属、柳属、酸枣、紫薇、紫穗槐、珍珠梅等四十余种植物。

雌成虫和若虫在枝干上刺吸汁液，排泄蜜露诱致煤污病发生，影响光合作用。受害枣树树势衰弱，果母枝、抽生结果枝数量锐减，枣果率和单果重降低，枣果瘦小，品质变劣。严重的导致死亡。

**3. 形态特征**

枣大球蚧的形态特征如图 6-5 所示。

（1）雌成虫。成熟时体背红褐色，带有整齐的黑灰色斑，花斑图案为：1 条中纵带，2 条锯齿状缘带，2 带间有 8 个斑点排成 1 个亚中列或亚缘列，此时虫体多向后倾斜，体背有毛绒状蜡被。受精产卵后，体几乎为半球形，或近乎球形，全体硬化变成黑褐色（寄生在杨树上时，多为淡咖啡色），红褐色花斑及毛绒状蜡被均消失，此时体背除有个别凹点外，基本光滑锃亮、黑褐色。平均体长约 9.9mm，宽约 8.5mm，亦有体长 18.8mm，宽 18.0mm，高 14.0mm 的个体。喙 1 节，位于触角之间，触角 7 节，第 3 节最长，第 4 节突然变细。胸足 3 对，小而分节明显，胫节和跗节间无硬化突起，跗冠毛和爪冠毛均纤细而顶端尖。气门与足相比，相对较大，气门腺路由五孔腺组成，每条气门腺路成不规则 1 列，约 20 个五孔腺。体缘毛呈小刺状，臀裂不深，仅为体长的 1/6。肛板 2 块，合而呈正方形，外角几成直角，前侧缘与后侧缘几等长，后角有长、短刚毛各 2 根。肛管短，无缘毛，肛环前、后端常断缺，环上有内、外 2 列孔及肛环毛 8 根，体背有小管状腺，腹面体缘有大管状腺。多孔腺分布于腹面中部区，尤以腹部数量较多，体背面分布有小刺及盘状孔。腹面有稀疏小体毛。

枣大球蚧与槐花大球蚧相似，两者主要区别是：枣大球蚧雌成虫体背面红褐色，带

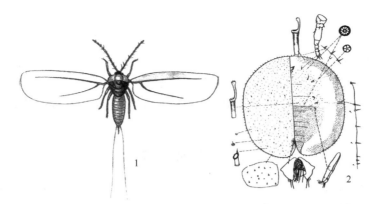

图 6-5　枣大球蚧（林业部野生动物和森林植物保护司等，1996）
1. 雄成虫；2. 雌成虫

有整齐黑灰色斑，肛环具 8 根肛环毛；槐花大球蚧雌成虫体背多为黄色或白黄色，带有整齐紫黑色虎皮状斑，斑纹在背中为宽纵带，且两端扩大。

（2）雄成虫。体长 2.0～2.5mm，宽约 0.6mm，橙黄褐色。翅展约 5.0mm，头部黑褐色。前胸及腹部黄褐色，中、后胸红棕色。触角丝状，似串珠状，共 10 节，均具长毛。前翅发达，透明无色，有 1 支两分叉的翅脉，自基部约 1/3 处分叉。尾部有锥状交配器 1 根和白色蜡丝 2 根。

（3）卵。长椭圆形，长 0.5～0.7mm。初为浅黄褐色至浅粉红色；孵化前为紫红色，被白色蜡粉。

（4）若虫。

1 龄活动若虫：扁长椭圆形，橘红色，体节较明显，体长约 0.4mm，宽约 0.2mm。头与前胸发达，具红色侧单眼 1 对。触角 6 节，生有 6 根长刚毛，第 2、3、5 节各 1 根，端节 3 根。3 对胸足发达。腹端中部凹陷，中央及两侧各具 1 刺突，中、侧刺突间生 1 长尾毛，略与体等长。

1 龄寄生若虫：长椭圆形，体长约 0.6mm，宽约 0.3mm。黄褐色。体被很薄的白色介壳。背中线具环状橘红色稍隆起纵条斑 1 块。2 对蜡片分别覆盖 3 对胸足。2 根白色蜡丝部分露出介壳。

2 龄若虫：前期长椭圆形，体长约 1.0mm，宽约 0.5mm。淡黄色。白色介壳边缘有长方形白色蜡片 14 对，首对常为 1 块。背部有前、后两个环状壳点（蜡块），2 根白色蜡丝部分露出介壳；中期长椭圆形，体长约 1.3mm，宽约 0.6mm。淡黄色。背部有前、中、后 3 个环状壳点（蜡块），可见 2 根白色蜡丝残迹。侧单眼呈棕褐色；后期长椭圆形，体长约 1.3mm，宽约 0.7mm。淡黄色。介壳边缘具刺毛，尚见残缺的白色蜡片或痕迹及 2 根白色蜡丝残迹。背部仍有前、中、后 3 个环状壳点。

（5）雄蛹。长椭圆形，长约 2.3mm，宽约 0.3mm。蛹前期呈淡褐色，眼点红色；后期呈深褐色，眼点褐色。交配器钝圆锥形。交配器和前翅芽与体色同。体被长卵形无光泽玻璃状介壳。

**4. 生物学特性**

枣大球蚧在我国每年 1 代，以 2 龄若虫在 1～2 年生枝条上越冬。翌年 3 月下旬至 4

月上旬寄主芽萌动时，越冬若虫开始刺吸寄主汁液为害，4月下旬出现成虫。雄虫起飞后即寻找雌虫交配，不能孤雌生殖，5月中旬至6月上旬雌虫抱卵，6月上、中旬为卵期，6月中旬若虫开始孵化。初孵若虫很活泼，首先在母体介壳下乱爬，通过臀裂翘起处爬出，在寄主枝条和叶片上爬行约1d后固定为害，尤在叶背、叶面主脉两侧和嫩梢、枝条下方为多。对不良的气候条件适应能力强。在叶片上寄生的2龄若虫，于10月份寄主落叶前转移到叶柄基部的枝条下方再固定为害，并在此越冬；越冬后的若虫和雌成虫只为害1～2年生枝条。该虫雌雄分化后到雌虫抱卵前，即4月中旬至5月中旬，此时雌虫虫体迅速膨胀，在1个月里，虫体直径可膨大10倍左右，雌虫大量刺吸寄主汁液，此期也是为害盛期。

寄生于枣大球蚧的天敌有蜡蚧跳小蜂 *Encyrtus infidus*（Rossi）、球蚧花角跳小蜂 *Blastothrix sericae*（Dalman）和拜氏跳小蜂 *Oriencyrtus beybienkoi* Sugonjaev et Trjapitzin。蜡蚧跳小蜂寄生后，枣大球蚧不产卵，而球蚧花角跳小蜂、拜氏跳小蜂寄生后产卵量明显减少，蜡蚧跳小蜂为优势种。

**5. 传播途径**

枣大球蚧可随苗木、接穗、砧木的调运进行远距离传播。

**6. 检疫方法**

对来自疫区的苗木、接穗和砧木进行严格检疫，发现有蚧虫的样品应送室内进行检验，将虫种经过制片进行镜检。

**7. 检疫处理与防治方法**

1）检疫处理

发现枣大球蚧应及时进行处理，方法为用40%氧化乐果乳油或40%久效磷乳油500倍液，均匀喷洒到苗木上，以药液从苗木上滴流为宜。

2）防治方法

枣大球蚧的防治在早春树液流动前和初孵若虫期进行，避免寄生蜂羽化期施药。春季可结合枣树修剪，剪除群集越冬的虫枝。发生严重区可于3月中旬对树冠喷洒5%～10%轻柴油乳剂。初孵若虫期可喷25%蚧死净乳油1000倍液、80%敌敌畏乳油1000～1500倍液、40%水胺硫磷乳油1000倍液、40%氧化乐果乳油1000倍液。


附表6-2　蚧总科分科检索表

1. 雌成虫有腹气门；如无，则前足特化为挖掘式；雄成虫具有复眼 ……………………………… 2

  雌成虫无腹气门；雄成虫除少数种类例外，均无复眼 ……………………………………………… 3

2. 雌成虫无肛环，触角1～13节 ……………………………………… 珠蚧科 Margarodidae

  雌成虫肛环发达，肛环上具很多肛环孔和6根肛环刺，触角通常3～8节 ……… 旌蚧科 Ortheziidae

3. 雌成虫触角常为11节；雄成虫有复眼，仅记载于新西兰 ………………… 纽蚧科 Phenacoleachiidae

  雌成虫触角最多常为9节；雄成虫无复眼 ……………………………………………………………… 4

4. 雌成虫之两对胸气门均位于虫体之末端 …………………………………… 蜂蚧科 Beesoniidae

  雌成虫之两对胸气门或至少一对胸气门位于胸部正常位置 …………………………………………… 5

5. 雌成虫腹末端第4或第5～8腹节不同程度硬化形成臀板以及虫体外被蜡壳覆盖；如无则管状腺为双筒式 ……………………………………………………………………………………………… 6

  雌成虫无臀板及蜡壳 …………………………………………………………………………………… 8

6. 雌成虫有发达的臀板及蜡壳 ……………………………………………………………… 7

　　无上述特征、管状腺为双筒式，专寄生在战捷木上危害 ………………… 战蚧科 Phoenicococcidae

7. 蜡壳上无由幼虫蜕皮壳组成的壳点，足与触角发达 ……………………… 壳蚧科 Conchaspidae

　　蜡壳上有壳点，足与触角均退化，胸气门显著，初孵若虫无肛环 ………… 盾蚧科 Diaspididae

8. 雌成虫在腹部背面中央具有刺状突起（背针），尾端有特殊的尾瘤，肛环刺常 10 根，无较大的典型
　　管状腺，胸气门前一对远大于后一对，背上对应前胸气门的位置有特殊的臂及臂顶端的臂板 ……
　　…………………………………………………………………… 胶蚧科 Lacciferidae＝Kerriidae

　　无上述特征 ………………………………………………………………………………………… 9

9. 雌成虫腹末端有臀裂及肛板；无 8 字腺 ………………………………………………………… 10

　　雌成虫腹末端无臀裂及肛板；如有则具有 8 字腺 …………………………………………… 11

10. 臀裂常发达，肛板分左右两块，也有极少数种类无肛板者 ………………… 蜡蚧科 Coccidae

　　臀裂不发达、肛板一块 ……………………………………………………… 仁蚧科 Aclerdidae

11. 肛环无，体刺为截圆锥形 …………………………………………………………………………… 12

　　肛环有，如无则体刺非截圆锥形 ……………………………………………………………… 13

12. 多孔腺成群分布，群中有一瓶样的管状腺，体刺全面分布，原记载于中美 …………………………
　　………………………………………………………………………………… 胭蚧科 Dactylopiidae

　　无上述特征，体刺只在腹部边缘分布，原记载于非洲 ……………… 非蚧科 Stictococcidae

13. 无管状腺，虫体呈陀螺形，腹部特长，腹末有一对细长的尾瓣，分布于大洋洲 …………………
　　………………………………………………………………………………… 瘿蚧科 Apiomorphidae

　　有管状腺，虫体体型非上述 ………………………………………………………………………… 14

14. 肛环无肛环刺或毛，雌成虫之虫体常硬化为球形，虫体背面分布有 8 字腺，腹面无 8 字腺，管状
　　腺在腹面亚缘区常成带状分布，全部种类寄生在麻栎植物上 …………………………………
　　…………………………………………………………… 红蚧科 Kermococcidae＝Kermesidae

　　肛环具肛环刺或毛，雌成虫体常柔软，不呈坚硬的球形 …………………………………………… 15

15. 雌成虫具 8 字腺 ……………………………………………………………………………………… 16

　　雌成虫无 8 字腺 ……………………………………………………………………………………… 18

16. 无筛状肛板；管状腺末端无顶端膨大的端丝；小 8 字腺通常在中胸或胸部无分布，或如果偶见分
　　布，一股只在喙之下方靠近喙处分布 ………………………………… 链蚧科 Asterolecaniidae

　　有筛状肛板；管状腺末端有较发达的顶端膨大的端丝；小 8 字腺在中胸分布较多 …………… 17

17. 肛板 1 块，多呈盾牌状，上宽下窄；无弓形筛状肛板；通常在触角基部有五孔腺分布；喙常 3 节；
　　8 字腺在腹面腹部常形成横列或横带分布 ……………………………… 壶蚧科 Cerococcidae

　　肛板发达可分为筛状肛板；在触角基部无五孔腺分布；喙通常 1 或 2 节；腹面之腹部无 8 字腺横
　　列或横带 …………………………………………………………… 盘蚧科 Lecanodiaspididae

18. 雌成虫常具三孔腺、刺孔群、腹裂和背裂；管状腺端部开口不呈明显的凹口状，且管状腺常较细
　　小；虫体背面和体缘如有刺，则很小而细；臀瓣小或不明显 ………… 粉蚧科 Pseudococcidae

　　雌成虫无三孔腺、刺孔群、腹裂和背裂；管状腺端部开口呈明显的凹口状，且管状腺较粗而长
　　大；虫体背面和体缘具有发达的圆锥形刺，有的种类背面密布发达的圆锥形刺，或此发达的圆锥
　　形刺沿着体缘排列；臀瓣发达，常呈圆柱状，甚至有不同程度的硬化 ……… 绒蚧科 Eriococcidae

资料来源：王子清，2001


　　附表 6-3　我国常见 5 种松干蚧检索表

1. 背疤分布在第 2～8 腹节，背疤总数在 200 个以上。寄主为马尾松、黑松、赤松 …………………
　　………………………………………………………………………… 日本松干蚧（*M. matsumurae*）

第 2 和第 8 腹节无背疤分布，背疤总数在 200 个以下 ……………………………… 2

2. 第 8 腹节末端多孔盘腺约 100 个左右，胸足转节有长刚毛 2 根。寄主为马尾松、黑松 …………
　………………………………………………………… 马尾松干蚧（M. massonianae）

第 8 腹节末端多孔盘腺在 60 个以下，胸足转节长刚毛 1 根 ……………………… 3

3. 背疤分布在第 3～7 节上，共占 5 个腹节，腹节上背疤大多数呈扁圆形，宽大于长，在第 7 腹节
上有少量小而圆的背疤。寄主为红松 …………………………… 海松干蚧（M. koraiensis）

背疤分布占 4 个腹节，腹节背疤近于圆形，第 7 腹节上无背疤 ………………… 4

4. 背疤分布在第 3～6 腹节，有时分布在第 2 到 5 腹节，雌成虫胸气门及腹气门外侧各有一个明显的
小突起。寄主为樟子松 …………………………………… 樟子松干蚧（M. dahuriensis）

背疤仅分布在第 3～6 腹节，雌成虫胸气门及腹气门绝无突起。寄主为云南松 …………………
　………………………………………………………… 云南松干蚧（M. yunnanensis）

## 复习思考题

1. 对危险性蚜虫进行检验和检疫处理的方法有哪些？
2. 葡萄根瘤蚜的发生为害有哪些特点？为什么在不同葡萄品种上为害状和生活史不同？
3. 简述葡萄根瘤蚜的检疫处理和防治方法。
4. 苹果绵蚜的发生为害有哪些特点？为什么在我国和在美国的生活史不同？
5. 简述苹果绵蚜的检疫处理和防治方法。
6. 蚧类的为害特点是什么？
7. 蚧类有哪些生物学特性？
8. 我国规定的进境植物检疫性蚧虫有哪些种类？
9. 蚧类的雌虫有哪些特征？为何雌性成虫有极其重要的分类价值？
10. 对蚧类如何进行检疫和检疫处理？
11. 分别简述松突圆蚧、松针盾蚧、枣大球蚧的鉴别特征、为害特点、检疫方法和检疫处理与防
治方法。

# 第七章　检疫性鳞翅目害虫

**内容提要**：鳞翅目中的危险性和检疫性害虫涉及到多种昆虫，本章将重点介绍苹果蠹蛾、美国白蛾、小蔗螟、咖啡潜叶蛾和蔗扁蛾5种重要检疫性害虫的分布与为害、形态特征、生物学特性、检疫方法和检疫处理及防治等。

鳞翅目 Lepidoptera 是昆虫纲中一个较大的类群，包括蛾类和蝶类，全世界已知16万种。该目的共同形态特征是成虫身体和翅面上被覆有鳞片，具有虹吸式口器。通常把翅脉、翅的连锁方式、翅形和翅面斑纹等作为成虫分类的依据，把体线的类型、毛片等被覆物、腹足数量及其趾钩的排列方式等作为幼虫分类的依据。

鳞翅目昆虫几乎全部为植食性，主要以幼虫食害植物的叶片、嫩茎或钻蛀果实、种子、花蕾、茎秆、块根和块茎等，对农林产品的产量和质量影响极大。许多鳞翅目昆虫是重要的农林害虫，也包含不少检疫性害虫，如列入我国进境植物检疫性有害生物的苹果蠹蛾 *Cydia pomonella*（Linnaeus）、樱小卷蛾 *Cydia packardi*（Zeller）、山楂小卷蛾 *Cydia janthinana*（Duponchel）、梨小卷蛾 *Cydia pyrivora*（Danilevskii）、杏小卷蛾 *Cydia prunivora*（Walsh）、荷兰石竹卷蛾 *Cacoecimorpha pronubana* Hubner、斜纹卷蛾 *Ctenopseustis obliquana*（Walker）、云杉色卷蛾 *Choristoneura fumiferana*（Clemens）、黑头长翅卷蛾 *Acleris variana*（Fernald）、苹果异形小卷蛾 *Cryptophlebia leucotreta*（Meyrick）、葡萄花翅小卷蛾 *Lobesia botrana* Denis & Schiffermuller、谷实夜蛾 *Helicoverpa zea*（Boddie）、海灰翅夜蛾 *Spodoptera littoralis*（Boisduval）、黄瓜绢野螟 *Diaphania nitidalis*（Stoll）、石榴螟 *Ectomyelois ceratoniae*（Zeller）、小蔗螟 *Diatraea saccharalis*（Fabricius）、合毒蛾 *Hemerolampa leucostigma*（Smith）、美国白蛾 *Hyphantria cunea*（Drury）、花巢蛾 *Prays citri* Milliere、猕猴桃举肢蛾 *Stathmopoda skelloni* Butler、蔗扁蛾 *Opogona sacchari*（Bojer）、松异带蛾 *Thaumetopoea pityocampa*（Denis et schiffermuller）、咖啡潜叶蛾 *Leucoptera coffeella*（Guerin Meneville）和石榴小灰蝶 *Deudorix isocrates* Fabricius 等，列入国内部分省市补充森林植物检疫对象的有杨干透翅蛾 *Sesia siningensis*（Hsu）和柳蝙蛾 *Phassus excrescens* Butler 等。本章将重点介绍苹果蠹蛾、美国白蛾、小蔗螟、咖啡潜叶蛾、蔗扁蛾等5种重要检疫性害虫。

## 一、苹果蠹蛾

### 1. 名称及检疫类别

别名：苹果小卷蛾、食心虫

学名：*Cydia pomonella*（Linnaeus）

异名：*Carpocapsa pomonella* Linnaeus、*Laspeyresia pomonella*（Linnaeus）

英文名：codling moth

分类地位：鳞翅目 Lepidoptera，卷蛾科 Tortricidae

检疫害虫类别：进境植物检疫性有害生物；全国农业植物检疫对象；全国森林植物检疫对象。

**2. 分布与为害**

苹果蠹蛾原产于欧洲南部地区，现已广泛分布于除南极洲外的 6 大洲，除了日本无此虫分布外，世界上大多数苹果产区几乎均有分布。1953 年在我国新疆首次发现苹果蠹蛾，估计可能从与新疆相邻的俄罗斯传入。目前在新疆已普遍发生，此外也传播到了甘肃敦煌、安西、玉门和酒泉等地。

苹果蠹蛾的主要寄主植物有苹果、沙果、梨、海棠、桃、杏、山楂、李、胡桃、石榴等。以幼虫蛀食果实，且大多在果心部为害，常造成被害果早期大量落果，后期发霉腐烂，严重影响果品的产量和品质。在新疆，主要为害苹果和沙果，第 1 代幼虫对苹果和沙果的蛀果率常达 50% 左右，第 2 代达 80% 以上。驰名全国的库尔勒香梨亦是其主要寄主之一，被害率达 40%；此外还为害桃、杏等果实。在甘肃酒泉地区，对苹果的蛀果率平均为 45%，落果率 50%。由于苹果蠹蛾为害严重且较难防治，如 1909 年全美国为害损失达 1600 万美元，因此，被列为世界上最严重的蛀果害虫之一。

**3. 形态特征**

苹果蠹蛾的形态特征如图 7-1 所示。

（1）成虫。体长 8.0mm 左右，翅展 19.0～20.0mm。体灰褐色略带紫色光泽，雌蛾色淡，雄蛾色深。前翅基部浅褐色，翅的基部、中部和前缘杂有深色的斜波状纹，臀角区有 1 深褐色大圆斑，内有 3 条青铜色条纹，其间显出 4、5 条褐色横纹，此斑为本种最显著的特征。雄虫前翅腹面中室后缘处有 1 黑褐色条斑，雌虫无此条斑；雄虫有翅缰 1 根，雌虫有翅缰 4 根。前翅翅脉 $R_5$ 达外缘，$M_1$ 和 $M_2$ 远离，$M_2$ 与 $M_3$ 接近平行，$Cu_2$ 起自中室后缘 2/3 处。后翅 Rs 与 $M_1$ 脉基部靠近，$M_3$ 与 $Cu_1$ 脉共柄。

（2）卵。长 1.1～1.2mm，宽 0.9～1.0mm。椭圆形，扁平，中央部分略隆起。

（3）幼虫。老熟幼虫体长 14.0～20.0mm。初龄幼虫体淡黄白色，稍大变为淡红色，老熟时背面呈红色，腹面色淡。头黄褐色，有云雾状深色大斑块。前胸背板淡黄色，有较规则的褐色斑点；前胸气门前的毛片有刚毛 3 根，同在一个椭圆形的毛片上。臀板较前胸背板的颜色淡，其上有褐色的小

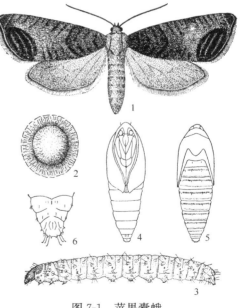

图 7-1 苹果蠹蛾
1. 成虫；2. 卵；3. 幼虫；4～6. 蛹

斑点，腹末无臀栉。腹足趾钩单序缺环（外缺），趾钩数 14～30 个不等，大多为 19～23 个；臀足趾钩数 13～19 个，大多数为 14～18 个。

（4）蛹。体长 7.0～10.0mm。黄褐色，蛹外被有皮屑与丝连缀形成的坚硬丝茧。

第 2～7 腹节背面各有小刺列 2 排，前排刺粗大，后排刺细小；第 8～10 腹节背面各有 1 排刺。肛门孔两侧各有 2 根钩状毛，腹末有 6 根钩状毛，其中腹面 4 根，背面 2 根。

**4. 生物学特性**

（1）世代及越冬。苹果蠹蛾年发生代数因地而异。在新疆北部的石河子和伊犁每年发生 2～3 代（两个完整的世代和一个不完整的第 3 代），在新疆南部的库尔勒每年发生 3 代；在甘肃酒泉每年发生 1～2 代，敦煌每年 3 代。以老熟幼虫在老树皮下、树皮裂缝、树干的分枝处、树干或树根附近的树洞等处或树盘下的松土中（在寒冷地带）做茧越冬，少数幼虫在被害果中或果筐的缝隙中越冬，其中绝大多数幼虫在树干距地面 30～90cm 处越冬，且 85% 的幼虫在树缝内结茧越冬。气候条件是造成越冬场所不同的主要原因，随着纬度的增加和分布地区的北移，幼虫越冬场所可由树干中部转向树干下部乃至土壤中，如在新疆南部果树均为直立，幼虫大多在树干上越冬；而在新疆北部较寒冷的大部分地区，果树需埋土才能过冬，因此，树主干倾斜，匍匐于地，越冬幼虫大多在主干靠近地面的一边，甚至有的在土中 5cm 深处越冬。在国外，波兰大部分地区的苹果蠹蛾幼虫在树干中部的树皮下越冬，俄罗斯高尔基附近在树干下部根的附近做茧越冬，而在西伯利亚伊尔库茨克半数以上的幼虫在土中越冬。

（2）发生及成虫习性。在新疆伊犁地区，越冬幼虫于春季 3 月下旬开始化蛹，化蛹盛期在 4 月下旬至 5 月上旬，此时的旬平均温度为 15℃ 左右，正是中、晚熟苹果品种的开花期；5 月上、中旬越冬代成虫开始羽化，羽化盛期在 5 月下旬至 6 月上旬，此时正值当地有名的晚熟品种"阿波尔特"的开花盛期；第 1 代幼虫的为害期在 5 月下旬至 7 月下旬；第 1 代幼虫完成发育后，其中约有 50% 的个体进入滞育状态，即以老熟幼虫在茧内越夏、越冬，这部分个体每年只发生 1 代；第 1 代成虫羽化盛期在 7 月中旬；第 2 代幼虫为害期在 7 月中旬至 9 月上旬；第 2 代成虫发生盛期距第 1 代成虫发生盛期 50d 左右，每代成虫期延续 50～60d。在甘肃酒泉，第 1 代幼虫的滞育率为 28%。苹果蠹蛾属于兼性滞育的害虫，它们既能以滞育方式度过不利的环境条件，又能充分利用有利的环境条件得到发展，据国外研究，在种群密度较高时一化性占优势，即第 1 代幼虫的滞育率与营养条件有密切的关系，在第 2 代中仅有少数可发育至第 3 代，幼虫的越冬存活率有待进一步研究。

成虫有趋光性和趋化性，用黑光灯和糖醋液可诱集成虫。成虫羽化后 1～2d 开始交尾，下午日落前后为交尾活动高峰，此后活动下降，午夜停止活动。产卵前期 3～6d。在新疆库尔勒一般 4 月下旬开始产卵，在伊犁则在 5 月上旬开始产卵；在伊犁，第 1 代产卵盛期在 6 月上旬，第 2 代产卵盛期在 7 月下旬。每头雌虫一生可产 40 粒左右，最多可达 140 粒。卵散产，多产于果实和叶片的正反面，也可产在枝条上。成虫产卵具有明显的选择性，第 1 代卵主要产在苹果和沙果上，以晚熟品种上最多，中熟品种次之，梨上极少；第 2 代卵普遍产在苹果、沙果和梨上；梨树品种中以苏梨上着卵最多，其次是慈梨、巴梨、香梨，而鸭梨和白梨上的卵量极少。从田间卵量分布看，通常种植稀疏，树冠四周空旷，尤其是向阳面的果上落卵量较多；就树龄而言，老树上落卵多，特别是树龄 30 年的明显多于 15～20 年的果树；在一棵果树上，树冠上层的果实和叶片上卵量最多，中层次之，下层较少；果实上的卵以胴部最多，萼洼及果柄上相对较少。

（3）幼虫习性。幼虫孵化后，先在果实和叶面上爬行，寻找适宜的蛀果部位。开始蛀果时，并不吞食所咬食下的果皮碎屑，而是将咬下的碎屑吐在蛀孔之外，根据这个习性，可利用强触杀剂或具有内吸作用的杀虫剂防治初孵幼虫。幼虫蛀果部位随果树种类、品种和生育期而异，对质地较软的沙果则多从果实胴部蛀入；对夏立蒙等早期质地较硬的果实，则多从萼洼处蛀入；到后期果实较熟软时，从果面（胴部）蛀入者增多。在杏果上多自梗洼处蛀入；第 2 代幼虫蛀食香梨约有半数以上从萼洼处蛀入。幼虫蛀食沙果和苹果时，先在果皮下咬一小室，并在此脱 1 次皮，随后向果心蛀食，在心室旁脱第 2 次皮，随后在心室内蛀食种子，脱第 3 次皮后开始转害它果。一头幼虫可转移为害 1～3 个果实，蛀食小型果实时均需为害 2 个或 2 个以上果实后才能发育老熟。后期幼虫有偏食种子的习性，只有在被害极其严重的情况下，才出现纵横交错穿食果肉的现象。蛀孔外一般堆积有褐色虫粪，并缀有虫丝，严重时成串堆积于蛀孔外。一个果实内常可蛀入多头幼虫，在一个苹果或沙果内，有时有 10～20 个蛀孔，内部有幼虫 7～8 头，但多数为 1～2 龄幼虫，3 龄以上的幼虫极少，且能完成发育的仅有 2、3 头。在蛀食香梨时，一般不需转果即能完成发育，因此，果面上的蛀孔较小，排出的粪便为黑色，虫粪量远远少于蛀食苹果和沙果的量；蛀食杏果时，大多每果仅有 1 头幼虫，且沿杏核蛀食，粪便多留在果实内。

幼虫老熟后由原蛀入孔或另蛀孔爬出果外，寻找隐蔽场所做茧化蛹。幼虫多在树干翘皮下做茧化蛹；或随落果下地后再爬向树干，在较大的树干分枝裂口处也可潜入做茧；在支撑果树的支柱、腐朽中空的老树干内和树干根际的树洞中，也有大量的幼虫化蛹。

（4）虫态历期。在新疆库尔勒，第 1 代卵期 4～13d，平均约 10d；第 2 代卵期 3～11d，平均约 7d。在伊犁第 1 代卵期 5～25d，第 2 代卵期 5～10d，平均 8d。在甘肃敦煌，第 1 代卵期 5～24d，第 2、3 代卵期为 5～10d，平均 9d。幼虫历期一般 30d 左右，蛀食不同品种幼虫的发育历期不同，如蛀食斯特洛维和洋芋的历期 21～22d，而蛀食小型野果的则需 32～34d，因此，在品种繁多的果园，苹果蠹蛾的生活史极不整齐。在甘肃敦煌，第 1 代蛹期 9～19d，第 2 代蛹期 13～17d，第 3 代蛹期 12～19d。

（5）发生与环境的关系。苹果蠹蛾发生与气候因子密切相关。生长发育的适宜温度为 15～30℃，当温度低于 11℃或高于 32℃时，不利于生长发育；卵、幼虫和蛹的最适发育温度分别为 31℃、29℃和 30℃。发育起点温度为 9℃，完成一代的有效积温为 700℃·d，在年有效积温不足 480℃·d 和 1 月份平均气温低于 -28.6℃的地区，苹果蠹蛾不能生存。但不同虫态的耐低温能力不同，其中卵和非滞育幼虫对低温较敏感，卵在 -1.1～0.4℃低温下 35d 全部死亡；滞育幼虫抗低温能力较强，在 -27℃时才会造成大量死亡。幼虫的耐高温能力也较强，当温度达 33℃时发育受阻，超过 38℃时死亡率才急速增加。苹果蠹蛾喜干怕湿，生长发育的适宜相对湿度为 70%～80%，大气相对湿度达 35%～49%时不影响成虫产卵，但大于 74%时成虫飞行受阻，不能交尾产卵。6～9 月平均月降雨量大于 150mm，会造成初孵幼虫大量死亡；在年降雨量小于 250mm 的地区，有利于苹果蠹蛾发生和生存。光周期变化是诱发和打破滞育的主要因子，短日照可诱发滞育，但不同纬度诱发滞育的临界日照时数不同；长日照或长日照加高温可阻止滞育的发生，但打破幼虫滞育必须经过低温。

寄主植物对苹果蠹蛾的地理分布、生物学特性和为害程度等均有显著的影响。特别是苹果作为主要寄主，对其影响十分明显，在苹果产区，蠹蛾的发生必须与苹果的开花节律相吻合，否则难以生存。越冬幼虫在树干上的密度随树种和品种而异，以苹果和沙果树上较多，其次为梨树；在苹果品种中，以中晚熟品种上数量最多，如在中熟品种红玉、晚熟品种青香蕉和国光上较多，而在早熟品种祝光上较少，因此，不同果树和不同品种上发生基数差异较大，加上成虫对不同果树和品种的产卵选择性，造成不同果树和不同品种受害程度存在显著差异。

赤眼蜂是苹果蠹蛾的主要天敌，如广赤眼蜂对卵的寄生率达 40％以上，在 7 月下旬对第 2 代卵的自然寄生率可达 50％，但在 5～8 月降雨量偏高的年份，寄生率较低。

### 5. 传播途径

远距离传播主要借助果品及其包装材料的调运传播。由于苹果蠹蛾幼虫蛀果为害，且幼虫老熟后多数脱果化蛹，部分在果内化蛹，因此，在果实采收时部分幼虫或蛹可能留在果实中，在转运这些果品时，部分幼虫会从果内脱出爬到果品的包装物、果箱或果品堆放处化蛹或以滞育幼虫做茧，因此，在进行检疫时除了检查果品外，必须检查包装材料。

### 6. 检疫方法

按照苹果蠹蛾检疫鉴定行业标准（SN/T1120—2002）进行。对来自疫区的水果、包装材料、集装箱及运输工具进行现场检验，对来自疫区的入境旅客严格检查其携带物。禁止从有苹果蠹蛾发生的国家和地区输入新鲜苹果、杏、樱桃、梨、梅、桃和有壳的胡桃。对来自疫区的水果、包装物必须严格检验，检查时可根据苹果蠹蛾幼虫的为害状和形态特征进行观察，观察果实外表是否有为害状，并剖开被害果观察是否有幼虫和蛹，同时检查包装材料及其缝隙内是否有虫茧。在果品或其包装材料中发现有昆虫的幼虫和蛹，应进一步进行镜检鉴定。

### 7. 检疫处理及防治方法

1）检疫处理

发现苹果蠹蛾后，可采用药剂熏蒸或高温处理检疫材料。使用溴甲烷熏蒸时，其安全剂量为 21℃，48g/m³，2h；使用二硫化碳熏蒸时，其安全剂量为 15℃，56g/m³，24h。

2）防治方法

在已经发生苹果蠹蛾的地区，应从压低发生基数入手，采取多种有效措施控制为害，积极推广应用无公害防治技术，不断提高果品质量。

（1）农业防治。随时清除果园内的落果，消灭落果中未脱果的幼虫；在果树落叶后或早春发芽前，刮除树干上的翘皮并集中烧毁，清除果树主干裂缝，填补树洞，消灭潜伏越冬的幼虫，并进行树干涂白；对于果园内的临时堆果场地也应彻底清扫，将虫果、烂果移出园外，集中销毁，压低越冬幼虫基数。有目的选择对雌虫产卵有驱避作用或抗虫的果树品种，或将这些品种与常规品种混种，降低发生程度。结合田间管理及时摘除虫果，防止幼虫转果为害；在果品生长季节适时套袋，不仅能控制蠹蛾蛀果为害，还能提高果品质量。

（2）诱杀防治。利用老熟幼虫潜入树皮下做茧化蛹的习性，在树干主枝下束草带或布带，诱集幼虫化蛹，定期检查并消灭其中的幼虫或蛹；或用浸过药的草带束在树干上，在整个果树生长期对侵入的幼虫都有防治效果。在成虫发生期，可利用成虫的趋光性和趋化性，安装黑光灯、放置糖醋液或性诱剂诱杀成虫，通常糖醋液罐的放置密度为105～150 个/hm²，性诱芯诱捕器的放置密度为 60～75 个/hm²。

（3）生物防治。有条件的地方，可人工饲养繁殖广赤眼蜂、松毛虫赤眼蜂等天敌，在果园内释放，能起到显著的防治效果。

（4）药剂防治。防治低龄幼虫时，以氨基甲酸酯类的西维因效果较好；防治高龄幼虫时以敌百虫效果较好。对早熟品种一般喷药 2 次，中熟品种 3 次，晚熟品种 4 次，每次间隔 10～15d。防治时间以幼虫孵化始期较好，可杀死初孵幼虫和卵。

（5）遗传防治。用 γ 射线处理雄虫的蛹和羽化 1d 的雄虫，可使 98% 雄虫不育，田间释放不育雄蛾可有效降低卵的受精率。此外，也可用低剂量（50～100Gy）的 γ 射线处理苹果蠹蛾卵，可抑制卵的发育，或引起幼虫阶段死亡，或不能化蛹羽化，或使成虫无生育能力；高剂量（>400Gy）照射则可使卵完全致死。

# 二、美 国 白 蛾

**1. 名称及检疫类别**

别名：秋幕毛虫、秋幕蛾

学名：*Hyphantria cunea*（Drury）

异名：*Bombyx cunea* Drury、*Hyphantria textor* Harr.

英文名：fall webworm, spotless fall webworm

分类地位：鳞翅目 Lepidoptera，灯蛾科 Arctiidae

检疫害虫类别：进境植物检疫性有害生物、全国农业植物检疫对象、全国森林植物检疫对象

**2. 分布与为害**

美国白蛾原产于北美，广泛分布于美国、墨西哥和加拿大南部。1940 年在匈牙利布达佩斯附近发现，1948 年蔓延至匈牙利全境，并开始向原捷克斯洛伐克和原南斯拉夫扩散；此后又很快传播到罗马尼亚、奥地利、原苏联、法国、波兰和保加利亚等国；1945 年传入日本，1958 年传入韩国，1961 年传入朝鲜。我国 1979 年在辽宁丹东发现，1981 年传播到旅顺、大连；1982 年传入山东荣城、河北秦皇岛、陕西武功和西安；后又传到甘肃天水和天津等地。根据国内各地的温度和光照等指标，可以将我国美国白蛾的适生地分为三级危险区和四级生存区，其中特别危险区位于北起新疆的博乐（阿拉山口，45°11′N，82°35′E），南至贵州的黔西（27°02′N，106°01′E），东起山东的荣城（37°24′N，122°41′E），西至新疆的喀什（39°28′N，75°59′E）；而主要潜在分布区位于 30°N～40°N，100°E～125°E 的范围内，包括山东、辽宁、河南、陕西、河北、北京、天津、上海、山西、江苏、安徽、甘肃、宁夏和湖北等省，因此，美国白蛾在我国可能扩散和生存的范围十分广阔。

美国白蛾的食性极杂，可为害 300 多种植物。主要为害臭椿、柿树、桑树、白蜡、泡桐、五角枫、悬铃木、紫叶李、海棠、桃、枣树、文冠果、紫荆、丁香、红瑞木、金银木、金银花、锦带花、月季、菊花、葡萄、爬山虎、紫藤、凌霄等，也为害大豆、玉米等农作物和蔬菜。以幼虫取食植物的叶片，1～2 龄幼虫一般群居在吐丝结成的网幕

中，在叶背面啃食叶肉，残留叶片上表皮和细叶脉，被害叶呈纱窗状，仅个别嫩叶被咬成小洞；3龄幼虫可将叶片咬成小孔洞；4～5龄幼虫开始在叶缘啃食，边缘呈缺刻状；6～7龄幼虫往往将整片叶甚至连同叶脉吃光，仅留叶柄。1～4龄幼虫群居在吐丝结成的网幕中取食，并不断将网幕扩大，常见的网幕长1m左右，大的网幕可从树梢向下拉到树干的基部，长达3m以上；一棵树上的网幕有几个到十几个，多的达200多个；网幕把树叶及小枝条缀连在一起，内有大量虫粪、幼虫和幼虫蜕的皮壳，对树木的生长发育影响极大。幼虫5龄后开始破幕分散为害，单独活动和取食，直到将全树叶片吃光，然后幼虫向附近的大田作物、蔬菜、花卉和杂草等植物上转移为害。严重暴发时，可在极短时间内吃光所有绿色植物，导致被害树木树势衰弱，连续被害可造成树木成片死亡，受害区各种农作物、林木、果树、蚕桑等植物一片枯黄，状如秋天，对农业生产、花卉种植、农田林网、城市绿化、林果业和养蚕业等影响极大。

**3. 形态特征**

美国白蛾的形态特征如图7-2所示。

（1）成虫。雌蛾体长14～17mm，翅展33～48mm；雄蛾体长9～12mm，翅展23～35mm。头白色，触角干和栉齿下方黑色，翅基片和胸部有时有黑纹；胸部背面密生白毛；多数个体腹部白色，无斑点，少数个体腹部黄色，背面和侧面具有1列黑点。雌蛾触角褐色，锯齿状；前翅为纯白色，通常无斑点；后翅为纯白色或在近边缘处有小黑点。雄蛾触角黑色，双栉齿状；第1代前翅从无斑到有浓密的暗色斑点，具有浓密斑点的个体则内横线、中横线、外横线、亚缘线在中脉处向外折角，再斜向后缘，中室端具黑点，外缘中部有1列黑点，后翅上一般无黑点或中室端有1黑点；第2代个别有斑点。

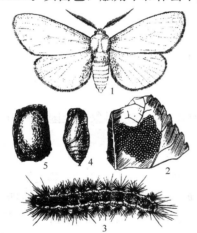

图7-2 美国白蛾（张执中，1997）
1. 成虫；2. 卵块；3. 幼虫；4. 蛹；5. 茧

（2）卵。直径0.4～0.5mm，圆球形，表面有许多规则的凹陷刻纹，初为淡黄绿色，后渐变为灰绿色，有较强的光泽。

（3）幼虫。老熟幼虫体长28.0～35.0mm。体色变化较大，根据头部颜色可分为红头型和黑头型2类。红头型的头部为橘红色，在我国发生数量较少。黑头型的头部黑色发亮，体黄绿色至灰黑色，体背面有1条灰褐至灰黑色的宽纵带，背线、气门上线、气门下线浅黄色。背部毛瘤黑色，体侧毛瘤多为橙黄色，毛瘤上着生白色长毛丛，杂有少量黑色或褐色毛。气门白色，椭圆形，具黑边。腹面灰黄至淡灰色。腹足黑色，有光泽，腹足趾钩单序异中带排列。

（4）蛹。体长8.0～15.0mm，暗红褐色。头、前胸和中胸密布不规则细微皱纹，后胸和腹部布满凹陷刻点，臀棘8～17根，末端喇叭口状，中间凹陷。

（5）茧。淡灰色，较薄，由稀疏的丝混杂幼虫的体毛结成网状。

**4. 生物学特性**

（1）世代及越冬。美国白蛾在其原产地北美洲每年发生1～4代，在俄罗斯南部每年发生2代，在日本和朝鲜每年发生2代。在我国辽宁丹东、山东荣城和陕西武功每年发生2代，少数为不完全3代；在河北秦皇岛每年发生3代。在世界各地均以蛹在表土下、枝叶、树屑或树皮下等处越冬。

（2）发生及成虫习性。在辽宁丹东，越冬蛹于5月上旬开始羽化，5月下旬为成虫盛发期；第1代幼虫发生期为6月上旬至8月上旬，8月上旬为第1代成虫盛发期；第2代幼虫期为8月上旬至11月上旬，第2代幼虫于9月上旬开始化蛹，并进入越冬状态；个别年份第2代蛹可羽化为成虫，发生不完全的第3代幼虫，但在4～5龄时被冻死。在河北秦皇岛，越冬代成虫发生期为4月下旬至6月上旬，盛发期为5月上中旬；第1代幼虫发生期为5月下旬至7下旬，1代成虫发生期为7月上旬至7月下旬，盛发期为7月中下旬；2代幼虫发生期为7月中旬至9月中旬，2代成虫发生期为8月下旬至9月上旬，盛发期为8月下旬至9月上旬；3代幼虫发生期为8月下旬至11月上旬。

刚羽化的成虫对垂直物体表现出强烈的趋性。在春季，成虫的羽化时间多集中在14～20时，高峰期在14～16时；在夏季，成虫的羽化高峰大多集中在18～20时。成虫钻出蛹壳后，迅速爬到附近直立的物体上，如树干、墙壁、电线杆和草本植物的茎秆上，静伏不动，高度大约离地1m。天黑后成虫开始飞翔活动和寻找寄主植物，在群体密度较大时，成虫一个接一个地起飞，直线飞向天空，其飞翔高度可超越树冠；在空中飞翔的蛾子沿树冠或在树冠上回旋，最后落到所嗜食的寄主植物上，完成对寄主植物的选择。成虫落到寄主植物上后，静伏下来，直到次日3时。当蛾子受到微光刺激时开始向叶片边缘移动，此时雄蛾尤为活跃，在叶片上来回爬行，有时还拍击翅膀。随着光线的进一步增强，雄蛾开始起飞，在雄虫活动的诱导下，雌蛾开始释放性外激素，招引雄蛾，并开始交尾。成虫交尾开始于日出前0.5～1h，交尾持续时间平均为14.3h，最短的7.5h，最长的36.5h。雌成虫交尾后于当天下午或晚上开始产卵，成虫产卵对寄主植物有严格的选择性，其中60%～65%的卵产在白蜡槭和桑树上，30%～35%的卵产在其他果树上。在野外，雌虫常将卵产在树冠周缘枝条端部或近端部的叶片背面，一头雌虫一生只产一块卵，产完一块卵往往需要2～3d，个别情况下甚至更长，但大部分卵在第1d产下。成虫产卵时受惊扰也不飞走，对其后代有极强的保护习性。雌虫产卵时缓慢向一侧摆动腹部，产下一排卵，然后身体稍向前移动，又将腹部摆向另一侧，产下另一排卵，因此，在一个卵块中，卵块的行与行之间排列紧密。雌虫产卵时往往将卵产于平行的叶脉间，所以多数卵块的形状呈矩形或菱形，卵块上覆盖有雌蛾脱落的体毛。卵块表面的鳞毛有强烈的拒水性，可以防止卵粒被雨水冲刷掉。每个卵块2～3cm²，有卵500～700粒，最大的卵块有6～7cm²，卵粒数可达2000粒以上。"黑头型"美国白蛾卵块多为单层排列，"红头型"的卵块则多为双层排列。未交尾的雌虫一般不产卵或只产少数分散的卵，大部分卵留在体内。美国白蛾成虫的趋光性较弱，在各种光线中，对紫外光的趋性相对较强，因此，黑光灯仍能诱到一定数量的成虫，但由于雌蛾的孕卵量较大，活动不便，所以灯光诱到的成虫多为雄虫，占总诱蛾量的88%～92%。

（3）幼虫习性。幼虫共6～7龄。幼虫孵化后不久即开始吐丝结网，营群居生活。开始时幼虫吐丝缀叶1～3片，随着幼虫的生长，食量不断增加，越来越多的新叶被网在网幕中，使网幕不断扩大。幼虫在网幕中的生活时间较长，约占整个幼虫期的60%。幼虫进入5龄便抛弃网幕，分成小群在叶面自由取食，5龄后分散在树冠上单个取食。

幼虫具有暴食性，一头幼虫一生可吃掉10～15片桑叶或白蜡、槭树叶片，尤其是5龄后食量剧增，数量多时3～4d内可将一棵树的叶片吃光。此外，幼虫耐饥饿能力较强，在19.6℃条件下，1～2龄幼虫可耐饥饿4d，3～4龄幼虫可耐饥饿8～9d，5～7龄幼虫可达9～15d，因此，有利于幼虫随运输工具进行远距离传播。

幼虫老熟后停止取食，沿树干下行，在树干上的老皮下或附近寻觅化蛹场所。遇到合适的地方后，幼虫钻入其内化蛹。若幼虫钻入土中，则形成蛹室，蛹室内壁衬以幼虫吐的丝和幼虫的体毛。在其他场所幼虫则吐丝做茧，在其内化蛹。1代蛹多集中在树干老皮下的裂缝中，部分在树冠下的枯枝落叶层中、石块下或土壤表层中。由于第2代幼虫多爬到附近的林木、农作物或杂草上取食为害，活动范围较大，因此，化蛹场所比较分散，有很多幼虫甚至到建筑物的缝隙中或其他隐蔽场所化蛹越冬。

（4）各虫态历期。美国白蛾雌蛾寿命3～13d，平均7.7d；雄蛾寿命2～8d，平均5.2d；通常第1代成虫的寿命长于第2代。卵期6～12d，长短因温、湿度条件而异。幼虫期一般30～40d。第1代蛹期10～30d，平均15d。第2代蛹期分为2种情况，发生3代时蛹期10～20d，平均13d；以第2代蛹越冬者蛹期为240～260d。以第3代蛹越冬者为210～230d。

（5）发生与环境的关系。美国白蛾喜欢生活在阳光充足而温暖的地方，温度过高或过低均不利于发生，温度23～25℃、相对湿度75%～80%最适宜卵的发育，在12℃时卵大部分死亡，孵化率很低；干燥炎热的天气往往使卵粒干枯死亡。发育起点温度和有效积温因虫态而异，卵分别为13℃和80～85℃·d，幼虫为10.5℃和420℃·d，蛹为10.5℃和200℃·d。在2～3代发生区，秋季气温的高低是决定第3代幼虫是否化蛹的关键，温度高时可以完成化蛹越冬，而在低温时幼虫生长速度极慢，不能化蛹过冬。冬季温暖可提高越冬蛹的成活率，早春气温回升快可使越冬蛹提前羽化。降雨的影响因季节而不同，在北方早春如果降雨较多，会造成蛹的大量死亡；而秋季雨量多，则有利于幼虫化蛹。滞育的形成主要取决于光照，在我国其临界光周期值为14h，光照时间超过临界值的蛹不滞育，低于临界值的就滞育，2～3龄幼虫是光照的敏感期；低湿和寄主植物叶片营养的恶化可增加滞育蛹的比例。

寄主植物与幼虫的发育和雌虫的产卵量有明显的关系。根据美国白蛾对植物的喜好程度，原苏联将寄主植物分为4大类：最喜食的寄主植物有桑树、白蜡槭、苹果、梨、李、酸樱桃、甜樱桃、胡桃、柳树、小叶榆等；幼虫不经常为害的寄主植物有刺槐、杏、桃等；仅老龄幼虫为害的寄主植物有马栗、玉米、大麻、曼陀罗等；幼虫可以取食但影响发育的植物有葡萄、栗树、山毛榉、橡树、杨树、千金榆、马铃薯、辣椒、向日葵、甘蓝、茄子、胡萝卜、西红柿、苋菜等。我国试验表明，取食悬铃木、榆树等喜食植物叶片的每头雌虫产卵量比取食臭椿、紫穗槐等非喜食植物叶片的多187～296粒。植物叶片中的碳水化合物，尤其是蔗糖的含量是决定幼虫取食和生长发育的重要因素之一，而植物叶片的含水量、pH、含氮总量对其影响不大。幼虫期的营养状况直接决定雌虫期的产卵量，幼虫期取食桑树的雌虫产卵量为963粒，白蜡槭为636粒，苹果为451粒，甜樱桃为369粒，酸樱桃为356粒，梨树为326粒。此外，同一寄主不同生长期的叶片营养状况不同，对幼虫发育和成虫产卵亦有较大的影响，幼虫期取食早期苹果叶片时成虫产卵量为604粒，取食中期苹果叶片的产卵量为327粒，取食后期叶片的产卵量仅 128 粒。

美国白蛾的捕食性天敌主要有鸟类、蛙类、蜘蛛、草蛉、胡蜂、瓢虫、步甲、盲蝽等，寄生性天敌有白蛾周氏啮小蜂、白蛾黑棒啮小蜂、白蛾派姬小蜂、金小蜂、大腿小蜂、追寄蝇等，对美国白蛾的发生有一定的抑制作用。

**5. 传播途径**

美国白蛾成虫的飞翔能力较弱，所以其自然扩散速度较慢。老龄幼虫有爬行寻找化蛹场所的习性，可进行局部扩散；幼虫周身多毛，可借风力传播，每年可扩散蔓延20～40km。由于幼虫的耐饥力极强，尤其是老龄幼虫可以因饥饿而化蛹，并能繁殖后代，因此，幼虫和蛹可以借助运输工具随原木、苗木、鲜果、蔬菜及包装物等进行远距离传播。

**6. 检疫方法**

按照美国白蛾检疫鉴定行业标准（SN/T1374—2004）进行。由于美国白蛾寄主广泛，特别是法桐、糖槭、桑树、榆树、杨属、李属、梨属、苹果属、刺槐、国槐、柳属等为其喜食植物，因此，这些植物活体、木材及其加工品、植物性包装材料（含铺垫物、遮阴物）以及装载上述植物的容器、运载工具等均为应检对象。检查时要广泛查验来自疫区的上述材料及其包装和运输工具，检查是否有残留的虫体、排泄物、脱皮物和被害状，并采集标本。由于美国白蛾个体较大且特征明显，一般用放大镜可直接检验识别，有可疑虫态时应带回室内，根据美国白蛾的形态特征进一步鉴定。

**7. 检疫处理及防治**

1）检疫处理

严禁从疫区调出前述的植物苗木及其繁殖材料，从疫区运出的木材、新鲜果品和蔬菜及其包装物必须经过检疫处理。若发现美国白蛾，应及时封存货物及其包装材料，予以销毁；或使用溴甲烷进行熏蒸消毒，用药量为 $10～30g/m^3$，密闭 24h。

2）防治方法

应做好虫情监测，在美国白蛾发生期，特别是在 6～10 月份，对各种树木进行全面调查，尤其要做好铁路、公路沿线及城镇周围的果园、桑园、林场等树的调查，一旦发现检疫害虫，应尽快查清发生范围，并进行封锁和除治。

（1）人工防治。利用幼虫 4 龄前群居网幕内的习性，可以剪除网幕集中烧毁。在蛹期，人工挖除树木附近的稻草堆、杂草或杂物堆和树缝裂隙等处的蛹，然后集中深埋或烧毁。在成虫发生期，于黄昏时捕捉树干、电线杆、墙壁等物体上的成虫。

（2）诱杀防治。在成虫发生期，可在田间设置黑光灯或放置美国白蛾性诱剂诱杀成虫。在老熟幼虫化蛹前，在树干上绑草把诱集幼虫化蛹，每隔 7d 换 1 次草把，并集中烧毁或深埋处理。

（3）生物防治。保护和利用自然天敌，充分发挥自然天敌的控制作用。也可以喷施美国白蛾核型多角体病毒（HcNPV）、苏云金杆菌、青虫菌等生物农药进行防治。也可人工繁殖白蛾周氏啮小蜂、松毛虫赤眼蜂等，进行田间释放。

（4）药剂防治。应根据预测预报适时提早防治，以幼虫孵化至 3 龄前防治最好，这时害虫幼小对农药抗性差，且在网幕内集中取食便于施药，一般化学药剂的防治效果可达 90％以上。若错过防治最佳时期，可在人工剪除网幕和幼虫破幕后，对疫情树及其周围 200～300m 范围内喷洒杀虫剂。常用的药剂有 80％敌敌畏乳油、90％敌百虫晶体、2.5％溴氰菊酯乳油等有机磷和菊酯类农药，采用飞机喷药与人工机械喷药相结合的方法。也可喷洒 1.2％烟·参碱乳油等植物源农药，或灭幼脲Ⅲ号、卡死克等生理生化干扰剂。在幼虫下树化蛹期，可在树干上用拟除虫菊酯毒笔划环或绑毒绳，触杀下树幼虫，防效可达 90％以上。

# 三、小　蔗　螟

**1. 名称及检疫类别**

学名：*Diatraea saccharalis*（Fabricius）

异名：*Diatraea sacchari* Guilding、*Crambus sacchari* F.

英文名：American sugarcane borer

分类地位：鳞翅目 Lepidoptera，螟蛾科 Pyralidae

检疫害虫类别：进境植物检疫性害虫

**2. 分布与为害**

分布于美洲的美国、墨西哥、危地马拉、格林纳达、洪都拉斯、萨尔瓦多、安提瓜、古巴、巴巴多斯、多米尼加、巴拿马、背风群岛、马提尼克（岛）、瓜德罗普（岛）、圣卢西亚（岛）、圣文森特（岛）、牙买加、海地、波多黎各、特立尼达、阿根廷、维尔京群岛、玻利维亚、秘鲁、巴西、圭亚那、哥伦比亚、厄瓜多尔、乌拉圭、委内瑞拉和巴拉圭。

小蔗螟为寡食性害虫。寄主植物包括甘蔗、玉米、水稻、高粱等禾本科作物和一些禾本科杂草。以幼虫为害心叶和钻蛀茎秆。在植株的苗期，幼虫侵入植株的生长点，为害心叶，造成"死心"苗；在植株生长中后期，幼虫则钻入植株茎秆内部蛀食组织，受害严重的植株有时只剩下纤维组织。在中美洲，小蔗螟是重要的甘蔗害虫，甘蔗被害后茎秆较细，产糖率降低，同时，蛀入孔也容易遭到细菌、真菌、病毒等病原微生物的入侵，甘蔗受害后一般减产 45％左右，为害严重时蔗茎折断，植株死亡。

**3. 形态特征**

小蔗螟的形态特征如图 7-3 所示。

（1）成虫。雌虫翅展 28.0～39.0mm，雄虫翅展 18.0～26.0mm。体淡黄色。额突出，颜面圆形，无瘤或角质的尖。下唇须褐色，伸出头长 1.25 倍。前翅稻草黄色或黄褐色，各有 2 条斜纹，斜纹由 1 排 8 个的小斑点组成。在 2 条斜纹上方各有 1 个黑色圆点。前翅的亚端线几乎呈连续和不规则的波浪形，中线是分离的点或短的条纹。翅脉棕色，较明显，中脉 $M_2$ 和 $M_3$ 在末端几乎合并，径脉 $R_2$ 紧靠 $R_{3+4}$。后翅丝白色至灰白色。

（2）卵。长 1.16mm，宽 0.75mm，扁平椭圆形，卵块呈鱼鳞状重叠排列。卵初产时白色，后变为橙色，孵化前可

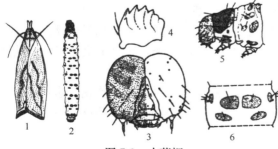

图 7-3　小蔗螟

1. 成虫；2. 幼虫；3. 幼虫头部；4. 幼虫上颚；

5. 幼虫头部及前中胸侧面；6. 幼虫第 2 腹节背面

见黑色眼点。

(3) 幼虫。分夏型和冬型。夏型老熟幼虫体长约为 26.0mm。头深褐色，口器黑色，身体白色。头部第 3 盾片透明；上颚具 4 个尖齿和 2 个圆钝齿，第 1 个尖齿基部有 1 个小尖突；亚单眼毛 $SO_2$ 与第 5、6 单眼之间距离相等。前胸盾片淡褐色到褐色，毛片和毛淡褐色。腹节前背毛片大，间距小于毛片长度的 1/2；前背毛和后背毛的连线与体中线在该节前方交叉，夹角约为 30 度。第 9 腹节前背毛可见。气门深褐色，长卵形。腹足趾钩双序。无次生刚毛。冬型老熟幼虫体长约 22mm，与夏型幼虫主要区别是前胸盾片和毛片颜色较浅。

(4) 蛹。长 16～20mm。米黄色到红褐色。末端有明显的尖状凸起。

**4. 生物学特性**

(1) 世代及越冬。在美国路易斯安那和得克萨斯，小蔗螟每年发生 4～5 代，以幼虫在钻蛀的秸秆内越冬。

(2) 发生及成虫习性。在美国春季幼虫化蛹，4～5 月出现越冬代成虫，此后一直到秋季均可见到成虫，世代重叠严重，但发蛾高峰出现在春季和秋季。

成虫昼伏夜出，晚上活动和交尾、产卵，产卵持续时间 4d 左右。卵产在寄主植物叶片上，重叠排列成鱼鳞状，每个卵块有卵 2～50 粒。每头雌虫平均产卵量 700 粒左右。

(3) 幼虫习性。每块卵的幼虫孵化时间比较集中，一般在几小时内完成。幼虫孵化后集中到心叶内取食叶片，脱皮 1、2 次后蛀入茎秆，被害茎秆遇风容易折断。

幼虫老熟后清除虫道内的粪便和残渣，并在茎秆上咬 1 个羽化孔，仅留一层薄的植物组织供成虫将来羽化，然后在茎秆内化蛹。秋季发生的幼虫待冬季到来时在为害处越冬，但冬季调查在玉米茎秆内的小蔗螟幼虫较少，而在甘蔗和粗茎秆的杂草中较多。

(4) 各虫态历期。世代历期与季节密切相关，在夏季完成 1 个世代最短仅 25d，在冬季则需 200d。成虫期 3～8d；卵期 4～6d；幼虫 3～10 龄，通常 5～6 龄，历期 25～35d。取食甘蔗时一般为 5 个龄期，1～5 龄幼虫的历期分别为 3～6d、4～8d、6～9d、4～6d 和 4～9d；取食人工饲料时一般 5 个龄期。蛹期通常 8～9d，最长 22d。

**5. 发生与环境的关系**

在美国的路易斯安那，低温和降雨对小蔗螟的发生不利，特别是冬季低温和降雨较多会使越冬幼虫大量死亡。

小蔗螟主要为害禾本科植物，在甘蔗、玉米、高粱、水稻、苏丹草等作物种植区发生较重，田间石矛、黍属、雀稗属、绒毛草属等禾本科杂草较多时有利于发生。

蚂蚁是甘蔗田小蔗螟的重要捕食性天敌，数量多时可减少小蔗螟为害损失 90%，此外，捕食性天敌还有猎蝽、草蛉、虎甲、步甲、蜘蛛等；赤眼蜂是卵的重要寄生性天敌，在秋季发生数量较大；此外，幼虫的主要寄生性天敌有茧蜂、寄蝇等，这些天敌对小蔗螟的发生均有一定的抑制作用。

**6. 传播途径**

主要随禾本科寄主植物的茎秆、甘蔗繁殖材料和包装材料等借助运输工具作远距离传播。

**7. 检疫方法**

按照小蔗螟检疫鉴定行业标准（SN/T1448—2004）进行。对于有可能携带该虫的甘蔗、玉米、高粱和杂草的茎秆，使用这些植物做的包装材料和运载工具等，均应进行仔细检查，采集标本进行形态鉴定。

**8. 检疫处理及防治**

1）检疫处理

禁止从疫区调运甘蔗种苗、蔗茎、蔗宿根和玉米、高粱的茎秆、穗、叶片等。从疫区来的货物需有原产地出具的检疫证书，从疫区调运的玉米粒等需过筛，确保玉米粒没有夹杂茎秆、玉米穗和其他可能携带螟虫的植株部分。从疫区来的甘蔗需进行低温或高温处理，可将蔗茎放在－10℃下处理72h，或在52℃的水中浸泡20min，并不断搅动，保持各处温度均匀。对玉米、高粱和相关的包装材料用溴甲烷熏蒸处理。

2）防治方法

（1）农业防治。种植抗小蔗螟的甘蔗品种，是控制其为害最经济有效的措施。越冬期或春季幼虫化蛹前处理寄主秸秆，可压低发生基数。

（2）生物防治。保护利用自然天敌，可抑制小蔗螟的发生。在卵期释放赤眼蜂可杀死大部分的螟蛾卵。

（3）药剂防治。应在幼虫集中在心叶内未钻蛀茎秆前进行，可在叶丛上撒施颗粒剂或喷洒杀虫剂。

# 四、咖啡潜叶蛾

**1. 名称及检疫类别**

学名：*Leucoptera coffeella*（Guérin-Méneville）

异名：*Cemiostoma coffeella* Guérin-Méneville、*Elachista coffeella* Guérin-Méneville、*Perileucoptera coffeella*（Guérin-Méneville）

英文名：coffee leaf miner，white coffee leaf miner

分类地位：鳞翅目 Lepidoptera，潜蛾科 Lyonetiidae

检疫害虫类别：进境植物检疫性害虫

**2. 分布与为害**

咖啡潜叶蛾分布于美洲的危地马拉、萨尔瓦多、哥斯达黎加、牙买加、古巴、多米尼亚、波多黎各、瓜德罗普岛、安的列斯群岛、特立尼达和多巴哥、哥伦比亚、圭亚那、委内瑞拉、厄瓜多尔、秘鲁、玻利维亚、巴西。

主要为害小粒种咖啡、中粒种咖啡、大粒种咖啡、高种咖啡、丁香咖啡等咖啡属植物。以幼虫蛀入叶片内取食叶肉组织，形成虫道，影响叶片光合作用，严重时引起叶片坏死，造成叶片干枯脱落，削弱树势，导致咖啡豆产量和品质下降。在巴西，常年造成咖啡减产21%～46%，若不进行防治则减产达80%以上。

**3. 形态特征**

咖啡潜叶蛾的形态特征如图7-4所示。

（1）成虫。雌虫体长2.3～3.5mm，翅展约6.5mm；雄虫体长约2.2mm，翅展约5.75mm。头部有白色鳞片，颜面急下弯，平滑，银白色。触角丝状，静止时伸达腹部末端，长为前翅的 4/5，触角基节膨大，被白色鳞片，相邻一节为白色，其他节淡褐色。前足约从头部前面边缘伸出。前翅狭长，中间宽，银白色，有一个明显凸出的椭圆形臀斑，其中央呈蓝色或紫色，由 1 个黑色环包围，边缘黄色，并向内弯成镰刀形；在前缘脉长度一半处具 1 条窄的黄带，边缘黑色，倾斜伸向镰刀形的基部，继之有 1 个相似倾斜的黄带；翅的端部有 3 个浅黄色区，缘毛末端黑色。后翅狭长，披针形，基部最宽，浅褐色，有长缘毛。腹部浅黄色，稀被白色鳞片。静止时翅合拢，但不重叠，两个椭圆形臀斑靠近。

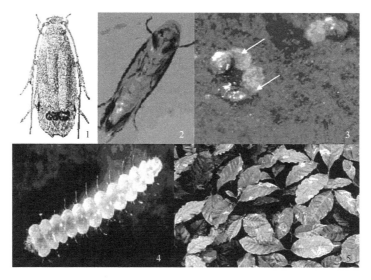

图 7-4　咖啡潜叶蛾
1. 成虫；2. 成虫腹面观；3. 卵；4. 幼虫；5. 危害状
（2～5. Gutiérrez，2007）

（2）卵。长约 0.18mm，宽 0.18mm，高 0.08mm，透明，淡黄色，顶部似船形，具模糊放射形脊，边缘凹形，逐渐向外加宽成"基盘"椭圆形，边缘成网状，有精细的长菱形花纹，扩展至"基盘"边缘。

（3）幼虫。初孵幼虫透明，但很快呈现淡绿色，长约 0.3mm。老熟幼虫体长 4～5mm，念珠状，体扁，浅黄色，可见消化道贯穿体内。头小，扁平，在头顶处最厚，后端大部分嵌入前胸。上颚大。有单眼 3 个，后面的最大，位于侧板，其他位于触角基部之后，互相靠近。前胸处最宽，中胸至第 8 腹节均匀，第 9 和第 10 腹节逐渐变细，后端呈半圆形。腹足有趾钩 12～16 个，呈明显缺环。臀足具 10 个大的趾钩，靠前排成半圆形。

（4）蛹。长 2.0～2.6mm。初为浅黄色，微带绿色，快羽化时变为亮褐色。头宽于长，眼小，黑色。从背面可见 13 节，以中胸最大。触角与足在腹面合在一起。翅芽表面具精细皱纹。蛹被丝茧包围，纺锤形，污白色。

**4. 生物学特性**

（1）世代及越冬。咖啡潜叶蛾是重要的热带害虫，可终年发生为害。在巴西咖啡产区每年可发生 12 代左右，世代重叠。

（2）发生及成虫习性。成虫白天潜伏，晚上活动产卵，有取食花蜜和蚜虫蜜露的习性。成虫产卵对寄主植物有严格的选择性，主要产卵于咖啡属植物上，也可在大沙叶属和狗骨柴属等茜草科植物上产卵。卵随机产于叶片表面，每头雌虫产卵量 60 粒左右，以羽化后第 2～6d 产卵最多。

（3）幼虫习性。幼虫孵化后自卵底部蛀入叶片内部，取食叶肉组织，剩下叶脉和上下表皮，在叶面上形成黄褐色潜道，每头幼虫一生取食叶面积约 50mm²。发生严重时，若干潜道交叉相连，形成一个大潜道斑，内有多头幼虫，但每头幼虫栖息于各自分叉处。叶片被害处变为淡黄色，后变为褐色，最后形成一个易碎的斑，当弯曲叶片时易折断。

幼虫老熟后，在斑点表面做半圆形裂缝，钻出叶片吐丝下垂到下层叶片，寻找合适的地方在叶片表面结茧化蛹，通常蛹茧多在叶片背面，叶片正面很少。

（4）各虫态历期。世代和虫态历期与气候密切相关。24℃时世代历期为 27～30d，19.5℃时为 45～50d。其中卵期 7～12d，幼虫期 9～40d，蛹期 4～20d，成虫寿命 14d 左右。

## 5. 发生与环境的关系

低温和干燥是限制咖啡潜叶蛾发生的重要气候因子，温度低于 18℃成虫不能产卵，高于 30℃产卵量减少。卵的孵化需要近 100%的相对湿度。不同咖啡品种上的着卵量有明显差异，咖啡叶片的大小和厚度与品种的抗性有关。此外，捕食幼虫的胡蜂、草蛉，寄生幼虫的姬小蜂，寄生蛹的茧蜂等自然天敌对潜叶蛾的发生有一定的抑制作用。

## 6. 传播途径

主要随咖啡属植物的植株或种苗的运输进行远距离传播。

## 7. 检疫方法

按照咖啡潜叶蛾检疫鉴定行业标准（SN/T1912—2007）进行。仔细检查咖啡植株，特别是叶片上有无幼虫蛀食形成的不规则褐色潜道，叶背面是否有虫茧。采集各虫态标本，进行室内鉴定。并采集部分带虫叶片，在室内饲养出成虫，进行形态鉴定。咖啡潜叶蛾及其近缘种成虫的区别见附表 7-1。

附表 7-1　白潜蛾属 *Leucoptera* 近缘种检索表

1. 前翅前缘中部的暗褐色条纹与臀角的黑斑相连，后翅淡褐色 …… 咖啡潜叶蛾 *Leucoptera coffeella*
   前翅前缘中部的暗褐色条纹不与臀角的黑斑相连，后翅白色到淡白色 ……………………… 2
2. 前翅前缘中部的暗褐色条纹在达中室端时呈锐角折向前缘；寄主植物为咖啡 …………………
   ……………………………………………………………………… 咖啡白潜蛾 *L. coffeina*
   前翅前缘中部的暗褐色条纹在达中室端时即终止；寄主植物为白花丹 ………………………… 3
3. 前翅中室上角的两支脉共柄很长，超过脉长的 4/5 …………………… 黑白潜蛾 *L. staterias*
   前翅中室上角的两支脉共柄较短，不超过脉长的 1/2 …………………………………………… 4
4. 前翅中室上角的两支脉共柄中等长，不超过脉长的 1/2 ………………… 指白潜蛾 *L. onychotis*
   前翅中室上角的两支脉共柄很短，不超过脉长的 1/5 …………………… 丹白潜蛾 *L. daricella*

## 8. 检疫处理及防治方法

1）检疫处理

禁止从疫区调入咖啡种苗或活体植物材料，必须调入时应加强产地检疫。若发现调入咖啡种苗或活体植物材料携带有咖啡潜叶蛾，应及时封存货物及其包装材料，予以销毁；或使用溴甲烷进行熏蒸消毒。

2）防治方法

咖啡潜叶蛾的防治目前仍以有机磷、拟除虫菊酯类等药剂防治为主，但由于发生代数多，容易产生抗药性，因此，应注意合理轮换农药。此外，可利用性诱剂诱捕雄虫或迷向法干扰交尾，降低卵的受精率。

# 五、蔗 扁 蛾

## 1. 名称及检疫类别

学名：*Opogona sacchari*（Bojer）

异名：*Opogona subcervinella*（Walker）

英文名：banana moth

分类地位：鳞翅目 Lepidoptera，辉蛾科 Hieroxestidae

检疫害虫类别：进境植物检疫性有害生物、全国农业植物检疫对象、全国森林植物检疫对象

## 2. 分布与为害

蔗扁蛾原产于毛里求斯附近的马斯克林群岛。现已扩散到非洲、欧洲、南北美洲等近 30 个国家或地区，在国外主要分布于热带-亚热带地区的意大利、葡萄牙、西班牙、比利时、丹麦、芬兰、法国、德国、希腊、荷兰、巴西、美国的佛罗里达、非洲除撒哈拉沙漠以外的广大地区、中美洲和加勒比海地区。国内 1995 年首次在北京园林植物上发现为害，随后在广东、海南、广西、福建、新疆、四川、上海、江苏、河南、山东、浙江等地也相继发现。利用地理信息系统预测蔗扁蛾在国内的最适宜分布区大体在 $16°5'N\sim27°9'N$，$97°8'E\sim119.7°E$，包括福建、广东、海南、四川、云南、广西、贵州等的 79 个点；潜在适宜分布区在 $22°9'N\sim37°1'N$，$91°1'E\sim122°7'E$，包括安徽、福建、江苏、上海、浙江、江西、山东、广东、云南、广西、贵州、四川、重庆、西藏、湖南、湖北、河南、甘肃、山西、河北、山西等 240 个点。特别是随着温室花卉的发展，其潜在分布范围将不断扩大。

蔗扁蛾属于多食性害虫。国外已报道的寄主植物涉及龙舌兰科、天南星科、木棉科、桑科、棕榈科、禾本科和茄科等 24 科，46 种和 4 变种；国内已发现 14 科，55 种和 2 变种植物受到蔗扁蛾为害，且不断发现新的寄主植物，预示着该虫在我国的食性很可能发生了一些改变，如国内新增加了木棉科、石蒜科、大戟科和牻牛儿苗科 4 个科的寄主植物，且在广州已发现该虫向玉米、香蕉和甘蔗等大田作物上转移，在江苏室内用烟草、棉铃和玉米、高粱的茎秆饲养幼虫均能发育至成虫，因此，传播风险更大。国内查明的主要寄主植物有龙舌兰科的香龙血树（巴西木）*Dracaena fragrans* 和象角丝兰（荷兰铁）*Yucca elephantipes*、木棉科的马拉巴栗（发财树）*Pachira macrocarpa*、天南星科的绿萝（黄金葛）*Epipremnum aureum*、桑科的印度榕（橡皮树）*Ficus elastica*、牻牛儿苗科的天竺葵 *Pelargonium hortorum*、棕榈科的国王椰子 *Ravenea rivularis* 和散尾葵 *Chrysalidocarpus lutescens* 等。

蔗扁蛾是重要的花卉害虫。尤其以巴西木、发财树和天竺葵 3 种植物受害最重，一

般株被害率在 30%～60%，严重时达 100%；其次是棕榈科的鱼尾葵、散尾葵和棕竹，桑科的印度榕（橡皮树），天南星科的海芋等，株被害率在 15%～35%；对其他寄主植物为害较轻。幼虫在巴西木、发财树、荷兰铁等植株皮层内上下蛀食，形成不规则隧道或连成一片，为害轻时，植株局部受损；为害重时，将整段木桩的皮层和木质部全部蛀空，只剩薄薄一层外表皮，皮下充满粪屑。幼虫在木段表皮上咬有排粪通气孔，排出粪屑，最后使枝叶逐渐萎蔫、枯黄，并造成整株枯死。不同寄主植物因其表皮与内部结构的差异，其被害状也明显不同，巴西木表皮有较大裂纹，韧皮部较柔软，木质部坚硬，有的幼虫从上部切口处侵入为害，有的从表皮直接侵入为害，往往取食韧皮部，仅剩表皮，手触时有软感，后期树皮易剥离，剥离后可见堆满棕黑色虫粪，而木质部则较少取食；发财树的木质部和韧皮部都比较疏松，表皮光滑，加上 3～5 株似辫子状扭在一起，其缝隙又适宜初孵幼虫栖息生活，常使整个树兜被虫钻蛀成蜂窝状，只留下一层表皮，被害处不断向茎上部和根部发展，表皮上有很多蛀孔，为害处充满虫粪和碎木屑；印度橡树以侧枝条受害为主，受害枝条外表皮可见棕黑色虫粪，后期表皮与木质部分离、失活，用手触摸可以感到有明显的疏散感，折断被害枝条，可见木质部中心也被蛀食；棕榈科植物因具有许多大的叶柄包裹着嫩叶和生长点，且木质部疏松，被害植物往往是生长点被取食后死亡。为害甘蔗和玉米时，幼虫先在叶鞘或茎节的嫩芽着生处取食，然后钻入茎秆，使组织中间变空，充满虫粪；玉米穗也是易受害部位，幼虫最先蛀破苞叶，然后进入内部取食玉米粒。为害香蕉时能为害除根部和叶缘尖部以外的所有部分，但以为害花序为主。取食番薯和马铃薯时，一般从破口处钻入，慢慢向中央为害，受害的块茎一般不立刻腐败，但严重影响其发芽和品质。

**3. 形态特征**

蔗扁蛾的形态特征如图 7-5 所示。

（1）成虫。体长 8.0～10.0mm，翅展 22.0～26.0mm。体黄褐色，雄虫略小，具强金属光泽，翅基具长毛束，腹部色淡。停息时触角前伸。前翅深棕色，中室内缘和端部各有 1 黑色斑点；前翅后缘有毛束，停息时毛束翘起如鸡尾状。后翅黄褐色，后缘有长毛。后足长，超过后翅端部，胫节具长毛。腹部腹面有两排灰色点列。雌虫前翅基部有 1 条可达翅中部的黑色细线；产卵管细长，常露出腹端。

（2）卵。长 0.5～0.7mm，宽 0.3～0.7mm。卵圆形，淡黄色。

（3）幼虫。老熟幼虫体长 30.0mm，宽 3.0mm。体乳白色，半透明。头红褐色。胴部各节背面有 4 个矩形毛片，前两个与后两个排成 2 排，各节侧面亦有 4 个小毛片。腹足 5 对。

（4）蛹。长约 10mm，宽约 4mm。亮褐色，背面暗红褐色，腹面淡褐色，首尾两端多呈黑色。头顶具三角形粗壮而坚硬的"钻头"，尾端具 1 对向上弯曲的臀棘固定在茧上。触角、翅芽、后足相互紧贴，与蛹体分离。

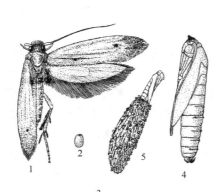

图 7-5　蔗扁蛾（程桂芳等，1997）
1. 成虫；2. 卵；3. 幼虫；4. 蛹；5. 茧

(5) 蛹。长 14～20mm，宽约 4mm。由白色丝织成，外表粘以木丝碎片和粪粒等杂物，常紧贴在寄主植物的木质层内，不易觉察。

### 4. 生物学特性

(1) 世代及越冬。在广东、江苏、北京等地室内观赏花木上，蔗扁蛾每年发生 3～4 代，以幼虫在盆栽花木的盆土中越冬。温度合适时，冬季也可继续为害。

(2) 发生及成虫习性。翌年温度适宜时越冬幼虫上树为害，多在三年以上的巴西木木段的干皮内蛀食，有时也可蛀入木质部表层。在浙江 3 代发生区，越冬代和第 1、第 2 代成虫出现的时间分别为 5 月底至 6 月上旬、8 月中下旬、9 月下旬。

成虫羽化前蛹的头胸部先露出蛹壳，约 1d 后成虫羽化。成虫可连续交尾 2～3 次，交尾多在凌晨 2～3 时进行，也有在上午 8～10 时进行的。交尾持续时间长短不一，一般在 30min 内，最长的可持续近 1h。成虫爬行速度快，并可短距离跳跃，但飞行能力弱，一次飞行距离最远达 10m 左右。成虫具有取食补充营养和趋糖习性，但趋光性较弱，喜阴暗，常栖息于树皮裂缝或叶片背面。成虫羽化 4～7d 后开始产卵，少数羽化 1～2d 产卵，通常在 1～5d 内所产的卵占总产卵量的 89%。产卵多选择在衰弱的植株上，以未展开的叶、伤口、嫩枝、枝条扭结处较多，散产或 20～30 粒堆在一起。产卵平均历期为 3～7d，每头雌虫产卵量最少 145 粒，最多 386 粒。

(3) 幼虫习性。有钻蛀为害习性，幼虫孵化后吐丝下垂，很快钻入树皮内为害，常数头幼虫集中在一起。幼虫食性较杂，有植食性、腐食性和杂食性，可供其选择的食物非常广泛。

室内饲养发现，老熟幼虫能在仅装有树下表土的烧杯内完成其生长发育过程并结茧化蛹，或在各种湿润的、含有纤维素或纤维素制品（如滤纸）的环境下生长发育，甚至可取食其母体本身、卵或相互残杀。幼虫 6～7 龄，老熟时吐丝结茧化蛹，夏季多在木桩顶部或上部的表皮，秋冬季多在花盆上下结茧化蛹。

(4) 各虫态历期。各虫态历期受温度影响较大，雌成虫寿命最长 15d，最短 5d，平均 8.54d；雄成虫最长 14d，最短 6d，平均 9.40d。卵期 7d 左右。幼虫历期长达 37～75d，其中 1 龄 4d，2、3 龄 3～5d，4 龄 5～6d，5 龄 7～9d，6 龄 13～16d，7 龄 14～16d。蛹期 15 d 左右。

### 5. 发生与环境的关系

蔗扁蛾是一种钻蛀性害虫，外界气候条件对其影响相对较小。但幼虫耐低温能力很差，在 -2℃ 时 72h 后幼虫死亡率高达 86%，低于 -5℃ 则不能存活，因此，低温是限制其在露地越冬的关键因素。适于生长发育和繁殖的温度为 19～31℃，且随温度的升高发育历期缩短，其中 22℃ 时雌虫产卵量最大，31℃ 时世代历期最短、存活率最高，温度高于 31℃ 幼虫发育迟缓。卵、幼虫、蛹和全世代的发育起点分别为 (11.2±3.5)℃、(8.8±1.4)℃、(10.97±1.4)℃ 和 (11.1±18)℃，有效积温分别为 75.4℃·d、729.0℃·d、206.8℃·d 和 876.6℃·d。适于卵孵化的相对湿度为 90%，湿度低于 45% 则孵化率降低。

在广东，毛螋蜓对蔗扁蛾幼虫的捕食能力较强，对其有一定的控制作用。

### 6. 传播途径

蔗扁蛾成虫飞翔能力有限，远距离传播主要靠寄主植物及其繁殖材料携带。特别是巴西木、发财树等观赏花木盆景的调运，是国内传播蔓延的主要途径。

**7. 检疫方法**

对来自疫区的花卉、苗木，特别是巴西木和发财树应加强检验。在田间或温室，仔细观察是否有蔗扁蛾造成的为害状，采集幼虫或蛹进行室内检查和形态鉴定，并人工饲养出成虫进行确认。

**8. 检疫处理及防治方法**

1）检疫处理

加强对外植物检疫，严禁带虫巴西木等继续从国外流入我国。国内各潜在发生区应加强疫情监测，特别是对花卉市场和苗木基地应定期调查，及时掌握虫情的发生发展情况，发现疫情应采取隔离、重症株销毁等措施进行彻底处理。对巴西木和荷兰铁的茎段，可在 15～25℃ 下用溴甲烷 $50g/m^3$ 熏蒸 2h；对于花场，可用 $10g/m^3$ 磷化铝片剂密闭熏蒸 24h；对于少量繁殖材料，可用 44℃ 热水处理 30min，能杀死全部幼虫且不损伤植物本身。

2）防治方法

（1）农业防治。避免蔗扁蛾最嗜食的寄主如巴西木、发财树等在同一温室内种植，防止寄主之间的交叉感染。在巴西木等栽培过程中，要经常检查寄主植物茎干，用手按压表皮，如不坚实有松软感，可剥掉受害部分的表皮，清理虫粪杀死幼虫和蛹；应做好锯口处理，可用红色或黑色蜡均匀封闭锯口，再刷涂杀虫剂阻止成虫在此产卵；同时，加强巴西木、发财树等苗木的水肥管理，培育健壮植株，增强苗木的抗害能力。

（2）生物防治。由于巴西木、发财树等为观赏植物，应尽量减少化学农药的使用。可在受害植株空隙间注射斯氏线虫进行防治，但费时、费工，不适于大面积防治；也可采用喷雾法，浓度以 3000 条/mL 为宜。还可用糖水、性诱剂诱杀成虫，压低发生基数。

（3）药剂防治。幼虫入土越冬期是药剂防治的最佳时期。可用 40％氧化乐果乳油 100 倍液灌茎段受害片，并用 90％晶体敌百虫 1 份与 200 份细沙土混匀配成毒土，撒于花盆土表，每隔 7～10d 撒 1 次，连续 3 次。或用 20％速灭杀丁乳油 2500 倍液浸泡巴西木桩 5min 或阿维菌素 1000 倍浸泡 30min，晾干后植入盆中。也可用 80％敌敌畏乳油 1000 倍液喷布后用塑料膜封盖进行熏蒸，每隔 3d 熏蒸 1 次，连续进行 3 次。冬季在温室内挂蘸 80％敌敌畏乳油 100 倍液的布条，每 2d 蘸药液 1 次，连续进行 3 个月，可有效防治温室中的蔗扁蛾。夏季发生高峰期可用 50％甲基对硫磷乳油 1500 倍液或 20％菊杀乳油 2000 倍液喷树干，每隔 7d 喷 1 次，连喷 3～5 次；也可用喷树干的药剂从巴西木桩顶部灌药，使其淋洗整个树桩。

## 复习思考题

1. 简述苹果蠹蛾的生物学特性和发生为害特点。
2. 苹果蠹蛾传播扩散的主要途径有哪些？应采取哪些检疫措施？
3. 如何做好苹果蠹蛾发生区的综合防治工作？
4. 简述美国白蛾的发生为害规律。
5. 美国白蛾是如何传播扩散的？分析其寄主范围与检疫的关系。

6. 怎样进行美国白蛾的检疫处理和防治？

7. 小蔗螟传播扩散的主要途径有哪些？应采取的检疫措施是什么？

8. 分析咖啡潜叶蛾的发生为害特点及其与检疫控制的关系。

9. 蔗扁蛾发生为害有哪些特点？应采取哪些措施控制其扩散蔓延？

10. 如何进行温室内蔗扁蛾的防治？

# 第八章 其他检疫性害虫

**内容提要：**本章重点介绍了入侵红火蚁、大家白蚁、可可褐盲蝽和非洲大蜗牛四种检疫性害虫的分布与为害、形态特征、生物学特性、检疫方法及检疫处理等。

进境植物除鞘翅目、双翅目、同翅目、鳞翅目的危险性与检疫性害虫外，属于等翅目、半翅目、膜翅目、缨翅目和软体动物的种类有：乳白蚁 *Coptotermes* spp.（非中国种）、小楹白蚁 *Incisitermes minor*（Hagen）、麻头砂白蚁 *Cryptotermes brevis*（Walker）、欧洲散白蚁 *Reticulitermes lucifugus*（Rossi）、可可褐盲蝽 *Sahlbergella singularis* Haglund、红火蚁 *Solenopsis invicta* Buren、云杉树蜂 *Sirex noctilio* Fabricius、刺桐姬小蜂 *Quadrastichus erythrinae* Kim、苜蓿籽蜂 *Bruchophagus roddi* Gussak、扁桃仁蜂 *Eurytoma amygdali* Enderlein、李仁蜂 *Eurytoma schreineri* Schreiner、李叶蜂 *Hoplocampa flava*（L.）、苹叶蜂 *Hoplocampa testudinea*（Klug）、螺旋粉虱 *Aleurodicus dispersus* Russell、梨蓟马 *Taeniothrips inconsequens*（Uzel）；软体动物有：非洲大蜗牛 *Achatina fulica* Bowdich、硫球球壳蜗牛 *Acusta despecta* Gray、花园葱蜗牛 *Cepaea hortensis* Muller、散大蜗牛 *Helix aspersa* Muller、盖罩大蜗牛 *Helix pomatia* Linnaeus、比萨茶蜗牛 *Theba pisana* Muller。这些害虫一旦传入，同样会对我国相应的农作物、果树、药用植物和林木等造成不可挽回的损失，并带来贻害无穷。

本章将重点介绍入侵红火蚁、大家白蚁、可可褐盲蝽和非洲大蜗牛等 4 种检疫性害虫。

## 一、入侵红火蚁

### 1. 名称及检疫类别

学名：*Solenopsis invicta* Buren

异名：*Solenopsis saevissima* var. *wagneri*（Santschi）

*Solenopsis wagneri* Santschi

英文名：red imported fire ant（RIFA）

分类地位：膜翅目 Hymenoptera，蚁科 Formicidae

检疫害虫类别：进境植物检疫性害虫和全国植物检疫性害虫

### 2. 分布与为害

红火蚁原分布于南美洲巴西、巴拉圭和阿根廷的 Parana 河流域，分布南界在南纬32°附近。目前已传播到秘鲁、玻利维亚、乌拉圭、美国、澳大利亚、新西兰、马来西亚、安提瓜岛、巴布达岛、特立尼达、多巴哥和英属维京岛等地。2003 年在我国台湾发现入侵农田，2004 年在广东吴川和香港、澳门等地相继发现；后经普查发现，广东的广州、深圳、珠海、惠州、东莞和中山，湖南的张家界，广西的南宁和岑溪的局部地方均有发生。应用地理信息系统预测结果表明，广东大部、广西中南部、云南南部的少数地区、海南、台湾、香港和澳门是红火蚁的高度适生区，云南南部、两广北部、河南最南部、安徽西部、浙江大部、湖北中东部、重庆、湖南、江西和福建是红火蚁的适生区，河北中东部、山东中东部、北京、天津、江苏中北部、安徽大部、河南大部、浙江西北部、湖北西北部、陕西南部、四川东部、贵州中西部和云南中部的少数地区为轻度适生区，西北、东北和华北的大部分地区为非适生区。

红火蚁是杂食性土栖蚁类。取食多种植物的种子、幼芽、嫩茎和根系等，严重影响植物的生长发育，造成农林作物减产。捕食多种土栖动物，在严重发生区可将土壤中的小型无脊椎动物捕食殆尽，还可攻击鸟类、蜥蜴、啮齿类等地栖性脊椎动物。红火蚁还伤害人畜，叮咬家畜家禽会造成受伤和死亡；人被红火蚁蜇伤后皮肤会出现红斑、红肿、痛痒，出现变粗畸形，一些体质敏感的人会产生过敏性的休克反应，严重者甚至死亡。

红火蚁是重要的农业、生态、卫生和公共安全害虫。目前美国南方有 100 万公顷土地被红火蚁所盘踞，每年造成的农业损失超过 7.5 亿美元。由于红火蚁具有惊人的竞争优势，常造成本土无脊椎动物的种类和数量锐减，破坏生物多样性和影响土壤微生态环境。红火蚁还会造成公共卫生安全，如美国南卡罗来纳州 1998 年约有 33 000 人被红火蚁叮咬需要就医，其中有 15% 的人有局部严重的过敏反应。红火蚁的蚁巢常入侵户外与居家附近的电器设备中，造成电线短路或设施故障，因红火蚁造成的都会区、住宅区、学校、机场、园艺场、墓地、高尔夫球场等公共设施和电器与电讯设备的破坏等损失很难统计。

**3. 形态特征**

红火蚁的形态特征如图 8-1 所示。

红火蚁除了具有成虫、卵、幼虫和蛹 4 个虫态外，成熟蚁巢中有职蚁（兵蚁和工蚁）、蚁后、雄蚁，婚飞时期还有具翅的雌、雄繁殖蚁。

（1）职蚁。体长 3.0～6.0mm，红色或棕红色。头部宽度小于腹部宽度，脱裂线呈倒"Y"字形。上颚发达，唇基具两条纵向的脊或龙骨并向前延伸至齿，大颚具 4 齿。复眼明显，由数十个小眼构成。触角膝状，10 节，末端 2 节明显膨大呈棒状。中胸侧板刻纹较密或表面粗糙。腹柄具两个节点，通常不具齿，或最多具一个微小的瘤（与其他近缘种职蚁的区别见附表 8-1）。其中兵蚁体长 6.0～7.0mm，头宽约 1.5mm，体橘红色，腹部背面色略深；体表略有光泽，体毛较短小；上颚发达，黑褐色；触角柄节几乎达到后头突；

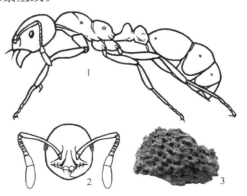

图 8-1　红火蚁
1. 成虫侧面观；2. 头部正面观；3. 蚁巢

螯针常不外露。工蚁体长 2.5～4.0mm，头宽约 0.5mm，头部黄色，有深色额中斑，腹部棕褐色；额下方连接的唇基明显，两侧各有齿 1 个，唇基内缘中央具三角形小齿，小齿基部有刚毛 1 根；触角柄节不达头顶；前胸背板前侧角圆，背板后面部分中部平或凸起；腹部第 2、3 节背面中央常有近圆形淡色斑纹，腹部末端有螯针伸出。

（2）繁殖蚁。有翅雄蚁体长 7.0～8.0mm，体黑色，着生翅 2 对，头部细小，触角呈丝状，胸部发达，前胸背板显著隆起。有翅雌蚁体长 8.0～10.0mm，头及胸部棕褐色，腹部黑褐色，着生翅 2 对，头部细小，触角呈膝状，胸部发达。

（3）卵。直径 0.2～0.3mm，圆形或椭圆形，白色。

（4）幼虫。共 4 龄，体柔软，乳白色。无足。

（5）蛹。为裸蛹，工蚁蛹体长 0.7～0.8mm，繁殖蚁蛹体长 5～7mm，体柔软，白色。

**4. 生物学特性**

（1）生活习性。红火蚁营社会性生活。通常一个蚁群包括 10 万～50 万个不同虫态的工蚁，数百个有繁殖力的有翅雄蚁和雌蚁，一个或多个有生殖力的蚁后及其所产生的卵、幼虫和蛹。蚁群一般为单蚁后型，群体密度较大时也会出现多蚁后型种群，但只有 1 头蚁后具有统治权，由大量工蚁护理；其他蚁后体型较小，由于雄性不育率较高，导致这些蚁后的受精概率较低，只产生很少的工蚁。在多蚁后型种群控制的地域，大多数新群体以脱离原群体的方式形成，在阳光充足的开阔地区其扩散距离通常为每小时 20～50m，在寒冷林区则为每小时 10～30m。一般新蚁群建立 4 个月以后，开始新一轮繁殖。职蚁分为工蚁和兵蚁，阶级结构变化为连续性的多态型，年轻的工蚁负责照顾蚁巢，中年的工蚁保护群体和修补隧道，年老的工蚁负责觅食。

红火蚁属群居性昆虫，在地下构筑蚁巢。蚁巢是蚁后产卵、后代哺育和食物贮存的场所，高约 60cm，基部直径 60cm，呈蜂巢状结构，可区别于其他蚂蚁。成熟蚁巢会将土壤堆成高 10～30cm、直径 30～50cm 的蚁丘，但新蚁巢在 4～9 个月后才会出现明显蚁丘。蚁丘多呈圆丘形或沙滩状，通常建在田间、菜园、苗圃、果园、竹林、行道树、绿地、草坪、高尔夫球场、荒地、水源保护区、铁路、机场、村舍、家畜养殖场、垃圾场等环境中有阳光的地方。蚁丘表面没有开口，只有在繁殖蚁要飞出时，工蚁才在上面钻出一些 5mm 左右的小孔。在地表下可见很多隧道，组成一个庞大的隧道系统，其中蚁巢下部的隧道较为稀疏，最深可达地下 2m 左右，为蚁巢输送所需的水分；蚁巢四周有大量放射型的水平隧道，最远可达 10～100m，供工蚁外出采集食物，还可在较大范围内调节蚁巢的温度。

红火蚁攻击性极强，有别于其他蚂蚁。除了攻击多种地栖性脊椎动物和畜禽外，还会攻击人类，稍受侵扰就会快速成群涌出，找到适合的位置后，立即用其上颚咬住皮肤作为支撑点，然后弯曲身体用腹部的毒针将毒液注射到体内，并能更换地方不断叮蜇，多者可达 7～8 次。红火蚁毒液中含有酸性毒素 piperadine，具有溶血和造成局部组织坏死的特性，人被叮蜇后会发生局部红肿并伴有火灼般的疼痛，数小时内出现奇痒的无菌性脓疱，完全恢复需要 2～3 周，但会留下黑色疤痕。

雌雄红火蚁的婚飞和交配发生在春末夏初。一般飞到 90～300m 的高空进行，雄蚁交配后死去，雌蚁则飞行到 3～5km 外寻觅新的筑巢地点，然后翅膀脱落并在地下 20～50mm 处挖掘小巢穴。雌蚁在交配后 24h 内产卵，最初产卵 10～15 粒，由蚁后照看直至发育到成虫，这些后代作为第一批工蚁承担群体维护工作。成熟蚁巢中的蚁后产卵 1500～5000 粒/d。

（2）各虫态历期。卵期 7～14d。幼虫共 4 个龄期，历期 6～15d，蛹期 9～15d。卵发育至成虫所需时间因虫态而异，工蚁需 20~45d，大型工蚁需 30~60d，兵蚁、蚁后和雄蚁需 180d。蚁后寿命 6~7 年，职蚁寿命 1~6 个月。

**5. 发生与环境的关系**

低温和干旱是限制红火蚁发生的主要气候因子。小型工蚁的致死低温为 3.6℃，在年最低温度－17.8℃以下的地区无法生存。一般地面温度达 10℃以上时工蚁开始觅食，达 19℃以上时进入持续觅食期，21~36℃为最适宜觅食温度，温度较高或较低时活动程度降低或转移到适宜温度的地方觅食，温度高于 40.7℃会引起小型工蚁死亡。适于繁殖蚁婚飞的气温为 24~32℃，新蚁后需寻找平均土壤温度 24℃的场所定居。红火蚁常选择池塘、河流、沟渠等离水源较近的地方筑巢，如远离水源工蚁会向下挖掘取水道，但在地下水位较深的干旱地区很少发生。土壤湿度过大或过小时蚁群活动均减弱，婚飞时土壤相对湿度不小于 80%。

天敌是抑制原产地红火蚁成灾的主要生物因子。在南美洲，红火蚁的寄生性天敌包括至少 18 种寄生蚤蝇、10 多种病原微生物、3 种寄生性线虫、1 种寄生蜂和 1 种寄生蚁，其中 *Pseudacteon* 属的寄生蚤蝇和微孢子虫 *Thelohanin solenopsa*、球孢白僵菌 *Beauveria bassiana*、绿僵菌 *Metaehizium anisopliae* 等病原微生物已被证明对红火蚁有较好的控制作用。红火蚁的捕食性天敌有鸟类、蜘蛛、虱状蒲螨 *Pyemotes tritici*、虎甲 *Cicindella punctulata*、步甲 *Erparia castane*、蜻蜓、螳螂、蚂蚁和其他一些节肢动物，除了捕食工蚁外，尤其对婚飞的繁殖蚁和落地建巢阶段的雌蚁攻击力较强。

**6. 传播途径**

红火蚁的传播与扩散主要有人为传播和自然扩散两种方式。远距离传播主要通过受蚁巢污染的种子、草皮、苗木、盆景等带有土壤的园艺产品，蛭石、泥炭土、珍珠石等栽培介质，纸张等垃圾，原木和木质包装材料，集装箱箱体等人为运输传播。近距离扩散主要靠有翅成虫迁飞，也可形成漂浮的蚁团随水流扩散。

**7. 检疫方法**

带有土壤的各种园艺产品和栽培介质是检疫的重点。检疫时可用铁丝轻轻扒动土壤，采集蚂蚁标本带回室内鉴定，并检查包装材料和运输工具的缝隙等处。也可在货物周围、运输工具、集装箱箱体内放置诱饵进行诱集，诱集方法见防治方法。在红火蚁的鉴定中注意与近缘种相区别（附表 8-1）。

**8. 检疫处理及防治方法**

1）检疫处理

对来自疫区的货物和运载工具等需采取严格的检疫处理措施。特别是发现感染蚁害后应立即进行药剂除害，常用的药剂有毒死蜱、敌敌畏、氯氰菊酯、联苯菊酯、七氟菊酯、锐劲特、阿维菌素等，可采用喷雾、浸液或浇灌等方法。对运载工具、货柜等可采取喷药或溴甲烷熏蒸的方法。

2）防治方法

在已经发生红火蚁的地区，比较成熟的防治方法是"二阶段处理法"。第一阶段采取饵剂处理，即将灭蚁饵剂洒在蚁丘周围让工蚁搬入蚁巢，以有效杀灭蚁巢深处的蚁后；第二阶段处理个别蚁丘，包括食饵诱杀、药剂和沸水处理等，杀灭活动中的工蚁、雄蚁和蚁巢中的蚁后。

（1）饵剂处理。使用专用饵剂或自行配制。每年处理2～4次，在工蚁的活动高峰施药，夏季土壤温度高于35℃时应在早晨或傍晚施药；若12h内有降雨则不宜施药，施药后24h内也不宜浇水。施药量根据红火蚁的发生情况而定，大面积发生时，按1kg/4000m²用药量均匀撒布于田间；小面积发生时只处理蚁丘，在蚁丘周围以半径30～100cm撒布一圈，每丘约25g。常用的饵剂有0.015%多杀菌素、0.5%吡丙醚、0.5%硫氟磺酰胺、0.001%氟虫腈、0.15%氟虫胺等。自行配制饵剂时，以去油脂磨碎后的玉米颗粒为载体，按前述药剂的用量称取药剂，溶于大豆油中拌入玉米颗粒即可。

（2）食饵诱杀。选择红火蚁喜欢取食的炸薯片、花生酱、花生油、热狗、面包或鱼罐头、狗饲料、猫饲料等，放置于直径10cm且有孔洞的塑料盒中，将塑料盒放置于诱杀场所。

（3）药剂处理。主要用触杀性杀虫剂处理蚁丘。使用颗粒剂和粉剂时，应将药剂撒布在蚁丘上及其周围，之后每蚁丘均匀洒水4～8L，使土壤水分呈饱和状态；用药剂进行浇灌时，把乳油、可湿性粉剂等稀释2000～3000倍，由蚁丘顶部或周围外30cm向内灌注4～8L药液，使药液注满整个蚁丘。常用的药剂有阿维菌素、锐劲特、二嗪磷、吡虫啉以及氯氰菊酯、溴氰菊酯、氰戊菊酯等菊酯类农药。

（4）其他方法。可从南美洲红火蚁原产地引入小芽孢真菌或红火蚁寄生蚤蝇作为红火蚁的天敌。对少量的蚁丘也可采用沸水浇灌、液氮冻杀等方法。

附表8-1 红火蚁与近缘种职蚁形态区别检索表

1. 腹柄具两个节点；触角10节，末端2节明显膨大呈棒状；唇基具两条纵向的脊或龙骨并向前延伸至齿；间节具刺或齿 ················································ 2
   不具以上所有特征 ······················································ 其他蚁类
2. 体型通常较大，1.6～6mm；触角鞭节2和3的长度至少为宽的1.5倍 ············ 3
   体型较小，1.5～2.2mm；触角鞭节2和3的宽度大于长
   ······································ *Euophthalma* 和 *Diplorhoptrum* 亚属
3. 兵蚁头部极大、不成比例，后头突显著；所有工蚁的并胸腹节基部两侧具隆脊；中胸侧板边缘呈锯齿状；唇基中齿缺失 ····························· 大头火蚁 *S. germinata*
   兵蚁头部为中等大小，且后头突仅略扩大；所有工蚁的并胸腹节基部都不具隆脊；中胸侧板边缘完整或缺失，不呈锯齿状；唇基中齿存在或缺失 ······················· 4
4. 腹柄具明显的前腹齿；中胸侧板具细刻纹；唇基中齿缺失；兵蚁触角柄节延伸至触角着生处和后头突之间1/2处 ································· 木火蚁 *S. xyloni*
   腹柄通常不具齿，最多具一微小的瘤；中胸侧板刻纹很密；唇基中齿通常存在；兵蚁触角柄节几乎达到后头突 ····································· 红火蚁 *S. invicta*

# 二、大家白蚁

## 1. 名称及检疫类别

别名：曲颚乳白蚁

学名：*Coptotermes curvignathus* Holmgren

英文名：rubber tree termites

分类地位：等翅目 Isoptera，鼻白蚁科 Rhinotermitidae

检疫害虫类别：进境植物检疫性害虫

**2. 分布与为害**

大家白蚁现分布于越南（南部）、柬埔寨、缅甸、泰国、马来西亚、新加坡、文莱、印度尼西亚、印度。

大家白蚁的寄主比较广泛。现已知的寄主植物包括合欢属、黄豆树 *Albizia procera*、腰果属 *Anacardium*、南洋杉 *Araucria cunninghamii*、*Araucria hunsteinii*、*Araucria kilinkii*、菠萝蜜属 *Artocarpus*、木棉 *Bombax campnosperma*、橄榄属 *Canarium*、吉贝 *Ceiba pentandra*、椰子 *Cocos nucifera*、咖啡 *Coffea*、黄檀 *Dalbergia latifolia*、龙脑香属 *Dipterocarpus*、薄壳油棕 *Elaeis guineensis*、桉属 *Eucalyptus*、三叶橡胶 *Hevea brasiliensis*、孪叶豆 *Hymenaea courbarii*、野桐 *Mallotus*、芒果 *Mangifera indica*，*Ochanostachys*、木蝴蝶 *Oroxylon*、松属 *Pinus*、加勒比松 *Pinus caribaea*，*Pinus insularis*、苏门答腊松 *Pinus merkusii*、柳属 *Salix*、娑罗双 *Shora robusta*、安息香属 *Styrax*、桃花心木 *Swietenia mahagoni*、柚木 *Techona grandia*。

大家白蚁是一种为害热带、亚热带林木和果树的危险性害虫，为东亚南地区为害活树的最危险白蚁种类，对多种果树、林木可造成严重的损失。该虫属土木栖白蚁，可筑巢于木材内，也可筑巢于土壤中，营隐蔽生活方式，各个品级的发生和整个巢群的发展都在巢穴内。蚁巢建立在砍伐后的地下树根中，从地下主根分叉处侵入为害。新种植的芽接和实生树在3～4周内可被其蛀断死亡；大树受害后，茎干被蛀空，易造成风折。在树干部位一般出现泥线、泥被，但有时不易被发现。

**3. 形态特征**

大家白蚁的形态特征如图8-2所示。

（1）兵蚁。头部黄色，上颚紫褐色，胸部、足及腹部淡黄色。头部背面具分散的长、短刚毛。触角15～16节，各节均着生有刚毛。乳腺分泌孔近圆形，侧面观孔口倾斜，每侧具毛1根。上颚镰刀状，颚端向内强弯曲，左上颚基部具3、4个连续小齿。前胸背板前缘中部浅内凹，后缘中部亦略内凹，两侧缘斜向后缘，背板中部具短刚毛近20根。

（2）工蚁。体长4.10～5.05mm。头近圆形，淡黄褐色。触角14～15节。前胸背板前缘略翘起，中央有缺刻。前胸背板和腹部乳白色，疏生淡黄色短毛。腹部可见黑色肠内物。

（3）有翅成虫。体长约7.50mm，翅长13.00～14.00mm。头近圆形，深褐色。触角、足黄褐色。触角21节，第2、3、4节短于其他各节。复眼大，近圆形；单眼卵圆形。前胸背板和腹部褐色、密生黄褐色长毛。前胸背板前缘向后凹入，与侧缘连成半圆形，后缘中央向前略凹入。翅面密生细短的淡褐色毛。前翅M脉从肩角（缝）处独立伸出，到Cu脉距离近于Rs脉，Cu脉有4～10条分支。后翅M脉从Rs脉的基部伸出，距Cu脉较Rs脉近，Cu脉有8～10条分支。个体间翅脉变异较大。

（4）短翅补充生殖蚁。体长7.90～11.05mm。全体乳白色，密生淡黄色毛。

**4. 生物学特性**

大家白蚁属社会性群居昆虫，同一个巢群有不同品级分化，有蚁王、蚁后、工蚁、

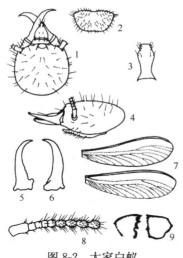

图 8-2　大家白蚁

1. 兵蚁头正面；2. 兵蚁前胸背板；
3. 兵蚁后颏；4. 兵蚁头侧面；5. 兵
蚁左上颚；6. 兵蚁右上颚；7. 有翅成
虫前后翅；8. 触角；9. 工蚁上颚

兵蚁和繁殖蚁之分，兵蚁变化奇特，在分类学具有明显的鉴别价值。在一个地下巢内，蚁王、蚁后负责交配产卵，繁殖后代；工蚁占整个群体的绝大多数，担负筑巢、取食、清扫、搬运、喂食和照料幼蚁等任务；兵蚁担负防卫任务，当工蚁外出觅食时，兵蚁跟随防卫，若遇敌害，兵蚁则群起而攻之。在成年的蚁巢内，每年在固定的季节，从巢内向外分飞大量的有翅繁殖蚁另建新巢。工蚁外出取食时先从巢内含泥外出，而后在寄主上筑以泥线、泥被，隐蔽取食为害。

**5. 传播途径**

大家白蚁以兵蚁、工蚁、有翅成虫及短翅补充生殖蚁随原木、锯材或含木质纤维素的商品和包装物运输入境传播。

**6. 检疫方法**

按照中华人民共和国出入境检验检疫行业标准（SN/T1105—2002），对来自疫区的原木、锯材或含木质纤维素的商品和包装物进行检疫鉴定。

> 我国湛江、福州、南京、舟山、海口、上海、天津、宁波、拱北、大连、广州、厦门、北海等口岸曾多次截获大家白蚁。

（1）抽样方法。对木材货物（原木、锯材含木质纤维的商品）抽查时，按总件数的比例抽样。10 件以下的，全部抽查；11～100 件，增加抽查 3～5 件；101 件以上，每增加 100 件，增加抽查 1 件。如发现有白蚁为害症状的，应适当增加抽查件数。木质包装物抽查时，以木托盘、木箱等个数计件，50 件以下的，全部抽查；51 件以上的，每增加 10 件，增加抽查 1 件。现场取样结合抽查进行，发现可疑为害状的木材时，应截取样品木段带回室内检验。

（2）检查方法。首先，对从疫区输入的木材，特别是原木要逐一严格检验，仔细检查木材有无空洞。可用解锥敲打木材，若有异常声响，应撬开空洞，仔细检查是否有白蚁行踪；其次，检查是否有白蚁外露的活动踪迹，观察木材是否有被害的蛀道、蛀孔、泥线、泥被、分飞孔和通气孔痕迹；最后，要现场检查随木材携带蚁巢和有翅繁殖蚁的可能性。如检获白蚁标本应尽快进行镜检，以便确定该种白蚁后，就地进行检疫处理。

**7. 检疫处理与防治方法**

1）检疫处理

对受大家白蚁蛀食的木材要就地进行熏蒸处理，可用溴甲烷按 48g/m³ 剂量处理 24h，也可用其他熏蒸剂如硫酰氟、磷化铝等进行熏蒸。如木材已上岸，一时不易采取熏蒸措施，应迅速逐木喷洒触杀性的杀虫剂，立即杀死可见虫体，然后再进行堆放熏蒸处理。

2）防治方法

有翅成虫具较强的趋光性，可在堆放进口木材的场地，架设高压汞灯进行监测或诱杀。

# 三、可可褐盲蝽

**1. 名称及检疫类别**

学名：*Sahlbergella singularis* Haglund

英文名：brown capsid，cocoa mirid，cocoa capsid，mirid bugs

分类地位：半翅目 Hemiptera，盲蝽科 Miridae

检疫害虫类别：我国进境植物检疫性害虫

**2. 分布与为害**

可可褐盲蝽目前主要分布在非洲，分布国家有塞拉利昂、多哥、尼日利亚、喀麦隆、乌干达、扎伊尔、刚果、加纳、安哥拉、贝宁、科特迪瓦、斐南多波岛、中非、西非等地；其次是南亚，如马来西亚，新加坡等国。该虫目前在我国尚无分布。

可可褐盲蝽的寄主比较广泛，但以梧桐科植物为主。目前已知的寄主主要包括梧桐科植物苏丹可乐果 *Cola acuminata*、异叶可乐果 *Cola dirversifolia*、侧生可乐果 *Cola lateritia maclaudi*、大叶可乐果 *Cola gigantea glabrescens*、半氏大叶可乐果 *Cola millenii*、亮叶可乐果 *Cola nitida*、臭苹婆 *Sterculia foetida*、单花苹婆 *Sterculia rhinopetala*、二色可可 *Theobroma bicolor*、可可 *Theobroma cacao*、小可可 *Theobroma microcarpum*，椴树科植物 *Berria amonilla*，木棉科植物几内亚斑贝 *Bombax buonpozense*、吉贝 *Ceiba pentandra*。

可可褐盲蝽主要为害梧桐科经济作物可可，为害部位包括树冠枝梢、树干木质部、果荚及果柄，且多在背光面为害。嫩梢被害后首先出现水渍状梭形斑点，然后逐渐变黑干枯下陷，最后呈纵向折痕。茎干受害后出现细长卵形下陷斑，表面先呈现裂纹而后树皮裂开，死后里面可见网状韧皮纤维。如果受害茎干组织愈合，表面则形成突起的梭形疮痂。初期果荚被害后先出现圆形小斑，而后逐渐变黑腐烂或开裂。幼果被害后逐渐凋萎或形成僵果。

可可褐盲蝽在可可树上可造成严重危害。害虫取食后形成的伤斑在干燥裂开后，容易使真菌等病原微生物侵入形成病害。如果伤斑过多则可使树苗幼枝和茎干枯萎。果荚上形成的圆密黑色伤斑则严重影响产品品质，降低商品价值。

> 非洲加纳每年可可豆因盲蝽造成的损失高达 6 万～8 万吨，占全年产量的 25%；象牙海岸 1968 年有 25% 的可可园受害，其中可可褐盲蝽的危害约占 80%。

据报道：在西非加纳，每年有 25%～30% 面积的可可园受可可褐盲蝽与狄氏盲蝽 *Distantiella theobroma*（Dist.）的危害。这两种盲蝽每年给可可豆造成的损失全世界高达 10 万吨。

**3. 形态特征**

可可褐盲蝽的形态特征如图 8-3 所示。

（1）成虫。体小形。体长 8.0～10.0mm，宽 3.0～4.5mm。褐色至红褐色，多少散布浅色斑，前方体色较淡。触角 4 节，褐色至黑褐色，第 1 节短小且颜色较淡，第 2 节最长，约为第 1 节的 5 倍，为第 3 节的 2 倍。喙褐色至黑褐色。胝有时全黑隆出。前胸背板后缘宽约为前缘宽的 2 倍，约为头宽的 1.5 倍，且明显宽于中线长。小盾片中部色深，有时向后呈短突尖状伸出，外缘平直。前翅膜片黄色，密布大形褐色斑。足基节褐色具浅色斑，腿节黑褐色具白色或黄白色宽环，两侧黄白色，基部及末端黑褐色且散布稀疏褐色碎斑，跗节淡白色，末端褐色，爪黄褐色。体下方中央黄色，两侧颜色较深并具一纵列黑斑。

（2）卵。长1.6～1.9 mm，圆筒形。白色，孵化前变为玫瑰色。前部有隆线，端部略弯曲，有两个长度不同的附器。

（3）若虫。圆形或小球形。幼龄若虫玫瑰色，后渐变为栗色。触角与成虫相同。胸部及小盾片具皱纹。老龄若虫腹部具明显的圆疣，并在各节整齐地横向排列。

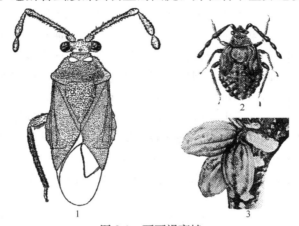

图8-3　可可褐盲蝽

1. 成虫；2. 若虫；3. 被害状

（1. 中华人民共和国动植物检疫局农业部检疫实验所，1997；2、3. 中华人民共和国北京
动植物检疫局，1999）

**4. 生物学特性**

（1）世代及越冬。可可褐盲蝽在非洲、南亚可终年繁殖，其发生世代数与当地的温湿度等气候条件密切相关。

（2）发生及成虫习性。成虫喜在夜间活动取食，对紫外光具趋光性，白日多栖息于枝条缝隙、果荚背面、果柄下面等背光隐蔽处。成虫羽化2～3d后开始飞翔，4～5d后性成熟并开始交尾产卵。卵多产于寄主的直生枝、扇形枝或树冠低处。每头雌虫平均产卵57粒，最多可达179粒。卵期平均约为17.4d。一般每年3～7月虫口密度上升，8月开始为害树冠，10～12月为繁殖高峰期，11～12月为为害高峰期。

（3）若虫习性。若虫5龄，各龄期平均为4.5～5d。完成1代约需45d。可可褐盲蝽末龄若虫喜在18.5～23.5℃，相对湿度90％～95％且光线暗淡的环境下活动取食。

**5. 发生与环境的关系**

高湿对可可褐盲蝽发生非常有利。成虫最适相对湿度为90％～95％。在非洲，旱季多雨害虫发生较重。

**6. 传播途径**

可可褐盲蝽主要通过寄主植物的种苗、枝条、果荚及种子进行传播蔓延。

### 7. 检疫方法

按照中华人民共和国出入境检验检疫行业标准（SN/T1355—2004），对来自疫区的寄主植物种子、种苗、包装材料、运输工具等进行检疫鉴定。现场可用放大镜对入境可可类材料如种苗、枝条、果荚的背光面仔细查找，受可可褐盲蝽为害的果荚出现圆形小斑点，后变黑、腐烂或开裂。嫩梢被害后先出现水渍状梭形斑点，后变黑，组织干枯下陷，被害处出现纵向折痕。茎干被害后出现卵形下陷斑，约20d后树皮裂开，可看到死后韧皮纤维的网状构造。如果受害茎干组织愈合，则在白斑边缘产生梭形突起的疮痂。

（1）抽样方法。采用随机方法进行抽样。抽查取点可按五点分层取样。抽查件数：按货物总件数的0.5%～5%抽查。10件以下（含10件）全部抽查；500件以下的抽查13～15件；501～1000件抽查16～20件；1001～3000件抽查21～30件。3000件以上每增加500件抽查件数增加1件。发现可疑疫情应增加抽查件数。

（2）检查方法。检查方法主要为过筛检查和肉眼检查。对国外进口的寄主植物初产品，尤其是该虫的寄主植物，要进行严格检验。用木条拍击寄主材料，使可疑盲蝽跌落，下面用大白瓷盘收集样本，发现可疑盲蝽后用小毛笔挑起并放入指形管中；在进境可可类材料的种苗、枝条、果荚上如果发现可疑盲蝽类卵、若虫时，可移入隔离室内在25℃、相对湿度75%条件下饲养观察，待成虫出现后进行镜检鉴定；对可可豆的外包装物同样逐一进行严格查验，特别注意查验边、角、顶、缝等处看是否有成、若虫存在。

（3）种类鉴定。详细记载观察到的现场症状，并将查获的虫体送实验室鉴定、核准。可可褐盲蝽与狄氏盲蝽 *Distantiella theobroma* （Dist.）的形态结构、生物学习性非常相似，且分布区有部分重叠，其形态区别见表8-1。

表8-1　可可褐盲蝽与狄氏盲蝽形态的区别

| 可可褐盲蝽 | 狄氏盲蝽 |
| --- | --- |
| 1. 眼较宽大，约为额的1/2 | 1. 眼较小，约为额宽的1/4 |
| 2. 前胸背板呈梯形，后缘远宽于前缘，颗粒状突起较小 | 2. 前胸背板近四方形，具若干凹凸不平的小瘤状结节 |
| 3. 小盾片较平，颗粒状突起较小 | 3. 小盾片强烈隆起，具小瘤状结节 |
| 4. 前足基节白小，由背方不可见 | 4. 前足基节白大，由背方从前胸领部两侧可见 |
| 5. 后足胫节不呈结节状，外缘直 | 5. 后足胫节结节状肿大，外缘波曲 |

资料来源：中华人民共和国动植物检疫局等，1997

### 8. 检疫处理与防治方法

1）检疫处理

（1）严格检疫。首先，对于寄主植物的繁殖材料应禁止从疫区进口；凡是从国外进口的寄主植物初产品必须严格检疫，并进行药剂熏蒸处理；如因科学研究需要，则必须灭虫后在隔离苗圃检疫试种一年以上方可进行。

（2）熏蒸处理。药剂处理可利用库房或帐幕进行熏蒸。当气温超过20℃时，可用溴甲烷和磷化铝进行熏蒸，用药剂量和处理时间分别为80g/m³熏蒸6h，9g/m³熏蒸72h。运载工具也要及时检查并作熏蒸处理，包装材料则应就地烧毁。

2）防治方法

目前可可褐盲蝽田间以化学防治为主。据国外研究报道：该虫已对艾氏剂、狄氏剂、硫丹、林丹产生了抗药性。可选用的化学药剂有 25％喹硫磷乳油、48％乐斯本乳油、20％异丙威乳油。同时要定期开展田间调查，发现虫情立即施药根除，施药最佳时间宜在种群密度最小的旱季进行。

## 四、非洲大蜗牛

### 1. 名称及检疫类别

别名：褐云玛瑙螺、非洲巨螺、法国螺、菜螺、花螺、东冈螺

学名：*Achatina fulica* Bowdich

异名：*Achatina couroupa* Lesson

*Achatina fulica* Tiyon

英文名：African giant snail

分类地位：软体动物门 Mollusca，腹足纲 Gastropoda，柄眼目 Stylommatophora，玛瑙螺科 Achatinidae，玛瑙螺属 *Achatina*

1988 年，法国索西爱特群岛为抑制非洲大蜗牛的过分繁殖引进了一种肉食性蜗牛，结果却导致当地的波利尼西亚小蜗牛遭受灭顶之灾。因为肉食性蜗牛对非洲大蜗牛退避三舍，反而殃及了本地的其他物种。

检疫类别：进境植物检疫性软体动物。

### 2. 分布与为害

非洲大蜗牛原产于东非的马达加斯加，一般生活于热带和亚热带。现已广泛分布于萨摩亚群岛、圣诞岛、马里亚纳群岛、波尼西亚、关岛、新西兰、巴布亚新几内亚、努瓦阿图、斯喀里多尼亚、玛丽安娜岛北部、印度、菲律宾、印度尼西亚、马来西亚、马尔代夫、新加坡、斯里兰卡、缅甸、越南、老挝、柬埔寨、美国、加拿大、危地马拉、马提尼克岛、科特迪瓦、摩洛哥、马达加斯加、毛里求斯、留尼汪、塞舌尔、西班牙、日本等世界各地。

我国的广东、广西、云南、福建、海南、香港、台湾等省区有分布。

非洲大蜗牛是一种繁殖很快的大型陆生贝类，食性杂，主要取食绿色植物，也取食真菌。各种绿色植物如木瓜、木薯、面包果、橡胶、可可、茶树、柑橘、菠萝、椰子、香蕉、竹芋、番薯、菜豆、花生、仙人掌、落地生根、铁角蕨、谷类（高粱、粟等）等近 500 种农作物、蔬菜和花卉均可受害，是南方重要的农业有害生物。非洲大蜗牛为了生长坚硬的躯壳，甚至可以溶解和取食建筑物的水泥。我国不少地区的生态环境适宜非洲大蜗牛的生长。许多省、市、自治区都有引种，且已有对花木、蔬菜等作物造成严重危害的报道。

非洲大蜗牛孵化不久的幼螺多为腐食性，摄取腐败落叶为主。成螺杂食性，摄食凶猛，日食量一般为其体重的 40％左右，因而为害远较其他害虫严重。主要生活在菜地、农田、果园、橡胶园、公园里。夜间爬出活动取食，以齿舌磨碎植物的茎、叶或根。尤其喜欢吃植物的幼芽和嫩叶，可咬断各种农作物的幼芽、嫩叶、嫩枝、树茎表皮，露水越大为害越凶。

1932 年，我国台湾从新加坡引入非洲大蜗牛，人工饲养作为食物，随后有的被弃于田野，结果在 20 世纪 50 年代导致台湾农业的毁灭性灾难。1936 年，非洲大蜗牛被引进夏威夷，现在却成了当地人最讨厌的东西。1966 年，有个 10 岁的孩子把两只非洲大蜗牛从夏威夷带回美国的佛罗里达，放在自家的后花园里，结果在 3 年内，它传遍了整个迈阿密地区，几乎吃光了花园内所有花卉植物的枝叶，成为最为可怕的旱生蜗牛，后来当地人花了将近 100 万美元，才把这些"反客为主"的非洲大蜗牛铲除。

非洲大蜗牛还是植物病菌、重要寄生虫的传播媒介。传播棕榈疫霉造成可可黑荚病的扩散，传播芋疫霉菌及烟草疫霉造成胡椒根腐病害。非洲大蜗牛还是人畜共患寄生虫病的中间宿主，食用非洲大蜗牛会感染广州管圆线虫病；还可传播肝吸虫及人畜共患的广眼吸虫。

**3. 形态特征**

非洲大蜗牛的形态特征如图 8-4 所示。

（1）成螺。为一种大型蜗牛，个体重量可达 750g。贝壳大型，壳质稍厚，有光泽，长卵圆形。壳高 130 mm，宽 54 mm，有 6.5～8 个螺层，螺旋部呈圆锥形，壳顶尖，缝合线深，体螺层膨大，其高度为壳高的 3/4。壳面呈黄或深黄底色，有焦褐色雾状花纹。胚壳一般为玉白色，其他各螺层有断续的棕色花纹，生长线粗而明显，壳内为淡紫色或蓝白色，壳口卵圆形，口缘简单、完整，外唇薄而锋利，易碎；内唇贴覆于体螺层上，形成"S"形的蓝白色胼胝部，轴缘外折，无脐孔。螺体爬行时，伸出头部和腹足，头部有 2 对棒状触角，后触角的顶部有眼。螺体的头、颈、触角部有许多网状皱纹，足部肌肉发达，背面呈棕黑色，趾面呈灰黄色，黏液无色。

图 8-4　非洲大蜗牛

（2）卵。长 4.5～7.0 mm，乳白或淡青黄色，近圆形，外壳石灰质。

（3）幼螺。刚孵化的幼螺有 2.5 螺层，各螺层增长缓慢。壳面为黄或深黄底色，似成螺。

**4. 生物学特性**

非洲大蜗牛适于生长在南、北回归线之间的潮湿热带地区。主要在夜间活动，白天害怕直射阳光，喜栖息于阴暗潮湿的杂草丛中、树木葱郁、农作物繁茂的山岗坡地、农田、菜园、果园、墙脚等荫蔽处以及腐殖质多而疏松的土壤表层、枯草堆中、乱石穴下。雌雄同体，异体受精，交配一般在黄昏或黎明时进行，交配时间一般 2～4h。生长快，繁殖力强。生长 5 个月即可交配产卵，每年产卵 4 次，每次 150～250 粒，每年可产卵 600～1200 粒，一生产卵 6000 余粒。卵经 30d 孵化。一般寿命 5～6 年，长的可达 9 年以上。

非洲大蜗牛的生存温度为 0～39℃，大气相对湿度 75％～95％。气温 17～24℃、湿度 15％～27％适合其生活。喜中性偏酸土壤（pH5～7）。产卵最适土壤含水量为 50％～75％、pH6.3～6.7。抗逆性强，遇到低温、酷热、缺食少水等不利生存条件时，就会自动分泌黏液，结成膜，封住壳口进入休眠而生存下来。

### 5. 传播途径

非洲大蜗牛，自然传播能力较弱。活动能力最强的幼螺期，半年中只移动500m。远距离传播主要是通过人为方式。卵和幼体可随观赏植物、花卉盆景、苗木、板材、集装箱、货物包装箱以及轮船、火车、汽车、飞机等运输工具传播，卵还可混入土壤中传播。由于非洲大蜗牛个体大，外形美观以及因其高蛋白、低脂肪、低胆固醇及肉质鲜美，因此常被人们作为观赏品和食物直接引入。

### 6. 检疫方法

非洲大蜗牛的鉴定特征为：有壳，外形呈长卵圆形。螺层为6.5~8个，壳面有焦褐色雾状花纹，壳口呈卵圆形，贝壳可容纳整个足部。生殖系统不具有附属器官。肾脏较长，常为心围膜长的2~3倍。肺静脉无分枝。

我国最早于1993年11月3日由上海口岸从台湾入内地的集装箱底板中截获非洲大蜗牛。以后又在天津、昆明口岸从韩国、越南入境旅客携带的鲜槟榔、汽车中截获。因此，严格检疫是阻止其扩散的重要措施。在我国任何口岸，对任何运输工具、包装物、货物及行李都应进行检疫，特别是来自疫区的观赏植物、苗木、泥土、板材、集装箱、货物包装箱、行李的进口检疫和国内检疫。由于其外形较大，并附着于物体表面，仔细检查是不难发现的。

### 7. 检疫处理与防治方法

#### 1) 检疫处理

从国外引种蜗牛需事先办理引种审批手续。各地检疫部门要定时定点进行普查。了解本地区内蜗牛养殖情况，对养殖单位和个人进行登记，提出检疫要求，协助制定安全饲养措施，严防蜗牛外逸。发现疫情或有必要时，可用溴乙烷，剂量为130g/m³熏蒸72 h，或用杀贝药剂喷杀。对一些运输工具底部可用低温处理，如在-17.8~-12.2℃温度下，冷处理1~2 h，或采用冲刷方法清洗，效果较好。

#### 2) 防治方法

(1) 农业防治。可利用蜗牛白天喜欢躲藏在草丛中的习性，铲除田边、沟边、坡地、塘边杂草，以消除蜗牛的孳生地，同时可使卵暴露于土表而爆裂，从而减少蜗牛的密度和为害。

(2) 药剂防治。较好的杀灭蜗牛的药物有8%灭蜗灵颗粒剂、10%多聚乙醛颗粒剂和45%薯瘟锡可湿性粉剂。在菜田为害时，每667m²用8%灭蜗灵颗粒剂1.5~2.0kg，碾碎后拌细土或饼屑5.0~7.5kg，一般掌握在晴朗无雨的天气进行，土表干燥的傍晚施药效果好。将药剂撒在受害植株根部附近的行间，蜗牛接触药剂2~3d后，分泌大量黏液而死亡。防治适期最好掌握在蜗牛产卵前，在有幼蜗牛时可再防治1次。此外，还可采用毒饵诱杀。

(3) 生物防治。保护利用蟾蜍、青蛙、蚂蚁、鸟类及利用鸡、鸭、鹅控制非洲大蜗牛，可收到明显效果。

## 复习思考题

1. 红火蚁的为害有哪些特点？

2. 如何鉴定红火蚁？

3. 简述红火蚁的检疫处理和防治方法。

4. 大家白蚁对树木为害的特点是怎样的？

5. 如何从大家白蚁兵蚁形态特征来准确的鉴定该虫？

6. 大家白蚁的检疫处理有哪些方法？

7. 可可褐盲蝽的寄主植物主要有哪些？

8. 可可褐盲蝽与狄氏盲蝽的主要形态区别有哪些？

9. 非洲大蜗牛对农作物会造成怎样的为害？

10. 为什么说非洲大蜗牛在检疫上具有重要意义？

# 参 考 文 献

安华轩，彭靖里，齐欢. 2001. 在经济全球化发展进程中要切实加强我国"生态安全"管理. 中国农业科技导报，
　　(03)：57～59

鲍丽芳，孟建中. 2000. 浅谈森林植物检疫检查程序. 植物检疫，14 (1)：23～25

北京林学院. 1979. 森林昆虫学. 北京：中国林业出版社

北京农业大学. 1981. 昆虫学通论 (下册). 北京：中国农业出版社

蔡建，刘奇华. 2006. 红火蚁的生物学性状及防治. 安徽农学通报，12 (10)：142, 143

蔡青年，赵欣，胡远. 2007. 苹果蠹蛾入侵的影响因素及检疫调控措施. 中国农学通报，23 (11)：279～283

曹骥，李学书，管良华等. 1988. 植物检疫手册. 北京：科学出版社. 201～209

陈兵，赵云鲜，康乐. 2002. 外来斑潜蝇入侵和适应机理及管理对策. 动物学研究，(02)：155～160

陈晨，龚伟荣，胡白石等. 2006. 基于地理信息系统的红火蚁在中国适生区的预测. 应用生态学报，17 (11)：
　　2093～2097

陈洪俊，李镇宇，骆有庆. 2005. 检疫性有害生物三叶斑潜蝇. 植物检疫，19 (2)：99～102

陈辉，袁锋. 2000. 秦岭华山松大小蠹生态系统与综合治理. 北京：中国林业出版社. 36～43

陈景辉. 2004. 橘小实蝇综合防治技术的初步研究. 华东昆虫学报，13 (1)：107～110

陈乃中. 1994. 按实蝇的检疫背景 (三). 植物检疫，8 (4)：220～222

陈乃中. 1994. 按实蝇的检疫背景 (一). 植物检疫，8 (2)：91～94

陈乃中. 1995. 关于苹绕实蝇的鉴定问题. 植物检疫，9 (2)：119

陈乃中. 1998. 具有检疫意义的果实害虫 (实蝇科一部分种属). 植物检疫，12 (5)：298～301

陈乃中，沈佐锐. 2002. 水果果实害虫. 北京：中国农业科技出版社. 480

陈世骧，谢蕴贞. 1955. 关于橘大实蝇的学名及其种微. 昆虫学报，5 (1)：123～126

陈永林. 1979. 新疆的蝗虫及其防治. 乌鲁木齐：新疆人民出版社

陈志麟. 1990. 双钩异翅长蠹. 植物检疫，4：264～267

程桂芳，杨集昆. 1997. 北京发现的检疫性新害虫——蔗扁蛾初报. 植物检疫，11 (2)：95～105

褚栋，张友军，丛斌等. 2004. 世界性重要害虫 B 型烟粉虱的入侵机制. 昆虫学报，47 (3)：400～406

褚栋，张友军，万方浩. 2007. 分子标记技术在入侵生态学研究中的应用. 应用生态学报，18 (6)：1383～1387

邓永学，朱文炳. 1993. 温度和湿度对巴西豆象生长发育的影响. 植物保护学报，20 (1)：37～41

杜予州，鞠瑞亭，陆亚娟等. 2003. 江苏地区蔗扁蛾发生危害与防治. 江苏农业科学，(2)：38～40

杜占文. 2001. 生物入侵. 国外科技动态，(01)：26～28

番启山，焦晓品. 1991. 灰豆象的生物学特性及防治研究. 云南农业大学学报，6 (4)：241～245

高峻崇，山广茂，吴学贵等. 2003. 吉林省森林植物检疫对象封锁除治对策与措施. 吉林林业科技，(32) 1：55

高文通. 1995. 进境船舶检疫截获鹰嘴豆象的疫情分析及检疫处理. 动植物检疫，(2)：38, 39

葛泉卿，宫兆栋. 1991. 植物检疫的抽样检验方法及其统计学原理浅析. 植物检疫，5 (6)：416～419

耿宇鹏，张文驹，李博等. 2004. 表型可塑性与外来植物的入侵能力. 生物多样性，12 (4)：447～455

古菊兰，林楚琼，李晓虹等. 1996. 入境旅客携带果菜传带地中海实蝇等危险性害虫检疫检验方法研究及其应用.
　　动植物检疫，2 (21)：6～10

管维，王章根，蔡先全等. 2006. 三叶草斑潜蝇和美洲斑潜蝇的分子鉴定. 昆虫知识，(04)：558～561

何国锋，温瑞贞，张古忍等. 2001. 蔗扁蛾生物学及温度对发育的影响. 中山大学学报，40 (6)：63～66

和万忠，孙兵召，立翠菊等. 2002. 云南河口县桔小实蝇生物学特性及防治. 昆虫知识，39 (1)：50～52

贺春玲，田海燕，毛永珍. 2004. 我国苹果绵蚜发生及防治研究进展. 陕西林业科技，(1)：34～38

洪霓. 2006. 植物检疫方法与技术. 北京：化学工业出版社

江世宏，刘栋，李广京. 2005. 入侵红火蚁生物学特性的研究. 西南农业大学学报 (自然科学版)，27 (3)：
　　312～318

蒋书楠，蒲富基，华立中. 1985. 中国经济昆虫志. 第三十五册. 鞘翅目 天牛科. 北京：科学出版社

蒋小龙，任丽卿，肖枢等. 2002. 桔小实蝇检疫处理技术研究. 西南农业大学学报，24（4）：303～306

金瑞华. 1989. 植物检疫学. 中册. 北京：北京农业大学出版社. 171

金瑞华，张家娴，刘龙等. 1996. 苹果蠹蛾在我国危险性评估研究简报. 植物保护学报，23（2）：191，192

金尚维，吕杰. 1997. 菜豆象检验鉴定及处理研究. 中国进出境动植检，（1）：31～33

鞠瑞亭，杜予州，戴霖等. 2004. 蔗扁蛾在中国的适生性分布研究初报. 植物检疫，18（3）：129～133

康乐. 1998. 斑潜蝇的生态学与持续控制. 北京：科学出版社. 3～7，87～98

匡红梅，刘元明，柯善祥等. 2004. 灰豆象的发生危害及检疫控制对策. 湖北植保，（4）：22，23

雷仲仁，朱灿健，张长青. 2007. 重大外来入侵害虫三叶斑潜蝇在中国的风险性分析. 植物保护，（01）：37～41

李长江. 2000. 中国出入境检验检疫指南. 北京：中国检察出版社

李东军，秦绪兵，邵文惠. 1997. 35种森林植物检疫对象简介. 山东林业科技，1：10～13

李明，高宝嘉，李淑丽等. 2003. 红脂大小蠹成虫生物学特性研究. 河北农业大学学报，26（3）：86～88

李尚义，李宁. 2002. 经济全球一体化须防有害生物入侵. 安徽农学通报，（03）：48～49

李尉民. 2003. 有害生物风险分析. 北京：中国农业出版社. 13～435

李祥. 1991. 植物检疫概论. 武汉：湖北科学技术出版社. 17～21

李学锋，黄华章，张文吉等. 1997. 国外三叶草斑潜蝇的综合防治. 农药科学与管理，（02）：19～20

李玉. 2002. 四纹豆象的检疫与防治方法. 安徽农业，（2）：21

李志红，杨汉春，沈佐锐. 2004. 动植物检疫概论. 北京：中国农业大学出版社

理查德 H. 福特. 1986. 美国以南地区的实蝇属（双翅目实蝇科）. 黄书针译. 北京：中国农业出版社. 6，7

梁光红，陈家骅，杨建全等. 2003. 橘小实蝇国内研究概况. 华东昆虫学报，12（2）：90～98

梁广勤，梁国真，林明等. 1993. 实蝇及其防除. 广州：广东科技出版社. 93～104

梁广勤，杨国海. 2001. 按实蝇. 北京：中国农业出版社. 1～205

梁广勤，杨国海，梁帆等. 1996. 亚太地区寡毛实蝇. 广州：广东科技出版社. 1～275

梁广勤，杨国海，吴佳教. 1998. 实蝇及其检疫处理. 动植物检疫，（增刊）（27）：45～57

梁忆冰. 2002. 植物检疫对外来有害生物入侵的防御作用. 植物保护，28（2）：45～47

林光明，林娟娟. 1992. 进口原木中截获的刺角沟额天牛的研究. 昆虫知识，6：31～33

林进添，曾玲，陆永跃等. 2004. 橘小实蝇的生物学特性及防治研究进展. 仲恺农业技术学院学报，17（1）：60～67

林小琳. 1990. 苹果实蝇. 动植物检疫，（2）：64，65

林业部野生动物和森林植物保护司，林业部森林病虫害防治总站. 1996. 中国森林植物检疫对象. 北京：中国林业出版社. 34～98

刘发邦，李占鹏，李传礼等. 2002. 蔗扁蛾生物学特性观察. 山东：山东林业科技，4：18

刘青松，胡想顺，仵均祥. 2007. 进境旅客携带水果中危险性害虫的检疫方法及效果探讨. 陕西农业科学，（5）：39～41，77

刘元明. 2000. 植物检疫手册. 武汉：湖北科学技术出版社. 221～232

吕杰，宋保深. 1996. 菜豆象种群生命表种群增殖规律及为害损失的研究. 昆虫知识，33（1）：39～43

吕淑杰，谢寿安，张军灵等. 2002. 红脂大小蠹、华山松大小蠹和云杉大小蠹形态学比较. 西北林学院学报，17（2）：58，59

罗开壮. 2001. 芒果果肉象甲的发生及防治. 云南农业，8：16

苗振旺，周维民，霍履远等. 2001. 强大小蠹生物学特性研究. 山西林业科技，1：34～40

农业部全国植保总站. 1991. 植物检疫学. 北京：中国农业出版社

农业部植物检疫实验室. 1957. 植物危险性病虫杂草图说. 62～66

农业部植物检疫实验所. 1990. 中国植物检疫对象手册. 安徽：安徽科学技术出版社

平正明，齐桂臣. 1992. 曲颚乳白蚁. 植物检疫，6（4）：265～268

钱明惠. 2003. 我国松突圆蚧研究进展. 广东林业科技，19（4）：51～55

乔格侠，张广学. 2001. "九种检疫性蚜虫概说". 植物检疫，15（5～6）：279～284，344～350

乔勇进，张敦论，张强. 2002. 试论生物入侵的"生态安全"与相应对策. 防护林科技，（02）41～43

秦占毅，刘生虎，岳彩霞等. 2007. 苹果蠹蛾在甘肃敦煌的生物学特性及综合防治技术. 植物检疫，21（3）：170，171

全国农业技术推广服务中心. 1998. 植物检疫对象手册. 北京：中国农业出版社. 66~71，209~211

全国农业技术推广服务中心. 2001. 植物检疫性有害生物图鉴. 北京：中国农业出版社

商晗武，祝增荣，赵琳等. 2003. 外来蔗扁蛾的寄主范围. 昆虫知识，40（1）：55~59

商鸿生. 1997. 植物检疫学. 北京：中国农业出版社. 8~173

宋玉双，杨安龙，何嫩江. 2000. 森林有害生物红脂大小蠹的危险性分析. 森林病虫通讯，（6）：34~37

覃伟权，陈思婷，黄山春等. 2006. 椰心叶甲在海南的危害及其防治研究. 中国南方果树，35（1）：46，47

汤祊德. 2001. 我国蚧虫研究的历史、现状和展望. 武夷科学，17：82~86

万方浩. 2007. "973"项目"农林危险生物入侵机理与控制基础研究"简介. 昆虫知识，44（6）：790~797

万方浩，郭建英. 2007. 农林危险生物入侵机理及控制基础研究. 中国基础科学，9（59）：8~14

万方浩，郭建英. 2008. 入侵生物学学科发展. 见：中国科学技术协会，中国植物保护学会. 植物保护学学科发展报告2007~2008. 北京：中国科学技术出版社. 145~164

万方浩，郭建英，王德辉. 2002. 中国外来入侵生物的为害与管理对策. 生物多样性，10（1）：119~125

万方浩，李保平，郭建英. 2008a. 生物入侵：生防篇. 北京：科学出版社

万方浩，谢丙炎，褚栋. 2008b. 生物入侵：管理篇. 北京：科学出版社

万方浩，郑小波，郭建英. 2005. 重要农林外来入侵物种的生物学与控制. 北京：科学出版社

汪兴鉴. 1995. 寡鬃实蝇属重要害虫的鉴定. 植物检疫，9（6）：347~351

汪兴鉴. 1997. 按实蝇属重要害虫种类的鉴定. 植物检疫，11（1）：29~35

王爱平. 1997. 植物检疫性害虫芒果象甲. 植物检疫，11（6）：342~344

王翠娣. 2002. 境外有害生物传入的教训及对策. 安徽农业科学，（04）：635，636

王福祥. 2002a. 植物检疫在农业生产与贸易中的地位和作用（上）. 世界农业，11（283）：38~40

王福祥. 2002b. 植物检疫在农业生产与贸易中的地位和作用（下）. 世界农业，12（284）：36~38

王鸿哲. 2000. 枣瘤大球坚蚧研究. 西北农业学报，9（4）：83~86

王天录. 2000. 中条山林区强大小蠹危害状况及防治的研究. 山西师范大学学报（自然科学版），14（3）：68~71

王雅军. 2000. 美国白蛾生物学特性及防治方法. 河北林业科技，2：42，43

王雅男，万方浩，沈文君. 2007. 外来入侵物种的风险评估定量模型及应用. 昆虫学报，50（5）：512~520

王子清. 2001. 中国动物志（昆虫纲，第二十二卷，同翅目，蚧总科）. 北京：科学出版社

韦修平. 2002. 芒果实象甲防治措施. 广西园艺，43（4）：23，24

温瑞贞，张古忍，何国锋. 2002. 新侵入害虫蔗扁蛾生活史. 昆虫学报，45（4）：556~558

吴广超，罗小艳，衡辉等. 2007. 入侵害虫红棕象甲的风险分析. 林业科技开发，（02）：44~46

吴海军，李友莲，丁三寅等. 2007. 入侵生物苹果绵蚜在中国的风险分析. 山西农业大学学报，27（4）：365~371

吴佳教，梁广勤，梁帆. 2000. 橘小实蝇发育速率与温度关系的研究. 植物检疫，14（6）：321~324

夏红民. 1998. 中国进出境动植物检疫大事年表（1903~1997）. 北京：中国农业出版社

夏红民. 2002. 图说动植物检疫. 北京：新世界出版社

萧刚柔. 1992. 中国森林昆虫. 第二版，增订本. 北京：中国林业出版社. 1222~1237

肖春，李正跃，陈海如. 2004. 柑橘小实蝇的行为学与综合治理技术研究进展. 江西农业学报，16（1）：34~40

肖进才，袁淑琴，王健生等. 2001. 美国白蛾生物学特性及防治. 山东林业科技，54，55

肖良. 1994. 三叶草斑潜蝇. 中国进出境动植检疫，（2）：39，40

谢伟宏. 1995. 深圳口岸首次截获芒果核象甲. 特区科技，2：17，18

徐国淦. 1995. 有害生物熏蒸及其他处理使用技术. 北京：中国农业出版社

徐亮，王跃进，张广平等. 2005. QFTU移动熏蒸装置的研制. 植物检疫，4：217~220

许渭根，王建伟. 1999. 四纹豆象发生规律和生活习性观察. 浙江农业科学，（5）：222~224

许益镌，陆永跃，曾玲等. 2006. 红火蚁局域扩散规律研究. 华南农业大学学报，27（1）：34~36

许志刚. 2003. 植物检疫学. 北京：中国农业出版社. 191~355

闫志利，韩立萍，赵成民等. 2001. 美国白蛾越冬蛹分布规律及调查方法的研究. 河北林业科技，5：20，21

杨长举，张宏宇. 2005. 植物害虫检疫学. 北京：科学出版社

杨冠煌. 2005. 引入西方蜜蜂对中蜂的危害及生态影响. 昆虫学报，48（3）：401～406

杨龙龙. 1995. 对斑潜蝇属中检疫性害虫的研究. 植物检疫，9（1）：1～5

杨平均，梁铬球. 1996. 生物入侵的生态学问题及现状. 昆虫天敌，（02）：91～97

杨平澜. 1982. 中国蚧虫分类概要. 上海：上海科学技术出版社

杨永茂，叶向勇，李玉亮. 2004. 瘤背豆象属4种检疫性害虫及其防治. 山东农业科学，（3）：54～56

殷惠芬. 2000. 强大小蠹的简要形态学特征和生物学特征. 动物分类学报，25（1）：43

殷惠芬，黄复生，李兆麟. 1984. 中国经济昆虫志第二十九册. 北京：科学出版社

殷玉生，安榆林，朱明道等. 2002. 浅谈加强天牛检疫的重要性. 中国森林病虫，21（6）：40，41

于江南，吾木尔汗，肉孜加玛丽等. 2004. 苹果蠹蛾越冬生物学及有效积温的研究. 新疆农业科学，41（5）：319～321

余道坚，郑文华. 1998. 警惕三叶斑潜蝇的侵入. 中国进出境动植检，（3）：39～41

袁锋. 1996. 昆虫分类学. 北京：中国农业出版社

张格成，李继祥. 1994. 中国果树病虫志. 第二版. 北京：中国农业出版社

张古忍，古德祥，温瑞贞等. 2000. 新害虫蔗扁蛾的形态、寄主、食性、生物学及其生物防治. 广西植保，13（4）：6～9

张古忍，张文庆，古德祥. 1998. 新侵入害虫蔗扁蛾的寄主范围调查初报. 昆虫天敌，20（4）：18

张广学，钟铁森. 1983. 中国经济昆虫志·同翅目·蚜虫类（一）. 北京：科学出版社

张慧杰，段运虎. 1999. 三叶草斑潜蝇和美洲斑潜蝇汉译名的演变. 植物检疫，13（3）：46，47

张健如. 2002. 进出境植物检疫及检疫程序. 中国花卉盆景，（1，2）：18，19

张历燕，陈庆昌，张小波. 2002. 红脂大小蠹形态学特征及生物学特性研究. 林业科学，38（4）：95～99

张强，罗万春. 2002. 苹果绵蚜发生危害特点及防治对策. 昆虫知识，39（5）：340～342

张清源，林振基，刘金耀. 1998. 橘小实蝇生物学特性. 华东昆虫学报，7（2）：65～68

张绍红，庄永林，刘勇. 2006. 红火蚁在世界的潜在分布和我国的检疫对策. 植物检疫，20（2）：126，127

张生芳，刘永平，武增强. 1998. 中国储藏物甲虫. 北京：中国农业科学技术出版社. 237，238

张耀荣，蒋银荃. 2001. 苹果蠹蛾生物学特性及综合防治. 中国森林病虫，1：21～23

张永乐. 2007. 美国白蛾生物学特性观测. 河北果树，（1）：36，37

张执中. 1993. 森林昆虫学. 第二版. 北京：中国林业出版社

张执中. 1997. 森林昆虫学. 北京：中国林业出版社

赵方桂. 1988. 松干蚧的研究与防治. 济南山东科学技术出版社

赵怀俭. 2004. 红脂大小蠹生物生态学特性及防治的研究. 山西林业科技，1：16～19

赵龙章. 1986. 美洲榆小蠹. 植物检疫，3：53～54

赵养昌，陈元清. 1980. 中国经济昆虫志. 第二十册. 北京：科学出版社. 1～22

赵养昌，李鸿兴，赵仲苓. 1974. 植物检疫害虫鉴定手册. 北京：科学出版社. 75～83

赵志模. 2001. 农产品储运保护学. 北京：中国农业出版社. 80～82

浙江农业大学汇编. 1979. 植物检疫. 上海：上海科学技术出版社. 129～1422

中华人民共和国北京动植物检疫局. 1999. 中国植物检疫性害虫图册. 北京：中国农业出版社. 6～209，227～233

中华人民共和国出入境检验检疫行业标准（SN/T 1105—2002）. 2002. 大家白蚁检疫鉴定方法. 北京：中国标准出版社

中华人民共和国出入境检验检疫行业标准（SN/T 1120—2002）. 2003. 苹果蠹蛾检疫鉴定方法. 北京：中国标准出版社

中华人民共和国出入境检验检疫行业标准（SN/T 1125—2002）. 2003. 欧洲大榆小蠹检疫鉴定方法. 北京：中国标准出版社

中华人民共和国出入境检验检疫行业标准（SN/T 1147—2002）. 2003. 椰心叶甲检疫鉴定方法. 北京：中国标准出版社

中华人民共和国出入境检验检疫行业标准（SN/T 1148—2002）. 2003. 木薯单爪螨检疫鉴定方法. 北京：中国标准

出版社

中华人民共和国出入境检验检疫行业标准（SN/T 1149—2002）. 2003. 椰子缢胸叶甲检疫鉴定方法. 北京：中国标准出版社

中华人民共和国出入境检验检疫行业标准（SN/T 1160—2002）. 2003. 棕榈象甲检疫鉴定方法. 北京：中国标准出版社

中华人民共和国出入境检验检疫行业标准（SN/T 1178—2003）. 2003. 马铃薯甲虫检疫鉴定方法. 北京：中国标准出版社

中华人民共和国出入境检验检疫行业标准（SN/T 1257—2003）. 2003. 大谷蠹的检疫和鉴定方法. 北京：中国标准出版社

中华人民共和国出入境检验检疫行业标准（SN/T 1264—2003）. 2003. 墨西哥棉铃象鉴定方法. 北京：中国标准出版社

中华人民共和国出入境检验检疫行业标准（SN/T 1274—2003）. 2003. 菜豆象的检疫和鉴定方法. 北京：中国标准出版社

中华人民共和国出入境检验检疫行业标准（SN/T 1277—2003）. 2003. 松突圆蚧的检疫和鉴定方法. 北京：中国标准出版社

中华人民共和国出入境检验检疫行业标准（SN/T 1278—2003）. 2003. 巴西豆象的检疫和鉴定方法. 北京：中国标准出版社

中华人民共和国出入境检验检疫行业标准（SN/T 1366—2004）. 2004. 葡萄根瘤蚜的检疫鉴定方法. 北京：中国标准出版社

中华人民共和国出入境检验检疫行业标准（SN/T 1370—2004）. 2004. 日本金龟子检疫鉴定方法. 北京：中国标准出版社

中华人民共和国出入境检验检疫行业标准（SN/T 1374—2004）. 2004. 美国白蛾检疫鉴定方法. 北京：中国标准出版社

中华人民共和国出入境检验检疫行业标准（SN/T 1383—2004）. 2004. 苹果实蝇检疫鉴定方法. 北京：中国标准出版社

中华人民共和国出入境检验检疫行业标准（SN/T 1384—2004）. 2004. 蜜柑大实蝇鉴定方法. 北京：中国标准出版社

中华人民共和国出入境检验检疫行业标准（SN/T 1401—2004）. 2004. 果核芒果象检疫鉴定方法. 北京：中国标准出版社

中华人民共和国出入境检验检疫行业标准（SN/T 1402—2004）. 2004. 果肉芒果象检疫鉴定方法. 北京：中国标准出版社

中华人民共和国出入境检验检疫行业标准（SN/T 1403—2004）. 2004. 印度果核芒果象检疫鉴定方法. 北京：中国标准出版社

中华人民共和国出入境检验检疫行业标准（SN/T 1451—2004）. 2004. 灰豆象检疫鉴定方法. 北京：中国标准出版社

中华人民共和国出入境检验检疫行业标准（SN/T 1452—2004）. 2004. 鹰嘴豆象检疫鉴定方法. 北京：中国标准出版社

中华人民共和国动植物检疫局，农业部植物检疫实验所. 1997. 中国进境植物检疫有害生物. 北京：中国农业出版社. 19～418

中华人民共和国国家标准（GB/T 18084—2000）. 2000. 地中海实蝇检疫鉴定方法. 北京：中国标准出版社

中华人民共和国国家标准（GB/T 18087—2000）. 2000. 谷斑皮蠹检疫鉴定方法. 北京：中国标准出版社

周二峰，宋红梅，马丽清. 2007. 美国白蛾在廊坊的发生规律及综合防治. 植物检疫，21（4）：245

周茂建. 2004. 我国检疫性森林有害生物发生现状及其分析（续）. 植物检疫，18（3）：164

周明华，杜国兴，汪利忠等. 2004. 松针盾蚧. 植物检疫，18（4）：218～220

周霞，张林艳，叶万辉. 2002. 生态空间理论及其在生物入侵研究中的应用. 地球科学进展，（04），17（4）：588～594

周尧. 1982. 中国盾蚧志. 第一卷. 西安: 西安科学技术出版社

朱家颖, 肖春, 严乃胜等. 2004. 橘小实蝇生物学特性研究. 山地农业生物学报, 23 (1): 46～49

朱文炳, 邓永学. 1991. 巴西豆象生物学特性研究. 西南农业大学学报, 13 (3): 243～246

朱西儒, 徐志宏, 陈枝楠. 2004. 植物检疫学. 北京: 化学工业出版社. 235～267

祝列克. 2002. 要重视和防范外来有害生物的入侵为害. 中国森林病虫, 21 (6): 36～39

Banks W A. 1994. Chemical Control of the Red Imported Fire Ants. In: Williams D F, Exotic Ants: Biology, Impact, and Control of Introduced Species. Boulder, CO: Westview Press. 596～603

Beaver R A. 1970. The larvae of *Scolytus scolytus* (F.), *S. multistriatus* (Marsham) and *Pteleobius vitatus* (F.): descriptions and systematic notes. Bull Ent Res, 59 (1968) 695～701

Beaver R A, 陈志麟. 1984. 三种榆小蠹幼虫的鉴别. 植物检疫, 5: 44～46

Bessin R T, Reagan T E. 1993. Cultivar resistance and arthropod predation of sugarcane borer (Lepidoptera: Pyralidae) affects incidence of deadhearts in Louisiana sugarcane. Journal of Economic Entomology, (86): 929～932

Brown J K, Frohlich D R, Rosell R C. 1995. The sweetpotato or silverleaf whiteflies: biotypes of Bemisia tabaci or a species complex. Annual Review Entomology, 40: 511～534

Buren W F. 1972. Revisionary studies on the taxonomy of the imported fire ants. J Ga Entomol Soc, 7: 1～27

Chu D, Zhang Y J, Brown J K, et al. 2006. The introduction of the exotic Q biotype of Bemisia tabaci from the Mediterranean region into China on ornamental crops. Florida Entomologist, 89: 168～174

Cotterell G S. 1927. Life history and habits, etc. of Sahlbergella singularis Hagl. and Sahlbergella theobroma Dist. Bull Dept Agr Gold Coast, 7: 40～43

Culotta E. 1991. "Supper" bug attacks California crops. Science, 254: 1444～1447

Davis D R, Pena J E. 1990. Biology and morphology of the banana moth, Opogona sacchari (Bojer), and its introduction into Florida (Lepidoptera: Tineidae). Proc Entomol Soc Wash, 92 (4): 593

Elton C S. 1958. The Ecology of Invasions by Animals and Plants. London: Methuen

Green H B. 1952. Biology and control of the imported fire ant in Mississippi. J Econ Entomol, 4 (5): 593～597

Hill D S. 1975. Agricultural Insect pests of the Tropics & Their Control. Cambrideg: Cambridge University Press.

Hinton H E. 1945. A monograph of the beetles associated with stored products. London. British Museum (Nat. Hist.)

James T V, Arthur G A, Mark S W. 2000. Hight energet ics and dispersal capability of the fire ant, *Solenopsis invicta* Buren. Journal of Insect Physiology, (46): 697～707

Jones D R. 2003. Plant viruses transmitted by whiteflies. European Journal of Plant Pathology, 109: 195～219

Kamel A H. 1958. A preliminary list of insects encountered in stored drugs in Egypt and their control. Agricultural Research Review, 36: 94～95

Latta R, Cowgill W H. 1941. Methyl bromide fumigation of greenhouse plants at the U. S. Plant Introduction Garden, Glenn Dale, MD. USDA Bureau of Entomology and Plant Quarantine E-526: 1～31

Lockwood J, Hoopes M, Marchetti M. 2007. Invasion Ecology. Oxford: Blackwell Science

Maredia K M, Mihm J A. 1991. Sugarcane borer (Lepidoptera: Pyralidae) damage to maize at four plant growth stages. Environmental Entomology, (20): 1019～1023

Meikle R W, Stewart D, Globus O A. 1963. Drywood termite metabolism of Vikane fumigant as shown by labeled pool technique. Journal of Agricultural and Food Chemistry, 11: 226～230

Mitchell C E, Power A G. 2003. Release of invasive plants from fungal and viral pathogens. Nature, 421 (6923): 625～627

Ojo A. 1985. A note on the qualitative damage caused to cocoa pods by *Sahlbergella singularis* Hagl. (Hemiptera: Miridae). Turrialba San Jose: Instituto Interamericano de Ciencias Agricolas: 87～88

Oliveiro G F. 2006. Coffee leaf miner resistance. Braz J Plant Physiol, 18 (1): 109～117

Omole M M, Ojo A A. 1982. Field trials with insecticides and spraying equipments to control cocoa mirid Sahlbergella singularis Hagl. In: Nigeria. 8th International Cocoa Research Conference. Colombia: Cocoa Producers'Alliance:

339~343

Peterson A. 1948. Larvae of insects, an introduction to nearctic species. Part I lepidoptera and plant Infesting Hymenoptera. Edwards Brothers, Inc. , Ann Arbor: 315

Rai D, Hancock D L. 1994. The Bactrocera dorsalis complex of fruit flies (Diptera: Tephritidae: Dacinae) in Asia. Bulletin of Entomological Research, 84 (2): 68

Richardson H H, Balock J W. 1959. Treatments to permit movements of agricultural products under plant quarantine. Agri Chem Pt, 1. 14 (2): 27~29, 95~97, 100

Sakai A K, Allendorf F W, Holt J S, et al. 2001. The population biology of invasive species. Annual Review of Ecology and Systematics, 32: 305~332

Shea K, Cheeson P. 2002. Community ecology theory as a framework for biological invasions. Trends in Ecology and Evolution, 17 (4): 170~176

Snodgrass R E. 1924. Anatomy and metamorphosis of the apple maggot, *Rhagoletis pomonella* Walsh. Jour Agric Res, 28 (1): 1~36

Tedders W L, Reilly C C, Wood B W, et al. 1990. Behavior of Solenopsis invicta (Hymenoptera: Formicidae) in pecan orchards. Environ Entomol, 19: 44~53

Tsutsui N D, Suarez A V, Holway D A et al. 2000. Reduced genetic variation and the success of an invasive species. Proceedings of the National Academy of Sciences, 97: 5948~5953

Weidner H. 1982. Cerambycidae ( Coleoptera) imported to Hamburg. West Germany. Anz. Schaedlingskd Petnzensehutz Umweltschutz, 55 (8): 113~118

Williamson M. 1996. Biological Invasions. London: Chapman and Hall

Woodruff R E. 1967. An oriental wood borer *Heterobostrychus aequalis* (Waterhouse), recently established in Florida, Entomol. Circular, 58

Xie Y Z. 1937. Study on the Trypetidae or fruit flies of China. Sinenia, (2): 103~226

# 附录一　中华人民共和国进境植物检疫性有害生物名录

2007 年 5 月 29 日农业部公告第 862 号正式发布的中华人民共和国进境植物检疫性昆虫及软体动物名单如下：

## 昆虫

1. *Acanthocinus carinulatus*（Gebler）　白带长角天牛
2. *Acanthoscelides obtectus*（Say）　菜豆象
3. *Acleris variana*（Fernald）　黑头长翅卷蛾
4. *Agrilus* spp.（non-Chinese）　窄吉丁（非中国种）
5. *Aleurodicus dispersus* Russell　螺旋粉虱
6. *Anastrepha* Schiner　按实蝇属
7. *Anthonomus grandis* Boheman　墨西哥棉铃象
8. *Anthonomus quadrigibbus* Say　苹果花象
9. *Aonidiella comperei* Mkenzie　香蕉肾盾蚧
10. *Apate monachus* Fabricius　咖啡黑长蠹
11. *Aphanostigma piri*（Cholodkovsky）　梨矮蚜
12. *Arhopalus syriacus* Reitter　辐射松幽天牛
13. *Bactrocera* Macquart　果实蝇属
14. *Baris granulipennis*（Tournier）　西瓜船象
15. *Batocera* spp.（non-Chinese）　白条天牛（非中国种）
16. *Brontispa longissima*（Gestro）　椰心叶甲
17. *Bruchidius incarnates*（Boheman）　埃及豌豆象
18. *Bruchophagus roddi* Gussak　苜蓿籽蜂
19. *Bruchus* spp.（non-Chinese）　豆象（属）（非中国种）
20. *Cacoecimorpha pronubana*（Hubner）　荷兰石竹卷蛾
21. *Callosobruchus* spp.［*maculatus*（F.）and non-Chinese］　瘤背豆象（四纹豆象和非中国种）
22. *Carpomya incompleta*（Becker）　欧非枣实蝇
23. *Carpomya vesuviana* Costa　枣实蝇
24. *Carulaspis juniperi*（Bouchè）　松唐盾蚧
25. *Caulophilus oryzae*（Gyllenhal）　阔鼻谷象
26. *Ceratitis* Macleay　小条实蝇属
27. *Ceroplastes rusci*（L.）　无花果蜡蚧
28. *Chionaspis pinifoliae*（Fitch）　松针盾蚧
29. *Choristoneura fumiferana*（Clemens）　云杉色卷蛾
30. *Conotrachelus* Schoenherr　鳄梨象属

31. *Contarinia sorghicola*（Coquillett） 高粱瘿蚊

32. *Coptotermes* spp.（non-Chinese） 乳白蚁（非中国种）

33. *Craponius inaequalis*（Say） 葡萄象

34. *Crossotarsus* spp.（non-Chinese） 异胫长小蠹（非中国种）

35. *Cryptophlebia leucotreta*（Meyrick） 苹果异形小卷蛾

36. *Cryptorrhynchus lapathi* L. 杨干象

37. *Cryptotermes brevis*（Walker） 麻头砂白蚁

38. *Ctenopseustis obliquana*（Walker） 斜纹卷蛾

39. *Curculio elephas*（Gyllenhal） 欧洲栗象

40. *Cydia janthinana*（Duponchel） 山楂小卷蛾

41. *Cydia packardi*（Zeller） 樱小卷蛾

42. *Cydia pomonella*（L.） 苹果蠹蛾

43. *Cydia prunivora*（Walsh） 杏小卷蛾

44. *Cydia pyrivora*（Danilevskii） 梨小卷蛾

45. *Dacus* spp.（non-Chinese） 寡鬃实蝇（非中国种）

46. *Dasineura mali*（Kieffer） 苹果瘿蚊

47. *Dendroctonus* spp.（valens LeConte and non-Chinese） 大小蠹（红脂大小蠹和非中国种）

48. *Deudorix isocrates* Fabricius 石榴小灰蝶

49. *Diabrotica* Chevrolat 根萤叶甲属

50. *Diaphania nitidalis*（Stoll） 黄瓜绢野螟

51. *Diaprepes abbreviata*（L.） 蔗根象

52. *Diatraea saccharalis*（Fabricius） 小蔗螟

53. *Dryocoetes confusus* Swaine 混点毛小蠹

54. *Dysmicoccus grassi* Leonari 香蕉灰粉蚧

55. *Dysmicoccus neobrevipes* Beardsley 新菠萝灰粉蚧

56. *Ectomyelois ceratoniae*（Zeller） 石榴螟

57. *Epidiaspis leperii*（Signoret） 桃白圆盾蚧

58. *Eriosoma lanigerum*（Hausmann） 苹果绵蚜

59. *Eulecanium gigantea*（Shinji） 枣大球蚧

60. *Eurytoma amygdali* Enderlein 扁桃仁蜂

61. *Eurytoma schreineri* Schreiner 李仁蜂

62. *Gonipterus scutellatus* Gyllenhal 桉象

63. *Helicoverpa zea*（Boddie） 谷实夜蛾

64. *Hemerocampa leucostigma*（Smith） 合毒蛾

65. *Hemiberlesia pitysophila* Takagi 松突圆蚧

66. *Heterobostrychus aequalis*（Waterhouse） 双钩异翅长蠹

67. *Hoplocampa flava*（L.） 李叶蜂

68. *Hoplocampa testudinea*（Klug） 苹叶蜂

69. *Hoplocerambyx spinicornis*（Newman） 刺角沟额天牛

70. *Hylobius pales*（Herbst） 苍白树皮象

71. *Hylotrupes bajulus*（L.） 家天牛

72. *Hylurgopinus rufipes*（Eichhoff） 美洲榆小蠹

73. *Hylurgus ligniperda* Fabricius 长林小蠹

74. *Hyphantria cunea*（Drury） 美国白蛾

75. *Hypothenemus hampei*（Ferrari） 咖啡果小蠹

76. *Incisitermes minor*（Hagen） 小楹白蚁

77. *Ips* spp.（non-Chinese） 齿小蠹（非中国种）

78. *Ischnaspis longirostris*（Signoret） 黑丝盾蚧

79. *Lepidosaphes tapleyi* Williams 芒果蛎蚧

80. *Lepidosaphes tokionis*（Kuwana） 东京蛎蚧

81. *Lepidosaphes ulmi*（L.） 榆蛎蚧

82. *Leptinotarsa decemlineata*（Say） 马铃薯甲虫

83. *Leucoptera coffeella*（Guérin Méneville） 咖啡潜叶蛾

84. *Liriomyza trifolii*（Burgess） 三叶斑潜蝇

85. *Lissorhoptrus oryzophilus* Kuschel 稻水象甲

86. *Listronotus bonariensis*（Kuschel） 阿根廷茎象甲

87. *Lobesia botrana*（Denis et Schiffermuller） 葡萄花翅小卷蛾

88. *Mayetiola destructor*（Say） 黑森瘿蚊

89. *Mercetaspis halli*（Green） 霍氏长盾蚧

90. *Monacrostichus citricola* Bezzi 橘实锤腹实蝇

91. *Monochamus* spp.（non-Chinese） 墨天牛（非中国种）

92. *Myiopardalis pardalina*（Bigot） 甜瓜迷实蝇

93. *Naupactus leucoloma*（Boheman） 白缘象甲

94. *Neoclytus acuminatus*（Fabricius） 黑腹尼虎天牛

95. *Opogona sacchari*（Bojer） 蔗扁蛾

96. *Pantomorus cervinus*（Boheman） 玫瑰短喙象

97. *Parlatoria crypta* Mckenzie 灰白片盾蚧

98. *Pharaxonotha kirschi* Reither 谷拟叩甲

99. *Phloeosinus cupressi* Hopkins 美柏肤小蠹

100. *Phoracantha semipunctata*（Fabricius） 桉天牛

101. *Pissodes* Germar 木蠹象属

102. *Planococcus lilacius* Cockerell 南洋臀纹粉蚧

103. *Planococcus minor*（Maskell） 大洋臀纹粉蚧

104. *Platypus* spp.（non-Chinese） 长小蠹（属）（非中国种）

105. *Popillia japonica* Newman 日本金龟子

106. *Prays citri* Milliere 橘花巢蛾

107. *Promecotheca cumingi* Baly 椰子缢胸叶甲

108. *Prostephanus truncatus*（Horn） 大谷蠹

109. *Ptinus tectus* Boieldieu 澳洲蛛甲

110. *Quadrastichus erythrinae* Kim 刺桐姬小蜂

111. *Reticulitermes lucifugus*（Rossi） 欧洲散白蚁

112. *Rhabdoscelus lineaticollis*（Heller） 褐纹甘蔗象

113. *Rhabdoscelus obscurus*（Boisduval） 几内亚甘蔗象

114. *Rhagoletis* spp.（non-Chinese） 绕实蝇（非中国种）

115. *Rhynchites aequatus*（L.） 苹虎象

116. *Rhynchites bacchus* L. 欧洲苹虎象

117. *Rhynchites cupreus* L. 李虎象

118. *Rhynchites heros* Roelofs 日本苹虎象

119. *Rhynchophorus ferrugineus*（Olivier） 红棕象甲

120. *Rhynchophorus palmarum*（L.） 棕榈象甲

121. *Rhynchophorus phoenicis*（Fabricius） 紫棕象甲

122. *Rhynchophorus vulneratus*（Panzer） 亚棕象甲

123. *Sahlbergella singularis* Haglund 可可盲蝽象

124. *Saperda* spp.（non-Chinese） 楔天牛（非中国种）

125. *Scolytus multistriatus*（Marsham） 欧洲榆小蠹

126. *Scolytus scolytus*（Fabricius） 欧洲大榆小蠹

127. *Scyphophorus acupunctatus* Gyllenhal 剑麻象甲

128. *Selenaspidus articulatus* Morgan 刺盾蚧

129. *Sinoxylon* spp.（non-Chinese） 双棘长蠹（非中国种）

130. *Sirex noctilio* Fabricius 云杉树蜂

131. *Solenopsis invicta* Buren 红火蚁

132. *Spodoptera littoralis*（Boisduval） 海灰翅夜蛾

133. *Stathmopoda skelloni* Butler 猕猴桃举肢蛾

134. *Sternochetus* Pierce 芒果象属

135. *Taeniothrips inconsequens*（Uzel） 梨蓟马

136. *Tetropium* spp.（non-Chinese） 断眼天牛（非中国种）

137. *Thaumetopoea pityocampa*（Denis et Schiffermuller） 松异带蛾

138. *Toxotrypana curvicauda* Gerstaecker 番木瓜长尾实蝇

139. *Tribolium destructor* Uyttenboogaart 褐拟谷盗

140. *Trogoderma* spp.（non-Chinese） 斑皮蠹（非中国种）

141. *Vesperus* Latreile 暗天牛属

142. *Vinsonia stellifera*（Westwood） 七角星蜡蚧

143. *Viteus vitifoliae*（Fitch） 葡萄根瘤蚜

144. *Xyleborus* spp.（non-Chinese） 材小蠹（非中国种）

145. *Xylotrechus rusticus* L. 青杨脊虎天牛

146. *Zabrotes subfasciatus*（Boheman） 巴西豆象

**软体动物**

147. *Achatina fulica* Bowdich　非洲大蜗牛
148. *Acusta despecta* Gray　硫球球壳蜗牛
149. *Cepaea hortensis* Müller　花园葱蜗牛
150. *Helix aspersa* Müller　散大蜗牛
151. *Helix pomatia* Linnaeus　盖罩大蜗牛
152. *Theba pisana* Müller　比萨茶蜗牛

# 附录二 全国农业植物检疫性有害生物名单、 应施检疫的植物及植物产品名单

2006 年 3 月 2 日

## 全国农业植物检疫性昆虫名单

1. 菜豆象      *Acanthoscelides obtectus*（Say）
2. 柑橘小实蝇      *Bactrocera dorsalis*（Hendel）
3. 柑橘大实蝇      *Bactrocera minax*（Enderlein）
4. 蜜柑大实蝇      *Bactrocera tsuneonis*（Miyake）
5. 三叶斑潜蝇      *Liriomyza trifolii*（Burgess）
6. 椰心叶甲      *Brontispa longissima*（Gestro）
7. 四纹豆象      *Callosobruchus maculatus*（Fabricius）
8. 苹果蠹蛾      *Cydia pomonella*（Linnaeus）
9. 葡萄根瘤蚜      *Viteus vitifoliae*（Fitch）
10. 苹果绵蚜      *Eriosoma lanigerum*（Hausmann）
11. 美国白蛾      *Hyphantria cunea*（Drury）
12. 马铃薯甲虫      *Leptinotarsa decemlineata*（Say）
13. 稻水象甲      *Lissorhoptrus oryzophilus* Kuschel
14. 蔗扁蛾      *Opogona sacchari*（Bojer）
15. 红火蚁      *Solenopsis invicta* Buren
16. 芒果果肉象甲      *Sternochetus frigidus*（Fabricius）
17. 芒果果实象甲      *Sternochetus olivieri*（Faust）

## 应施检疫的植物及植物产品名单

一、稻、麦、玉米、高粱、豆类、薯类等作物的种子、块根、块茎及其他繁殖材料和来源于发生疫情的县级行政区域的上述植物产品。

二、棉、麻、烟、茶、桑、花生、向日葵、芝麻、油菜、甘蔗、甜菜等作物的种子、种苗及其他繁殖材料和来源于发生疫情的县级行政区域的上述植物产品。

三、西瓜、甜瓜、香瓜、哈密瓜、葡萄、苹果、梨、桃、李、杏、梅、沙果、山楂、柿、柑、橘、橙、柚、猕猴桃、柠檬、荔枝、枇杷、龙眼、香蕉、菠萝、芒果、咖啡、可可、腰果、番石榴、胡椒等作物的种子、苗木、接穗、砧木、试管苗及其他繁殖材料和来源于发生疫情的县级行政区域的上述植物产品。

四、花卉的种子、种苗、球茎、鳞茎等繁殖材料及切花、盆景花卉。

五、蔬菜作物的种子、种苗和来源于发生疫情的县级行政区域的蔬菜产品。

六、中药材种苗和来源于发生疫情的县级行政区域的中药材产品。

七、牧草、草坪草、绿肥的种子种苗及食用菌的种子、细胞繁殖体和来源于发生疫情的县级行政区域的上述植物产品。

八、麦麸、麦秆、稻草、芦苇等可能受检疫性有害生物污染的植物产品及包装材料。

## 附录三　中华人民共和国林业部发布的森林植物检疫对象名录、应施检疫的森林植物及其产品名单

### 全国森林植物检疫性昆虫名单

1. 杨干象　　　　　　*Cryptorrhynchus lapathi* L.
2. 松突圆蚧　　　　　*Hemiberlesia pitysophila* Takagi
3. 双钩异翅长蠹　　　*Heterostrychus aequalis*（Waterhouse）
4. 美国白蛾　　　　　*Hyphantria cunea*（Drury）
5. 苹果蠹蛾　　　　　*Cydia pomonella*（Linnaeus）
6. 枣大球蚧　　　　　*Eulecanium gigantea*（Shinji）
7. 红脂大小蠹　　　　*Dendroctonus valens* Leconte
8. 椰心叶甲　　　　　*Brontispa longissima*（Gestro）
9. 蔗扁蛾　　　　　　*Opogona sacchari*（Bojer）
10. 红棕象甲　　　　　*Rhynchophorus ferrugineus*（Olivier）
11. 青杨脊虎天牛　　　*Xylotrechus rusticus* L.

### 应施检疫的森林植物及其产品名单

1. 林木种子、苗木和其他繁殖材料
2. 乔木、灌木、竹子等森林植物
3. 运出疫情发生县的松、柏、杉、杨、柳、榆、桐、桉、栎、桦、槭、槐、竹等森林植物的木材、竹材、根桩、枝条、树皮、藤条及其制品
4. 栗、枣、桑、茶、梨、桃、杏、柿、柑橘、柚、梅、核桃、油茶、山楂、苹果、银杏、石榴、荔枝、猕猴桃、枸杞、沙棘、芒果、肉桂、龙眼、橄榄、腰果、柠檬、八角、葡萄等森林植物种子、苗木、接穗，以及运出疫情发生县，来源于上述森林植物的林产品
5. 花卉植物的种子、苗木、球茎、鳞茎、鲜切花、插花
6. 中药材
7. 可能被森林植物检疫对象污染的其他林产品、包装材料和运输工具

# 附录四 相关术语缩写

APPPC——The Asia and Pacific Plant Protection Commission 亚太地区植物保护组织

AQIS——Australian Quaratine and Inspection Service 澳大利亚检验检疫局

CA——Comunidad Andina 卡塔赫拉协定委员会

CEPM——Committee of Experts on Phytosanitary Measures 植物检疫措施专家委员会

COSAVE——Comite Regional de Sanidad Vegetal Parael Cono Sur 南锥体区域植物保护组织

CPPC——Caribbean Plant Protection Commission 加勒比海区域植物保护委员会

EPPO——European and Mediterranean Plant Protection Organization 欧洲和地中海区域植物保护委员会

FAO——Food and Agriculture Organization of the United Nations 联合国粮食与农业组织，简称联合国粮农组织

GATT——The General Agreement on Tariffs and Trade 关贸总协定

IAPSC——Inter-African Phytosanitary Council 泛非植物检疫理事会

ICPM——Interim Commission on Phytosanitary Measures 植物检疫措施临时委员会

IPPC——International Plant Protection Convention 国际植物保护公约

ISC——Interim Standards Committee 临时标准委员会

ISPM——International Standards for Phytosanitary Measures 植物检疫措施国际标准

NAPPO——North American Plant Protection Organization 北美植物保护组织

NPPO——National Plant Protection Organization 国家植物保护机构。由政府设立的官方机构，以履行国际植保公约中规定的职能〔联合国粮农组织，1990；原为（国家）植物保护机构〕

OIRSA——Organismo International Regional de Sanidad Agropecuaria 区域国际农业卫生组织

PPPO——Pacific Plant Protection Organization 太平洋植物保护组织

PRA——Pest Risk Analysis 有害生物风险分析

RPPO——Regional Plant Protection Organization 区域植物保护组织。该组织是一个政府间组织，具有履行国际植保公约第 IX 条规定的职责〔联合国粮农组织，1990；联合国粮农组织修订，1995；植物检疫措施专家委员会，1999 原为（区域）植物保护组织〕

WTO——World Trade Organization 世界贸易组织。由 WTO 于 1994 年在日内瓦（Geneva）颁布的 SPS 协定：Agreement on the Application of Sanitary and Phytosanitary Measures，通常被称为 WTO《实施动植物卫生检疫措施的协定》